基础代数

（第三卷）

席南华　编著

科学出版社

北京

内 容 简 介

本书是作者所作的《基础代数》第三卷. 作者吸收借鉴了柯斯特利金《代数学引论》的优点和框架, 在内容的选取和组织, 贯穿内容的观点等方面都有特色. 主要内容包括: 群、群的结构、群表示、环、代数、模、伽罗瓦理论等. 每章节附有适当的习题, 可供读者巩固练习使用.

本书可供数学类各专业及相关专业的本科生、研究生和教师使用, 也可作为数学爱好者的参考读物.

图书在版编目(CIP)数据

基础代数. 第三卷/席南华编著. —北京: 科学出版社, 2021.3
ISBN 978-7-03-068342-7

I. ①基⋯ II. ①席⋯ III. ①代数 IV. ①O15

中国版本图书馆 CIP 数据核字 (2021) 第 044771 号

责任编辑: 张中兴 梁 清 孙翠勤 / 责任校对: 杨聪敏
责任印制: 吴兆东 / 封面设计: 蓝正设计

科 学 出 版 社 出版
北京东黄城根北街 16 号
邮政编码: 100717
http://www.sciencep.com

北京富资园科技发展有限公司印刷
科学出版社发行 各地新华书店经销
*
2021 年 3 月第 一 版 开本: 720×1000 1/16
2024 年 11 月第七次印刷 印张: 22 1/2
字数: 454 000
定价: 69.00 元
(如有印装质量问题, 我社负责调换)

前　　言

本书的写作动因在第一卷的前言中已经说明, 和第一、二卷一样, 本书基本上沿用了柯斯特利金所著的《代数学引论》的框架和内容, 只是在表述和细节上 (希望) 更符合汉语读者的习惯, 有些地方的处理也和原教材的不一样, 同时, 贯穿内容的观点也时有不同, 习题的安排上有较大的差别. 伽罗瓦理论部分结合了 E. Artin 的《伽罗瓦理论》的框架和内容. 在本书的写作过程中, 还参考了若干其他的中外教科书, 详见本书后面的参考文献. 本书的习题主要选自这些参考书, 还有个别自己加上的习题.

本书的初稿于 2019 年秋季学期在中国科学院大学试用. 在此特别感谢助教胡泓昇、刘敏华以及 2019 年秋季学期中国科学院大学代数课程的同学们, 他们指出了初稿中大量的错误, 数量之多让作者窘迫.

在校对清样的过程中, 中国科学院大学 2020 年秋季学期代数课程的助教王宇鹏和桂弢以及班上的学生邓家懿、范颖玭、高然、郭彦宁、吴双、王雨晴、姚世璋、张钦远、邹德隆等还指出了原稿若干的错误. 编辑张中兴、梁清在出版的过程中修改了若干错误. 在此特别感谢他们.

席南华

2020 年 11 月于玉泉路

中国科学院大学 2021 年秋季学期代数课程的助教巩峻成指出了第一次印刷中的若干错误, 在此特别感谢.

席南华

2022 年 1 月于玉泉路

目　　录

第 1 章 群

解一元高次方程的故事到了阿贝尔 (Abel) 和伽罗瓦 (Galois) 那儿情节骤变, 关闭了一扇门, 又打开了通向深邃无垠的一扇大门. 群论和伽罗瓦理论由此诞生. 代数的面貌焕然一新, 逐渐地, 各类代数结构如群、环、域、模、表示等成了代数的主角, 也成了其他数学分支有力甚至不可缺少的工具.

一元二次方程的求根公式伴随我们度过了很多愉快的时光, 一元三次和四次方程的求根公式也有了, 怎么到了五次就一般没有根式解了, 怎么能够说明没有? 我们有谁不希望解开这些萦绕在心头的疑问, 踏上一个神奇的数学世界——伽罗瓦理论呢?

伽罗瓦理论不仅能说明一元高次方程何时有根式解, 还轻而易举地证明了古希腊的倍立方问题和三等分任意角等尺规作图问题的不可能. 今天, 伽罗瓦理论已成为代数和数论的核心内容的一部分. 伽罗瓦理论的思想也出现在数学其他的分支, 例如, 有微分方程的伽罗瓦理论; 在拓扑中, 对应的是覆盖理论, 特别地, 域的伽罗瓦群对应的是拓扑空间的基本群; 在单复变函数论中, 对应的是黎曼面的全纯映射理论; 序理论中则有伽罗瓦联络等.

本质上, 伽罗瓦理论是一个关于域扩张的理论, 中心的概念是伽罗瓦群.

可以在一开始就介绍伽罗瓦理论, 但没有这个需求. 作为代数结构的一个系统的入门课程, 我们还是从群开始, 然后是环, 再是域与伽罗瓦理论.

群论的形成始于解一元高次方程, 在理解一元高次方程的根式解中发挥着核心的作用, 可解群、正规子群等都是关键的概念. 伽罗瓦是其奠基人. 后来的发展表明, 群论的价值远远超出解方程的范畴, 埃尔朗根纲领认为几何就是研究变换群下不变的性质, 几何的不同实为不同的变换群所致. 朗兰兹纲领则述说数论与群论的深刻联系. 群论是研究对称的基本工具, 不仅在数学中, 而且在物理 (尤其是粒子物理)、量子化学、矿物学中的晶体理论等其他学科都发挥了巨大的作用. 我们将对群做一个初步但较系统的讨论, 还注重群与其他分支的联系.

1.1　往事的回忆

我们与群相识很久了. 回顾一些往事能启示它内容的丰富与深刻.

整数全体对于加法运算是一个群. 非零的有理数对于乘法运算是一个群. 这些数和运算在小学就知道了.

在讨论行列式时出现了置换, n 个元素的置换全体在映射合成下成为一个群, 称为 n **个文字的对称群**或**置换群**, 常记作 S_n. 实数域上的 n 阶可逆方阵全体在矩阵乘法下形成群, 称为实数域上的 (n 级) **一般线性群**, 常记作 $GL_n(\mathbb{R})$. 更一般地, 任意域 $\mathbb{F}$ 上的 n 阶可逆方阵全体在矩阵乘法下形成群, 称为域 $\mathbb{F}$ 上的 (n 级) 一般线性群, 可以记作 $GL_n(\mathbb{F})$. 域 $\mathbb{F}$ 上的行列式为 1 的 n 阶方阵全体形成的群称为 (n 级) **特殊线性群**, 常记作 $SL_n(\mathbb{F})$.

在讨论 n 维欧几里得空间时, 出现了**正交群** $O(n)$, 即那些保持度量的线性变换形成的群. 这个群中行列式为 1 的元素形成**特殊正交群** $SO(n)$. 在讨论 n 维埃尔米特空间时, 出现了**酉群** $U(n)$, 即那些保持度量的线性变换形成的群. 这个群中行列式为 1 的元素形成**特殊酉群** $SU(n)$. 在讨论 $2n$ 维辛空间时, 出现了**辛群** Sp_{2n}, 即那些保持辛形式的线性变换形成的群.

这些自然产生的群都是非常重要的群, 不仅在群论中, 而且在群论的应用中. 这些群的一个共同的特点是: 群中的元素都是某个集合到自身的可逆映射. 例如, $GL_n(\mathbb{R})$ 中的元素可自然看作是列向量空间 $\mathbb{R}^n$ 到自身的可逆线性变换.

在第一卷例 5.4 中我们讨论过一个集合 Ω 到自身的可逆映射全体 $S(\Omega)$ 在映射合成下形成了半群. 当然, 它是一个群. 这是**变换群**的一个例子. 前面提到的群绝大部分都是变换群.

更一般地, 我们称集合 Ω 到自身的可逆映射 (即 1-1 映射) 为 Ω 的**可逆变换**, 简称为**变换** (这里不会涉及不可逆的变换, 所以这个简称不会带来困扰). 由集合 Ω 的一些变换组成的集合 G 如果在映射合成下是群, 那么 G 称为 Ω 的一个**变换群**.

变换群是群与其他数学分支建立联系的主角和最佳途径. 通过变换群这个角度, 很容易理解群与对称的联系: 一个对象的变换群越大, 它的对称性就越好. 在第一卷 5.2 节第八部分就是从这个角度比较圆与等边三角形的对称性.

艺术中的对称性、晶体的对称性等都可以通过变换群来刻画. 对称多项式或更一般的对称函数也是如此. 物理定律的对称性同样如此, 如牛顿力学中, 定律在伽利略变换群下不变, 狭义相对论中的定律在洛伦兹群下不变. 我们曾经在第二卷 4.5 节中讨论过这些群. 关于对称, H. Weyl 写的《对称》是一个经典, 有中译本.

群与几何的联系也是通过变换群的观点进行的. 第二卷 4.3 节和 5.3 节中对仿射几何与射影几何的初步讨论采用了这个观点.

关于群在数论中的应用, 在第一卷 5.2 节中命题 5.19 应用到整数加法群就是一个有趣的例子.

1.2　群在集合上的作用

一　群在其早期的发展阶段中关注的是变换群, 那时群的研究与具体的问题紧密相连. 抽象的群的概念直到 20 世纪上半叶才出现.

集合 Ω 的一个变换群 G 自然作用在集合 Ω 上, $g : \Omega \to \Omega$, $x \to g(x)$, 其中 $g \in G$. 这个作用具有如下性质: $e(x) = x$, $(gh)(x) = g(h(x))$, 其中 $e \in G$ 是单位元, $g, h \in G$. 这个作用本质上是满足一些性质的映射 $G \times \Omega \to \Omega$, $(g, x) \to g(x)$. 采用这个形式后, 群 G 就没有必要是 Ω 的变换群了.

定义 1.1　设 G 是群, Ω 是集合. 映射 $G \times \Omega \to \Omega$, $(g, x) \to gx$ 称为群 G 在集合 Ω 上的一个**作用**. 如果下面的性质成立:

(i)　$ex = x$;

(ii)　$(gh)x = g(hx)$.

其中 $e \in G$ 是单位元, $x \in \Omega$, $g, h \in G$. 这时也称群 G **作用在集合** Ω 上, 而集合 Ω 也称为 G-**集合**.

注　(1) 严格来说, gx 记成 $g(x)$, 或 $g \circ x$, 或 $g * x$ 等更合适, 但实际上在抽象的讨论中, 记号 gx 是简洁方便的. 当然, 在具体问题中, 为避免歧义, 采用其他的记号有时是必要的.

(2) 这里讨论的是左作用, 也是群作用出现的最普遍的形式. 类似地可以讨论右作用, 相应的映射就是 $\Omega \times G \to \Omega$, $(x, g) \to xg$, 并有性质 $xe = e$, $x(gh) = (xg)h$.

其实, 群在集合上的作用与群到集合上的变换群的同态是一回事.

定理 1.2　设 G 是群, Ω 是集合, $S(\Omega)$ 是 Ω 到自身的可逆映射全体形成的群.

(1) 群同态 $\Phi : G \to S(\Omega)$ 自然产生 G 在 Ω 上的一个作用: $gx = (\Phi(g))(x)$.

(2) 群 G 在 Ω 上的一个作用 $G \times \Omega \to \Omega$, $(g, x) \to gx$ 自然产生一个群同态 $G \to S(\Omega)$, $g \to \Phi(g)$, 其中 $\Phi(g) : \Omega \to \Omega$, $x \to gx$ 是 Ω 上的变换.

证明　(1) 由于 $\Phi(e)$ 是 Ω 上的恒等变换 e_Ω, 所以 $ex = (\Phi(e))(x) = e_\Omega(x) = x$. 对 $g, h \in G$, 由于 $\Phi(gh) = \Phi(g)\Phi(h)$, 所以

$$(gh)(x) = (\Phi(gh))(x) = (\Phi(g)\Phi(h))(x) = (\Phi(g))((\Phi(h))(x)) = g(hx).$$

可见 $gx = (\Phi(g))(x)$ 确实是 G 在 Ω 上的作用.

(2) 从 $ex = x$ 知 $\Phi(e)$ 是 Ω 上的恒等变换 e_Ω. 同样, 从 $(gh)x = g(hx)$ 知 $\Phi(gh) = \Phi(g)\Phi(h)$. 于是 $\Phi : G \to S(\Omega)$ 为群同态.　□

由群作用得到的同态 Φ 的核 $\mathrm{Ker}\Phi$ 也称为**群作用的核**. 如果这个核是平凡的, 即核只包含单位元, 那么这个作用称为**忠实的**.

注　群 G 在 Ω 上的作用自然诱导了 G 在集合 $\Omega^k = \Omega \times \cdots \times \Omega$ (k 个因子) 上的作用: $g(x_1, \cdots, x_k) = (gx_1, \cdots, gx_k)$. 此外, G 还作用在 Ω 的所有子集形成的集合 $\mathcal{P}(\Omega)$ 上: 规定 $g\varnothing = \varnothing$, 如果 T 是 Ω 的非空子集, 则 $gT = \{gt \,|\, t \in T\}$. 定义 1.1 中的性质 (i) 和 (ii) 可直接验证. 易见, T 和 gT 有相同的基数, 于是 G 在 Ω 上的作用诱导了 G 在 Ω 的有相同基数的子集形成的集合上的作用.

二　若干例子　1. 对称群 S_n 自然作用在集合 $\{1, 2, \cdots, n\}$ 上. 一个向量空间上由一些可逆线性变换构成的群 (如一般线性群、特殊线性群、正交群、辛群等) 自然作用在这个向量空间上. 这些作用都是忠实的.

2. 正交群 $O(n)$ 自然作用在欧氏空间 $\mathbb{R}^n$ 上. 由于正交群是欧氏空间中的保距群, 所以 $O(n)$ 把 $\mathbb{R}^n$ 中长度为 1 的向量变为长度为 1 的向量. 这意味着 $O(n)$ 自然作用在 $\mathbb{R}^n$ 中的单位球面 $S^{n-1} = \{\, x \in \mathbb{R}^n \,|\, \|x\| = 1 \,\}$ 上.

一般说来, 群作用在几何里面是经常出现而且很有意思的.

3. **共轭作用**　群有多种方式作用在自身上. 特别重要的一个是共轭作用. 设 G 是群, 定义 G 在自身的一个作用 $\circ$ 如下:

$$g \circ x = {}^g x = gxg^{-1}, \quad \forall x \in G.$$

这个作用称为**共轭作用**, 它常常不是忠实的. 元素 gxg^{-1} 也称为 x 的一个**共轭**. 类似地, 如果 H 是 G 的子群, 那么对任意的 $g \in G$, 子群

$$gHg^{-1} = \{gxg^{-1} \mid x \in H\}$$

称为 H 的一个**共轭**. 注意映射 $G \to G$, $x \to {}^g x = gxg^{-1}$ 是群的内自同构, 在第一卷例 5.29 已经遇到了. 所以一个子群的共轭就是这个子群在某个内自同构下的像.

4. 平移作用 群在自身上的另一个重要作用是平移作用. 设 G 是群, 定义 G 在自身的一个作用 $*$ 如下:

$$g * x = gx, \quad \forall\, x \in G.$$

这个作用称为**(左) 平移作用**. 映射 $G \to G$, $x \to gx$ 是双射, 在第一卷定理 5.26 的证明中出现过.

平移作用更一般的形式与子群有关. 设 H 是 G 的子群. 定义群中的一个等价关系 $\sim$ 如下:

$$g \sim h \iff g^{-1}h \in H.$$

容易验证这个关系满足自反性、对称性、传递性. 即 $g \sim g$ 对任意的 $g \in G$; $g \sim h$ 意味着 $h \sim g$; $g \sim h$, $h \sim k$ 蕴含 $g \sim k$.

这个等价关系的等价类称为 H (在 G 中) 的**左陪集**. 包含 g 的左陪集是

$$gH = \{gx \mid x \in H\},$$

左陪集 gH 中的任何元素都称为它的一个**代表元**, 特别, g 是 gH 的一个代表元. 子群 H 的左陪集全体记作 G/H. 容易看出, 群 G 在自身的平移作用诱导了 G 在 G/H 上的一个作用

$$g * xH = (gx)H.$$

这个作用称为 G 在 G/H 上的 **(左) 平移作用**.

类似可定义 H 在 G 中的**右陪集**: $Hg = \{xg \mid x \in H\}$. 群 G 在右陪集全体上有一个右平移作用.

集合 G/H 的基数 $\mathrm{Card}(G/H)$, 即 H 在 G 中左陪集的个数, 称为群 H **在 G 中的指标**, 也记作 $[G:H]$.

映射 $H \to gH$, $x \to gx$ 是双射, 所以陪集 gH 与 H 等势, 即 $|gH| = |H|$. 当 H 是有限集时, 这意味着 gH 与 H 含有元素的个数是相同的. 由于 G 是 H 的左

陪集的并集, 不同的左陪集的交集是空集, 所以

$$|G| = [G : H] \cdot |H|, \tag{1.2.1}$$

由此得到下列结论.

定理 1.3 (拉格朗日)   有限群的阶被它的每个子群的阶整除.

推论 1.4   有限群的元素的阶整除群的阶. 特别, 素数 p 阶群总是循环群, 且在同构意义下是唯一的.

证明   事实上, 元素的阶等于它生成的循环群的阶 (见第一卷命题 5.18). 其次, 如果 G 是 p 阶群, 根据拉格朗日定理, 它只有两个子群, 它自身和单位子群. 于是每一个非单位元生成的循环群就是 G 本身. 而同阶的循环群是同构的 (见第一卷命题 5.23). $\square$

拉格朗日定理引出一个有趣的问题: 对有限群的阶的因子, 寻找阶为这个因子的子群. 对循环群, 这个问题的答案是令人满意的: 群的每个因子都有子群以其为阶. 事实上, 设 G 是 q 阶循环群, a 为一个生成元, k 是 q 的因子. 那么 $a^{q/k}$ 是 k 阶元, 它生成的子群的阶是 k. 而且, G 的 k 阶子群是唯一的.

一般而言, 这不是一件容易的事情, 也未必能找到这样的子群, 比如交错群 A_4 是 12 阶的, 它没有 6 阶子群 (1.5 节习题 7). 但是有些特殊情况答案是肯定的. 著名的西罗定理说: 如果 p^m 是有限群 G 的阶的因子, 但 p^{m+1} 不是 G 的阶的因子, 那么 G 有 p^m 阶子群, 而且, 这些子群在 G 中都是共轭的 (定理 2.30 和定理 2.31).

三   一些概念   假设 G 作用在集合 Ω 上. 对任意的 $x \in \Omega$, 集合

$$O_x = \{gx \mid g \in G\}$$

称为一条 **G-轨道**, 也称为 x 的 G-轨道, 或简单称作 x **的轨道**, 如果没有歧义产生. 轨道的概念来自几何. 例如 $O(n)$ 或特殊正交群 $SO(n)$ 作用在欧氏空间 $\mathbb{R}^n$ 上, 点 P 的轨道就是以原点为球心的过 P 的球面. 在 $n = 2$ 时, $SO(2)$ 由旋转构成, P 的 $SO(2)$-轨道就是 P 绕原点旋转的轨迹. 在第一卷定理 2.26 的证明中其实出现了置换 σ 生成的循环群的轨道.

显然, Ω 中每个元素都在某条轨道中. 如果轨道 O_x 与轨道 O_y 的交集非空, 比如 O_x 中的元素 gx 在 O_y 中, 那么存在 $h \in G$ 使得 $gx = hy$. 于是 $x = g^{-1}hy \in O_y$. 从而, O_x 中任意的元素 $kx = kg^{-1}hy \in O_y$. 这意味着 O_x 是 O_y 的子集. 类似地,

从 $y = h^{-1}gx$ 可知 O_y 是 O_x 的子集. 于是 $O_x = O_y$. 这说明不同的轨道的交集是空集. 从而, 轨道全体形成 Ω 的一个划分. 这个划分对应了 Ω 的等价关系

$$x \sim y \iff \text{存在 } g \in G \text{ 使得 } x = gy.$$

即 x 与 y 等价当且仅当它们在同一个轨道.

群 G 在 Ω 上的作用限制在轨道上就给出了 G 在轨道上的作用. 例如, $SO(n)$ 作用在 $\mathbb{R}^n$ 中每个以原点为球心的球面上.

如果 Ω 只有一条轨道, 就说这个群作用是**可迁的**.

要讨论 G 的作用和分析轨道 O_x, 集合

$$G_x = \{g \in G \,|\, gx = x\}$$

是很重要的. 由于 $ex = x$, 且 $gx = x$, $hx = x$ 意味着 $g^{-1}x = g^{-1}(gx) = (g^{-1}g)x = ex = x$, $(gh)x = g(hx) = gx = x$, 所以 G_x 是 G 的子群, 称为 $x \in \Omega$ (在 G 中) 的**稳定子群** (或**中心化子**). 显然, 对 Ω 的任意子集 T, 都可以定义它的**稳定子群**: $G_T = \{g \in G \,|\, gT = T\}$. 回忆 $gT = \{gt \,|\, t \in T\}$.

例如, 群 $G = SO(2)$ 由绕原点的旋转构成, 作用在 $\mathbb{R}^2$ 上. 原点 o 的稳定子群 $G_o = G$. 如果 x 不是原点, 那么 $G_x = \{e\}$.

群 $G = SO(3)$ 作用在 $\mathbb{R}^3$ 上. 如果 $x \neq 0$, 那么 G_x 中的元素以 x 为一个不动点. 根据欧拉定理 (见第二卷 4.3 节中第四部分最后一段), G_x 由以 $\mathbb{R}x$ 为旋转轴的旋转构成. 特别 G_x 与 $SO(2)$ 同构.

回到一般的情况. 利用稳定子群, 可以看出 G 在 O_x 上的作用与群在 G/G_x 上的平移作用本质上是一样的. 首先, $hx = gx$ 当且仅当 $h^{-1}g \in G_x$. 这等价于 $h \in gG_x$. 于是把稳定子群 G_x 在 G 中的左陪集 gG_x 对应到 gx 的映射建立了集合 G/G_x 到轨道 O_x 的一一对应. 而且这个一一对应保持群 G 的作用: 如果 G/G_x 中的元素 σ 映到 O_x 中的元素 y, 那么 $g\sigma$ 映到 gy. 特别,

$$\text{Card}\, O_x = \text{Card}\,(G/G_x) = [G : G_x]. \tag{1.2.2}$$

同一轨道中不同的元素的稳定子群的联系十分密切. 假设 $y = gx$. 如果 $hx = x$, 那么 $y = gx = ghx = ghg^{-1}gx = ghg^{-1}y$. 就是说 $ghg^{-1} \in G_y$. 于是

$$gG_x g^{-1} = \{ghg^{-1} \,|\, h \in G_x\} \subset G_y.$$

类似地, 从 $x = g^{-1}y$ 推知

$$g^{-1}G_y g \subset G_x.$$

可见, 我们有

$$G_y = gG_x g^{-1}.$$

这说明, 同一轨道的不同元素的稳定子群在 G 中是共轭的.

为了方便以后的引用, 把上面讨论得到的一些结论总结为如下的定理.

定理 1.5　设群 G 作用在集合 Ω 上.

(1) 集合 Ω 中的 G-轨道构成 Ω 的一个划分, 即不同的轨道的交集是空集, 所有的轨道的并集是 Ω.

(2) 如果 Ω 中两个元素在同一个轨道, 那么它们的稳定子群在 G 中共轭. 更确切地说, 如果 $y = gx$ 是 Ω 中的元素, 那么

$$G_y = gG_x g^{-1}.$$

(3) 设 O_x 是一条 G-轨道. 那么, 有双射

$$\mathcal{A}: G/G_x \to O_x, \quad gG_x \to gx.$$

而且这个双射保持群 G 的作用: $\mathcal{A}(g\sigma) = g\mathcal{A}(\sigma)$ 对 G/G_x 中任意的陪集 σ 和 G 中任意的元素 $g \in G$. 换句话说, G 在 O_x 上的作用与它在 G/G_x 上的平移作用本质上是一样的. 特别, 我们有 $|O_x| = |G/G_x| = [G : G_x]$.

(4) 如果 Ω 是有限集, O_{x_1}, O_{x_2}, $\cdots$, O_{x_r} 是 Ω 中所有的轨道, 那么

$$|\Omega| = |O_{x_1}| + |O_{x_2}| + \cdots + |O_{x_r}| = \sum_{i=1}^{r}[G : G_{x_i}]. \tag{1.2.3}$$

公式 (1.2.3) 在讨论有限群的作用时经常用到.

四　共轭作用　回顾 G 在自身上的共轭作用: $g \circ x = gxg^{-1} = {}^g x$. 这个作用给出的群同态是 $\tau: G \to S(G)$, $g \to \tau_g$, 其中 $\tau_g: G \to G$, $x \to gxg^{-1}$. 共轭作用的核由满足条件 $\tau_g = e_G$ 的元素 g 构成. 这个条件就是 $gxg^{-1} = x$ 对任意的 $x \in G$ 成立. 所以共轭作用的核是

$$Z(G) = \{g \in G \,|\, gxg^{-1} = x, \,\forall\, x \in G\} = \{g \in G \,|\, gx = xg, \,\forall\, x \in G\}, \tag{1.2.4}$$

它称为群 G 的**中心**. 注意单位元 e 在中心里.

共轭作用的轨道称为群 G 的**共轭类**. 包含 x 的共轭类记作 $\mathcal{C}_x$, 它的元素是 gxg^{-1}, $g \in G$. 在同一个共轭类中的元素都称为相互共轭的, 回顾一下, x 与 y **共轭**如果存在 $g \in G$ 使得 $y = gxg^{-1}$. 对共轭作用, 元素 $x \in G$ 的稳定子群 G_x 称为 x 的**中心化子**, 常记作 $C_G(x)$ 或 $Z_G(x)$. 于是有

$$C_G(x) = \{g \in G \mid gxg^{-1} = x\} = \{g \in G \mid gx = xg\}, \tag{1.2.5}$$

可见 $C_G(x) = G$ 当且仅当 x 在 G 的中心里. 此时, $\mathcal{C}_x$ 只含有一个元素, 就是 x.

类似地, 群 G 的两个子集 H 与 T 称为**共轭的**, 如果存在 $g \in G$ 使得 $T = gHg^{-1}$.

设 H 是 G 的子群. 集合

$$N_G(H) = \{g \in G \mid gHg^{-1} = H\} = \{g \in G \mid gH = Hg\} \tag{1.2.6}$$

称为 H 的**正规化子**. 容易验证它是 G 的子群. 这个断言也可以从另一个角度看. 群 G 的共轭作用诱导了群 G 在 G 的子集上的共轭作用. 显然 $N_G(H)$ 就是在这个作用下 H 的稳定子群.

当 $N_G(H) = G$ 时, 称 H 为 G 的**正规子群**, 常记作 $H \lhd G$. 正规子群其实我们早已经遇到了: 群同态的核都是正规子群. 假设 $\phi : G \to G'$ 是群同态. 对任意的 $g \in G$, $x \in \operatorname{Ker}\phi = K$, 有

$$\phi(gxg^{-1}) = \phi(g)\phi(x)\phi(g)^{-1} = \phi(g)e'\phi(g)^{-1} = e',$$

所以 $gxg^{-1} \in K$. 这说明 $gKg^{-1} \subset K$. 由于 $g^{-1}xg \in K$ 且 $g(g^{-1}xg)g^{-1} = x$, 所以 $gKg^{-1} = K$ 对任意的 $g \in G$ 成立. 即 $K = \operatorname{Ker}\phi$ 是 G 的正规子群. 后面 (定理 2.1) 我们将会看到正规子群都是群同态的核.

下面把定理 1.5(4) 应用于有限群的共轭作用. 这些轨道就是共轭类. 设 $\mathcal{C}_{x_1}$, $\mathcal{C}_{x_2}$, $\cdots$, $\mathcal{C}_{x_r}$ 是有限群 G 共轭类全体, 并且只含有一个元素的共轭类是前面 q 个. 于是 G 的中心 $Z(G)$ 由 x_1, x_2, $\cdots$, x_q 构成.

根据公式 (1.2.2) 和 (1.2.3) 知

$$|G| = |\mathcal{C}_1| + \cdots + |\mathcal{C}_r| \quad \text{类方程};$$
$$|\mathcal{C}_{x_i}| = [G : C_G(x_i)], \quad i = 1, 2, \cdots, r;$$

$$|G| = |Z(G)| + \sum_{i=q+1}^{r} [G : C_G(x_i)]. \tag{1.2.7}$$

例如, 群 S_3 有三个共轭类: $\{e\}$; $\{(1\,2), (1\,3), (2\,3)\}$ 和 $\{(1\,2\,3), (1\,3\,2)\}$. 它的中心只有元素 e. 所以 $r = 3$, $q = 1$.

利用公式 (1.2.7) 可以得到如下有趣的结论.

定理 1.6　有限 p-群 (即群的阶是素数 p 的幂 p^n, 且阶大于 1) 的中心是非平凡的, 即中心含有非单位元.

证明　如果 G 是交换群, 则 $G = Z(G)$, 此时结论成立. 假设 G 非交换, 则 $r > q$. 根据公式 (1.2.1), 当 $i > q$ 时, 有 $[G : C_G(x_i)] = p^{n_i} > 1$. 由公式 (1.2.7) 知

$$p^n = |Z(G)| + \sum_{i=q+1}^{r} p^{n_i}.$$

于是 p 整除 $Z(G)$ 的阶.   □

非交换 p-群在正特征域上的矩阵群中很容易找到. 例如 p 元域 $\mathbb{F}_p$ 上的三角形矩阵群

$$U = \left\{ \left. \begin{pmatrix} 1 & 0 & 0 \\ a & 1 & 0 \\ c & b & 1 \end{pmatrix} \right| a, b, c \in \mathbb{F}_p \right\}$$

是 p^3 阶群.

五　平移作用　群 G 在其子群 H 的左陪集全体形成的集合 G/H 上的 (左) 平移作用是

$$G \times G/H \to G/H, \quad (g, xH) \to gxH.$$

它的核是

$$\{g \in G \mid gxH = xH \quad \text{对任意的 } x \in G\},$$

条件 $gxH = xH$ 等价于 $x^{-1}gx \in H$, 即 $g \in xHx^{-1}$. 由此可见, 这个作用的核是

$$K = \bigcap_{x \in G} xHx^{-1}.$$

注意 K 是 G 的正规子群, 而且是在 H 中的 G 的正规子群里的最大者. 这个平移作用是忠实的意味着 H 中除了单位元群外没有 G 的其他的正规子群.

六 可迁作用 群作用的轨道如果只有一个, 这个作用就称为是可迁的. 这时称群为集合的**可迁群**. 根据定理 1.5 (3), 讨论可迁作用只需讨论群在其子群的左陪集集合上的平移作用. 可以直接验证 G 在子群 H 上的左陪集集合 G/H 上的平移作用是可迁的. 事实上, 对任意两个左陪集 gH 和 $g'H$, 有 $(g'g^{-1})gH = g'H$. 群 G 中的元素在 G/H 中的作用其实是 G/H 中的元素的一个置换. 于是当 G/H 是有限集的时候, 可迁作用本质上就是在集合 $\Omega = \{1, 2, \cdots, n\}$ 上的可迁作用, 其中 $n = |G/H|$. 可见, 我们只需讨论集合 $\Omega = \{1, 2, \cdots, n\}$ 上的可迁作用.

令 $\Omega^{[k]}$ 为 Ω 中有序 k-元子集全体, 它可以自然看作 Ω^k 的子集. 群 G 在 Ω 上的作用诱导了它在 $\Omega^{[k]}$ 上的作用. 如果在 $\Omega^{[k]}$ 上的作用是可迁的, 则称 G 在 Ω 上是 k-**可迁的**. 例如 S_n 在 Ω 上是 n-可迁的, 而交错群在 Ω 上是 $(n-2)$-可迁的.

群的 k-可迁性曾经是有限群研究的重要课题. 借助于有限单群的分类, 这个问题才得以解决, 特别, 人们证明了 6-可迁群只有 S_n $(n \geqslant 6)$ 和 A_n $(n \geqslant 8)$.

下面给出可迁作用的一些有趣结果, 后面会用到的. 设 G 是 Ω 的可迁群. 元素 $i \in \Omega$ 的稳定子群是 G_i. 根据定理 1.5(2), 如果 $i = g_i(1)$, 那么 $G_i = g_i G_1 g_i^{-1}$. 根据定理 1.5(3), 元素 $g_1, g_2, \cdots, g_n$ 可以作为 G_1 在 G 中的左陪集的代表元集合, 即

$$G = g_1 G_1 \cup g_2 G_1 \cup \cdots \cup g_n G_1. \tag{1.2.8}$$

由此可见, G_1 在 G 中的指标是 n, 且 $|G| = n|G_1|$. 另外我们可以要求 $g_1 = e$.

为了方便表述, 我们称 $j \in \Omega$ 为 $g \in G$ 的一个**不动点**, 如果 g 保持它不变, 即 $g(j) = j$.

定理 1.7 设 G 是 Ω 上的有限可迁群. 对任意的 $g \in G$, 令 N_g 为 g 在 Ω 中的不动点的个数, 即 $N_g = \sharp\{i \in \Omega \,|\, g(i) = i\}$. 那么

(1) $\sum\limits_{g \in G} N_g = |G|$. (用 $|G|$ 除等式两边, 可知平均下来, G 中每个元素在 Ω 中有一个不动点.)

(2) 如果 G 是 2-可迁的, 那么 $\sum\limits_{g \in G} N_g^2 = 2|G|$.

证明 (1) 我们有

$$\sum_{g \in G} N_g = \sum_{j=1}^{n} \Gamma(j),$$

其中 $\Gamma(j)$ 是 G 中保持 j 不变的元素的个数, 换句话说, $\Gamma(j) = |G_j|$. 我们已经知道

$$|G_j| = |g_j G_1 g_j^{-1}| = |G_1|,$$

其中 g_j 取自分解 (1.2.8). 于是

$$\sum_{g \in G} N_g = \sum_{j=1}^{n} |G_j| = \sum_{j=1}^{n} |G_1| = n|G_1| = |G|.$$

(2) 2-可迁的条件蕴含 1 的稳定子群 G_1 在集合 $\Omega_1 = \Omega \backslash \{1\}$ 上的作用可迁. 令 N'_x 为 $x \in G_1$ 在 Ω_1 中的不动点的个数. 把 (1) 的结论用于 G_1 在 Ω_1 上的作用, 得

$$\sum_{x \in G_1} N'_x = |G_1|.$$

对 $x \in G_1$, $1 \in \Omega$ 是不动点, 且不在 Ω_1 中, 所以 $N_x = 1 + N'_x$. 于是

$$\sum_{x \in G_1} N_x = 2|G_1|.$$

类似地, 对 $x \in G_j$, 有

$$\sum_{x \in G_j} N_x = 2|G_j| = 2|G_1|.$$

对 j 求和, 得

$$\sum_{j=1}^{n} \sum_{x \in G_j} N_x = 2n|G_1| = 2|G|.$$

假设 $x \in G$ 的不动点是 j_1, j_2, $\cdots$, j_m. 那么 $N_x = m$, 而且 m 个子群 G_{j_1}, G_{j_2}, $\cdots$, G_{j_m} 都包含 x, 其他的子群 G_j 不包含 x. 因此在上式的求和中, 集合 $A = \bigcup_{j=1}^{n} G_j$ 中的每个元素 x 出现的次数是 N_x. 于是上面的求和可写成

$$\sum_{x \in A} N_x^2 = 2|G|.$$

另一方面, 如果 G 中的元素 g 不在 A 中, 那么 g 在 Ω 中没有不动点, 从而 $N_g = 0$. 于是有

$$\sum_{g \in G} N_g^2 = \sum_{g \in A} N_g^2 = 2|G|. \qquad \square$$

推论 1.8 (约当定理, 1872) 假设 G 是 Ω 上的有限可迁群, $n \geqslant 2$. 那么 G 中有些元素没有不动点.

证明 由于 G 中的单位元 e 有 n 个不动点, 而 $n \geqslant 2$, 由定理 1.7 (1) 可知 G 中有些元素没有不动点. □

令人惊讶的是, 这个简单的结论在数论和拓扑中都有有趣的应用[1]. 这个定理的另一个表述是如下的结论.

定理 1.9 如果 H 是有限群 G 的真子群 (即 $H \neq G$), 那么 G 中有共轭类, 它与 H 不相交.

证明 首先群 G 在 G/H 上的作用是可迁的, 而且 $|G/H| \geqslant 2$. 根据约当定理, 存在 $g \in G$ 使得对任意的 $x \in G$ 有 $gxH \neq xH$. 这意味着, 对任意的 $x \in G$, 有 $x^{-1}gx \notin H$. 所以含 g 的共轭类与 H 不相交. □

七 齐性空间 在几何中, 群作用是有力的工具. 这时 Ω 一般有空间结构 (开集、闭集、连续等概念有明确的含义), 群 G 常常也有与群结构相容的空间结构, 但很多有趣的情形也不要求 G 有空间结构. 群在 Ω 上的作用一般要求保持 Ω 的空间结构 (即开集映到开集、保距等) 等.

假设群有空间结构而且连续地作用在 Ω 上, 即映射 $G \times \Omega \to \Omega$, $(g, x) \to gx$ 对变量 g 和 x 都是连续的. 如果这个作用还是可迁的, 那么 Ω 称为**齐性的**.

定理 1.5(3) 告诉我们, 齐性空间与某个左陪集集合 G/H 有自然的一一对应. 一般人们可以通过 G 的空间结构直接赋予 G/H 空间结构, 从而 G/H 就是齐性空间. (中文文献也用术语齐次空间, 由于这里本质上说的是 Ω 中所有点的地位一样, 次数的含义不明显, 所以看起来齐性是更合适的表述.)

简单的例子是很容易举出的. 一般线性群 $GL_n(\mathbb{R})$ 可迁作用在 $\mathbb{R}^n \backslash \{0\}$ 上, 进而可迁作用在射影空间 $\mathbb{RP}^{n-1}$ 上. 在 $n = 2$ 时, 容易看出 $\mathbb{RP}^1$ 中的点的稳定子群与 $GL_2(\mathbb{R})$ 中的上三角矩阵形成的子群 B_2 同构, 于是 $GL_2(\mathbb{R})/B_2$ 可以与射影线 $\mathbb{RP}^1$ 等同. 用 B_n 记 $GL_n(\mathbb{R})$ 中上三角矩阵形成的子群. 如果 $n > 2$, $GL_n(\mathbb{R})/B_n$ 不是射影空间 $\mathbb{RP}^{n-1}$, 但非常有意思.

前面讲稳定子群时说的例子表明 $SO(3)/SO(2)$ 几何上可以等同于球面 S^2.

---

[1] Serre J P. On a theorem of Jordan. Math. Medley, 2002(29): 3-18, 或 Bull. A.M.S., 2003 (40): 429-440.

习　题　1.2

1. 正交群 $O(2)$ 作用在实平面 $\mathbb{R}^2$ 上, 这个作用把过原点的直线变成过原点的直线. 确定一条过原点的直线的稳定子群.

2. 对称群 S_3 作用在两个 3 元集合 U 和 V 上. 让 S_3 对角地作用在集合 $U\times V$ 上: $g(u,v) = (gu, gv)$. 对如下情形确定 $U \times V$ 中的轨道:

(1) 在 U 和 V 上的作用都是可迁的;

(2) 在 U 上的作用是可迁的, 在 V 上的作用的轨道是 $\{v_1\}$ 和 $\{v_2, v_3\}$.

3. 一般线性群 $GL_n(\mathbb{R})$ 通过左乘作用在列向量空间 $\mathbb{R}^n$ 上.

(1) 确定这个作用的轨道;

(2) 求出 $e_1 \in \mathbb{R}^n$ 的稳定子群.

4. 对于 $GL_2(\mathbb{C})$ 在 $M_2(\mathbb{C})$ (二阶复方阵全体) 上的如下作用, 确定其轨道;

(1) 左乘;

(2) 共轭.

5. 设 $M_{m,n}(\mathbb{R})$ 是 $m \times n$ 实矩阵全体形成的向量空间, $G = GL_m(\mathbb{R}) \times GL_n(\mathbb{R})$.

(1) 证明规则 $(P, Q): A \to PAQ^{-1}$ 定义了群 G 在 $M_{m,n}(\mathbb{R})$ 上的作用;

(2) 确定这个作用的轨道;

(3) 如果 $m \leqslant n$, 矩阵 $(E\ 0)$ 的稳定子群是什么?

6. 刻画矩阵 $\begin{pmatrix} 2 & 0 \\ 0 & 3 \end{pmatrix}$ 在 $GL_2(\mathbb{R})$ 的共轭作用下的轨道和稳定子群.

7. 对 G 在 G/H 上的平移作用, 求出陪集 aH 的稳定子群.

8. 设 G 是群, H 是由元素 x 生成的循环子群. 证明: 如果 H 的每个左陪集在用 x 左乘后不变, 那么 H 是正规子群.

9. 对称群 S_n 作用在集合 $\{1, \cdots, n\}$ 上.

(1) 确定元素 1 的稳定子群 H;

(2) 利用这个作用刻画 H 在 G 中的陪集.

10. 在空间 $\mathbb{R}^3$ 中让原点与立方体和正四面体的中心重合.

(1) 求保持立方体不变的正交变换形成的群;

(2) 求出保持正四面体不变的正交变换形成的群.

11. 把公式 (1.2.1) 运用到 H 是稳定子群的情形以确定上一题中两个群的阶.

12. 证明:

(1) 假设 $K \subset H \subset G$ 是群 (可以是无限群), 那么 $[G:K] = [G:H][H:K]$;

(2) 如果 H 和 K 都是 G 的指标有限的子群, 证明 $H \cap K$ 在 G 中的指标也是有限的;

(3) 举例说明指标 $[H:H \cap K]$ 不必整除 $[G:K]$.

13. G-集合的映射 $\phi: \Omega \to \Omega'$ 称为 G-映射如果对所有的 $g \in G$ 和 $x \in \Omega$ 有 $\phi(gx) = g\phi(x)$. 证明:

(1) 稳定子群 $G_{\phi(x)}$ 包含 G_x;

(2) 元素 $x \in \Omega$ 的轨道映到 $\phi(x)$ 的轨道.

14. 群 G 在集合 Ω 和 Ω' 上的作用称为等价的如果存在可逆的 G-映射 $\phi: \Omega \to \Omega'$. 证明: 如果 G 在 Ω 上的作用是可迁的, 那么这个作用等价于 G 在某个子群 H 的左陪集集合 G/H 上的作用.

15. 利用定理 1.6 证明: 阶为 p^2 的群是交换的 (这里 p 是素数).

16. 证明: 在定理 1.6 之后所给的 p^3 阶群 U 的中心是

$$Z(U) = \left\{ \left. \begin{pmatrix} 1 & 0 & 0 \\ 0 & 1 & 0 \\ c & 0 & 1 \end{pmatrix} \right| c \in \mathbb{F}_p \right\}.$$

求出群 U 的共轭类.

17. 证明: 有限群 G 作用在有限集合 Ω 上的轨道数是

$$r(G:\Omega) = \frac{1}{|G|} \sum_{g \in G} N_g.$$

18. (G. R. Goodson, 1999) 与群 G 的中心化子 $C_G(a) = \{x \in G \,|\, ax = xa\}$ 类似, 考虑在动力系统理论中遇到的反中心

$$D_G(a) = \{x \in G \,|\, ax = xa^{-1}\}.$$

一般说来, $D_G(a)$ 不是群. 证明:

(1) $D_G(a)$ 是群当且仅当 $a^2 = e$.

(2) 集合 $E(a) = C_G(a) \cup D_G(a)$ 总是群.

19. 如果 H 是有限群 G 的真子群, 那么 H 的所有共轭的并不等于 G, 即 $\bigcup\limits_{g \in G} gHg^{-1} \neq G$.

1.3　小维数的典型群

一　一般线性群的子群称为**线性群**或**矩阵群**. 1.2 节的最后一部分似乎让矩阵群露出一丝炫目的别样光芒. 我们这里不能对矩阵群做深入的讨论, 但还是可以对简单的情形说一说. 最重要的线性群是一般线性群、特殊线性群、正交群、酉群和辛群, 它们称为**典型群**. 本节我们仅对实数域上的典型群和复数域上的酉群感兴趣. 先回顾它们的定义. 记号 E 表示单位矩阵.

实特殊线性群 SL_n 是行列式为 1 的实数域上 n 阶可逆矩阵全体形成的群:

$$SL_n = \{A \in GL_n(\mathbb{R}) \mid \det A = 1\}. \tag{1.3.9}$$

正交群 $O(n)$ 是满足条件 ${}^t A = A^{-1}$ 的实 n 阶可逆矩阵全体形成的群:

$$O(n) = \{A \in GL_n(\mathbb{R}) \mid {}^t AA = E\}. \tag{1.3.10}$$

酉群 $U(n)$ 是满足条件 $A^* = A^{-1}$ 的复 n 阶可逆矩阵全体形成的群:

$$U(n) = \{A \in GL_n(\mathbb{C}) \mid A^* A = E\}. \tag{1.3.11}$$

其中 $A^* = \overline{{}^t A}$ 是 $A = (a_{ij})$ 的共轭转置或转置共轭, 即先对 a_{ij} 做共轭, 再把矩阵转置, 或先转置再对其中的数做共轭.

实辛群就是保持辛形式的线性变换形成的群, 用矩阵表达就是如下:

$$Sp_{2n} = \{A \in GL_{2n}(\mathbb{R}) \mid {}^t A J_0 A = J_0\}, \tag{1.3.12}$$

其中

$$J_0 = \begin{pmatrix} 0 & E \\ -E & 0 \end{pmatrix}.$$

在线性群中, "特殊" 的含义是矩阵的行列式等于 1, 所以

特殊正交群 $SO(n) = \{A \in O(n) \mid \det A = 1\}$,

特殊酉群 $SU(n) = \{A \in U(n) \mid \det A = 1\}$.

在第二卷 3.1 节中我们说明了辛群中的矩阵的行列式为 1, 所以辛群的记号中的 S 与这里 "特殊" 的含义不冲突.

线性群的维数大致说来就是其中元素的自由度. 本节我们关注的群都是些小维数群. 首先有

$$O(1) = \{\pm 1\}, \quad SO(1) = \{1\},$$

$$U(1) = \{e^{i\varphi} \,|\, 0 \leqslant \varphi < 2\pi\}, \quad SU(1) = \{1\},$$

$$SO(2) = \left\{ \begin{pmatrix} \cos\varphi & -\sin\varphi \\ \sin\varphi & \cos\varphi \end{pmatrix} \,\middle|\, 0 \leqslant \varphi < 2\pi \right\}.$$

把复数域 $\mathbb{C}$ 与实平面上 $\mathbb{R}^2$ 等同起来. 实平面上的单位圆周 S^1 由如下方程定义:

$$x_0^2 + x_1^2 = 1.$$

其上的点是 $(x_0, x_1) = (\cos\varphi, \sin\varphi) = \cos\varphi + i\sin\varphi = e^{i\varphi}$. 由此可知 $U(1)$ 就是单位圆周. 自然映射

$$e^{i\varphi} = \cos\varphi + i\sin\varphi \to \begin{pmatrix} \cos\varphi & -\sin\varphi \\ \sin\varphi & \cos\varphi \end{pmatrix}$$

是 $U(1)$ 到 $SO(2)$ 的同构. 可见, $SO(2)$ 的几何结构和单位圆周 S^1 是一样的, 几何术语是**拓扑同胚**.

二 特殊酉群 $SU(2)$ 这个群中的元素是复 2 阶方阵

$$A = \begin{pmatrix} a & b \\ -\bar{b} & \bar{a} \end{pmatrix}, \quad \text{且 } a\bar{a} + b\bar{b} = 1. \tag{1.3.13}$$

我们验证这一点. 设 $A = \begin{pmatrix} a & b \\ c & d \end{pmatrix}$ 是 $SU(2)$ 中的元素, 其中 a, b, c, d 是复数. 群 $SU(2)$ 的元素的定义方程是 $A^* = A^{-1}$, $\det A = 1$. 由于 $\det A = 1$, 方程 $A^* = A^{-1}$ 就有如下形式:

$$\begin{pmatrix} \bar{a} & \bar{c} \\ \bar{b} & \bar{d} \end{pmatrix} = A^* = A^{-1} = \begin{pmatrix} d & -b \\ -c & a \end{pmatrix}.$$

于是 $d = \bar{a}$, $c = -\bar{b}$, 而且 $a\bar{a} + b\bar{b} = 1$.

设 $a = x_0 + ix_1$, $b = x_2 + ix_3$. 那么方程 $a\bar{a} + b\bar{b} = 1$ 就是 $x_0^2 + x_1^2 + x_2^2 + x_3^2 = 1$. 它定义了 $\mathbb{R}^4$ 中的三维单位球面 S^3. 于是我们得到一个连续的双射

$$
\begin{array}{ccc}
SU(2) & \longleftrightarrow & S^3 \\
A = \begin{pmatrix} x_0 + ix_1 & x_2 + ix_3 \\ -x_2 + ix_3 & x_0 - ix_1 \end{pmatrix} & \longleftrightarrow & (x_0, x_1, x_2, x_3),
\end{array}
\tag{1.3.14}
$$

因此三维单位球面 S^3 上有一个连续群的结构. 值得注意的是, 在二维球面上无法定义连续群的结构. 实际上, 除了单位圆周和三维单位球面, 其他的球面上都无法定义连续群的结构.

现在我们有两种方式表达 $SU(2)$ 中的元素: 矩阵和 $\mathbb{R}^4$ 中的点. 有意思的是, $SU(2)$ 群方面的一些结论在单位球面 S^3 有很好的直观意义. 回忆地球上有纬线和经线, 如图 1.3.1 所示.

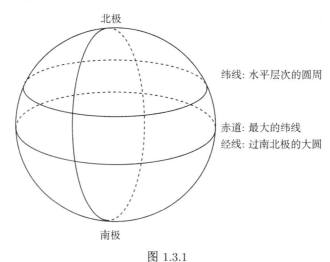

图 1.3.1

类似地, 我们在三维单位球面 $x_0^2 + x_1^2 + x_2^2 + x_3^2 = 1$ 上定义**纬面和经线**

$$
\text{纬面 } W_c: \ x_0 = c, \ x_1^2 + x_2^2 + x_3^2 = 1 - c^2, \quad -1 < c < 1,
\tag{1.3.15}
$$

可见纬面是 "水平" 仿射空间 $x_0 = c$ 与球面 S^3 的交集, 它是仿射空间中的二维球面. 在 $c = 0$ 时, 纬面就是三维子空间 $\{x_0 = 0\}$ 与 S^3 的交. 它是二维单位球面 $\{x_1^2 + x_2^2 + x_3^2 = 1\}$. 这个纬面称为**赤道**, 记作 $\mathbb{E}$.

经线就是 S^3 上过南北极的大圆, 它们是球面 S^3 与过南北极的二维子空间 V 的交. 交集 $L = V \cap S^3$ 是 V 中的单位圆周.

要描述这个单位圆周, 我们回忆 $x_0^2 + x_1^2 = 1$ 的点是 $(\cos\varphi, \sin\varphi) = \cos\varphi\,(1,0) + \sin\varphi\,(0,1)$, 而 $(1,0)$, $(0,1)$ 构成 $\mathbb{R}^2$ 的一个标准正交基. 这是本质, 就是说, 对实平面上的任何一个标准正交基 u, v, 单位圆周的点都可以表示成 $u\cos\varphi + v\sin\varphi$.

很容易取到过南北极的二维子空间 V 的一个标准正交基 p, v, 其中 $p = (1,0,0,0)$ 是球面 S^3 的北极, v 是 V 与 S^3 的赤道 $\mathbb{E}$ 的一个交点. (注意 V 与赤道的另一个交点是 $-v$.) 于是 S^3 中的经线可以写成

$$L : \ell(\varphi) = p\cos\varphi + v\sin\varphi. \tag{1.3.16}$$

如果 S^3 中的点 x 不是南北极, 那么 p 和 x 张成 $\mathbb{R}^4$ 的一个二维子空间. 这说明, S^3 中的点 x 如果不是南北极, 则落在唯一的经线上.

经过映射 (1.3.14), 我们等同 $SU(2)$ 与球面 S^3, 从而可以说 $SU(2)$ 中的纬面和经线.

命题 1.10 群 $SU(2)$ 中的纬面是共轭类. 对在开区间 $-1 < c < 1$ 中的 c, 纬面

$$W_c : \{x_0 = c,\ x_1^2 + x_2^2 + x_3^2 = 1 - c^2\}$$

由 $SU(2)$ 中迹为 $2c$ 的矩阵组成 (见对应 (1.3.14)). 群 $SU(2)$ 中其他的共轭类是 $\{E\}$ 和 $\{-E\}$, 它们构成 $SU(2)$ 的中心.

证明 设 A 是 $SU(2)$ 中的元素. 根据第二卷定理 3.58′, 存在酉矩阵 B 使得 $B^{-1}AB = \mathrm{diag}(e^{i\varphi}, e^{i\psi})$. 由于 A 的行列式为 1, 所以 $e^{i\psi} = e^{-i\varphi}$ 是 $e^{i\varphi}$ 的共轭. 酉矩阵的行列式的模长为 1, 所以 $P = (\det B)^{-1/2}B$ 是行列式为 1 的酉矩阵, 即是 $SU(2)$ 中的元素. 且 $P^{-1}AP = \mathrm{diag}(e^{i\varphi}, e^{-i\varphi})$. 由于

$$\begin{pmatrix} 0 & 1 \\ -1 & 0 \end{pmatrix} \begin{pmatrix} e^{i\varphi} & 0 \\ 0 & e^{-i\varphi} \end{pmatrix} \begin{pmatrix} 0 & -1 \\ 1 & 0 \end{pmatrix} = \begin{pmatrix} e^{-i\varphi} & 0 \\ 0 & e^{i\varphi} \end{pmatrix},$$

所以 $SU(2)$ 两个元素共轭当且仅当它们有相同的特征值. 这里两个特征值相互共轭, 所以有相同的特征值等价于有相同的迹. □

赤道值得特别关注.

推论 1.11 $SU(2)$ 中的元素 A 的下列条件是等价的:

(1) A 在赤道上, 即 $\operatorname{tr} A = 0$;

(2) A 的特征值是 i 和 $-i$;

(3) $A^2 = -E$.

群 $SU(2)$ 中的经线也是很有意思的, 我们把前面得出的结论总结并证明经线是共轭的子群. 回顾一下, 经线就是 $\mathbb{R}^4$ 中过南北极的二维子空间中的单位向量的集合.

命题 1.12　设 V 是 $\mathbb{R}^4$ 中包含 E (北极) 的二维子空间, L 是 V 与 $SU(2) = S^3$ 的交集.

(1) L 与赤道有两个交点. 如果 A 是其中之一, 那么 $-A$ 是另一个交点. 而且 E, A 是 V 的一个标准正交基.

(2) 经线 L 上的点可以写成 $P_\varphi = E \cos\varphi + A \sin\varphi$, $0 \leqslant \varphi < 2\pi$.

(3) $SU(2)$ 中的元素 A 如果不是 $\pm E$, 那么它落在唯一的经线上. 而 $\pm E$ 落在每一条经线上.

(4) $SU(2)$ 中的经线是共轭的子群.

证明　结论 (1), (2), (3) 前面已经说明了. 现证 (4). 首先证明经线 L 是群. 设 P_φ 和 P_ψ 是 L 上的点, 那么

$$
\begin{aligned}
P_\psi P_\varphi &= (E \cos\psi + A \sin\psi)(E \cos\varphi + A \sin\varphi) \\
&= E \cos\psi \cos\varphi + A(\sin\psi \cos\varphi + \cos\psi \sin\varphi) + A^2 \sin\psi \sin\varphi \\
&= E(\cos\psi \cos\varphi - \sin\psi \sin\varphi) + A \sin(\psi + \varphi) \quad \text{注意 } A^2 = -E \\
&= E \cos(\psi + \varphi) + A \sin(\psi + \varphi),
\end{aligned}
$$

所以, L 在乘法下封闭, 对逆运算也是封闭的.

最后证明经线是共轭的. 根据命题 1.10 和推论 1.11, A 与 $\mathbf{i} = \operatorname{diag}(i, -i)$ 共轭, 即 $\mathbf{i} = Q^{-1} A Q$. 于是

$$
Q^{-1} P_\varphi Q = Q^{-1}(E \cos\varphi + A \sin\varphi) Q = E \cos\varphi + \mathbf{i} \sin\varphi.
$$

所以, L 共轭于经线 $E \cos\varphi + \mathbf{i} \sin\varphi$, $0 \leqslant \varphi < 2\pi$.　　　　　　□

例 1.13 (1) 取赤道上的点 $A = \mathbf{i} = \begin{pmatrix} i & 0 \\ 0 & -i \end{pmatrix}$, 那么过 A 的经线是 $SU(2)$ 中的对角线子群, 其元素有如下形式:

$$(\cos\varphi)E + (\sin\varphi)A = \cos\varphi\begin{pmatrix} 1 & 0 \\ 0 & 1 \end{pmatrix} + \sin\varphi\begin{pmatrix} i & 0 \\ 0 & -i \end{pmatrix} = \begin{pmatrix} e^{i\varphi} & 0 \\ 0 & e^{-i\varphi} \end{pmatrix}.$$

(2) 取赤道上的点 $A = \begin{pmatrix} 0 & 1 \\ -1 & 0 \end{pmatrix}$, 那么过 A 的经线是 $SU(2)$ 中的实子群, 即旋转群 $SO(2)$, 其元素有如下形式:

$$(\cos\varphi)E + (\sin\varphi)A = \cos\varphi\begin{pmatrix} 1 & 0 \\ 0 & 1 \end{pmatrix} + \sin\varphi\begin{pmatrix} 0 & 1 \\ -1 & 0 \end{pmatrix} = \begin{pmatrix} \cos\varphi & \sin\varphi \\ -\sin\varphi & \cos\varphi \end{pmatrix}.$$

三 满同态 $SU(2) \to SO(3)$ 群 $SU(2)$ 中的赤道 $\mathbb{E}$ 是共轭类, 所以对 $A \in SU(2)$, 映射

$$\Phi_A : \mathbb{E} \to \mathbb{E}, \quad X \to AXA^{-1} \tag{1.3.17}$$

是赤道 $\mathbb{E}$ 到自身的双射. 赤道 $\mathbb{E}$ 是 $\mathbb{R}^4$ 中三维子空间 $\mathbb{V} = \{x_0 = 0\}$ 中的单位球面. 考虑到这里的 $\mathbb{R}^4$ 与 $SU(2)$ 的密切联系, 见映射 (1.3.14), 我们把 $\mathbb{R}^4$ 和 $\mathbb{V}$ 写成如下的形式:

$$\begin{aligned} \mathbb{R}^4 &= \left\{ \begin{pmatrix} x_0 + ix_1 & x_2 + ix_3 \\ -x_2 + ix_3 & x_0 - ix_1 \end{pmatrix} \middle| x_0, \, x_1, \, x_2, \, x_3 \in \mathbb{R} \right\}, \\ \mathbb{V} &= \left\{ \begin{pmatrix} ix_1 & x_2 + ix_3 \\ -x_2 + ix_3 & -ix_1 \end{pmatrix} \middle| x_1, \, x_2, \, x_3 \in \mathbb{R} \right\}, \end{aligned} \tag{1.3.18}$$

内积是标准的, 由二次型 $x_0^2 + x_1^2 + x_2^2 + x_3^2$ 确定, 它是 $\mathbb{R}^4$ 中元素的行列式. 注意 $A^{-1} = A^*$, $\mathbb{V}$ 中的元素就是二阶斜埃尔米特矩阵. 于是映射 Φ_A 自然延拓成为 $\mathbb{V}$ 上的线性变换.

定理 1.14 (1) 对 $A \in SU(2)$, 映射 $\Phi_A : \mathbb{V} \to \mathbb{V}$, $X \to AXA^{-1} = AXA^*$ 是正交变换.

(2) 映射 $\Phi : SU(2) \to SO(3)$, $A \to \Phi_A$ 是群的满同态, 核为 $\{\pm E\}$.

证明 (1) 需要证明线性变换 Φ_A 保持内积. 由于确定内积的二次型就是元素的行列式, 共轭保持行列式, 所以这个线性变换保持内积. 形式地写出来也是容易

的. 设 $Y = \Phi_A(X) = AXA^{-1}$, 那么

$$(Y \mid Y) = \det Y = \det AXA^{-1} = \det X = (X \mid X),$$

所以 Φ_A 保持内积 (回忆第二卷命题 3.53 说, 保距与保内积是等价的).

(2) 由 (1) 知 $\Phi_A \in O(3)$. 现证明 $\Phi_A \in SO(3)$, 即 Φ_A 的行列式为 1. 考虑 $\mathbb{V}$ 的标准正交基

$$\mathbf{i} = \begin{pmatrix} i & 0 \\ 0 & -i \end{pmatrix}, \quad \mathbf{j} = \begin{pmatrix} 0 & 1 \\ -1 & 0 \end{pmatrix}, \quad \mathbf{k} = \begin{pmatrix} 0 & i \\ i & 0 \end{pmatrix}.$$

取 $SU(2)$ 的对角矩阵 $D_\varphi = \mathrm{diag}(e^{i\varphi}, e^{-i\varphi})$. 简单的计算可得

$$\begin{aligned} &D_\varphi \mathbf{i} D_\varphi^{-1} = \mathbf{i}, \\ &D_\varphi \mathbf{j} D_\varphi^{-1} = \cos 2\varphi\, \mathbf{j} + \sin 2\varphi\, \mathbf{k}, \\ &D_\varphi \mathbf{k} D_\varphi^{-1} = -\sin 2\varphi\, \mathbf{j} + \cos 2\varphi\, \mathbf{k}. \end{aligned} \tag{1.3.19}$$

所以 Φ_{D_φ} 是绕 $\mathbb{R}\mathbf{i}$ 的旋转, 旋转角是 2φ.

一方面赤道 $\mathbb{E}$ 是 $\mathbb{V}$ 中的单位向量的集合, 另一方面它是 $SU(2)$ 中的共轭类, 所以 $SU(2)$ 在其上的共轭作用是可迁的. 就是说, 对于 $\mathbb{V}$ 中任意的单位向量 $\mathbf{p}$, 存在 $A \in SU(2)$ 使得 $A\mathbf{i}A^{-1} = \mathbf{p}$. 由于 Φ_A 是 $\mathbb{V}$ 上的正交变换, 所以 $A\mathbf{i}A^{-1} = \mathbf{p}$, $A\mathbf{j}A^{-1} = \mathbf{q}$, $A\mathbf{k}A^{-1} = \mathbf{r}$ 构成 $\mathbb{V}$ 的标准正交基. 从 (1.3.19) 得

$$\begin{aligned} &AD_\varphi A^{-1}\mathbf{p}AD_\varphi^{-1}A^{-1} = \mathbf{p}, \\ &AD_\varphi A^{-1}\mathbf{q}AD_\varphi^{-1}A^{-1} = \cos 2\varphi\, \mathbf{q} + \sin 2\varphi\, \mathbf{r}, \\ &AD_\varphi A^{-1}\mathbf{r}AD_\varphi^{-1}A^{-1} = -\sin 2\varphi\, \mathbf{q} + \cos 2\varphi\, \mathbf{r}. \end{aligned} \tag{1.3.20}$$

所以 $\Phi_{AD_\varphi A^{-1}}$ 是绕 $\mathbb{R}\mathbf{p}$ 的旋转, 旋转角是 2φ. 由此可见, $\mathbb{V}$ 上任何的旋转都在 Φ 的像中. 根据欧拉定理 (见第二卷 4.3 节第四部分最后一段), $SO(3)$ 由旋转构成, 所以 Φ 的像包含 $SO(3)$. 我们知道 $SU(2)$ 中的元素都共轭于对角的元素, 所以 Φ 的像由所有的元素 $\Phi_{AD_\varphi A^{-1}}$ 构成, 即都是旋转.

我们已经说明了 Φ 是从 $SU(2)$ 到 $SO(3)$ 的满射. 如果 A 在 Φ 的核中, 那么 $\Phi_A = \Phi_E$ 是 $\mathbb{V}$ 上的恒等变换, 即

$$A\mathbf{i}A^{-1} = \mathbf{i}, \quad A\mathbf{j}A^{-1} = \mathbf{j}, \quad A\mathbf{k}A^{-1} = \mathbf{k}.$$

由此可得 $A = \pm E$. 所以 $\mathrm{Ker}\,\Phi = \{\pm E\}$. $\square$

注 这个满同态的构造和第二卷 4.5 节第四部分构造 $SL_2(\mathbb{C})$ 到受限洛伦兹群的满同态是很类似的.

推论 1.15 群 $SO(3)$ 与射影空间 $\mathbb{R}\mathrm{P}^3$ 拓扑同胚, 换句话说它们的几何是一致的.

证明 群 $SU(2)$ 与 $\mathbb{R}^4$ 中的单位球面 S^3 一致. 满同态把 $SU(2)$ 中的对径点映到相同的点, 不同的对径点映到不同的点. 所以 $SO(3)$ 自然与三维球面中的对径点一一对应, 而三维球面的对径点是与 $\mathbb{R}^4$ 中过原点的直线一一对应的: 每条这样的直线与球面的交点是对径点. 所以 $SO(3)$ 与 $\mathbb{R}\mathrm{P}^3$ 是拓扑同胚的. □

这个推论说明可以在射影空间 $\mathbb{R}\mathrm{P}^3$ 上有连续群的结构. 但在 $\mathbb{R}\mathrm{P}^2$ 上无法构造连续群的结构.

四 四元数 四维实向量空间 $\mathbb{R}^4$ 与一些二阶复方阵矩阵全体等同起来

$$\mathbb{R}^4 = \left\{ \begin{pmatrix} x_0 + ix_1 & x_2 + ix_3 \\ -x_2 + ix_3 & x_0 - ix_1 \end{pmatrix} \middle| \ x_0,\ x_1,\ x_2,\ x_3 \in \mathbb{R} \right\}. \tag{1.3.21}$$

矩阵乘法带来 $\mathbb{R}^4$ 上的乘法. 考虑其上通过二次型 $x_0^2 + x_1^2 + x_2^2 + x_3^2$ 定义的内积. 选取标准正交基

$$\mathbf{1} = \begin{pmatrix} 1 & 0 \\ 0 & 1 \end{pmatrix}, \quad \mathbf{i} = \begin{pmatrix} i & 0 \\ 0 & -i \end{pmatrix}, \quad \mathbf{j} = \begin{pmatrix} 0 & 1 \\ -1 & 0 \end{pmatrix}, \quad \mathbf{k} = \begin{pmatrix} 0 & i \\ i & 0 \end{pmatrix}. \tag{1.3.22}$$

由于矩阵间的乘法完全由一个基之间的乘法确定, 所以 $\mathbb{R}^4$ 中的这个乘法完全由下面的乘法表确定.

	1	i	j	k
1	1	i	j	k
i	i	−1	k	−j
j	j	−k	−1	i
k	k	j	−i	−1

这个乘法是矩阵间的乘法, 所以有结合律、乘法对加法的分配律, 而且满足 $a(AB) = (aA)B = A(aB)$, 其中 $a \in \mathbb{R}$, $A, B \in \mathbb{R}^4$. 带着这个乘法, $\mathbb{R}^4$ 成为实数域上的非交换代数. 它就是**四元数代数**, 一般记作 $\mathbb{H}$, 以称誉其发现者哈密尔顿 (W. Hamilton, 1805—1865). 他在试图扩展复数域时, 经过十余年努力, 于 1843 年发现四元数代数.

从乘法表可以看出, $\mathbb{H}$ 的中心是 $Z(\mathbb{H}) = \mathbb{R}\mathbf{1}$, 且 $\mathbf{1}$ 是它的单位元. 于是, 乘法表的主要内容可以写成如下方便记忆的公式:

$$\mathbf{i}^2 = \mathbf{j}^2 = \mathbf{k}^2 = -\mathbf{1}, \quad \mathbf{ij} = -\mathbf{ji} = \mathbf{k}, \quad \mathbf{jk} = -\mathbf{kj} = \mathbf{i}, \quad \mathbf{ki} = -\mathbf{ik} = \mathbf{j}. \tag{1.3.23}$$

我们将 $a\mathbf{1}$ 简单记作 a. 代数 $\mathbb{H}$ 中每个元素都以唯一的方式写成基 (1.3.22) 的线性组合

$$\mathbf{q} = a + b\mathbf{i} + c\mathbf{j} + d\mathbf{k} := a\mathbf{1} + b\mathbf{i} + c\mathbf{j} + d\mathbf{k}, \tag{1.3.24}$$

其中 a, b, c, d 是实数. 于是

$$\mathbb{H} = \mathbb{R} + \mathbb{R}\mathbf{i} + \mathbb{R}\mathbf{j} + \mathbb{R}\mathbf{k}.$$

四元数代数 $\mathbb{H}$ 包含三个明显的子域与复数域同构: $\mathbb{R} + \mathbb{R}\mathbf{i}$, $\mathbb{R} + \mathbb{R}\mathbf{j}$ 和 $\mathbb{R} + \mathbb{R}\mathbf{k}$. 把 $\mathbb{C}$ 与 $\mathbb{R} + \mathbb{R}\mathbf{i}$ 等同, 那么, 对 $c, c' \in \mathbb{C}$ 和 $\mathbf{q}, \mathbf{q}' \in \mathbb{H}$, 有

$$c(\mathbf{q} + \mathbf{q}') = c\mathbf{q} + c\mathbf{q}', \quad (c + c')\mathbf{q} = c\mathbf{q} + c'\mathbf{q}, \quad (cc')\mathbf{q} = c(c'\mathbf{q}).$$

而且.

$$a + b\mathbf{i} + c\mathbf{j} + d\mathbf{k} = (a + b\mathbf{i})\mathbf{1} + (c + d\mathbf{i})\mathbf{j}.$$

所以, $\mathbb{H}$ 是二维复向量空间, $\mathbf{1}$, $\mathbf{j}$ 是一个基.

需要注意的是, $\mathbb{H}$ 不是 $\mathbb{C}$ 上的代数, 因为条件 $c(\mathbf{qq}') = (c\mathbf{q})\mathbf{q}' = \mathbf{q}(c\mathbf{q}')$ 不满足. 例如

$$\mathbf{i}(\mathbf{jk}) = \mathbf{i}^2 = -\mathbf{1} \neq \mathbf{j}(\mathbf{ik}) = \mathbf{j} \cdot (-\mathbf{j}) = -\mathbf{j}^2 = \mathbf{1}.$$

类似于复数, 四元数有共轭的概念. 称

$$\mathbf{q}^* = a - b\mathbf{i} - c\mathbf{j} - d\mathbf{k}$$

为 $\mathbf{q}$ 的**共轭 (四元数)**. 如果 $\mathbf{q}$ 是 "纯四元数", 即 $a = 0$, 那么 $\mathbf{q}^* = -\mathbf{q}$. 通过公式 (1.3.23) 可以算出

$$N(\mathbf{q}) := \mathbf{q} \cdot \mathbf{q}^* = a^2 + b^2 + c^2 + d^2. \tag{1.3.25}$$

它称为四元数 $\mathbf{q}$ 的**范数**. 这当然和复数的模是完全类似的. 如果用 (1.3.21) 把 $\mathbf{q}$ 写成矩阵形式, 我们就有

$$N(\mathbf{q}) = \det \mathbf{q}. \tag{1.3.26}$$

范数帮助我们看出非零的四元数是可逆的. 如果 $\mathbf{q}$ 是非零的, 那么 $N(\mathbf{q}) \neq 0$, 从而

$$\mathbf{q}^{-1} = \frac{\mathbf{q}^*}{N(\mathbf{q})}, \quad \mathbf{q}\mathbf{q}^{-1} = \mathbf{1} = \mathbf{q}^{-1}\mathbf{q}. \tag{1.3.27}$$

于是, 集合 $\mathbb{H}^* := \mathbb{H} \backslash \{0\}$ 是群, 称为**四元数代数的乘法群**.

简单的计算可以看出

$$(a\mathbf{q} + a'\mathbf{q}')^* = a\mathbf{q}^* + a'\mathbf{q}'^*,$$
$$(\mathbf{q}\mathbf{q}')^* = \mathbf{q}'^*\mathbf{q}^*,$$
$$N(\mathbf{q}\mathbf{q}') = N(\mathbf{q})N(\mathbf{q}'),$$

其中 a, a' 是实数. 这表明映射 $\mathbf{q} \to \mathbf{q}^*$ 是代数 $\mathbb{H}$ 的**反自同构** (映射改变乘积因子的顺序), 而映射 $\mathbf{q} \to N(\mathbf{q})$ 是从乘法群 $\mathbb{H}^*$ 到 $\mathbb{R}^*$ 同态, 其核为

$$Sp(1) := \mathrm{Ker}N = \{\mathbf{q} \in \mathbb{H} \mid N(\mathbf{q}) = 1\}. \tag{1.3.28}$$

考虑到四元数代数的矩阵形式 (1.3.21), 我们立即知道 $Sp(1)$ 就是 $SU(2)$. 在第三部分构造的满同态 $\Phi: SU(2) \to SO(3)$ 用四元数的语言也是很方便的.

具有单位范数的四元数 $\mathbf{q}$ 给出映射

$$\Psi_{\mathbf{q}}: \mathbb{H} \to \mathbb{H}, \quad \mathbf{p} \to \mathbf{q}\mathbf{p}\mathbf{q}^{-1}. \tag{1.3.29}$$

由于 $\mathbf{q}^{-1} = \mathbf{q}^*$, 所以

$$\Psi_{\mathbf{q}}(\mathbf{p}^*) = \mathbf{q}\mathbf{p}^*\mathbf{q}^{-1} = (\mathbf{q}^{-1})^*\mathbf{p}^*\mathbf{q}^* = (\Psi_{\mathbf{q}}(\mathbf{p}))^*.$$

如果 $\mathbf{p}$ 是纯四元数, 即 $\mathbf{p}^* = -\mathbf{p}$, 那么 $(\Psi_{\mathbf{q}}(\mathbf{p}))^* = \Psi_{\mathbf{q}}(\mathbf{p}^*) = -\Psi_{\mathbf{q}}(\mathbf{p})$ 也是纯四元数. 由此可见, $\mathbb{H}$ 的纯四元数子空间 $\mathbb{H}_0$ 是 $\Psi_{\mathbf{q}}$ 的不变子空间. 因此得到线性算子

$$\Psi_{\mathbf{q}}: \mathbb{H}_0 \to \mathbb{H}_0, \quad \mathbf{p} \to \mathbf{q}\mathbf{p}\mathbf{q}^{-1}.$$

子空间 $\mathbb{H}_0$ 其实就是第三部分的子空间 $\mathbb{V}$, 见公式 (1.3.18), 线性算子 $\Psi_{\mathbf{q}}$ 是某个 Φ_A. 所以下面的结论是定理 1.14 的一个翻版.

定理 1.14′ 映射 $\Psi: Sp(1) \to SO(3)$, $\mathbf{q} \to \Psi_{\mathbf{q}}$ 是满同态, 核为 $\{\pm\mathbf{1}\}$.

我们对这个翻版给出证明, 不用 "赤道是共轭类" 这个结论.

首先 $\Psi_{\mathbf{q}}$ 为正交变换. 为看出这一点, 把纯四元数空间 $\mathbb{H}_0$ 与欧氏空间 $\mathbb{R}^3$ 等同, 其中向量的长度与范数没有本质区别

$$|\mathbf{p}|^2 = N(p).$$

长度的这个形式对证明 $\Psi_{\mathbf{q}}$ 为正交变换是很方便的

$$|\Psi_{\mathbf{q}}(\mathbf{p})|^2 = N(\Psi_{\mathbf{q}}(\mathbf{p})) = N(\mathbf{q})N(\mathbf{p})N(\mathbf{q}^{-1}) = N(\mathbf{p}) = |\mathbf{p}|^2.$$

其次证明 $\Psi_{\mathbf{q}}$ 的行列式为 1. 当 $\mathbf{q} = \mathbf{1}$ 时, 这是显然的, 因为 $\Psi_{\mathbf{1}}$ 是恒等变换. 对一般的 $\mathbf{q}$, 由于几何上 $Sp(1)$ 是三维球面 S^3, 在球面上能找到一条光滑的曲线 $\mathbf{r}(t)$ 连接 $\mathbf{q}$ 和 $\mathbf{1}$. 于是 $\Psi_{\mathbf{r}(t)}$ 是连接 $\Psi_{\mathbf{q}}$ 和恒等算子 $\Psi_{\mathbf{1}}$ 的曲线, 行列式 $\det \Psi_{\mathbf{r}(t)}$ 是关于参数 t 的连续函数. 由于 $\det \Psi_{\mathbf{1}} = 1$, 所以 $\det \Psi_{\mathbf{r}(t)} = 1$. 特别, $\det \Psi_{\mathbf{q}} = 1$. 就是说, $\Psi(Sp(1)) \subset SO(3)$.

要说明 Ψ 是满射需要一些 $SO(3)$ 的结构方面的结论. 对空间 $\mathbb{H}_0$ 而言, 绕 $\mathbb{R}\mathbf{k}$ 的旋转 $\mathcal{B}_{\varphi}$ 和绕 $\mathbb{R}\mathbf{i}$ 的旋转 $\mathcal{C}_{\theta}$ 的矩阵分别有如下的形式:

$$B_{\varphi} = \begin{pmatrix} \cos\varphi & -\sin\varphi & 0 \\ \sin\varphi & \cos\varphi & 0 \\ 0 & 0 & 1 \end{pmatrix}, \quad C_{\theta} = \begin{pmatrix} 1 & 0 & 0 \\ 0 & \cos\theta & -\sin\theta \\ 0 & \sin\theta & \cos\theta \end{pmatrix}, \tag{1.3.30}$$

我们断言:

(a) 特殊正交群 $SO(3)$ 由所有绕 $\mathbb{R}\mathbf{k}$ 的旋转和绕 $\mathbb{R}\mathbf{i}$ 的旋转生成.

事实上, 假设 $\mathbb{H}_0$ 的线性算子 $\mathcal{A}$ 是绕 $\mathbb{R}\mathbf{z}$ 的旋转, $\mathbf{z} = a\mathbf{i} + b\mathbf{j} + c\mathbf{k}$. 可取绕 $\mathbb{R}\mathbf{k}$ 的旋转 $\mathcal{B}_{\varphi}$ (可能是恒等变换), 它把 $\mathbf{z}$ 变到 $\mathbf{v} = d\mathbf{j} + c\mathbf{k}$. 这时, 再取绕 $\mathbb{R}\mathbf{i}$ 的旋转 $\mathcal{C}_{\theta}$, 它把 $\mathbf{v}$ 变到 $\mathbf{k}$. 于是 $\mathcal{C}_{\theta}\mathcal{B}_{\varphi}\mathcal{A}\mathcal{B}_{\varphi}^{-1}\mathcal{C}_{\theta}^{-1}$ 是绕 $\mathbb{R}\mathbf{k}$ 的旋转. 从而有

$$\mathcal{C}_{\theta}\mathcal{B}_{\varphi}\mathcal{A}\mathcal{B}_{\varphi}^{-1}\mathcal{C}_{\theta}^{-1} = \mathcal{B}_{\varphi'}, \quad \text{即} \quad \mathcal{A} = B_{\varphi}^{-1}C_{\theta}^{-1}\mathcal{B}_{\varphi'}\mathcal{C}_{\theta}\mathcal{B}_{\varphi}.$$

现在说明 Ψ 的像包含所有绕 $\mathbb{R}\mathbf{k}$ 的旋转和绕 $\mathbb{R}\mathbf{i}$ 的旋转. 取 $\mathbf{q} = \cos\theta + \sin\theta\mathbf{i}$, 则有 (注意 $\mathbb{C} = \mathbb{R} + \mathbb{R}\mathbf{i}$ 中的乘法是交换的)

$$\Psi_{\mathbf{q}}(\mathbf{i}) = \mathbf{q}\mathbf{i}\mathbf{q}^{-1} = \mathbf{i},$$
$$\Psi_{\mathbf{q}}(\mathbf{j}) = \mathbf{q}\mathbf{j}\mathbf{q}^{-1} = (\cos\theta + \sin\theta\mathbf{i})\mathbf{j}(\cos\theta - \sin\theta\mathbf{i}) = \cos 2\theta\mathbf{j} + \sin 2\theta\mathbf{k},$$
$$\Psi_{\mathbf{q}}(\mathbf{k}) = \mathbf{q}\mathbf{k}\mathbf{q}^{-1} = (\cos\theta + \sin\theta\mathbf{i})\mathbf{k}(\cos\theta - \sin\theta\mathbf{i}) = -\sin 2\theta\mathbf{j} + \cos 2\theta\mathbf{k}.$$

可见此时 $\Psi_{\mathbf{q}}$ 正是绕 $\mathbb{R}\mathbf{i}$ 的旋转, 旋转角为 2θ. 类似地, 取 $\mathbf{q} = \cos\varphi + \sin\varphi\mathbf{k}$, 则 $\Psi_{\mathbf{q}}$ 是绕 $\mathbb{R}\mathbf{k}$ 的旋转, 旋转角为 2φ.

我们已经说明了 Ψ 是从 $Sp(1)$ 到 $SO(3)$ 的满射. 它的核是很容易确定的. $\Psi_{\mathbf{q}}$ 是恒等变换当且仅当 $\mathbf{q}$ 与 $\mathbf{i}, \mathbf{j}, \mathbf{k}$ 都交换. 这意味着 $\mathbf{q}$ 在 $\mathbb{H}$ 的中心里, 所以 $\mathbf{q} \in \mathbb{R}1$. 由于 $\mathbf{q}$ 的范数是 1, 所以 $\mathbf{q} = \pm 1$. $\qquad\square$

五　群 $SO(3)$ 和 $SU(2)$ 的参数化　上一小节我们说明了三维欧氏空间中的旋转可以分解成绕坐标轴的旋转的乘积. 借助欧拉角, 我们可以给出更精细的结论: 任意矩阵 $A \in SO(3)$ 可以写成

$$A = B_\varphi C_\theta B_\psi, \tag{1.3.31}$$

其中 $0 \leqslant \varphi, \psi < 2\pi, \quad 0 \leqslant \theta \leqslant \pi$. 这给出了三维欧氏空间中的旋转的参数化. 从这里也可以看出 $SO(3)$ 的"自由度"是 3, 所以维数是 3.

下面我们证明这个分解, 采用线性变换的形式. 假设 $\mathcal{A}$ 是 $\mathbb{H}_0$ 上的旋转, 把 $\mathbf{i}, \mathbf{j}, \mathbf{k}$ 变成 $\mathbf{u}, \mathbf{v}, \mathbf{w}$. 平面 $\langle \mathbf{i}, \mathbf{j} \rangle$ 与平面 $\langle \mathbf{u}, \mathbf{v} \rangle$ 的交是直线 L. 假设 $\mathbf{i}$ 与直线 L 的夹角是 φ, $\mathbf{k}$ 与 $\mathbf{w}$ 的夹角是 θ, $\mathbf{u}$ 与直线 L 的夹角是 ψ. 所有的角度都是逆时针方向. 我们可以选取 L 的正向以便 θ 的取值范围是 $0 \leqslant \theta \leqslant \pi$, φ 和 ψ 的取值范围是 $0 \leqslant \varphi, \psi < 2\pi$. 角度 φ, θ, ψ 称为旋转 $\mathcal{A}$ 的**欧拉角**, 有广泛的实际用途. 需要说明的是, 欧拉角有多种选取方式, 对应到不同的旋转顺序和旋转轴.

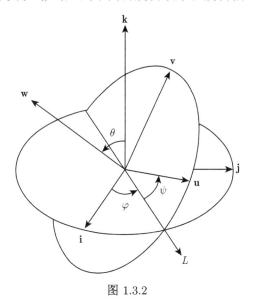

图 1.3.2

现在 $\mathcal{A}$ 可以通过三个旋转完成：

(1) 绕 $\mathbf{k}$ 轴旋转角度 φ, 它把 $\mathbf{i}$ 变到 L 的正向单位向量 ℓ, 保持 $\mathbf{k}$ 不变.

(2) 绕 L 旋转角度 θ, 它把 $\mathbf{k}$ 变到 $\mathbf{w}$, 保持 ℓ 不变.

(3) 绕 $\mathbf{w}$ 轴旋转角度 ψ, 它把 ℓ 变到 $\mathbf{u}$, 保持 $\mathbf{w}$ 不变.

三个旋转依次完成, 就把 $\mathbf{i}$ 变到 $\mathbf{u}$, 而 $\mathbf{k}$ 变到 $\mathbf{w}$. 由于旋转保持正交系, 所以三个旋转依次完成后一定把 $\mathbf{j}$ 变到 $\pm\mathbf{v}$. 旋转的行列式等于 1, $\mathcal{A}$ 是旋转且把 $\mathbf{i}$, $\mathbf{j}$, $\mathbf{k}$ 变成 $\mathbf{u}$, $\mathbf{v}$, $\mathbf{w}$, 所以这三个旋转最后把 $\mathbf{j}$ 一定变到 $\mathbf{v}$. 我们已经说明了这三个旋转依次完成后就得到旋转 $\mathcal{A}$.

第一个旋转是 $\mathcal{B}_\varphi$. 第二个旋转是 $\mathcal{B}_\varphi \mathcal{C}_\theta \mathcal{B}_\varphi^{-1}$. 第三个旋转是 $\mathcal{B}_\varphi \mathcal{C}_\theta \mathcal{B}_\psi \mathcal{C}_\theta^{-1} \mathcal{B}_\varphi^{-1}$. 这三个旋转的合成是

$$(\mathcal{B}_\varphi \mathcal{C}_\theta \mathcal{B}_\psi \mathcal{C}_\theta^{-1} \mathcal{B}_\varphi^{-1}) \cdot \mathcal{A} = (\mathcal{B}_\psi \mathcal{C}_\theta \mathcal{B}_\varphi^{-1}) \cdot \mathcal{B}_\varphi = \mathcal{B}_\varphi \mathcal{C}_\theta \mathcal{B}_\psi,$$

我们已经证明了分解 (1.3.31).

借助于满同态 $\Phi : SU(2) \to SO(3)$ 和满同态 $\Psi : SU(2) \to SO(3)$, 很容易得到 $SU(2)$ 的参数化. 由于坐标轴的地位是一样的, 所以, 对于特殊正交群 $SO(3)$, 其中的元素也可以分解成如下的形式:

$$A = C_\varphi B_\theta C_\psi, \tag{1.3.32}$$

其中 $0 \leqslant \varphi, \psi < 2\pi, \quad 0 \leqslant \theta \leqslant \pi$. 选取这个形式的分解是因为在 $SU(2)$ 中它对应的分解较简单: Φ 或 Ψ 把 $\mathrm{diag}(e^{i\varphi}, e^{-i\varphi})$ 映到 $C_{2\varphi}$. 利用同态 Ψ 我们知道 $SU(2)$ 中的元素 $\begin{pmatrix} \cos\theta & i\sin\theta \\ i\sin\theta & \cos\theta \end{pmatrix}$ 映到 $B_{2\theta}$. 从定理 1.14 和定理 1.14$'$ 以及公式 (1.3.32) 可知, $SU(2)$ 中任意元素有如下形式:

$$\pm \begin{pmatrix} e^{\frac{i\varphi}{2}} & 0 \\ 0 & e^{-\frac{i\varphi}{2}} \end{pmatrix} \begin{pmatrix} \cos\dfrac{\theta}{2} & i\sin\dfrac{\theta}{2} \\ i\sin\dfrac{\theta}{2} & \cos\dfrac{\theta}{2} \end{pmatrix} \begin{pmatrix} e^{\frac{i\psi}{2}} & 0 \\ 0 & e^{-\frac{i\psi}{2}} \end{pmatrix}$$

$$= \pm \begin{pmatrix} \cos\dfrac{\theta}{2} \cdot e^{\frac{i(\varphi+\psi)}{2}} & i\sin\dfrac{\theta}{2} \cdot e^{\frac{i(\varphi-\psi)}{2}} \\ i\sin\dfrac{\theta}{2} \cdot e^{\frac{i(-\varphi+\psi)}{2}} & \cos\dfrac{\theta}{2} \cdot e^{-\frac{i(\varphi+\psi)}{2}} \end{pmatrix}, \tag{1.3.33}$$

其中 $0 \leqslant \varphi, \psi < 2\pi, \quad 0 \leqslant \theta \leqslant \pi$.

由于 $e^{i\pi} = e^{-i\pi} = -1$, 所以, 让 φ 的取值范围或 ψ 的取值范围扩大一倍就可以消去上式前面的符号, 也就是说, $SU(2)$ 中任意元素有如下形式:

$$\begin{pmatrix} e^{\frac{i\varphi}{2}} & 0 \\ 0 & e^{-\frac{i\varphi}{2}} \end{pmatrix} \begin{pmatrix} \cos\dfrac{\theta}{2} & i\sin\dfrac{\theta}{2} \\ i\sin\dfrac{\theta}{2} & \cos\dfrac{\theta}{2} \end{pmatrix} \begin{pmatrix} e^{\frac{i\psi}{2}} & 0 \\ 0 & e^{-\frac{i\psi}{2}} \end{pmatrix}$$

$$= \begin{pmatrix} \cos\dfrac{\theta}{2} \cdot e^{\frac{i(\varphi+\psi)}{2}} & i\sin\dfrac{\theta}{2} \cdot e^{\frac{i(\varphi-\psi)}{2}} \\ i\sin\dfrac{\theta}{2} \cdot e^{\frac{i(-\varphi+\psi)}{2}} & \cos\dfrac{\theta}{2} \cdot e^{-\frac{i(\varphi+\psi)}{2}} \end{pmatrix}, \tag{1.3.34}$$

其中 $0 \leqslant \varphi < 4\pi$, $\quad 0 \leqslant \psi < 2\pi$, $\quad 0 \leqslant \theta \leqslant \pi$.

如果仅仅是为了参数化, 对 $SU(2)$ 中的元素

$$A = \begin{pmatrix} a & b \\ -\bar{b} & \bar{a} \end{pmatrix}, \qquad \text{且 } a\bar{a} + b\bar{b} = 1,$$

命

$$|a| = \cos\theta, \quad \arg a = \alpha,$$
$$|b| = \sin\theta, \quad \arg b = \beta + \frac{\pi}{2},$$

则有

$$A = \begin{pmatrix} \cos\theta \cdot e^{i\alpha} & i\sin\theta \cdot e^{i\beta} \\ i\sin\theta \cdot e^{-i\beta} & \cos\theta \cdot e^{-i\alpha} \end{pmatrix}, \tag{1.3.35}$$

其中 $0 \leqslant \alpha, \beta < 2\pi$, $\quad 0 \leqslant \theta \leqslant \dfrac{\pi}{2}$. 不过这时候参数的几何意义不明显, 但可以看出 $SU(2)$ 的自由度是 3.

习 题 1.3

1. 利用对应 (1.3.14) 把群 $SU(2)$ 中的乘法迁移到 S^3 中, 记作 $*$. 证明:

$$(0,1,0,0) * (0,0,1,0) = (0,0,0,1) \neq (0,0,1,0) * (0,1,0,0).$$

但当点 $(0,1,0,0)$, $(0,0,1,0)$ 看作 $\mathbb{RP}^3$ 中的点时, 相乘可以交换.

2. 证明 $U(2)$ 与 $S^3 \times S^1$ 是同胚的 (即它们之间有连续且逆映射连续的双射).

3. 把 $SU(2)$ 与球面 S^3 等同. 证明 $SU(2)$ 中每个大圆 (即半径为 1 的圆) 是某条经线的陪集.

4. 求出 **j** 在 $SU(2) = Sp(1)$ (参见公式 (1.3.28)) 中的中心化子.

5. 证明：酉矩阵

$$K_1(t) = \begin{pmatrix} \cos\dfrac{t}{2} & i\sin\dfrac{t}{2} \\ i\sin\dfrac{t}{2} & \cos\dfrac{t}{2} \end{pmatrix}, \quad K_2(t) = \begin{pmatrix} \cos\dfrac{t}{2} & -\sin\dfrac{t}{2} \\ \sin\dfrac{t}{2} & \cos\dfrac{t}{2} \end{pmatrix}, \quad K_3(t) = \begin{pmatrix} e^{\frac{it}{2}} & 0 \\ 0 & e^{-\frac{it}{2}} \end{pmatrix}$$

对 t 求导数, 然后在 $t = 0$ 处取值, 得到矩阵

$$K_1 = \frac{i}{2}\begin{pmatrix} 0 & 1 \\ 1 & 0 \end{pmatrix}, \quad K_2 = \frac{i}{2}\begin{pmatrix} 0 & i \\ -i & 0 \end{pmatrix}, \quad K_3 = \frac{i}{2}\begin{pmatrix} 1 & 0 \\ 0 & -1 \end{pmatrix}.$$

证明 K_1, K_2, K_3 是迹为 0 的 2 阶斜埃尔米特矩阵空间 ($K^* = -K$, $\operatorname{tr} K = 0$) M_2^- 的基.

6. 设 W 是 3 阶实斜对称方阵全体形成的空间. 群 $SO(3)$ 作用在 W 上：$A * X = AX\,{}^tA$. 描述这个作用的轨道.

7. 群 $SO(3)$ 到二维球面 S^2 有自然的映射：$A \to A$ 的第一列. 描述这个映射的纤维 (即球面中元素的逆像).

8. 把群同态 $\Phi : SU(2) \to SO(3)$ 拓展为群同态 $\tilde{\Phi} : U(2) \to SO(3)$ 并描述 $\tilde{\Phi}$ 的核.

9. 证明：用 $SU(2)$ 的一个元素做共轭, 那么这个共轭在每个纬面上是旋转作用.

10. 用两种方式描述 $SO(3)$ 中的共轭类：

(1) 把 $SO(3)$ 的元素看作 $\mathbb{R}^3$ 中的旋转. 哪些旋转构成一个共轭类?

(2) 通过同态 $\Phi : SU(2) \to SO(3)$ 建立两者的共轭类的联系.

(3) $SU(2)$ 的共轭类是球面 (把 E 和 $-E$ 看作是退化的球面). 用几何的方式描述 $SO(3)$ 的共轭类.

11. 通过映射把 $SU(2)$ 等同于列向量空间 $\mathbb{R}^4$ 中的三维球面 S^3. 证明：用 $SU(2)$ 中一个元素 A 左乘相当于用一个正交矩阵 Q 作用在球面 S^3 上.

12. 设 A 是三维实向量空间. 能否在 A 上定义乘法使得 A 是实数域上的结合代数, 每个非 0 元都有乘法逆, 且包含复数域为子代数?

1.4　有限生成阿贝尔群

交换群亦称为阿贝尔群. 这时群中运算常写成加法的形式. 下面的表格[1]有助

---

[1] 本表格取自 T. W. Hungerford 的 Algebra, GTM 73, p.70.

于理解交换群中一些表达式的乘法记号与加法记号的对应关系.

ab	············	$a+b$
a^{-1}	············	$-a$
e	············	0
a^n	············	na
ab^{-1}	············	$a-b$
HK	············	$H+K$
aH	············	$a+H$

其中 $HK = \{ab \,|\, a \in H,\, b \in K\}$, $H+K = \{a+b \,|\, a \in H,\, b \in K\}$.

一　基本的结论　先证明两个关于阿贝尔群 (即交换群) 的引理. 然后证明有限生成阿贝尔群的结构定理.

引理 1.16　设 A 和 B 是一个阿贝尔群中的元素, 阶分别是 m 和 n. 如果 k 是 m 和 n 的最小公倍数, 那么在群中存在阶为 k 的元素.

证明　如果 m 和 n 互素, 那么 $C = AB$ 的阶就是 $k = mn$. 的确, 根据第一卷命题 5.20, $C^m = B^m$ 的阶是 n, $C^n = A^n$ 的阶是 m, 所以 n 和 m 均整除 C 的阶. 由于 $C^{mn} = 1$, 所以 $C = AB$ 的阶是 $k = mn$.

如果 d 是 m 的因子, 那么存在元素其阶为 d. 实际上, $A^{m/d}$ 是这样的一个元素.

现在考虑一般的情况. 设 p_1, p_2, $\cdots$, p_r 是整除 m 或 n 的素数, 那么

$$m = p_1^{a_1} p_2^{a_2} \cdots p_r^{a_r},$$
$$n = p_1^{b_1} p_2^{b_2} \cdots p_r^{b_r}.$$

取 a_i 和 b_i 的较大者, 记为 c_i, 那么

$$c = p_1^{c_1} p_2^{c_2} \cdots p_r^{c_r}.$$

根据前面的讨论, 在群中有阶为 $p_i^{a_i}$ 的元素和阶为 $p_i^{b_i}$ 的元素, 其中有一个的阶为 $p_i^{c_i}$. 我们已经知道这些元素的乘积的阶就是 k. □

引理 1.17　如果一个阿贝尔群中的元素 C 的阶 c 是极大的 (对有限群总存在), 那么群中任何元素 A 的阶 a 整除 c, 从而群中的元素都满足方程 $x^c = 1$.

证明 如果 a 不整除 c, 那么 a 与 c 的最小公倍数比 c 大, 从而有元素的阶大于 c, 这与 c 的选取相悖. □

有限生成的阿贝尔群的结构定理 (或说分解定理) 是有限生成阿贝尔群最重要的定理, 现在叙述并给一个证明.

设 G 是阿贝尔群, 其运算写成加法. 称 G 由元素 g_1, g_2, $\cdots$, g_k **生成**如果 G 中每一个元素 g 都可以写成 g_1, g_2, $\cdots$, g_k 的一些倍数的和: $g = n_1g_1 + n_2g_2 + \cdots + n_kg_k$. 如果 G 不能由少于 k 个的元素生成, 那么 g_1, g_2, $\cdots$, g_k 称为 G 的一个**极小生成系**. 任何有限生成的群都有极小生成系, 特别, 有限群有极小生成系.

从等式 $n_1(g_1 + mg_2) + (n_2 - n_1m)g_2 = n_1g_1 + n_2g_2$ 可知, 如果 g_1, g_2, $\cdots$, g_k 生成 G, 那么 $g_1 + mg_2$, g_2, $\cdots$, g_k 生成 G.

等式 $m_1g_1 + m_2g_2 + \cdots + m_kg_k = 0$ 将被称为生成元之间的一个**关系**, m_1, m_2, $\cdots$, m_k 称为**(关系中的) 系数**.

如同向量空间的直和, 我们称阿贝尔群 G 是其子群 G_1, G_2, $\cdots$, G_k 的**直和** (direct sum), 记作 $G = G_1 \oplus G_2 \oplus \cdots \oplus G_k$, 如果 G 中每一个元素 g 都以唯一的方式表成和式 $g = x_1 + x_2 + \cdots + x_k$, 其中 x_i 是 G_i 中的元素, $i = 1, \cdots, k$.

(需要说明的是, 当群 G 的运算写成乘法时, 直和就是直积. 即称阿贝尔群 G 是其子群 G_1, G_2, $\cdots$, G_k 的**直积** (direct product), 记作 $G = G_1 \times G_2 \times \cdots \times G_k$, 如果 G 中每一个元素 g 都以唯一的方式表成乘积 $g = x_1x_2\cdots x_k$, 其中 x_i 是 G_i 中的元素, $i = 1, \cdots, k$.)

定理 1.18 (有限生成阿贝尔群的结构定理) 有限生成的阿贝尔群 G 是一些循环子群 G_1, G_2, $\cdots$, G_k 的直和

$$G = G_1 \oplus G_2 \oplus \cdots \oplus G_k,$$

其中 G_i 的阶整除 G_{i+1} 的阶, $i = 1, \cdots, k-1$, 而且 k 是一个极小生成系中元素的个数. (由于 G_i 可能是无限循环群, 其阶为无穷大, 此处我们约定任何非零整数整除无穷大, 无穷大整除无穷大, 即 $n \mid \infty$ 如果 n 是非零整数, $\infty \mid \infty$.)

证明 取 G 的一个极小生成系 g_1, g_2, $\cdots$, g_k. 我们对 k 用归纳法. 如果 $k = 1$, 那 G 就是循环群, 结论是平凡的. 假设结论对 $k-1$ 个元素生成的阿贝尔群成立.

如果 g_1, g_2, $\cdots$, g_k 之间没有非平凡的关系, 即对任何不全为零的整数组 m_1,

$m_2, \cdots, m_k$, 有 $m_1 g_1 + m_2 g_2 + \cdots + m_k g_k \neq 0$, 那么每个 g_i 生成的群 G_i 都是无限阶的. 此时 G 就是这些 G_i 的直和, 从而定理成立. 的确, 每一个 $g \in G$ 写成和式 $g = n_1 g_1 + n_2 g_2 + \cdots + n_k g_k$ 的方式是唯一的, 否则, g 的两个不同的和式相减, 就得到生成元之间一个非平凡的关系.

现设 G 的极小生成系中有些有非平凡的关系. 在所有极小生成系的所有的非平凡关系中, 系数全体形成的集合包含正整数, 从而有最小的正系数. 不妨假设正系数的最小者出现在如下的非平凡关系中:

$$m_1 g_1 + m_2 g_2 + \cdots + m_k g_k = 0. \tag{1.4.36}$$

适当安排下标, 可以设 m_1 就是最小的正系数. 对 $g_1, g_2, \cdots, g_k$ 的任何其他关系

$$n_1 g_1 + n_2 g_2 + \cdots + n_k g_k = 0, \tag{1.4.37}$$

必有 $m_1 \mid n_1$. 否则有 $n_1 = q m_1 + r$, $0 < r < m_1$. 等式 (1.4.37) 减去 (1.4.36) 的 q 倍, 得到生成元的一个关系, 含有系数 $r < m_1$.

另外, 在关系 (1.4.36) 中必有 $m_1 \mid m_i$, $i = 2, \cdots, k$. 假设不然, 则 m_1 不能整除某个其他系数, 不妨设为 m_2. 于是 $m_2 = q m_1 + r$, $0 < r < m_1$. 因此, 极小生成系 $g_1 + q g_2, g_2, \cdots, g_k$ 有非平凡的关系 $m_1(g_1 + q g_2) + r g_2 + m_3 g_3 + \cdots + m_k g_k = 0$, 可是系数 r 与 m_1 的最小性冲突. 所以我们有 $m_2 = q_2 m_1$, $m_3 = q_3 m_1$, $\cdots$, $m_k = q_k m_1$.

元素组 $h_1 = g_1 + q_2 g_2 + \cdots + q_k g_k$, $g_2, \cdots, g_k$ 也是 G 的极小生成系, 且有 $m_1 h_1 = 0$. 在任何的关系 $n_1 h_1 + n_2 g_2 + \cdots + n_k g_k = 0$ 中, 化成形如 (1.4.37) 的关系, 可知 n_1 也作为 g_1 的系数出现, 根据前面的讨论知 $m_1 \mid n_1$, 从而 $n_1 h_1 = 0$.

命 H 为 $g_2, \cdots, g_k$ 生成的子群. 元素 h_1 生成 G 的一个循环子群 G_1, 其阶为 m_1. 群 G 中的每个元素 g 可以写成

$$g = n_1 h_1 + n_2 g_2 + \cdots + n_k g_k = n_1 h_1 + h.$$

这个表达式是唯一的, 因为 $n_1 h_1 + h = n_1' h_1 + h'$ 意味着 $(n_1 - n_1') h_1 + (h - h') = 0$, 从而 $(n_1 - n_1') h_1 = 0$, 结果是 $n_1 h_1 = n_1' h_1$, $h = h'$. 于是 G 是 G_1 与 H 的直和.

由归纳假设, H 是 $k - 1$ 个循环群 $G_2, \cdots, G_k$ 的直和, 它们分别由元素 $h_2, h_3, \cdots, h_k$ 生成, 且 h_i 的阶 (或说 G_i 的阶) 整除 h_{i+1} 的阶, $i = 2, \cdots, k - 1$. 由于 m_1 的极小性, 前面的讨论用于极小生成系 $h_1, h_2, \cdots, h_k$ 可知 m_1 整除 h_2 的阶. 定理得证. $\qquad\square$

二 有限阿贝尔群 有限阿贝尔群还有一个常用的分解.

定理 1.19 (弗罗贝尼乌斯–施蒂克伯格 (Frobenius-Stickelberger))   有限阿贝尔群是一些阶为素数幂的循环子群的直和.

证明   根据定理 1.18, 有限阿贝尔群是一些有限循环群的直和. 因此, 我们只需对有限循环群证明这个定理. 设 G 是有限循环群, 阶为

$$m = p_1^{a_1} p_2^{a_2} \cdots p_r^{a_r},$$

其中 $p_1,\ \cdots,\ p_r$ 是素数. 设 x 是 G 的一个生成元, $d_i = p_i^{a_i}$, 那么 $x_i = \dfrac{m}{d_i} x$ 是 G 中的 $p_i^{a_i}$ 阶元, 它生成 G 的子群 G_i 是 $p_i^{a_i}$ 阶循环群. 根据引理 1.16 的证明, $x_1 + \cdots + x_r$ 的阶是 $m = d_1 \cdots d_r$, 所以映射

$$G_1 \oplus G_2 \oplus \cdots \oplus G_r \to G, \quad (n_1 x_1, n_2 x_2, \cdots, n_r x_r) \to n_1 x_1 + n_2 x_2 + \cdots + n_r x_r$$

是群同构. 因此 G 是 $G_1,\ \cdots,\ G_r$ 的直和.   □

这个定理的证明有一个有用的推论.

推论 1.20   设 $G_1,\ \cdots,\ G_r$ 是有限阿贝尔群中的子群. 那么 G 的子群

$$G_1 + \cdots + G_r = \{a_1 + \cdots + a_r \,|\, a_i \in G_i,\ i = 1, 2, \cdots, r\}$$

是 $G_1,\ \cdots,\ G_r$ 的直和当且仅当 $G_1 + \cdots + G_r$ 的阶是 $G_1,\ \cdots,\ G_r$ 的阶的乘积 $|G_1| \cdot \cdots \cdot |G_r|$.

令人意外的是, 域中的乘法有限群都是循环群.

定理 1.21   设 S 是域 K 的有限子集, 在域 K 的乘法下构成群, 那么 S 是循环群.

证明   设 S 的阶是 n, r 是 S 内元素的阶中的最大值. 于是 S 中的元素都满足方程 $x^r - 1 = 0$. 由于次数为 r 的多项式在一个域中至多有 r 个根, 所以 $r \geqslant n$. 另一方面, 有限群中的元素的阶都是群的阶的因子, 所以 $r \leqslant n$. 这样一来, S 是循环群, 由 $1,\ \varepsilon,\ \varepsilon^2,\ \cdots,\ \varepsilon^{n-1}$ 构成, 群中 ε 是 1 的 n 次本原根.   □

弗罗贝尼乌斯–施蒂克伯格定理 (定理 1.19) 中分解的唯一性问题显然是值得考虑的. 下面的断言对这个问题给予肯定的回答.

定理 1.22   设 G 是有限阿贝尔群.

(1) 命 $G(p)$ 是 G 中阶为 p 的幂的元素组成的集合, 那么 $G(p)$ 是 G 的 p-子群. 群 G 的阶的每个素因子都给出一个这样的子群, G 是这些子群的直和.

(2) 如果 G 的阶是 p 的幂, 并有两个循环子群的直和分解:

$$G_1 \oplus \cdots \oplus G_r = G = H_1 \oplus \cdots \oplus H_s,$$

那么 $r = s$, 且适当安排直和因子的顺序后可以要求 $|G_i| = |H_i|$.

证明   (1) 如果 $x, y \in G$ 的阶都是 p 的幂, 显然 $-x$ 和 $x + y$ 的阶都是 p 的幂, 所以 $G(p)$ 是 G 的子群. (注意此处群的运算写成加法的形式.) 比较定理 1.19 的直和分解, 容易看出 $G(p)$ 就是那个直和分解中阶为 p 的幂的直和因子的和, 所以 G 是这些子群的直和. 当然, 不用定理 1.19 也很容易证明 G 是这些子群的直和.

(2) 每个循环 p-群有唯一的子群以 p 为阶, 等价的说法是在每个循环 p-群中, p 次幂 (对加法就是 p 倍) 为单位元 e (为零元) 的元素有 p 个. 从已给的第一个直和分解可知, 在 G 中满足 $px = 0$ 的元素 x 有 p^r 个, 而从第二个直和分解知在 G 中满足 $px = 0$ 的元素 x 有 p^s 个. 因此有 $r = s$.

下面证明另一个断言. 如果 $|G| = p$, 结论显然成立. 这时 $r = s = 1$. 现在对 $|G|$ 做归纳法.

集合 $pG = \{px \mid x \in G\}$ 是 G 的子群, 与直和分解无关. 它的子群 pG_i 和 pH_j 都是循环群, 阶分别是 $|pG_i| = |G_i|/p$ 和 $|pH_j| = |H_j|/p$. 对所给的直和分解适当安排直和因子的顺序, 可以要求 G_1, $\cdots$, G_q; H_1, $\cdots$, H_t 的阶都大于 p, 而其他直和因子的阶都是 p. 从已给的分解我们得到 pG 的两个循环子群的直和分解

$$pG_1 \oplus \cdots \oplus pG_q = pG = pH_1 \oplus \cdots \oplus pH_t.$$

注意 pG 的阶是 $|G| \cdot p^{-r}$. 由归纳假设知, $q = t$, 且适当安排 pG 的这两个直和分解的直和因子的顺序, 可以要求 $|pG_i| = |pH_i|$. 从而对所有的 i 都有 $|G_i| = |H_i|$.   □

很多时候阿贝尔群中的运算写成乘法. 因此前面的结果用乘法的术语表述也是有益的. 直接从定理 1.19 和定理 1.22 可以得到如下基本的结果.

定理 1.23   有限阿贝尔群是准素循环群 (阶为素数幂的循环群) 的直积. 在两个直积分解中, 阶相同的直积因子的个数是一样的.

引理 1.16 可以用于分解循环群为准素循环群. 这个定理可以用于列出给定阶的 (在同构的意义下) 所有阿贝尔群. 用 C_n 记 n 阶循环群, 例如, 阶为 81 的阿贝尔群只有如下 5 种:

$$C_{81}, \quad C_{27} \oplus C_3, \quad C_9 \oplus C_9, \quad C_9 \oplus C_3 \oplus C_3, \quad C_3 \oplus C_3 \oplus C_3 \oplus C_3.$$

阶为 100 的阿贝尔群有如下 4 种:

$$C_{100} = C_{25} \oplus C_4, \quad C_{50} \oplus C_2 = C_{25} \oplus C_2 \oplus C_2,$$

$$C_{20} \oplus C_5 = C_4 \oplus C_5 \oplus C_5, \quad C_{10} \oplus C_{10} = C_5 \oplus C_5 \oplus C_2 \oplus C_2.$$

三　自由阿贝尔群　如果阿贝尔群 G 是某些无限循环群的直和, 那么称 G 是**自由阿贝尔群**. 由于无限循环群都与整数集的加法群同构, 所以, 本质上, 自由阿贝尔群就是若干个整数加法群的直和, 一般用 $\mathbb{Z}^n$ 记 n 个整数加法群的直和, 即

$$\mathbb{Z}^n = \underbrace{\mathbb{Z} \oplus \cdots \oplus \mathbb{Z}}_{n\text{个因子}}.$$

阿贝尔群中的元素称为**挠元**如果它的阶是有限的. 阿贝尔群中的 0 元是平凡的挠元. 如果阿贝尔群中除 0 元外无其他的挠元, 则称这个阿贝尔群是**无挠 (阿贝尔) 群**. 下面的结论是定理 1.18 的直接推论.

定理 1.24　有限生成的无挠阿贝尔群是秩有限的自由阿贝尔群, 即是某些无限循环子群的直和. 自由阿贝尔群可以写成不同的无限循环子群的直和, 但直和中因子的个数总是一样的, 称为自由阿贝尔群的**秩**.

证明　第一个断言由定理 1.18 得到. 假设 G 有两个直和分解, 其中的因子 G_i, H_j 都是无限循环群:

$$G = G_1 \oplus \cdots \oplus G_m = H_1 \oplus \cdots \oplus H_n.$$

又设 g_i 是 G_i 的生成元, h_j 是 H_j 的生成元. 那么 $g_1, \cdots, g_m$ 是 $h_1, \cdots, h_n$ 的线性组合. 由于 $g_1, \cdots, g_m$ 只有平凡的关系, 根据第一卷引理 3.7, $m \leqslant n$. 同样的理由, 得 $n \leqslant m$. 所以 $m = n$. □

秩有限的自由阿贝尔群 G 的一组元素称为 G 的一个**基**如果 G 是这组元素分别生成的循环群的直和.

定理 1.25　假设 G 是有限生成的自由阿贝尔群, H 是其子群, 那么 H 也是有限生成的自由阿贝尔群, 而且 H 的秩不超过 G 的秩.

更进一步, 可以找到 G 的基 $x_1, x_2, \cdots, x_n$ 和 H 的基 $y_1, y_2, \cdots, y_k$ 使得 $y_i = m_i x_i$, 诸 m_i 为非负整数且 m_i 整除 m_{i+1}, $i = 1, 2, \cdots, k - 1$.

证明　平凡群可以看作秩为 0 的自由阿贝尔群. 假设 G 的秩是 n, H 是 G 的非平凡子群. 那么对 G 的任一个基, H 的元素都是这个基中元素的整系数线性组

合. 取遍 G 的所有的基, 这些系数中一定有正的, 从而有最小的正系数. 不妨设这个最小的正系数出现在如下的元素中

$$m_1 g_1 + \cdots + m_n g_n \in H, \tag{1.4.38}$$

其中 $g_1, \cdots, g_n$ 是 G 的基. 适当安排下标, 可以设 m_1 就是最小的正系数. 如同定理 1.18 的证明中那样, 可以证明 m_1 整除 $m_2, \cdots, m_n$. 于是 $m_2 = q_2 m_1, \cdots, m_n = q_n m_1$.

元素组 $x_1 = g_1 + q_2 g_2 + \cdots + q_n g_n, g_2, \cdots, g_n$ 也是 G 的基, 且有 $m_1 x_1 \in H$. 如果 $s_1 x_1 + s_2 g_2 + \cdots + s_n g$ 是 H 中的元素, 化成形如公式 (1.4.38) 的形式, 可知 s_1 也作为 g_1 的系数出现, 根据前面的讨论知 $m_1 \mid s_1$, 从而 $s_1 x_1 \in H$.

命 G_1 为 x_1 生成的子群, G_1' 是 $g_2, \cdots, g_n$ 生成的子群. 那么 $G = G_1 \oplus G_1'$ 且 G_1' 是秩为 $n-1$ 的自由阿贝尔群. 令 H_1 为 $m_1 x_1$ 生成的子群, $H_1' = H \cap G_1'$. 那么 $H = H_1 \oplus H_1'$. 对秩 n 做归纳法. 由归纳假设知 H_1' 是自由阿贝尔群, 秩不超过 $n-1$. 于是 H 是有限生成的自由阿贝尔群, 秩不超过 n.

由归纳假设还知道, 更进一步, 可以找到 G_1' 的基 $x_2, \cdots, x_n$ 和 H_1' 的基 $y_2, \cdots, y_k$ 使得 $y_i = m_i x_i$, 诸 m_i 为非负整数且 m_i 整除 m_{i+1}, $i = 2, \cdots, k-1$. 由于 m_1 的极小性, 前面的讨论用于基 $x_1, x_2, \cdots, x_n$ 可知 m_1 整除 m_2 的阶. 定理得证. □

自由阿贝尔群的自由似乎体现在下面的结论中.

定理 1.26 假设 F 是秩为 n 的自由阿贝尔群, G 是阿贝尔群. 那么, 对 F 的任意基 $x_1, \cdots, x_n$ 和 G 中任意 n 个元素 $g_1, \cdots, g_n$, 存在唯一的群同态 $F \to G$ 把 x_i 映到 g_i, $i = 1, \cdots, n$.

特别, 如果 G 是由 n 个元素生成的阿贝尔群, 则存在 F 到 G 的满同态.

证明 考虑映射

$$F \to G, \quad m_1 x_1 + \cdots + m_n x_n \to m_1 g_1 + \cdots + m_n g_n.$$

容易验证这个映射是确切定义的, 而且当 G 由 $g_1, \cdots, g_n$ 生成时, 这个同态是群的满同态. □

四 挠子群 前面说过阿贝尔群中的有限阶元称为挠元. 阿贝尔群 G 中的所有挠元构成的集合是 G 的子群, 称为 G 的**挠子群**, 记作 T_G. 下面的结论是定理 1.18 的直接推论.

定理 1.27　有限生成的阿贝尔群的挠子群是有限群. 而且有限生成的阿贝尔群是其挠子群与一个有限秩的自由阿贝尔群的直和.

向量空间 V 的子空间 U 可以用于定义向量空间中的等价关系, 等价类全体 V/U 自然有一个向量空间的结构, 称为 V 模 U 的商空间. 类似地, 对阿贝尔群 G 的子群 H, 陪集集合 G/H 上可以自然定义加法运算: $(a+H)+(b+H) = (a+b)+H$. 在这个运算下, G/H 成为阿贝尔群, 零元是 H. 而且, 自然映射 $G \to G/H$, $g \to g+H$ 是群同态.

定理 1.18 表明, 如果 G 是有限生成的阿贝尔群, 那么 G/T_G 是自由阿贝尔群, 其秩也称为 G 的**秩**.

习　题　1.4

1. 证明: 在有限阿贝尔群 G 中, 对 $|G|$ 的任意因子 d, 存在阶为 d 的子群 (拉格朗日定理之逆).

2. 证明: 如果 G 和 H 是有限阿贝尔群且 $G \oplus G \simeq H \oplus H$, 那么 $G \simeq H$.

3. 如果 G, H, K 是有限阿贝尔群且 $G \oplus K \simeq H \oplus K$, 那么 $G \simeq H$.

4. 如果正整数 n 没有平方因子 (即不能被大于 1 的整数的平方整除), 那么任何阶为 n 的有限阿贝尔群是循环群.

5. 在同构意义下, 写出阶为 72 的所有不同构的阿贝尔群.

在下面的题目中, 记号 C_n 表示 n 阶循环群.

6. 群 $C_{12} \oplus C_{72}$ 与 $C_{18} \oplus C_{48}$ 同构么?

7. 证明: 循环群的直和 $C_m \oplus C_n$ 是循环群当且仅当 m 和 n 互素.

8. 把下列循环群分解成准素阶循环群的直和:

(1) C_6;　　　(2) C_{12};　　　(3) C_{60}.

9.　证明: 非零复数全体形成的乘法群是正实数乘法群和模为 1 的复数全体形成的群的直积.

10.　证明: 如果阿贝尔群 G 的子群 G_1, $\cdots$, G_k 的阶是两两互素的, 那么它们的和是直和.

11. 假设 G 是有限阿贝尔群. 找出 $\mathbb{Z} + G$ 所有的直和分解使得其中一个直和项是无限循环群.

12. 设 H 是自由阿贝尔群 G 的子群. 证明: 如果 G/H 是自由阿贝尔群, 那么 $G = H \oplus K$, 其中 K 是自由阿贝尔群.

13. 证明: 秩为 n 的自由阿贝尔群 G 的子群 H 的指标 $[G:H]$ 是有限的当且仅当 H 的秩为 n, 而且, 对任何的正整数 k, 存在子群 H 使得 $[G:H] = k$.

14. 在 $\mathbb{Z}^3$ 中考虑 $(7, 2, 3)$, $(21, 8, 9)$, $(5, -4, 3)$ 生成的子群 H. 把商群 $\mathbb{Z}^3/H$ 分解成循环群的直和.

15. 考虑有理数加法群 $\mathbb{Q}$ 和它的整数子群 $\mathbb{Z}$. 证明: 商群 $\mathbb{Q}/\mathbb{Z}$ 是挠群 (即所有元素都是有限阶的), 而且对任意正整数 n, 它有唯一的子群以 n 为阶, 这个子群是循环群.

16. 证明:

(1) 有理数域的乘法群 $\mathbb{Q}^*$ 同构于一个 2 阶循环群和一个有可数多个生成元的自由阿贝尔群的直和.

(2) 有理数域的加法群不会是两个真子群的直和.

1.5 对称群、交错群

一 本节讨论对称群和它的一些子群. 在第一卷 2.3 节我们已经讨论过它, 定义了若干的概念, 并证明了一些重要的结果. 先简要回顾那一节的概念和主要结论.

集合 $\Omega = \{1, 2, \cdots, n\}$ 到自身的双射称为 Ω **上的置换**. 这类置换全体 S_n 在映射合成下是群, 称为 n **个文字的对称群**或 n **个文字的置换群**.

定义 1.28 称 S_n 中的元素 σ 为**循环**, 如果存在 Ω 的元素 $i_1, i_2, \cdots, i_k$ 使得

$$\sigma : i_1 \to i_2, \quad i_2 \to i_3, \quad \cdots, \quad i_{k-1} \to i_k, \quad i_k \to i_1; \quad j \to j \quad \text{对} \ j \neq i_1, \cdots, i_k.$$

这个置换常用记号 $(i_1 i_2 \cdots i_k)$ 表示, k 称为这个循环的**长度**. 注意长度为 1 的循环是恒等变换. 我们有 $(i_1 i_2 \cdots i_k) = (i_2 i_3 \cdots i_k i_1)$. 长度为 k 的循环也称为 k-**循环**.

长度为 2 的循环称为**对换**. 两个循环 $(i_1 i_2 \cdots i_k)$, $(j_1 j_2 \cdots j_r)$ 是**不相交的**如果集合 $\{i_1, i_2, \cdots, i_k\}$ 与集合 $\{j_1, j_2, \cdots, j_r\}$ 是不相交的.

不相交的循环对乘法是交换的. 对换和循环对于讨论一般的置换是很重要的.

定理 1.29　(1) 如果置换不是恒等变换, 那么它是一些不相交的长度 $\geqslant 2$ 的循环的乘积. 如果不计较乘积中循环因子的顺序, 那么这个分解是唯一的, 称为置换的**循环分解**.

(2) 任何置换都是若干对换的乘积.

(3) 一个置换的所有对换分解中对换的个数有相同的奇偶性, 即设 $\sigma = \sigma_1\sigma_2\cdots\sigma_k = \tau_1\tau_2\cdots\tau_m$ 是两个对换分解, 那么 k 和 m 有相同的奇偶性. 置换 σ 的**符号**定义为

$$\varepsilon_\sigma = (-1)^k.$$

置换的符号不依赖对换分解的选取, 而且对任意两个置换 $\sigma,\ \tau$ 有

$$\varepsilon_{\sigma\tau} = \varepsilon_\sigma\varepsilon_\tau.$$

(4) 长度为 k 的循环的符号是 $(-1)^{k-1}$.

证明见第一卷 2.3 节.

置换的符号把置换分成两类: 偶置换与奇置换. 一个置换称为**偶置换**如果其符号是 1, 即这个置换可以写成偶数个对换的乘积; 一个置换称为**奇置换**如果其符号是 -1, 即这个置换可以写成奇数个对换的乘积. 根据定理 1.29(4), 3-循环都是偶置换.

对称群 S_n 中的偶置换全体记为 A_n. 显然 A_n 是 S_n 的子群, 称为 n **个文字的交错群**或**次数为 n 的交错群**.

二　设 X 是群 G 的子集. 考虑所有形如

$$x_1^{a_1} x_2^{a_2} \cdots x_n^{a_n}, \quad x_i \in X,\ a_i \in \mathbb{Z},\ n = 1,\ 2, \cdots$$

的元素形成的集合 $\langle X \rangle$. 显然这是 G 的子群, 称为由 X **生成的子群**. 如果 $G = \langle X \rangle$, 则称 G **由 X 生成**. 很多时候把 X 的元素列出来, 称 G **由这些元素生成**.

定理 1.29(2) 告诉我们, S_n 由对换生成. 其实只需要一些很特别的对换就可以生成对称群.

定理 1.30　对称群 S_n 由以下对换生成

$$(1\ 2),\ (2\ 3),\ \cdots,\ (n-1\ n).$$

命 $s_i = (i\ i+1)$, 则这些生成元有如下关系:

$$s_i^2 = e, \quad s_i s_j = s_j s_i, \quad s_k s_{k+1} s_k = s_{k+1} s_k s_{k+1}, \tag{1.5.39}$$

其中 $i,\ j = 1,\ 2,\ \cdots,\ n-1,\ |i-j| \geqslant 2,\ k = 1,\ 2,\ \cdots,\ n-2$.

证明 先证明 S_n 由定理中列出的对换生成. 只需证明任意对换 $(i\ j)$ 可以写成这些对换的乘积. 假设 $i < j$, 那么有

$$(i\ j) = (i\ i+1) \cdot (i+1\ i+2) \cdots (j-2\ j-1) \cdot (j-1\ j) \cdot (j-2\ j-1) \cdots (i+1\ i+2) \cdot (i\ i+1),$$

即 $(i\ j) = s_i s_{i+1} \cdots s_{j-2} s_{j-1} s_{j-2} \cdots s_{i+1} s_i$. 定理中列出的三个等式的验证是直截了当的. □

三 对称群中的共轭类 定理 1.30 的证明显示对换 $(i\ j)$ 与对换 $(j-1\ j)$ 是共轭的. 更一般地, 有

定理 1.31 群 S_n 中的两个循环共轭当且仅当它们的长度相同.

证明 设 $\sigma = (i_1\ i_2\ \cdots\ i_k)$ 是长度为 k 的循环, $\gamma \in S_n$. 命 $i_{k+1} = i_1$. 那么

$$\gamma \sigma \gamma^{-1}(\gamma(i_j)) = \gamma \sigma(\gamma^{-1}\gamma(i_j)) = \gamma \sigma(i_j) = \gamma(i_{j+1}), \quad j = 1,\ \cdots,\ k,$$

$$\gamma \sigma \gamma^{-1}(\gamma(m)) = \gamma \sigma(\gamma^{-1}\gamma(m)) = \gamma \sigma(m) = \gamma(m), \quad m \neq i_1,\ \cdots,\ i_k,$$

可见

$$\gamma \sigma \gamma^{-1} = (\gamma(i_1)\ \gamma(i_2)\ \cdots\ \gamma(i_k))$$

是长度为 k 的循环. 由于在 $1,\ 2,\ \cdots,\ n$ 中任取 k 个元素 $m_1,\ m_2,\ \cdots,\ m_k$, 都存在 $\gamma \in S_n$ 使得 $\gamma(i_j) = m_j$, $j = 1,\ \cdots,\ k$. 于是有

$$(m_1\ m_2\ \cdots\ m_k) = \gamma \sigma \gamma^{-1}.$$

所以任意长度为 k 的循环都在 σ 的共轭类中. □

定理 1.32 群 S_n 中的两个元素共轭当且仅当它们的循环分解中的循环的长度集合 (计重数) 一致.

证明 设 $\sigma = \sigma_1 \sigma_2 \cdots \sigma_p$ 是循环分解. 对 $\gamma \in S_n$, 有

$$\gamma \sigma \gamma^{-1} = \gamma \sigma_1 \gamma^{-1} \gamma \sigma_2 \gamma^{-1} \cdots \gamma \sigma_p \gamma^{-1},$$

从定理 1.31 的证明知这是 $\gamma \sigma \gamma^{-1}$ 的循环分解. 于是 σ 与它的共轭 $\gamma \sigma \gamma^{-1}$ 的循环分解中的循环的长度一致.

假设 $\tau = \tau_1 \tau_2 \cdots \tau_p$ 是循环分解, 每个 τ_i 的长度与 σ_i 的长度相同. 从定理 1.31 的证明知存在 $\gamma \in S_n$ 使得 $\gamma \sigma_i \gamma^{-1} = \tau_i$, $i = 1, \cdots, p$. 于是 $\tau = \gamma \sigma \gamma^{-1}$ 是 σ 的共轭.   □

置换 σ 的循环分解是由它生成的子群 $\langle \sigma \rangle$ 作用在 $\Omega = \{1, 2, \cdots, n\}$ 上的轨道确定的. 每个轨道给出循环分解中的一个因子. 这些轨道的基数的和就是 n, 因此, 这些轨道的基数构成 n 的一个拆分. 由于这里轨道的顺序不重要, 所以可以把基数大的放在前面. 从而 n 的一个**拆分** (也称为**划分**) 是一个数组 $n_1 \geqslant n_2 \geqslant \cdots \geqslant n_k > 0$ 使得 $n = n_1 + n_2 + \cdots + n_k$. 例如 3, 2, 1 与 2, 2, 2 都是 6 的拆分.

数 n 的拆分全体一般记作 $\mathcal{P}_n$ 或 $\mathcal{P}(n)$. 置换 σ 的循环分解加上那些长度为 1 的循环, 例如 $(2\,3) = (2\,3)(1)(4)(5) \cdots (n)$, 然后把循环因子的长度按大小顺序排列, 就得到 n 的一个拆分. 例如, 对换 $(2\,3)$ 给出的拆分是 2, 1, $\cdots$, 1 (共有 $n - 2$ 个 1). 定理 1.32 的一个直接推论是

定理 1.33   置换的循环分解加上那些长度为 1 的循环, 然后把循环因子的长度按大小顺序排列, 得到 n 的一个拆分. 这建立了对称群 S_n 的共轭类与 n 的拆分之间的一一对应.

四   交错群   一个群称为**单群**如果它的正规子群只有自身与平凡群 $\{e\}$. 素数阶的循环群是单群.

定理 1.34   当 $n \geqslant 5$ 时, 交错群 A_n 是单群.

其他的交错群是容易说清楚的: A_2 是平凡群, A_3 是 3 阶循环群. 交错群 A_4 有 12 个元素, e, $(1\,2)(3\,4)$, $(1\,3)(2\,4)$, $(1\,4)(2\,3)$ 构成它的一个正规子群.

引理 1.35   (1) 如果 r, s 是 $\{1, 2, \cdots, n\}$ 中的两个元素. 那么 A_n $(n \geqslant 3)$ 由如下的 3- 循环生成: $(r\,s\,k)$, $1 \leqslant k \leqslant n$, $k \neq r$, s.

(2) 假设 $n \geqslant 5$, 那么 A_n 中的 3- 循环全体形成 A_n 中的一个共轭类.

证明   (1) $n = 3$ 的情形是平凡的. 假设 $n > 3$. 每个偶置换都是若干形如 $(a\,b)(c\,d)$ 或 $(a\,b)(a\,c)$ 的元素的乘积, 其中 a, b, c, d 互不相同. 由于

$$(a\,b)(a\,c) = (a\,c\,b), \quad (a\,c\,b)(a\,c\,d) = (a\,b)(a\,c)(a\,c)(c\,d) = (a\,b)(c\,d),$$

所以 A_n 由所有的 3-循环生成. 任何 3-循环都有如下形式:

$$(r\,s\,a), \quad (r\,a\,s), \quad (r\,a\,b), \quad (s\,a\,b), \quad (a\,b\,c),$$

其中 a, b, c, r, s 互不相同. 由于

$$(r\,a\,s) = (r\,s\,a)^2, \quad (r\,a\,b) = (r\,s\,b)(r\,s\,a)^2,$$
$$(s\,a\,b) = (r\,s\,b)^2(r\,s\,a), \quad (a\,b\,c) = (r\,s\,a)^2(r\,s\,c)(r\,s\,b)^2(r\,s\,a).$$

所以 A_n $(n \geqslant 3)$ 由集合 $\{(r\,s\,k)\,|\,1 \leqslant k \leqslant n,\ k \neq r,\ s\}$ 生成.

(2) 设 σ 是 3- 循环, 在 S_n 中它与 $(1\,2\,3)$ 共轭, 所以存在 $\gamma \in S_n$ 使得 $\sigma = \gamma(1\,2\,3)\gamma^{-1}$. 如果 $\gamma \in A_n$, 那 σ 与 $(1\,2\,3)$ 在 A_n 中共轭. 如果 γ 是奇置换, 那么 $\tau = \gamma(4\,5)$ 是偶置换, 且 $\sigma = \tau(1\,2\,3)\tau^{-1}$. 于是 σ 与 $(1\,2\,3)$ 在 A_n 中总是共轭的. □

推论 1.36　设 N 是 A_n $(n \geqslant 5)$ 的正规子群且含有 3-循环, 那么 $N = A_n$.

证明　由于 N 是 A_n 的正规子群, 所以对任意的 $\gamma \in A_n$, 有 $\gamma N \gamma^{-1} = N$. 于是, 根据引理 1.35 (2), 如果 N 包含 3- 循环, 则包含所有的 3- 循环. 由引理 1.35(1), N 等于 A_n. □

定理 1.34 的证明　假设 N 是 A_n 的非平凡正规子群. 根据推论 1.36, 只要证明 N 包含 3- 循环, 则 $N = A_n$.

设 σ 是 N 中的非单位元. 如果 σ 是 3-循环, 无需做进一步的讨论. 如果 σ 不是 3-循环, 分几种情况讨论.

情形 1　在 σ 的循环分解中有循环因子的长度 $r \geqslant 4$. 由于循环中具体的元素是无关紧要的, 我们不妨设

$$\sigma = (1\,2\,3\,4\,\cdots\,r)\tau,$$

其中 τ 是其余循环因子的乘积. 命 $g = (1\,2\,3) \in A_n$. 那么 $g\sigma g^{-1} \in N$, $g\tau = \tau g$. 由于 $\sigma^{-1} \in N$, 所以

$$\begin{aligned}
\sigma^{-1}(g\sigma g^{-1}) &= \tau^{-1}(r\,\cdots\,4\,3\,2\,1) \cdot (1\,2\,3) \cdot (1\,2\,3\,4\,\cdots\,r)\tau \cdot (3\,2\,1) \\
&= \tau^{-1}(r\,\cdots\,4\,3\,2\,1) \cdot (1\,2\,3) \cdot (1\,2\,3\,4\,\cdots\,r) \cdot (3\,2\,1) \cdot \tau \\
&= \tau^{-1}(1\,3\,r)\tau = (1\,3\,r).
\end{aligned}$$

情形 2　在 σ 的循环分解中有两个循环因子的长度为 3. 由于循环中具体的元素是无关紧要的, 我们不妨设

$$\sigma = (1\,2\,3)(4\,5\,6)\tau,$$

其中 τ 是其余循环因子的乘积. 命 $g = (1\ 2\ 4) \in A_n$. 那么 $g\sigma g^{-1} \in N$, $g\tau = \tau g$. 如同情形 1, 有

$$
\begin{aligned}
\sigma^{-1}(g\sigma g^{-1}) &= \tau^{-1}(6\ 5\ 4)(3\ 2\ 1) \cdot (1\ 2\ 4) \cdot (1\ 2\ 3)(4\ 5\ 6)\tau \cdot (4\ 2\ 1) \\
&= \tau^{-1}(6\ 5\ 4)(3\ 2\ 1) \cdot (1\ 2\ 4) \cdot (1\ 2\ 3)(4\ 5\ 6)(4\ 2\ 1) \cdot \tau \\
&= \tau^{-1}(1\ 4\ 2\ 6\ 3)\tau = (1\ 4\ 2\ 6\ 3),
\end{aligned}
$$

根据情形 1 的讨论, 此时 N 含有 3- 循环.

情形 3　在 σ 的循环分解中有 1 个循环因子的长度为 3, 其余的循环因子的长度都是 2. 由于循环中具体的元素是无关紧要的, 我们不妨设

$$\sigma = (1\ 2\ 3)\tau,$$

其中 τ 是其余循环因子的乘积. 由于 τ 的循环因子的长度都是 2, 所以 $\tau^2 = e$. 于是

$$\sigma^2 = (1\ 2\ 3)^2\tau^2 = (1\ 3\ 2).$$

情形 4　在 σ 的循环分解中循环因子的长度均为 2. 因为 σ 是偶置换, 它的 2-循环因子至少有两个. 再分两种情况.

(4a) 假设 σ 有不动点, 即它保持某些元素不变. 由于循环中具体的元素是无关紧要的, 我们不妨设

$$\sigma = (1\ 2)(3\ 4)(5)\tau,$$

其中 τ 是其余循环因子的乘积. 命 $g = (1\ 5\ 3) \in A_n$. 那么 $g\sigma g^{-1} \in N$, $g\tau = \tau g$. 如同情形 1, 有

$$
\begin{aligned}
\sigma^{-1}(g\sigma g^{-1}) &= \tau^{-1}(5)(4\ 3)(2\ 1) \cdot (1\ 5\ 3) \cdot (1\ 2)(3\ 4)(5)\tau \cdot (3\ 5\ 1) \\
&= \tau^{-1}(5)(4\ 3)(2\ 1) \cdot (1\ 5\ 3) \cdot (1\ 2)(3\ 4)(5) \cdot (3\ 5\ 1) \cdot \tau \\
&= \tau^{-1}(1\ 3\ 4\ 2\ 5)\tau = (1\ 3\ 4\ 2\ 5),
\end{aligned}
$$

根据情形 1 的讨论, 此时 N 含有 3-循环.

(4b) 假设 σ 没有不动点. 这时 σ 的循环分解中至少有 3 个 2-循环. 由于循环中具体的元素是无关紧要的, 我们不妨设

$$\sigma = (1\ 2)(3\ 4)(5\ 6)\tau,$$

其中 τ 是其余循环因子的乘积. 命 $g = (1\ 5\ 3) \in A_n$. 那么 $g\sigma g^{-1} \in N$, $g\tau = \tau g$. 如同情形 1, 有

$$\begin{aligned}
\sigma^{-1}(g\sigma g^{-1}) &= \tau^{-1}(6\ 5)(4\ 3)(2\ 1) \cdot (1\ 5\ 3) \cdot (1\ 2)(3\ 4)(5\ 6)\tau \cdot (3\ 5\ 1) \\
&= \tau^{-1}(6\ 5)(4\ 3)(2\ 1) \cdot (1\ 5\ 3) \cdot (1\ 2)(3\ 4)(5\ 6) \cdot (3\ 5\ 1) \cdot \tau \\
&= \tau^{-1}(1\ 3\ 5)(2\ 6\ 4)\tau = (1\ 3\ 5)(2\ 6\ 4),
\end{aligned}$$

根据情形 2 的讨论, 此时 N 含有 3-循环.

上面把偶置换所有的可能都讨论了. 定理证完. $\qquad\square$

习 题 1.5

1. 假设 S_n 中一个共轭类 $\mathcal{C}$ 对应的拆分 (或划分) 是 μ_1, μ_2, $\cdots$, μ_k, 这组数中 i 出现的次数记为 λ_i. 那么, 这个共轭类的基数 (即共轭类中元素的个数) 是

$$|\mathcal{C}| = \frac{n!}{1^{\lambda_1}\,\lambda_1!\,2^{\lambda_2}\,\lambda_2!\cdots n^{\lambda_n}\,\lambda_n!}.$$

2. 证明 S_n 由对换 $(1\ 2)$, $(1\ 3)$, $\cdots$, $(1\ n)$ 生成.

3. 证明:

(1) S_n 由 $(1\ 2)$ 和 $(1\ 2\ 3\ \cdots\ n)$ 生成;

(2) S_n 由 $(1\ 2)$ 和 $(2\ 3\ \cdots\ n)$ 生成.

4. 证明 A_n 是 S_n 中唯一指标为 2 的子群. (提示: 证明指标为 2 的子群一定包含所有的 3-循环.)

5. 证明: 指标为 2 的子群一定是正规子群.

6. 证明: 在同构意义下 S_3 是唯一的 6 阶非交换群.

7. 证明: 交错群 A_4 没有 6 阶子群.

8. 设 σ 和 τ 是置换. 证明 $\sigma\tau$ 和 $\tau\sigma$ 的循环分解的因子有相同的长度集合.

9. 证明: 置换的阶是它的循环分解的因子的阶的最小公倍数.

10. 置换群 S_n 自然作用在 $\{1, \cdots, n\}$ 上. 计算 S_n 的没有不动点的元素的个数.

第2章 群的结构

群的世界丰富多彩, 既有很简单的循环群, 也有看上去简单但其实不简单的对称群、矩阵群, 还有更多我们不知道的群, 可以想象大部分是惊人地复杂.

如同物质世界, 我们希望知道最基本的群有哪些, 怎样从基本的群构造一般的群, 用简单的群构造复杂的群, 群之间的联系等.

凯莱定理告诉我们, 有限群都是对称群的子群. 这曾经带来一个错觉, 有限群可以轻易地全部列出来. 不久就发现这根本不可能. 实际上, 哪怕是列举阶不超过 1 万的群, 都是一件过于复杂的事情. 有限群中有些极其复杂. 在离散单群中有一个称为 "魔群", 它的阶是

$$|M| = 808017424794512875886459904961710757005754368000000000$$
$$= 2^{46} \cdot 3^{20} \cdot 5^9 \cdot 7^6 \cdot 11^2 \cdot 13^2 \cdot 17 \cdot 19 \cdot 23 \cdot 29 \cdot 31 \cdot 41 \cdot 47 \cdot 59 \cdot 71,$$

对这个群的研究就带来丰富的数学.

本章将先讨论从已知群构造新群的方法, 这包括商群、直积、半直积、生成元与定义关系等. 然后是同构定理、可解群与单群、西罗子群, 最后是一点线性李群.

2.1 群的构造

一 商群与同态基本定理 在 1.4 节第四部分中对阿贝尔群 G 的子群 H, 在集合 G/H 上定义了群结构, 而且自然映射 $G \to G/H$, $g \to gH$ 是群的满同态, 其核是 H.

不用说, 我们想把这个做法推广到一般情形. 就是说对于任意的群 G 和它的子群 H, 在集合 G/H 上定义群结构使得自然映射 $G \to G/H$, $g \to gH$ 是群的满同态, 其核是 H. 群同态的核是正规子群. 这个简单的事实立即让我们知道必须限制 H 为正规子群, 才有可能在 G/H 上自然地定义群结构. 下面说明这个限制足矣.

设 H 是群 G 的正规子群. 对 H 在 G 中的两个左陪集 aH 和 bH, 定义它们的乘积为

$$aH \cdot bH = abH. \tag{2.1.1}$$

首先这个运算的定义是合理的, 就是说, 如果 $aH = a'H$, $bH = b'H$, 那么 $abH = a'b'H$. 事实上, 此时有 $a' = ax$, $b' = by$, $x, y \in H$. 于是 $a'b'H = axbyH = axbH$. 由于 H 是正规的, 所以 $bHb^{-1} = H$. 从而 $x = bx'b^{-1}$, $x' \in H$. 可见 $xb = bx'$. 我们得到 $a'b'H = axbH = abx'H = abH$. 这说明了运算的定义的合理性.

在这个运算下 G/H 成为群是容易验证的: 单位元是 H, 从 G 那儿继承了结合律和逆元的存在性. 我们已经证明了如下的定理.

定理 2.1 (1) 设 H 是群 G 的正规子群. 那么 $aH \cdot bH = abH$ 是 G/H 的乘法运算. 在这个运算下 G/H 成为群, 称为 G **对 (正规子群)** H **的商群**. 商群 G/H 中的单位元是 H, aH 的逆元是 $a^{-1}H$.

(2) 自然映射 $G \to G/H$, $g \to gH$ 是群同态, 核为 H.

当 G 是有限群时, 商群 G/H 的阶就是 H 在 G 中的指标 $[G:H]$. 有如下的公式:

$$|G/H| = \frac{|G|}{|H|} = [G:H].$$

商群的概念对理解群同态是非常有帮助的. 下面将经常使用记号 $N \triangleleft G$ 表示 N 是 G 的正规子群.

定理 2.2 (同态基本定理) 设 $\phi: G \to K$ 是群同态, $N = \mathrm{Ker}\,\phi$, 另设 H 是 G 的正规子群. 那么

(1) N 是 G 的正规子群, 且 $G/N \simeq \mathrm{Im}\,\phi$.

(2) H 是某个满同态 $\pi: G \to J$ 的核.

(3) 如果 $H \subset N$, 那么存在唯一的群同态 $\bar{\phi}: G/H \to K$ 使得图 2.1.1 交换, 即 $\phi = \bar{\phi} \cdot \pi$, 其中 $\pi: G \to G/H$ 是自然映射.

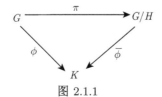

图 2.1.1

证明　(1) 核 $N = \text{Ker}\,\phi$ 为 G 的正规子群是熟知的. 定义映射

$$\phi_1 : G/N \to K, \quad gN \to \phi(g).$$

如果 $gN = hN$, 那么 $g^{-1}h \in N$, $\phi(g^{-1}h) = e$. 于是 $\phi(g) = \phi(h)$. 可见, 映射 ϕ_1 的定义是合理的 (即不依赖陪集代表元的选取). 因为 $\phi_1(gN \cdot hN) = \phi_1(ghN) = \phi(gh) = \phi(g)\phi(h) = \phi_1(gN)\phi_1(hN)$, 所以 ϕ_1 是群同态. 这个同态还是单射. 实际上, 如果 $\phi_1(gN) = \phi_1(hN)$, 那么 $\phi(g) = \phi(h)$. 从而 $\phi(g^{-1}h) = e$, $g^{-1}h \in N$. 所以 $gN = hN$. 显然 ϕ_1 与 ϕ 有相同的像, 即 $\text{Im}\phi_1 = \text{Im}\phi$.

(2) 自然映射 $G \to G/H$, $g \to gH$ 满足要求.

(3) 定义 $\bar{\phi} : G/H \to K$, $gH \to \phi(g)$. 由于 $H \subset N$, 完全如同对结论 (1) 的证明, 我们知道映射 $\bar{\phi}$ 的定义是合理的, 而且 $\bar{\phi}$ 与 ϕ 有相同的像, 即 $\text{Im}\bar{\phi} = \text{Im}\phi$. 从 $\bar{\phi}$ 和 π 的定义就可以看出 $\phi = \bar{\phi} \cdot \pi$. 　□

二　子集的乘积　可以把公式 (2.1.1) 中的等式理解为集合的乘法. 对 G 的两个子集 A 和 B, 定义它们的乘积为

$$AB = \{ab \,|\, a \in A, \, b \in B\}, \tag{2.1.2}$$

当 A 只含一个元素 a 时, AB 可以简单写成 aB. 类似地, 当 B 只含一个元素 b 时, AB 可以简单写成 Ab. 对 G 的 n 个子集 A_1, A_2, $\cdots$, A_n, 乘积 $A_1 A_2 \cdots A_n$ 的定义是类似的, 而且这时有结合律.

当 H 是正规子群时, 从 $gHg^{-1} = H$ 得 $gH = Hg$. 就是说正规子群的左陪集也是右陪集. 从而

$$aH \cdot bH = aHbH = a(Hb)H = a(bH)H = abH \cdot H = abH.$$

在这个角度下, G/H 上的乘法 (2.1.1) 的定义的合理性就变得显然了.

正规子群的左陪集也是右陪集. 这是正规子群的特性. 正规子群的另一个特性它是由共轭类组成的.

定理 2.3　设 H 是群 G 的子群.

(1) H 是正规子群当且仅当这个子群的左陪集都是右陪集.

(2) H 是正规子群当且仅当它由 G 的一些共轭类组成.

(3) H 是正规子群当且仅当对任意的 $g \in G$ 有 $gHg^{-1} \subset H$.

证明 (1) 必要性已经知道了. 现证充分性. 假设 H 的每个左陪集同时也是右陪集, 即 $gH = Hx$. 此时 $x = gh$, $h \in H$. 从而 $gH = Hx = Hgh$. 由此得 $Hg = gHh^{-1} = gH$. 所以 $gHg^{-1} = H$.

(2) 如果 H 是正规子群, 那么对任意的 $g \in G$ 有 $gHg^{-1} = H$. 这意味着对任意的 $x \in H$ 有 $gxg^{-1} \in H$. 所以 x 所在的共轭类在 H 中.

反过来, 假设对任意的 $x \in H$, 含 x 的共轭类在 H 中, 那么对任意的 $g \in G$ 有 gxg^{-1}, 这说明 $gHg^{-1} \subset H$. 用 g^{-1} 代替 g, 得 $g^{-1}Hg \subset H$, 于是 $H = g(g^{-1}Hg)g^{-1} \subset gHg^{-1}$. 所以 $gHg^{-1} = H$, 即 H 是正规的.

(3) 必要性是显然的. 现证充分性. 假设对 $g \in G$ 有 $gHg^{-1} \subset H$, 我们证明 $gHg^{-1} = H$. 事实上, 从 $g^{-1}H(g^{-1})^{-1} = g^{-1}Hg \subset H$ 可得 $H \subset gHg^{-1}$. 所以 $gHg^{-1} = H$. □

三 换位子群 换位子群把交换性和正规子群联系起来. 对群中的两个元素 x 和 y, 称元素 $xyx^{-1}y^{-1}$ 为 x, y 的**换位子**, 常记作 (x, y). 换位子刻画了两个元素的交换程度:

$$xy = (x, y)yx.$$

两个元素交换当且仅当它们的换位子是平凡的, 即为单位元 e. 直观地看, 群中非平凡的换位子越多, 群的乘法的交换性就越差. 群 G 中所有的换位子生成的子群称为这个群的**换位子群**, 也称为这个群的**导出 (子) 群**, 记作 G', 或 $G^{(1)}$, 也记作 (G, G):

$$G' = \langle (x, y) \,|\, x, y \in G \rangle. \tag{2.1.3}$$

换位子的逆仍是换位子: $(x, y)^{-1} = (xyx^{-1}y^{-1})^{-1} = yxy^{-1}x^{-1} = (y, x)$. 但两个换位子的乘积一般不是换位子, 所以抽象地讨论时, 换位子群中的元素的一般形式是

$$(x_1, y_1)(x_2, y_2) \cdots (x_k, y_k), \quad x_i, y_i \in G.$$

换位子的共轭也是换位子:

$$g(x, y)g^{-1} = g(xyx^{-1}y^{-1})g^{-1} = gxg^{-1} \cdot gyg^{-1} \cdot gx^{-1}g^{-1} \cdot gy^{-1}g^{-1} = (gxg^{-1}, gyg^{-1}).$$

由此立即得到如下重要的结论.

定理 2.4 一个群的换位子群是正规子群, 而且群对其换位子群的商群是交换的.

证明　第一个断言已经证明. 设 G 是群, 需要证明它对换位子群的商群 G/G' 交换的. 我们有

$$xG' \cdot yG' = xyG' = yx(x^{-1}, y^{-1})G' = yxG' = yG' \cdot xG'.$$

所以 G/G' 是交换的. □

换位子群可以刻画为让商群交换的正规子群中的最小者.

定理 2.5　(1) 设 H 是群 G 的正规子群, 如果 G/H 是交换的, 那么 H 包含换位子群 G'. 特别, G 的交换商群的阶的最大值是 $[G : G']$.

(2) 如果 G 的子群包含换位子群, 那么它是正规子群.

证明　(1) 对 $x, y \in G$, 如果 $xH \cdot yH = yH \cdot xH$, 那么 $xyH = yxH$. 这意味着 $x^{-1}y^{-1}xyH = H$, 即 $(x^{-1}, y^{-1}) \in H$. 所以 G/H 交换时, H 包含 G 的所有的换位子, 从而包含它们生成的子群 G'. □

(2) 假设 H 包含换位子群, 要证明对任意的 $g \in G$, $x \in H$, 有 $gxg^{-1} \in H$. 由于 $(g, x) = gxg^{-1}x^{-1} \in H$. 所以 $gxg^{-1} \in Hx = H$. □

虽然抽象地讨论时, 换位子群不易描述, 但在具体的情况下, 换位子群常常有更好的描述.

例 2.6　对称群 S_n 中两个元素的换位子 $xyx^{-1}y^{-1}$ 是偶置换, 所以 S_n 的换位子群是交错群 A_n 的子群. 另一方面, 对换 $(i\ j)$ 和 $(i\ k)$ 的换位子

$$(i\ j)(i\ k)(i\ j)^{-1}(i\ k)^{-1} = (i\ j)(i\ k)(i\ j)(i\ k) = (i\ j\ k)$$

是 3-循环. 所以 S_n 的换位子群 S_n' 包含所有的 3-循环. 根据引理 1.35, 交错群由 3-循环生成, 所以 G' 包含 A_n. 于是有 $S_n' = A_n$.

任意的群 G 有两个重要的正规子群: 中心 $Z(G)$ 和换位子群 G'. 它们两者有点对立, G' 大意味着 G 的交换性差, 从而 $Z(G)$ 小, 反之亦然, $Z(G)$ 大则意味着 G' 小. 对中心的商群有个简单有趣的结论:

非交换群 G 对中心 $Z(G)$ 的商群不是循环群.

事实上, 如果 $G/Z(G)$ 是循环群, 则 $G = \bigcup_i a^i Z(G)$. 于是 G 中的元素都有形式 $a^i z$, $z \in Z(G)$. 从而

$$gh = a^i z \cdot a^j z' = a^{i+j}zz' = a^{i+j}z'z = a^j z' \cdot a^i z = hg.$$

这与 G 是非交换群的假设矛盾. □

四 直积与半直积 在群 G_1, G_2, $\cdots$, G_k 的笛卡儿积 $G_1 \times G_2 \times \cdots \times G_k$ 上,定义两个元素的运算如下:

$$(x_1, x_2, \cdots, x_k) \cdot (y_1, y_2, \cdots, y_k) = (x_1 y_1, x_2 y_2, \cdots, x_k y_k).$$

易见在这个运算下, 这 k 个群的笛卡儿积成为群, 单位元是 $(e, e, \cdots, e)$ (每个 G_i 中的单位元都记作 e), $(x_1, x_2, \cdots, x_k)$ 的逆元是 $(x_1^{-1}, x_2^{-1}, \cdots, x_k^{-1})$. 这个群称为这 k 个群的(外) **直积**. 当这些群都是交换群, 且运算写成加法时, 它们的直积也写成直和的形式 $G_1 \oplus G_2 \oplus \cdots \oplus G_k$.

对 1, 2, $\cdots$, k 的任何置换 σ, 直积 $G_1 \times G_2 \times \cdots \times G_k$ 和直积 $G_{\sigma(1)} \times G_{\sigma(2)} \times \cdots \times G_{\sigma(k)}$ 是自然同构的:

$$(x_1, x_2, \cdots, x_k) \rightarrow (x_{\sigma(1)}, x_{\sigma(2)}, \cdots, x_{\sigma(k)}).$$

所以直积中因子的顺序并不要紧. 常把 k 个群的直积用连乘号简写

$$G_1 \times G_2 \times \cdots \times G_k = \prod_{i=1}^{k} G_i, \tag{2.1.4}$$

直积中形如 $(e, \cdots, e, x_i, e, \cdots, e)$, $x_i \in G_i$ 的元素全体 A_i 是直积 $G = \prod_{i=1}^{k} G_i$ 的子群, 与 G_i 同构. 群 G 中的每个元素都能以唯一的方式写成 $g_1 g_2 \cdots g_k$, 其中 $g_i \in A_i$.

定理 2.7 设 A 和 B 是群 G 的正规子群, $A \cap B = \{e\}$, 且 $AB = G$, 则 $G \simeq A \times B$.

证明 由 $G = AB$ 知群 G 中的元素都有形式 ab, 其中 $a \in A$, $b \in B$. 如果 $ab = a'b'$, $a' \in A$, $b' \in B$, 那么 $a'^{-1}a = b'b^{-1} \in A \cap B = \{e\}$. 所以 $a = a'$, $b' = b$. 这说明 G 中的元素写成 ab 的方式是唯一的. 由于 A 和 B 是正规子群, 所以换位子 $aba^{-1}b^{-1} = a(ba^{-1}b^{-1}) = (aba^{-1})b^{-1}$ 既是 A 中的元素, 也是 B 中的元素, 从而等于 e. 这说明 $ab = ba$.

考虑映射 $\phi : A \times B \rightarrow G$, $(a, b) \rightarrow ab$. 有

$$\phi[(a, b)(a', b')] = \phi(aa', bb') = aa'bb' = aba'b' = \phi(a, b)\phi(a', b').$$

另外 $\phi(a, b) = ab = e$ 当且仅当 $a = e$, $b = e$, 即 $\mathrm{Ker}\,\phi = \{e\}$. 显然 ϕ 是满射. 于是 ϕ 满足群同构的所有性质. □

当一个群中的元素能以唯一的方式写成两个正规子群的元素的乘积时, 我们说这个群是这两正规子群的(内) **直积**. 当 G 是正规子群 A 和 B 的内直积时, 直积因子是 G 的子群. 在外直积 $A \times B$ 处, 直积因子 A 和 B 并不是子群, 但可以经过同构 $A \simeq A \times \{e\}$, $B \simeq \{e\} \times B$ 看作 $A \times B$ 的子群. 所以内直积和外直积没有本质的差别, 以后将不加区别, 均称为**直积**.

直积与商群的关系是比较和谐的.

定理 2.8 设 A_1 和 B_1 分别是群 A 和 B 的正规子群, 那么 $A_1 \times B_1$ 是 $G = A \times B$ 的正规子群, 而且 $G/(A_1 \times B_1) \simeq (A/A_1) \times (B/B_1)$. 特别, $G/A \simeq B$.

证明 定义

$$\phi : G = A \times B \to (A/A_1) \times (B/B_1), \quad (a, b) = (aA_1, bB_1).$$

直接验证知 ϕ 是群的满同态, 所以核 $\operatorname{Ker}\phi = A_1 \times B_1$ 是 G 的正规子群. 根据同态基本定理 (定理 2.2) 知 $G/(A_1 \times B_1) \simeq (A/A_1) \times (B/B_1)$. □

如同向量空间的理论一样, 容易证明, 群 G 是其正规子群 G_1, G_2, $\cdots$, G_n 的直积当且仅当如下条件满足

$$G = G_1 G_2 \cdots G_n \quad \text{且} \quad G_i \cap G_1 \cdots \widehat{G_i} \cdots G_n = \{e\}, \quad i = 1, 2, \cdots, n.$$

(给 G_i 带上帽子 $\widehat{}$ 表示分量 G_i 不出现.) 这些条件等价于, G 中的每一个元素以唯一的方式写成 $g_1 g_2 \cdots g_n$, $g_i \in G_i$. 直积 $G \times \cdots \times G$ (n 个因子) 称为 G 的 n **次幂**, 记作 G^n. 在 G^n 中有个特殊的子群 $\Delta = \{(g, g, \cdots, g) \mid g \in G\}$, 称为**对角线子群**. 它同构于 G.

在群论中, 半直积比直积更常见. 在定理 2.7 中不要求 B 是正规的, 就得到半直积的概念. 设 A 是 G 的正规子群, B 是 G 的子群. 如果 $G = AB$ 且 $A \cap B = \{e\}$, 则称 G 是 A 和 B 的**半直积**, 记作

$$G = A \rtimes B \quad \text{或} \quad G = B \ltimes A.$$

通过共轭, B 作用在 A 上. 这个作用常常是很有意思的.

反过来, 假设群 B 作用在群 A 上, 这个作用保持乘法. 对 $\omega \in B$ 在 $a \in A$ 上的作用记作 $\omega(a)$, 那么 $\omega(aa') = \omega(a)\omega(a')$. 在笛卡儿积 $A \times B$ 上定义乘法运算

$$(a, \omega)(a', \omega') = (a\omega(a'), \omega\omega'), \quad a, a' \in A, \ \omega, \omega' \in B,$$

那么 $A \times B$ 就成为一个群 G, 是 A 与 B 的半直积 $G = A \rtimes B$. 把 B 与 $\{e\} \times B$ 等同, A 与 $A \times \{e\}$, 那么 $\omega(a)$ 在 G 中等于 $\omega a \omega^{-1}$, 即群 B 在 A 上的作用变成半直积 $G = A \rtimes B$ 中 B 在 A 上的共轭作用.

例 2.9   对称群 S_n 是其正规子群 A_n 和 2 阶子群 $C_2 = \{e, (1\ 2)\}$ 的半直积: $S_n = A_n \rtimes C_2$.

交错群 A_4 有 12 个元素, e, $(1\ 2)(3\ 4)$, $(1\ 3)(2\ 4)$, $(1\ 4)(2\ 3)$ 构成它的一个正规子群 V_4. 我们有

$$A_4 = V_4 \rtimes \langle (1\ 2\ 3) \rangle \simeq (C_2 \times C_2) \rtimes C_3,$$
$$S_4 = V_4 \rtimes S_3 \simeq (C_2 \times C_2) \rtimes (C_3 \rtimes C_2),$$

此处 C_n 记一个 n 阶循环群.

例 2.10   仿射群中的平移子群是正规子群.

五   生成元与定义关系   描述群的方式多种多样, 用生成元和定义关系描述是很有效的一种. 比如, n 阶循环群 C_n 用生成元 c 和定义关系 $c^n = e$ 就能刻画. 它们能导出循环群所有的信息: $C_n = \{e, c, c^2, \cdots, c^{n-1}\}$, $c^s c^t = c^{s+t} = c^{s+t+n} = c^{s+t-n}$. 另一方面, 循环群 $(\mathbb{Z}, +)$ 由 1 生成, 没有定义关系. 所以任意循环群都是 $(\mathbb{Z}, +)$ 的同态像.

循环群 $(\mathbb{Z}, +)$ 是自由群最简单的例子: 一个符号 (元素) 生成的自由群. 一般地, 可以形式地构造任意多个符号生成的自由群. 现在看一下 n 个符号生成的**自由群**. 设这 n 个符号是 f_1, f_2, $\cdots$, f_n. 考虑所有如下的形式表达式:

$$e, \quad f_{i_1}^{s_1} f_{i_2}^{s_2} \cdots f_{i_k}^{s_k}, \quad i_j \in \{1, 2, \cdots, n\}, \ s_j \in \mathbb{Z} \setminus \{0\},$$

这里 $i_j \neq i_{j+1}$, $j = 1, 2, \cdots, k-1$. 形式表达式 e 和 f 是不相等的. 两个与 e 不相等的形式表达式相等当且仅当它们的幂序列 $(s_1, s_2, \cdots, s_k)$ 和下标序列 $(i_1, i_2, \cdots, i_k)$ 都是一致的. 表达式间的乘法是自然的, 仅有的关系是平凡的:

$$ef_i = f_i e = f_i, \quad f_i^s f_i^t = f_i^{s+t}, \quad f_i^0 = e, \quad e^2 = e.$$

可以验证, 这样一来, 这些表达式全体形成的集合是一个群, 称作**秩为 n 的自由群**, 记为 F_n, 生成元 f_1, f_2, $\cdots$, f_n 称为 F_n 的**自由生成元**. 容易看出, $f_1 f_2$, f_2, $\cdots$, f_n 也是自由生成元. 所以, 自由生成元组是很多的. 显然, 秩为 n 的自由群在同构意义下是唯一的.

群 F_n 中的元素常称为符号表 $\{f_1,\ f_1^{-1},\ f_2,\ f_2^{-1},\ \cdots,\ f_n,\ f_n^{-1}\}$ 的**字**. 字 $f_{i_1}^{s_1} f_{i_2}^{s_2} \cdots f_{i_k}^{s_k}$ 的**长度**是 $|s_1| + |s_2| + \cdots + |s_k|$.

和自由阿贝尔群的情形类似, 自由群 F_n 的自由可能体现在下面的结论中.

定理 2.11   假设 F_n 是秩为 n 的自由群, G 是群. 那么, 对 F_n 的任意一组自由生成元 $f_1,\ \cdots,\ f_n$ 和 G 中任意 n 个元素 $g_1,\ \cdots,\ g_n$, 存在唯一的群同态 $F \to G$ 把 f_i 映到 g_i, $i = 1,\ \cdots,\ n$.

特别, 如果 G 是由 n 个元素生成的群, 则存在 F 到 G 的满同态.

证明   考虑映射

$$F \to G, \qquad e \to e, \quad f_{i_1}^{s_1} f_{i_2}^{s_2} \cdots f_{i_k}^{s_k} \to g_{i_1}^{s_1} g_{i_2}^{s_2} \cdots g_{i_k}^{s_k},$$

其中的 k 可取任何正整数, 下标 i_j, 幂 s_j 满足条件 $1 \leqslant i_1 \neq i_2 \neq \cdots \neq i_k \leqslant n$, $s_1,\ \cdots,\ s_k \in \mathbb{Z} \setminus \{0\}$, 无其他限制. 容易验证这个映射是确切定义的而且是群同态. 显然当 G 由 $g_1,\ \cdots,\ g_n$ 生成时, 这个同态是群的满同态. $\qquad\square$

在定理 2.11 中所展示的自由群的特性可以作为自由群的定义, 在范畴的语言里描述这一点更合适, 这里我们不多说. 下面的结论对判断群是否为自由群是有用的.

定理 2.12   假设 G 由 $f_1,\ f_2,\ \cdots,\ f_n$ 生成, 那么 G 是秩为 n 的自由群当且仅当

$$e \neq f_{i_1}^{s_1} f_{i_2}^{s_2} \cdots f_{i_k}^{s_k},$$

对任意的 $1 \leqslant i_1 \neq i_2 \neq \cdots \neq i_k \leqslant n$, $s_1,\ \cdots,\ s_k \in \mathbb{Z} \setminus \{0\}$.

证明   必要性. 假设 G 是自由群, $f = f_{i_1}^{s_1} f_{i_2}^{s_2} \cdots f_{i_k}^{s_k} \in G$ 满足定理中的条件. 如果 $k = 1$, 因为 $s_1 \neq 0$, 必须有 $f \neq e$. 如果 $k \geqslant 2$ 且有 $f = e$, , 那么 $f_{i_1}^{-s_1} = f_{i_2}^{s_2} \cdots f_{i_k}^{s_k}$. 由于 $i_1 \neq i_2$, 所以序列 s_1 与序列 $s_2,\ \cdots,\ s_k$ 是不相同的. 根据自由群的定义, $f_{i_1}^{-s_1} \neq f_{i_2}^{s_2} \cdots f_{i_k}^{s_k}$. 这个矛盾说明 $f \neq e$.

充分性. 假设群 G 中的元素满足定理中的条件, 我们要说明如果

$$f_{i_1}^{s_1} f_{i_2}^{s_2} \cdots f_{i_k}^{s_k} = f_{p_1}^{t_1} f_{p_2}^{t_2} \cdots f_{p_m}^{t_m}, \tag{2.1.5}$$

则等式两边的表达式的下标序列和幂序列都是一样的, 其中所有的 s_j, t_q 都是非零整数, 而且 $i_j \neq i_{j+1}$, $j = 1,\ \cdots,\ k-1$, $p_q \neq p_{q+1}$, $q = 1,\ \cdots,\ m-1$.

假设下标序列或幂序列不一致. 如果 $p_1 \neq i_1$, 那么

$$f_{i_k}^{-s_k} \cdots f_{i_2}^{-s_2} f_{i_1}^{-s_1} f_{p_1}^{t_1} f_{p_2}^{t_2} \cdots f_{p_m}^{t_m} = e,$$

而序列 $i_k, \cdots, i_2, i_1, p_1, p_2, \cdots, p_m$ 相邻的项不相等, 等式左边的所有的幂都是非零整数. 这与定理的条件矛盾. 所以 $p_1 = i_1$. 如果此时有 $s_1 \neq t_1$, 则

$$f_{i_k}^{-s_k} \cdots f_{i_2}^{-s_2} f_{p_1}^{t_1-s_1} f_{p_2}^{t_2} \cdots f_{p_m}^{t_m} = e,$$

而序列 $i_k, \cdots, i_2, p_1, p_2, \cdots, p_m$ 相邻的项不相等, 等式左边的所有的幂都是非零整数. 这同样与定理的条件矛盾. 所以 $p_1 = i_1$, $t_1 = s_1$.

对 k 做归纳法可知等式 (2.1.5) 两边的表达式的下标序列和幂序列都是一样的. 于是 G 是秩为 n 的自由群. $\qquad \square$

秩 1 的自由群就是无限循环群, 并无神奇之处. 高秩的自由群我们还没有遇到, 其实它们就隐藏在一些常见的群中. 在一般线性群 $GL_2(\mathbb{R})$ 中考虑由矩阵

$$A = \begin{pmatrix} 1 & \pi \\ 0 & 1 \end{pmatrix}, \qquad B = \begin{pmatrix} 1 & 0 \\ \pi & 1 \end{pmatrix}$$

生成的群 F. 我们证明 F 是秩 2 的自由群. 对 k 做归纳法, 可以看出元素

$$W_k = A^{\alpha_1} B^{\beta_1} \cdots A^{\alpha_k} B^{\beta_k}, \qquad \alpha_i, \beta_i \neq 0, \quad 1 \leqslant i \leqslant k$$

有形式

$$W_k = \begin{pmatrix} 1 + \sigma_1 \pi^2 + \cdots + \sigma_k \pi^{2k} & \pi(\cdots + \sigma_{k-1} \alpha_k \pi^{2k-2}) \\ \pi(\cdots + \alpha_1^{-1} \sigma_k \pi^{2k-2}) & 1 + \cdots + \alpha_1^{-1} \sigma_{k-1} \alpha_k \pi^{2k-2} \end{pmatrix},$$

其中 $\sigma_k = \alpha_1 \beta_1 \cdots \alpha_k \beta_k$, 省略号 "$\cdots$" 表示次数小于 $2k$ (矩阵左上角的元素) 或 $2k-2$ (矩阵其他位置的元素) 的 π 的一些单项式之和. 注意 π 是超越数, 它不是任何有理系数的非零多项式的根, 所以 $W_k \neq E$. 群 F 中任意其他元素可以写成如下形式之一: E, $U = B^\beta A^\alpha$, $W = B^\beta W_k A^\alpha$, 其中 α, β 是不全为 0 的整数. 直接验证可知 $U \neq E$. 如果 $W = E$, 则 $W_k = B^{-\beta} A^{-\alpha}$. 但这不可能, 在 $k=1$ 时可直接验证, 在 $k > 1$ 时可以比较矩阵中元素作为 π 的多项式的次数.

由定理 2.12 知 F 是自由群. 其实可以证明把 π 换成任何大于 1 的整数, 群 F 仍是自由群.

上面的讨论可以看出自由群中的自由生成元之间没有任何的关系. 现在转向更常见的情形, 生成元之间有非平凡的关系.

定义 2.13　令 F_n 是秩为 n 的自由群, f_1, $\cdots$, f_n 是其自由生成元, S 是 F_n 的子集, H 是 F_n 中包含 S 的最小正规子群 (即包含 S 的所有的正规子群的交). **称群 G 为生成元 x_1, $\cdots$, x_n 和关系 $W(x_1,\cdots,x_n) = e$, $W(f_1,\cdots,f_n) \in S$, 所定义的群**如果存在以 H 为核的满同态 $F_n \to G$, $f_i \to x_i$, $i = 1$, $\cdots$, n. 在这种情况下, 常用下面的记号

$$G = \langle x_1, \cdots, x_n \,|\, W(x_1,\cdots,x_n) = e, \; W(f_1,\cdots,f_n) \in S \rangle.$$

如果 $S = \{W_i(f_1,\cdots,f_n) \,|\, i \in I\}$, 也用记号

$$G = \langle x_1, \cdots, x_n \,|\, W_i(x_1,\cdots,x_n) = e, \; i \in I \rangle.$$

这些关系 $W(x_1,\cdots,x_n) = e$ 也称为**定义关系**. 当 S 或 I 是有限集时, 称 G 是**有限呈示的群** (group of finitely presented). 根据定理 2.2 (1), 有 $F_n/H \simeq G$.

用生成元和关系定义的群在构造这个群到其他的群的同态和构造这个群在一个集合上的作用都有很多的方便: 只需要对生成元的像验证定义关系或验证生成元的作用满足定义关系. 下面这个定理说明了生成元与关系定义的群的实质含义: 在同态的意义下它是满足那些关系的群中的最大的那一个.

定理 2.14　设 G 是生成元 x_1, $\cdots$, x_n 和关系 $W_i(x_1,\cdots,x_n) = e$, $i \in I$ 定义的群. 如果在群 K 中有元素 y_1, $\cdots$, y_n 满足关系 $W_i(y_1,\cdots,y_n) = e$, $i \in I$, 那么存在唯一的群同态 $\phi : G \to K$ 把 x_1, $\cdots$, x_n 分别映到 y_1, $\cdots$, y_n.

特别, 如果 K 是由 y_1, $\cdots$, y_n 生成, 它们满足关系 $W_i(y_1,\cdots,y_n) = e$, $i \in I$, 则 ϕ 是满同态.

证明　令 F_n 是秩为 n 的自由群, f_1, $\cdots$, f_n 是其自由生成元. 根据定理 2.11, 存在唯一的群同态 $\theta : F_n \to K$ 把 f_1, $\cdots$, f_n 分别映到 y_1, $\cdots$, y_n. 由于 $W_i(y_1,\cdots,y_n) = e$, $i \in I$, 所以 $W_i(f_1,\cdots,f_n) \in \operatorname{Ker}\theta$, $i \in I$. 置 H 为 F_n 中包含 $W_i(f_1,\cdots,f_n)$, $i \in I$ 的正规子群中的最小者, 那么 $N = \operatorname{Ker}\theta$ 包含 H. 根据定理 2.2 (3), 存在群同态 $\bar{\theta} : F_n/H \to K$ 把 $f_1 H$, $\cdots$, $f_n H$ 分别映到 y_1, $\cdots$, y_n.

根据定义 2.13, 存在群同构 $\phi : G \to F_n/H$ 把 x_1, $\cdots$, x_n 分别映到 $f_1 H$, $\cdots$, $f_n H$. 于是映射 $\bar{\theta}\phi : G \to K$ 把 x_1, $\cdots$, x_n 分别映到 y_1, $\cdots$, y_n. □

不过, 通过生成元和定义关系把群中的元素都写出来一般并不是容易的事情. 同样, 对一个已知的群的生成元写出定义关系也不是一件容易的事情. 当然, 对很多重要的群, 这些都是清楚的. 下面是两个简单的例子.

例 2.15 (二面体群)   平面上保持一个正 n 边形 P_n 不变的保距变换全体形成的群称为**二面体群**, 记为 D_n. 平面上的保距变换由旋转、反射、平移构成 (参见第二卷 4.3 节第四部分). 平移会改变 P_n 的位置, 所以不是 D_n 的元素. 把 P_n 的中心选为原点, 那么保持 P_n 不变的保距变换有如下两种: 转角为 $\theta = \dfrac{2\pi}{n}$ 倍数的旋转, 关于过原点和一个顶点所在的直线的反射, 以及关于过原点和一条边的中点所在的直线的反射.

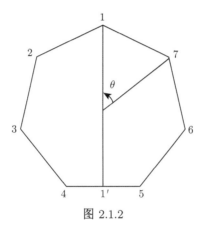

图 2.1.2

当 n 是奇数时, 过原点和顶点的直线集合与过原点和边中点的直线集合是一样的, 共有 n 条. 当 n 是偶数时, 过原点和顶点的直线集合与过原点和边中点的直线集合各含 $\dfrac{n}{2}$ 条直线, 且互不相同. 由此可见 D_n 含有 $2n$ 个元素, 其中 n 个是旋转, n 个是反射. 在标准正交基之下, 转角为 $\theta = \dfrac{2\pi}{n}$ 的旋转的矩阵是

$$\mathcal{A} = \begin{pmatrix} \cos\theta & -\sin\theta \\ \sin\theta & \cos\theta \end{pmatrix}.$$

把 y 轴取为过原点和某个顶点的直线, 那么关于 y 轴的反射保持 P_n, 矩阵是

$$\mathcal{B} = \begin{pmatrix} -1 & 0 \\ 0 & 1 \end{pmatrix}.$$

我们将把保距变换和它的矩阵等同起来. 群 D_n 中的旋转就是

$$e, \ \mathcal{A}, \ \mathcal{A}^2, \ \cdots, \ \mathcal{A}^{n-1}.$$

而 D_n 中的反射就是

$$\mathcal{B}, \ \mathcal{A}\mathcal{B}, \ \mathcal{A}^2\mathcal{B}, \ \cdots, \ \mathcal{A}^{n-1}\mathcal{B}.$$

有两个显然的关系: $\mathcal{A}^n = e$, $\mathcal{B}^2 = e$. 由于 $\mathcal{A}\mathcal{B}$ 是反射, 所以 $\mathcal{A}\mathcal{B}\mathcal{A}\mathcal{B} = e$. 这个等式也可以直接验证.

命题 2.16   二面体群 D_n 由生成元 $\mathcal{A}$, $\mathcal{B}$ 和关系 $\mathcal{A}^n = e$, $\mathcal{B}^2 = e$, $\mathcal{A}\mathcal{B}\mathcal{A}\mathcal{B} = e$ 定义.

证明   设 G 是生成元 a, b 和关系 $a^n = e$, $b^2 = e$, $abab = e$ 定义的群, 即

$$G = \langle a,\, b \mid a^n = e,\, b^2 = e,\, abab = e \rangle.$$

根据定理 2.14, 存在唯一的满同态 $\phi : G \to D_n$ 把 a, b 分别映到 $\mathcal{A}$, $\mathcal{B}$. 需要说明 ϕ 是同构, 即要说明 ϕ 是单射.

从关系 $abab = e$, $a^n = e$, $b^2 = e$ 得 $ba = a^{-1}b^{-1} = a^{n-1}b$. 由此可见, 在 G 中, 符号表 $\{a,\, a^{-1},\, b,\, b^{-1}\}$ 的任何字 (即 G 中任何元素) 都可以写成形式 a^i 或 $a^i b$, $0 \leqslant i \leqslant n-1$. 从而 G 的阶不超过 $2n$. 由于 D_n 的阶是 $2n$, ϕ 是满射, 于是必须有 $|G| = 2n$ 且 ϕ 是单射. $\hfill\square$

下面把二面体群 D_n 与 $G = \langle a,\, b \mid a^n = e,\, b^2 = e,\, abab = e \rangle$ 等同, 并利用生成元和定义关系讨论二面体群. 可以讨论的内容有共轭类、中心、换位子群、正规子群等. 从 $bab = a^{-1}$ 得 $ba^k b = a^{-k}$. 所以循环群 $\langle a \rangle$ 是正规子群. 商群 $D_n / \langle a \rangle$ 与 $\{e,\, b\}$ 同构. 根据定理 2.5(1), D_n 的换位子群 D_n' 是 $\langle a \rangle$ 的子群. 由于 $aba^{-1}b^{-1} = a \cdot a = a^2 \in D_n'$, 所以当 n 是奇数时, $D_n' = \langle a \rangle$. 当 n 是偶数时, $D_n / \langle a^2 \rangle = \langle \bar{a},\, \bar{b} \rangle$ 是两个 2 阶循环群的直积, 特别, 这个商群是交换的. 所以此时有 $D_n' = \langle a^2 \rangle$.

二面体群的共轭类的个数和中心的元素也是与 n 的奇偶性有关. 简单的计算可以得到如下结论:

当 $n = 2m$ 是偶数时, D_n 的共轭类是

$$\{e\}, \quad \{a^m\}, \quad \{a,\, a^{2m-1}\}, \quad \{a^2,\, a^{2m-2}\}, \quad \cdots, \quad \{a^{m-1},\, a^{m+1}\},$$
$$\{b,\, a^2 b,\, a^4 b,\, \cdots,\, a^{2m-2}b\}, \quad \{ab,\, a^3 b,\, a^5 b,\, \cdots,\, a^{2m-1}b\}.$$

很多时候我们关心每个共轭类中元素的个数, 此时, 下面的表格是方便的. 表的第二行是共轭类的代表元, 第一行是相应共轭类所含元素的个数:

1	1	2	$\cdots$	2	m	m
e	a^m	a	$\cdots$	a^{m-1}	b	ab

此时群的共轭类的个数是 $m+3$, 中心 $Z(D_n)=\{e,\,a^m\}$.

当 $n=2m+1$ 是奇数时, D_n 的共轭类是

$$\{e\},\quad \{a,\,a^{2m}\},\quad \{a^2,\,a^{2m-1}\},\quad \cdots,\quad \{a^{m-1},\,a^{m+2}\},\quad \{a^m,\,a^{m+1}\},$$
$$\{b,\,ab,\,a^2b,\,a^3b,\,\cdots,\,a^{2m-1}b,\,a^{2m}b\}.$$

它们的扼要信息列表如下:

1	2	$\cdots$	2	2	n
e	a	$\cdots$	a^{m-1}	a^m	b

此时群的共轭类的个数是 $m+2$, 中心 $Z(D_n)=\{e\}$.

如果把 a^i 理解为旋转 $\mathcal{A}^i$, a^ib 理解为反射 $\mathcal{A}^i\mathcal{B}$, 并注意旋转的行列式为 1, 反射的行列式为 -1, 共轭的算子有相同的行列式和相同的特征值, 那么上面的结论理解起来就更直观.

值得强调的是, 群的定义关系依赖群的生成元的选取. 例如选取正 n 边形 P_n 的一个顶点和含这个顶点的一条边, 把这个顶点与正多边形的中心连成直线, 把这条边的中点与正多边形的中心也连成直线. 这两条直线的夹角是 $\dfrac{\pi}{n}$, 它们确定两个反射, 均保持 P_n 不变. 而且, 这两个反射 $g,\,h$ 生成的群正是二面体群. 可以证明

$$D_n=\langle g,\,h\,|\,g^2=e,\,h^2=e,\,(gh)^n=e\rangle.$$

与前面的生成元的关系是 $g=b,\,h=ab$.

例 2.17 (四元数群) 考虑下面的用生成元和关系定义的群:

$$Q_8=\langle a,\,b\,|\,a^4=e,\,b^2=a^2,\,bab^{-1}=a^{-1}\rangle.$$

我们从生成元和定义关系出发讨论这个群. 从 $ba=a^{-1}b=a^3b$ 和 $b^2=a^2$ 知, 群中任何元素, 等价的说法是符号表 $\{a,\,a^{-1},\,b,\,b^{-1}\}$ 的字, 可以写成 a^sb^t, $0\leqslant s\leqslant 3$, $0\leqslant t\leqslant 1$. 于是 Q_8 至多有 8 个元素. 问题: 怎么能确定这 8 个元素是互不相同的? 解决的办法: 寻找 Q_8 的一个具体的实现. 即找一个具体的群 G, 它有两个生成元, 生成元满足 Q_8 的定义关系, 而且 G 有 8 个元素. 根据定理 2.14, 有满同态 $Q_8\to G$. 这迫使 $|Q_8|=8$ 且 Q_8 与 G 同构.

在四元数代数中很容易找到这样的群, 例如 $G=\{\pm 1,\,\pm\mathbf{i},\,\pm\mathbf{j},\,\pm\mathbf{k}\}$. 我们已经知道 $\mathbf{i}^4=1$, $\mathbf{i}^2=\mathbf{j}^2=-1$, $\mathbf{j}\mathbf{i}\mathbf{j}^{-1}=-\mathbf{i}=\mathbf{i}^{-1}$. 从四元数的矩阵实现知道, 下列矩阵

也产生这样的群

$$A = \begin{pmatrix} i & 0 \\ 0 & -i \end{pmatrix}, \qquad B = \begin{pmatrix} 0 & 1 \\ -1 & 0 \end{pmatrix} \qquad (i = \sqrt{-1}).$$

事实上, $A^4 = E$, $B^2 = A^2$, $BAB^{-1} = A^{-1}$,

$$\langle A, B \rangle = \left\{ \pm \begin{pmatrix} 1 & 0 \\ 0 & 1 \end{pmatrix}, \quad \pm \begin{pmatrix} i & 0 \\ 0 & -i \end{pmatrix}, \quad \pm \begin{pmatrix} 0 & 1 \\ -1 & 0 \end{pmatrix}, \quad \pm \begin{pmatrix} 0 & i \\ i & 0 \end{pmatrix} \right\}.$$

映射 $a \to A$, $b \to B$ 确定了从 Q_8 到 $\langle A, B \rangle$ 的一个群同构.

在确定了 Q_8 确实含有 8 个元素后, 我们继续从生成元和定义关系出发讨论这个群. 从定义关系可以看出 $a^2 \in Z(Q_8)$. 由于非交换群对中心的商群不是循环群 (见 2.1 节第三部分最后的讨论), 所以 $Z(Q_8)$ 不是 4 阶群, 从而 $Z(Q_8) = \{e, a^2\}$. 从定义关系可以看出 $Q_8/Z(Q_8) = \langle \bar{a}, \bar{b} \rangle$ 是两个 2 阶循环群的直积. 根据定理 2.5(1), 换位子群 Q_8' 是 $Z(Q_8)$ 的子群. 但 Q_8 是非交换群, 所以 $Q_8' \neq \{e\}$, 从而 $Q_8' = Z(Q_8)$.

利用定义关系很容易看出 Q_8 的共轭类是

$$\{e\}, \quad \{a^2\}, \quad \{a, a^3\}, \quad \{b, a^2b = b^3\}, \quad \{ab, ba = (ab)^3\}.$$

扼要信息列表如下:

1	1	2	2	2
e	a^2	a	b	ab

有限呈示的群不仅出现在代数中, 还在几何中经常出现, 比如流形的基本群很多是有限呈示的群. 当然, 还有很多与这些群有关的问题等待人们去探索, 包括有些看上去挺简单的问题.

习　题　2.1

1. 回忆第一卷例 5.29 关于内自同构 $\tau_g : x \to gxg^{-1}$ 和内自同构群 $\mathrm{Inn}(G) \subset \mathrm{Aut}(G)$ (G 的自同构群) 的定义. 证明: $\mathrm{Inn}(G) \lhd \mathrm{Aut}(G)$ 且 $\mathrm{Inn}(G) \simeq G/Z(G)$, 其中 $Z(G)$ 为群 G 的中心. 商群 $\mathrm{Out}(G) = \mathrm{Aut}(G)/\mathrm{Inn}(G)$ 称为群 G 的**外自同构群**.

2. 把 S_4 中共轭类的信息编制成如下表格, 其中第一行是共轭类中元素的个数, 第二行是共轭类的代表元:

1	3	6	8	6
e	$(1\ 2)(3\ 4)$	$(1\ 2)$	$(1\ 2\ 3)$	$(1\ 2\ 3\ 4)$

依据定理 2.3(2), 即正规子群是一些共轭类的并, 重新描述 S_4 中的正规子群.

3. 证明: $Z(A \times B) = Z(A) \times Z(B)$.

4. 如果 K_1, $K_2 \lhd G$ 且 $K_1 \cap K_2 = \{e\}$, 问 G 是否同构于 $(G/K_1) \times (G/K_2)$ 的一个子群?

5. 假设 $K \lhd G = A \times B$. 证明: 如果 K 不是阿贝尔群, 那么 $K \cap A$ 和 $K \cap B$ 中至少有一个不是平凡群. 举例说明群 $A \times B$ 中可以有非平凡的正规子群 K 满足 $K \cap A = \{e\}$ 和 $K \cap B = \{e\}$. 这说明一般而言 $K \lhd A \times B$ 不能推出 $K = (K \cap A) \times (K \cap B)$.

6. 证明: 四元数群 Q_8 不是真子群的半直积.

7. 证明: 四元数群的子群都是正规子群.

8. 证明: 群 D_4 与 Q_8 不同构.

9. 证明: $\mathrm{Aut}(D_4) \simeq D_4$. (由于 $Z(D_4)$ 是二元群, 由习题 1 知 $|\mathrm{Out}(G)| = 2$.)

10. 复数域中 1 的所有 p^i ($i = 1$, 2, 3, $\cdots$) 次单位根形成无限群 $C(p^\infty)$. 它被称为**拟循环群**, 因为它的任何有限个元素生成的子群是循环群. 证明这一点, 同时证明

$$C(p^\infty) = \langle a_1\ a_2,\ a_3,\ \cdots \mid a_1^p = 1,\ a_{i+1}^p = a_i,\ i = 1,\ 2,\ 3,\ \cdots \rangle.$$

11. 设

$$G = \langle a,\ b \mid aba = ba^2b,\ a^3 = e,\ b^{2n-1} = e \rangle,$$

其中 n 是正整数. 证明: $b = e$ 从而 $n = 1$, 且 $G = \langle a \mid a^3 = e \rangle$ 是 3 阶循环群.

12. 建立单射同态 $f : S_n \to GL_n(\mathbb{R})$ 使得 $f(\pi)$ 的行列式 $\det f(\pi) = \varepsilon_\pi$, $\pi \in S_n$.

如果所有的矩阵 $f(\pi)$ ($\pi \in S_n$) 中的系数都是 0 和 1, 那么 $f(\pi)$ 称为**置换矩阵**. f 在 A_n 上的限制是 A_n 到 $SL_n(\mathbb{R})$ 的单射同态. 对任意有限群 G, 映射 $L : G \to S_n$ (凯莱定理) 与 $f : S_n \to GL_n(\mathbb{R})$ 的合成 $f \circ L$ 变成单射同态 $G \to GL_n(\mathbb{R})$.

13. 下面给出秩为 n 的自由群 F_n 的另一个构造. 符号表 $\{f_1, f_1^{-1}, f_2, f_2^{-1}, \cdots, f_n, f_n^{-1}\}$ 由 n 个符号 f_1, $\cdots$, f_n 和它们的 "逆" f_1^{-1}, $\cdots$, f_n^{-1} 组成. 再添加一个符号 $e := \varnothing$. 令 $\mathcal{S}$ 为这 $2n+1$ 个符号以任何次序写成的有限长的 "字" 全体形成的集合. 在字里允许符号重复出现. 两个字 u 和 v 的乘积 uv 就是 u 置于 v 前面形成的字. 字 $u^{-1} = f_{i_m}^{-\varepsilon_m} \cdots f_{i_1}^{-\varepsilon_1}$ 称为字 $u = f_{i_1}^{\varepsilon_1} \cdots f_{i_m}^{\varepsilon_m}$, $\varepsilon_i = \pm 1$, $k = 1$, $\cdots$, m 的逆, $e^{-1} = e$. 在 $\mathcal{S}$ 中引进等价关系 $\sim$. 两个字

是等价的, 如果其中一个可以由另一个通过有限次下列等价变换得到:

$$ee \sim e,$$
$$f_i f_i^{-1} \sim e, \quad f_i^{-1} f_i \sim e,$$
$$f_i e \sim f_i, \quad f_i^{-1} e \sim f_i^{-1},$$
$$e f_i \sim f_i, \quad e f_i^{-1} \sim f_i^{-1}.$$

在每个等价类中有唯一的最短的字. 字的乘法诱导了等价类的乘法: u 所在的等价类 $\bar{u}$ 和 v 所在的等价类 $\bar{v}$ 的乘积 $\bar{u}\bar{v}$ 定义为 uv 的等价类 $\overline{uv}$. 证明:

(1) 等价类的乘法的定义是合理的 (即不依赖代表元的选取);

(2) 这里的等价 $\sim$ 确定的等价类集合在刚定义的乘法运算下就是有 n 个自由生成元 $\bar{f}_1, \cdots, \bar{f}_n$ 的自由群 F_n, 空字 e 为单位元.

2.2 两个同构定理

经常需要比较不同的群的商群, 把群同态限制在子群上, 下面的定理对这些问题都是很有用的.

定理 2.18 (第一同构定理) 设 K 是群 G 的正规子群, H 是 G 的子群, 那么 $HK = KH$ 为 G 的包含 K 的子群, $H \cap K$ 是 H 的正规子群, 且有群同构

$$HK/K \simeq H/H \cap K, \quad hK \to h(H \cap K).$$

证明 由于 K 在 G 中正规, 我们得到 $gK = Kg, \forall g \in G$. 特别, 对任意的 $h \in H$, 有 $hK = Kh$. 集合 $HK = \{hk \mid h \in H, k \in K\}$ 是 K 的一些陪集的并: $HK = \bigcup_{h \in H} hK$. 由于 $hK = Kh$, 可知

$$HK = \bigcup_{h \in H} hK = \bigcup_{h \in H} Kh = KH.$$

单位元 e 在 H 中, 也在 K 中, 所以 $e = e^2$ 在 HK 中. 由于 $(hk)^{-1} = k^{-1}h^{-1} = h^{-1}(hk^{-1}h^{-1})$, 所以 HK 中任意元素的逆仍是 HK 中的元素. 此外, $HK \cdot HK = H \cdot KH \cdot K = H \cdot HK \cdot K = HK$, 即 HK 关于乘法封闭. 可见, HK 是 G 的子群.

群 K 是 G 的正规子群蕴含 K 是 HK 的正规子群, 所以有商群 HK/K. 考虑自然映射 $\pi: G \to G/K$ 在 H 上的限制 $\pi_0 := \pi|_H$. 它的像 $\mathrm{Im}\,\pi_0$ 由陪集 hK, $h \in H$ 组成. 换句话说, $\mathrm{Im}\,\pi_0 = HK/K$. 于是有满同态

$$\pi_0: H \to HK/K.$$

该同态的核由所有这样的 $h \in H$ 组成: 它在 π_0 下的像 $\pi_0(h) = hK = K$ 是 HK/K 中的单位元. 但 $hK = K$ 当且仅当 $h \in H \cap K$. 于是 $\mathrm{Ker}\,\pi_0 = H \cap K$.

根据同态基本定理 (定理 2.2), $H \cap K$ 是 H 的正规子群 (直接验证也是简单的), 而且映射 $\bar{\pi}_0: H/H \cap K \to HK/K$, $h(H \cap K) \to \pi_0(h) = hK$ 是同构. 这个同构的逆映射就是定理中的同构. □

有第一同构定理就有第二同构定理. 不过现在它一般称为对应定理.

定理 2.19 (对应定理) 设 K 是群 G 的正规子群, 那么

(1) 在 G 的包含 K 的子群全体和商群 G/K 的子群全体之间有自然的一一对应:

$$\{G \text{ 的包含 } K \text{ 的子群}\} \quad \longleftrightarrow \quad \{G/K \text{ 的子群}\}$$
$$H \qquad\qquad \longleftrightarrow \qquad \bar{H} = H/K.$$

(2) 在 G 的包含 K 的正规子群全体和商群 G/K 的正规子群全体之间有自然的一一对应:

$$\{G \text{ 的包含 } K \text{ 的正规子群}\} \quad \longleftrightarrow \quad \{G/K \text{ 的正规子群}\}$$
$$H \qquad\qquad \longleftrightarrow \qquad \bar{H} = H/K.$$

(3) 如果 H 是 G 的正规子群且包含 K, 则有自然的同构

$$G/H \simeq \bar{G}/\bar{H} = (G/K)/(H/K), \quad gH \to \bar{g}\bar{H},$$

其中 $\bar{g} = gK$.

证明 (1) 假设 H 是 G 的包含 K 的子群. 简单的计算就可以知道 H/K 是 G/K 的子群. 下面验证所给的映射 $H \to \bar{H} = H/K$ 是单射. 设 A 和 B 是 G 的子群, 均包含 K. 如果 $\bar{A} = A/K = \bar{B} = B/K$, 那么对任意的 $a \in A$, 存在 $b \in B$ 使得 $aK = bK$. 于是存在 k 使得 $a = bk$. 可是 $K \subset B$, 所以 $a = bk \in B$. 从而 $A \subset B$. 类似可证 $B \subset A$. 于是 $A = B$.

现在验证所给的映射是满射. 设 $\mathfrak{H}$ 是 G/K 的子群, 它在自然映射 $\pi: G \to$ G/K 下的逆像是 $H = \pi^{-1}(\mathfrak{H})$. 那么 H 是 G 的子群, 且包含 K. 事实上, 对 $a, b \in H$, 有 $\pi(ab) = \pi(a)\pi(b) \in \mathfrak{H}\mathfrak{H} = \mathfrak{H}$, $\pi(a^{-1}) = (\pi(a))^{-1} \in \mathfrak{H}$, 所以 H 保持乘法和逆封闭, 从而是子群. 它包含 K 是显然的. 显然有 $\mathfrak{H} = \{hK \,|\, h \in H\} = H/K = \bar{H}$.

(2) 假设 H 是 G 的包含 K 的子群. 需要证明 $H \triangleleft G$ 当且仅当 $\bar{H} \triangleleft \bar{G} = G/K$. 假设 H 是正规的, 对任意的 $g \in G$, $h \in H$, 有 $gK \cdot hK \cdot (gK)^{-1} = ghg^{-1}K = h'K \in \bar{H}$, 所以 $\bar{H}$ 是 $\bar{G}$ 的正规子群. 反过来, 假设 $\bar{H} \triangleleft \bar{G}$, 对任意的 $g \in G$, $h \in H$, 有 $gK \cdot hK \cdot (gK)^{-1} = ghg^{-1}K \in \bar{H}$, 所以 $ghg^{-1} = h' \in H$. 于是 $H \triangleleft G$.

(3) 如果 H 是 G 的正规子群且包含 K, 那么 $\bar{H} = H/K$ 是 $\bar{G} = G/K$ 的正规子群. 于是有两个自然的同态

$$\pi: G \to G/K = \bar{G}, \quad g \to \bar{g} = gK; \quad \bar{\pi}: \bar{G} \to \bar{G}/\bar{H}, \quad \bar{g} \to \bar{g}\bar{H}.$$

合成两个映射得

$$\sigma = \bar{\pi} \circ \pi: G \to \bar{G}/\bar{H}, \quad y \to \bar{g}\bar{H}.$$

于是

$$\mathrm{Ker}\,\sigma = \{g \in G \,|\, \sigma(g) = \bar{H}\} = \{g \in G \,|\, \bar{g} \in \bar{H}\}$$
$$= \{g \in G \,|\, gK = hK, \text{对某个 } h \in H\} = H.$$

根据同态基本定理 (定理 2.2), 映射 $gH \to \bar{g}\bar{H}$ 是从群 G/H 到群 $\bar{G}/\bar{H}$ 的同构映射. $\qquad\square$

我们利用两个例子来帮助理解同构定理.

例 2.20 设 $d > 1$ 和 m 是自然数, $n = dm$. 于是 $n\mathbb{Z} \subset d\mathbb{Z}$, 且有加群的满同态

$$\mathbb{Z} \quad\longrightarrow\quad d\mathbb{Z}/n\mathbb{Z} = \{di + n\mathbb{Z} \,|\, i = 0, 1, \cdots, m-1\},$$
$$x \quad\longrightarrow\quad dx + n\mathbb{Z},$$

同态的核是 $m\mathbb{Z}$. 根据同态基本定理, 有同构

$$Z_m := \mathbb{Z}/m\mathbb{Z} \simeq d\mathbb{Z}/n\mathbb{Z},$$

(这很容易理解). 利用定理 2.19(3), 知

$$\mathbb{Z}/d\mathbb{Z} \simeq (\mathbb{Z}/n\mathbb{Z})/(d\mathbb{Z}/n\mathbb{Z}),$$

即 $Z_d \simeq Z_n/Z_m$.

循环群的商群在同构定理下可以理解得更透彻.

例 2.21　在对称群 S_4 中选出子群

$$V_4 = \{e,\ (1\ 2)(3\ 4),\ (1\ 3)(2\ 4),\ (1\ 4)(2\ 3)\} \lhd S_4,$$
$$S_3 = \{e,\ (1\ 2),\ (1\ 3),\ (2\ 3),\ (1\ 2\ 3),\ (1\ 3\ 2)\}.$$

这里 S_3 是点 $i = 4$ 的稳定子群. 显然 $S_3 \cap V_4 = \{e\}$. 根据定理 2.18, 有

$$S_3 V_4 / V_4 \simeq S_3 / (S_3 \cap V_4) \simeq S_3.$$

特别, $|S_3 V_4| = |S_3| \cdot |V_4| = 24$. 于是 $S_4 = S_3 V_4$. 这表明 S_3 既是 S_4 的子群, 也是它的商群. 置换群 S_3 有 5 个子群, 由定理 2.19(1), 可知 S_4 中包含 V_4 的子群有 5 个, 它们是

$$V_4,\quad \langle(1\ 2)\rangle V_4,\quad \langle(1\ 3)\rangle V_4,\quad \langle(2\ 3)\rangle V_4,\quad A_4 = \langle(1\ 2\ 3)\rangle V_4,\quad S_4 = S_3 V_4.$$

我们将注意力转向 24 的因子分解 $2^3 \cdot 3$. 上面的讨论已经可以看出, 对 24 的任何因子 d, S_4 有 d 阶子群. 特别, 它有 3+1 个 3 阶群

$$\langle(1\ 2\ 3)\rangle,\quad \langle(1\ 2\ 4)\rangle,\quad \langle(1\ 3\ 4)\rangle,\quad \langle(2\ 3\ 4)\rangle,$$

2+1 个 8 阶群

$$\langle(1\ 2)\rangle V_4,\quad \langle(1\ 3)\rangle V_4,\quad \langle(2\ 3)\rangle V_4.$$

这些 3 阶群和 8 阶群在 S_4 中分别是共轭的. 后面我们将看到, 它们就是 S_4 的西罗 3-子群和西罗 2-子群.

另外, S_4 中的非平凡正规子群只有两个: V_4 和 A_4. 事实上, 如果 K 是非平凡的正规子群, 那么它不含对换, 因为对换在 S_4 中都是共轭的, 且 S_4 由对换生成. 如果 K 含 3-循环, 则它一定是交错群 A_4, 因为 3-循环在 S_4 中都是共轭的, 且 A_4 由 3-循环生成, A_4 在 S_4 中的指标是 2. 如果 K 不含 3-循环, 我们证明它就是 V_4. 此时它一定含有两个不相交的对换的乘积或 4-循环. 由于 4-循环的平方是两个不相交的对换的乘积, 所以此时 K 一定含有两个不相交的对换的乘积. 但是两个不相交的对换的乘积在 S_4 中只有 3 个, 它们都是共轭的, 所以都在 K 中. 这意味着 V_4 是 K 的子群. 它们必须相等, 因为 K 不含 2-循环和 3-循环, 而我们已经知道包含 V_4 的其他子群含有 2-循环或 3-循环.

习　题　**2.2**

1. 假设 H 和 K 是有限群 G 的子群. 证明:

$$|HK| \cdot |H \cap K| = |H| \cdot |K|.$$

(大家知道, 在线性空间理论中有维数公式与此类似.) 进一步证明, 集合 HK 为群的充要条件是 $HK = KH$, 特别, 当 $K \triangleleft G$ 时, 这个条件自动满足.

2. 记号同对应定理 (定理 2.19). 设 H 和 $\bar{H}$ 是对应的子群, 证明 $[G : H] = [\bar{G} : \bar{H}]$.

3. 设 H 是 G 的指标有限的子群. 证明: 在 H 中存在 G 的指标有限的正规子群. (提示: 考虑 G 在 G/H 上的作用.)

2.3　可解群和单群

一　可解群　下面我们将看到怎样用换位子群 (即导出子群) 这个概念探索群的结构, 定义两类重要的群: 可解群和幂零群. 像以前一样, $G^{(1)}$ 或 G' 表群 G 的换位子群. 进而, 在 G' 中考虑换位子群 $G^{(2)} = G'' = (G')'$, 称为群 G 的**第二换位子群**或**第二导出子群**. 继续这个过程, 就可以定义**第 k 个换位子群**或**第 k 个导出子群** $G^{(k)} = (G^{(k-1)})'$.

命题 2.22　设 K 是 G 的正规子群, 那么 K 的导出子群 K' 是 G 的正规子群. 特别, 对任意的正整数 k, G 的第 k 个导出子群 $G^{(k)}$ 是 G 的正规子群.

证明　设 $x, y \in K$, 那么对 G 中任意的元素 g, 有 $gxg^{-1}, gyg^{-1} \in K$, 所以

$$g(x, y)g^{-1} = g(xyx^{-1}y^{-1})g^{-1} = (gxg^{-1}, gyg^{-1}) \in K'.$$

由于 K' 的元素都是若干形如 (x, y), $x, y \in K$ 的换位子的乘积, 上式说明对 G 中任意的元素 g, 有 $gK'g^{-1} \subset K'$. 根据定理 2.3, K' 是 G 的正规子群. □

于是有 G 的正规子群列 (**导出列**)

$$G \trianglerighteq G^{(1)} \trianglerighteq G^{(2)} \trianglerighteq \cdots \trianglerighteq G^{(k)} \trianglerighteq G^{(k+1)} \trianglerighteq \cdots, \tag{2.3.6}$$

序列中每一个群对下一个群的商群 $G^{(k)}/G^{(k+1)}$ 都是交换群. 为方便, 我们约定 $G^{(0)} = G$.

定义 2.23 群 G 称为**可解的**如果序列 (2.3.6) 能够下降到单位元群, 即存在 m 使得 $G^{(m)} = \{e\}$. 最小的那个 m 称为 G 的**导出长度** (derived length), 这时 $G^{(m)}$ 为单位元群, 但 $G^{(m-1)}$ 不是单位元群.

显然非平凡的交换群的导出长度是 1. 另外, 导出长度为 m 的可解群中有非平凡 (即不等于 $\{e\}$) 的交换正规子群, 它就是 $G^{(m-1)}$. 在例 2.6 中我们知道 $S_4' = A_4$. 由于 A_4 是非交换的, 所以 A_4' 不是单位元群, 根据例 2.21, $A_4' = A_4$ 或 V_4. 从例 2.21 知 $A_4/V_4 \simeq \langle (1\ 2\ 3) \rangle$ 是交换群, 所以 $A_4' \subset V_4$ (参见定理 2.5). 于是我们有 $A_4' = V_4$. 从而 S_4 的导出列是 $S_4, A_4, V_4, \{e\}$. 可见 S_4 的导出长度是 3, A_4 的导出长度是 2.

下面的例子说明一类重要的非交换的群是可解的, 这些群一般是无限的.

例 2.24 域 $\mathfrak{K}$ 上的 n 阶可逆上三角方阵全体形成一个群

$$B := B_n(\mathfrak{K}) = \{A = (a_{ij}) \in GL_n(\mathfrak{K}) \,|\, a_{ij} = 0 \text{ 如果 } i > j\}.$$

直接验证知 $B^{(n)} = \{E\}$. 于是对任意的 n 和 $\mathfrak{K}$, 群 $B_n(\mathfrak{K})$ 是可解的. 值得指出的是, B 的换位子群 $B' = UB_n(\mathfrak{K})$ (主对角线元素都是 1 的上三角矩阵群) 有比可解性更强的性质: 幂零. 我们说明其含义.

对群 G, 令

$$G_1 := G, \quad G_2 = G', \quad \cdots, \quad G_{k+1} = (G_k, G) = \langle (u, v) \,|\, u \in G_k, \, v \in G \rangle.$$

容易验证, 诸 G_k 都是 G 的正规子群, 它们形成 G 的**下中心列**

$$G = G_1 \trianglerighteq G_2 \trianglerighteq G_3 \trianglerighteq \cdots \trianglerighteq G_k \trianglerighteq G_{k+1} \trianglerighteq \cdots, \tag{2.3.7}$$

称 G 是**幂零的**如果存在 c 使得 G_{c+1} 是平凡群 (即只含一个元素 e). 如果 c 是使得 G_{c+1} 平凡的最小整数, 那么 c 称为 G 的**幂零性类** (nilpotency class), G 也称为**幂零性类为 c 的群**. 可以验证 $UB_n(\mathfrak{K})$ 的幂零性类是 n.

定理 2.25 设 G 是可解群, 那么 G 的任何子群和商群都是可解的.

证明 设 H 是 G 的子群, 那么 $H' \subset G'$, $\cdots$, $H^{(k)} \subset G^{(k)}$. 由此可见, H 是可解的.

如果 A 是 G 的商群, $\pi: G \to A = G/K$ 是自然映射, 那么对任意的 $g, h \in G$, 有

$$(gK, hK) = gKhKg^{-1}Kh^{-1}K = ghg^{-1}h^{-1}K = \pi(ghg^{-1}h^{-1}).$$

可见 $\pi_1 = \pi|_{G'} : G' \to A'$ 是满射. 从这个满射又可以得到满射 $\pi_2 = \pi_1|_{G^{(2)}} : G^{(2)} \to A^{(2)}$. 继续这个过程, 就可以得到满射 $\pi_k = \pi_{k-1}|_{G^{(k)}} : G^{(k)} \to A^{(k)}$. 由此可知 A 是可解的. 　　　　　□

定理 2.26　设 G 是群, K 是 G 的正规子群, 那么 G 可解当且仅当 K 和 G/K 都是可解的.

证明　根据定理 2.25, 必要性成立, 即 G 可解蕴含 K 和 G/K 都是可解的.

现证充分性. 假设 K 和 G/K 都是可解的, $\pi : G \to A = G/K$ 是自然映射. 在定理 2.25 的证明中我们看到 π 在 $G^{(k)}$ 上的限制给出满射 $\pi_k : G^{(k)} \to A^{(k)}$. 假设 $A = G/K$ 的导出长度是 s, 那么 $A^{(s)}$ 是单位元群. 于是 $G^{(s)}$ 在 π 的核中, 从而是 K 的子群. 假设 K 的导出长度是 t, 那么 $G^{(s+t)} = (G^{(s)})^{(t)} \subset K^{(t)} = \{e\}$. 这说明 G 是可解群. 　　　　　□

推论 2.27　如果 H 和 K 是群 G 的可解正规子群, 那么 HK 也是 G 的可解正规子群.

证明　设 $x \in G$, 那么 $xHK = (xH)K = (Hx)K = H(xK) = H(Kx) = HKx$, 即 HK 的左陪集也是右陪集. 根据定理 2.3, HK 是 G 的正规子群. 由定理 2.18 (第一同构定理) 知

$$HK/K \simeq H/H \cap K.$$

根据定理 2.25, $H/H \cap K$ 作为可解群 H 的商群是可解的. 于是 K 和商群 HK/K 都是可解的. 定理 2.26 告诉我们, HK 是可解的. 　　　　　□

从这个推论立即知道: 有限群 G 的所有可解正规子群的乘积 $F(G)$ 是 G 的最大的可解正规子群, 商群 $G/F(G)$ 没有非平凡的可解正规子群.

可解群这一概念是伽罗瓦引进的, 它对应到方程的可解性. 群 S_4 和它的子群的可解性是 n 次 $(n \leqslant 4)$ 方程可解的根本原因. 这个问题更详细的讨论将在第 5 章展开.

二　单群　换位子群一个极端的情况是单位元群, 另一个极端的情况是等于原来的群. 两种情况都有一种群, 它们没有非平凡的正规子群, 即正规子群只有自身和单位元群. 我们在 1.5 节已经知道这样的群称为**单群**. 换位子群是单位元群意味着原来的群是交换的, 所以交换的单群很简单: 都是素数阶的循环群. 非交换的单群却是出人意料的复杂, 这时群的换位子群就等于群自身. 我们在 1.5 节证明了

交错群 A_n ($n \geqslant 5$) 是单群, 这也意味着 S_n ($n \geqslant 5$) 不可解. 大量的单群来自矩阵群, 下面举两个例子, 第一个是三维欧氏空间的旋转群 $SO(3)$, 它是无限群.

定理 2.28　旋转群 $SO(3)$ 是单群.

证明　在 1.3 节费了很大劲证明的满同态 $\Phi : SU(2) \to SO(3)$ 对我们的证明是至关重要的. 这个满同态的核由 $\pm E$ 组成. 由于 $SO(3) \simeq SU(2)/\{\pm E\}$, 根据定理 2.19 (对应定理), 只需验证 $SU(2)$ 中包含同态核且不等于同态核的正规子群 K 一定等于 $SU(2)$.

根据定理 2.3, K 是 $SU(2)$ 中某些共轭类的并. 命题 1.10 的证明说, $SU(2)$ 中的每个共轭类都含有某个对角矩阵 $d_\varphi = \mathrm{diag}(e^{i\varphi}, e^{-i\varphi})$. 于是只要说明 K 含有 $SU(2)$ 中所有的对角矩阵. 由于 K 中含有不等于 $\pm E$ 的元素, 所以 K 中含有某个 $d_\varphi \neq \pm E$, 即 $\sin\varphi \neq 0$. 可以要求 $0 < \varphi \neq \pi < 2\pi$.

于是 K 也包含如下的元素:

$$
\begin{aligned}
(d_\varphi, g) &= d_\varphi (g d_\varphi^{-1} g^{-1}) \\
&= \begin{pmatrix} e^{i\varphi} & 0 \\ 0 & e^{-i\varphi} \end{pmatrix} \begin{pmatrix} a & b \\ -\bar{b} & \bar{a} \end{pmatrix} \begin{pmatrix} e^{-i\varphi} & 0 \\ 0 & e^{i\varphi} \end{pmatrix} \begin{pmatrix} \bar{a} & -b \\ \bar{b} & a \end{pmatrix} \\
&= \begin{pmatrix} |a|^2 + |b|^2 e^{i2\varphi} & * \\ * & |a|^2 + |b|^2 e^{-i2\varphi} \end{pmatrix},
\end{aligned}
$$

其中 $|a|^2 + |b|^2 = 1$ (参见 1.3 节第二部分). 矩阵 (d_φ, g) 的迹是

$$
\mathrm{tr}\,(d_\varphi, g) = 2|a|^2 + |b|^2(e^{i2\varphi} + e^{-i2\varphi}) = 2(1 - 2|b|^2 \sin^2\varphi).
$$

由于 $|b|$ 的取值范围是闭区间 $[0,1]$, 所以 $\mathrm{tr}\,(d_\varphi, g)$ 的取值范围是

$$
2 \geqslant \mathrm{tr}\,(d_\varphi, g) \geqslant 2(1 - 2\sin^2\varphi) = 2\cos 2\varphi.
$$

另一方面, (d_φ, g) 与某个对角矩阵 $d_\psi = \mathrm{diag}(e^{i\psi}, e^{-i\psi})$ 共轭. 所以 (d_φ, g) 的迹 $2\cos\psi$ 的取值范围是 $[2\cos 2\varphi, 2]$. 从而 $\cos\psi$ 的取值范围是 $[\cos 2\varphi, 1]$. 利用反余弦函数知 ψ 取遍下面区间的值

$$
0 \leqslant \psi \leqslant \min\{\pi,\ 2\varphi,\ 2\pi - 2\varphi\}.
$$

对任何的角度 $\sigma > 0$, 存在自然数 n 使得 $0 < \psi = \dfrac{\sigma}{n} \leqslant \min\{\pi,\ 2\varphi,\ 2\pi - 2\varphi\}$, 于是 $d_\sigma = d_\psi^n$ 是 K 中的元素. 我们已经说明了 K 包含 $SU(2)$ 中所有的对角元素.　□

定理 2.29   设 $\mathbb{F}$ 是域, 所含元素的个数大于 3, 则 $\mathbb{F}$ 上的特殊射影群 $PSL_2(\mathbb{F})$ 是单群.

证明   (1) 先选出特殊线性群 $SL_2(\mathbb{F})$ 的一些子群和元素:

$$U = \left\{ u(\alpha) = \begin{pmatrix} 1 & \alpha \\ 0 & 1 \end{pmatrix} \,\Big|\, \alpha \in \mathbb{F} \right\},$$

$$V = \left\{ v(\alpha) = \begin{pmatrix} 1 & 0 \\ \alpha & 1 \end{pmatrix} \,\Big|\, \alpha \in \mathbb{F} \right\},$$

$$D = \left\{ d_\lambda = \begin{pmatrix} \lambda & 0 \\ 0 & \lambda^{-1} \end{pmatrix} \,\Big|\, \lambda \in \mathbb{F}^* \right\},$$

$$B = DU = UD = \left\{ \begin{pmatrix} \lambda & \alpha \\ 0 & \lambda^{-1} \end{pmatrix} \,\Big|\, \lambda,\ \alpha \in \mathbb{F},\ \lambda \neq 0 \right\}.$$

群 B 称为 $SL_2(\mathbb{F})$ 的一个**博雷尔子群**. 我们有

$$d_\lambda = u(\lambda - 1)v(1)u(\lambda^{-1} - 1)v(-\lambda), \tag{2.3.8}$$

所以对角子群 D 落在两个幂零子群 U 和 V 生成的子群 $\langle U,\ V \rangle$ 中. 再选取元素

$$w = u(1)v(-1)u(1) = \begin{pmatrix} 0 & 1 \\ -1 & 0 \end{pmatrix}. \tag{2.3.9}$$

(2) 群 $G = SL_2(\mathbb{F})$ 有分解

$$G = B \cup BwB, \quad B \cap BwB = \varnothing. \tag{2.3.10}$$

为了确信这一点, 考虑 G 在列向量空间 $\mathbb{F}^2$ 上的作用. 遵循第一卷 3.1 节中的约定, $\mathbb{F}^2$ 中的列向量 $\begin{pmatrix} a \\ b \end{pmatrix}$ 写成 $[a, b]$. 向量 $e = [1, 0]$ 的稳定子群 (亦称为迷向子群) 显然是 U. 轨道 Be 由所有的列向量 $[\lambda, 0]$, $\lambda \neq 0$ 组成. 另一方面, $w[1, 0] = [0, -1]$, 所以轨道 Bwe 由所有第二个分量不等于零的列向量 $[-\alpha, \lambda^{-1}]$ 组成. 两条 B-轨道的并集 $Be \cup Bwe$ 包含 $\mathbb{F}^2$ 中所有的非零向量, 从而等于 e 的 G-轨道 Ge. 注意 e 的稳定子群是 U, 而 U 是 B 的子群, 于是

$$G = BU \cup BwU = B \cup BwU, \quad B \cap BwU = \varnothing.$$

由于 $wD = Dw$, 所以 $BwB = BwDU = BDwU = BwU$. 我们说明了分解式 (2.3.10) 成立.

分解式 (2.3.10) 称为**布吕阿**(Bruhat)**分解**, 对正交群、辛群等也成立. 它的内容是很丰富的, 但我们这里无法多说.

(3) 博雷尔子群 B 是 G 的极大子群.

事实上, 假设 H 是 G 中包含 B 的子群, 如果它含有不在 B 中的元素 h, 根据分解式 (2.3.10), $h \in BwB$, 即 $h = bwb'$. 于是 $w \in H$, 进而 $BwB \subset H$. 从而 $G = H$.

(4) 如果 $|\mathbb{F}| \geqslant 4$, 那么 $G = SL_2(\mathbb{F}) = G'$.

取 $\mathbb{F}$ 中的非零元 λ 使得 $\lambda^2 \neq 1$. 因为 $|\mathbb{F}| \geqslant 4$, 这可以做到. 显然 $B' \subset U$. 交换子

$$d_\lambda u(\alpha) d_\lambda^{-1} u(\alpha)^{-1} = u(\lambda^2 \alpha) u(-\alpha) = u(\alpha(\lambda^2 - 1)),$$

说明 $B' = U$. 于是 U 在 G' 中. 由于 G' 是 G 的正规子群, 所以 $G' \supset wUw^{-1} = V$. 根据等式 (2.3.8), (2.3.9) 和分解式 (2.3.10) 知 G 由 U, V 生成. 所以 $G = G'$.

(5) 在 $|\mathbb{F}| \geqslant 4$ 时, $PSL_2(\mathbb{F}) = SL_2(\mathbb{F})/Z$ 是单群, 其中 $Z = \{\pm E\}$ 是 $SL_2(\mathbb{F})$ 的中心.

先验证等式

$$\bigcap_{x \in G} xBx^{-1} = \{\pm E\}. \tag{2.3.11}$$

由于 $wBw^{-1} = wDUw^{-1} = wDw^{-1} \cdot wUw^{-1} = DV$ 是 G 中的下三角矩阵形成的子群, $wBw^{-1} \cap B = DV \cap DU = D$, 所以在公式 (2.3.11) 中的交集是 D 的子群. 简单的计算可知 $u(1)wBw^{-1}u(1)^{-1} \cap D = \{\pm E\}$. 由于 $\{\pm E\}$ 在 B 中, 所以在 B 的每一个共轭中, 公式 (2.3.11) 中的等式成立.

需要证明如果 H 是 $G = SL_2(\mathbb{F})$ 的正规子群, 那么 $H \subset \{\pm E\}$ 或 $H \supset G'$. 由于 B 的极大性, 我们有 $HB = B$ 或 $HB = G$. 如果 $HB = B$, 则 $H \subset B$. 因为 $H \lhd G$, 所以对任意的 $x \in G$ 有 $H = xHx^{-1} \subset xBx^{-1}$. 因此 $H \subset \bigcap_{x \in G} xBx^{-1} = \{\pm E\}$.

如果 $HB = G$, 则 $w = hb$, $h \in H$, $b \in B$. 由于 $H \lhd G$, 得

$$V = wUw^{-1} = hbUb^{-1}h^{-1} = hUh^{-1} \subset HUH = H \cdot HU = HU.$$

从而 U, V 均是 HU 的子群. 可是 U, V 生成 G, 所以 $G = HU$. 于是

$$G/H = HU/H \simeq U/(U \cap H)$$

为交换群. 这意味着 $G' \subset H$. 但是已经知道 $G' = G$, 所以 $H = G$. 因此 $PSL_2(\mathbb{F})$ 是单群. □

从定理 1.34, 定理 2.28 ∼ 定理 2.29 可以看出单群包含有很多重要的群. 有限单群已经在 20 世纪 80 年代被分类. 至于无限单群, 已经知道了很多, 不过要分类无限单群似乎是没有希望的, 也可能是没有必要或没有意义的.

习　题　2.3

1. 证明: 有限群有最大的正规可解子群.

2. 群 G 的正规列是指如下形式的子群链

$$\{e\} = G_0 \vartriangleleft G_1 \vartriangleleft \cdots \vartriangleleft G_n \vartriangleleft G_{n+1} = G.$$

如下形式的子群链也称为 G 的正规列:

$$G = G_0 \vartriangleright G_1 \vartriangleright \cdots \vartriangleright G_n \vartriangleright G_{n+1} = \{e\}.$$

如果在第一个子群链中出现的 (子) 群互不相同且任何相邻的子群之间不能加入新的项, 即 $G_{i-1} \vartriangleleft H \vartriangleleft G_i \Longrightarrow H = G_{i-1}$ 或 $H = G_i$, 对所有的 i 成立, 那么称这个正规列为 G 的一个合成列. 此时, 称 $F_i = G_i/G_{i-1}$ 为 G 的一个合成因子.

证明:

(1) 有限群的任何正规列都可以通过插入一些项成为合成列;

(2) 合成因子 F_i 都是单群;

(3) 有限群 G 可解当且仅当它的合成因子都是素数阶循环群.

3. 证明: 有限 p-群是可解的.

4. 证明: 交错群 A_5 不含 15 阶和 20 阶子群.

5. 设 H 是幂零群 G 的真子群, 证明: H 的正规化子 $N_G(H) \supsetneq H$.

2.4　西 罗 定 理

拉格朗日定理说有限群 G 的子群的阶都是 G 的阶的因子. 自然, 对于 $|G|$ 的任何因子, 寻找阶为这个因子的子群是有趣的问题. 我们已经看到, 对有限阿贝尔群,

这个问题的答案是肯定的, 因为这时群是一些有限循环群的直和 (参见定理 1.18 或定理 1.19). 非交换群的情况却是难以捉摸的. 从例 2.21 我们知道, 对 $|S_4| = 24$ 的每个因子, S_4 都有子群以这个因子为阶, 但对 A_4, 却没有 6 阶子群.

考虑到这个问题的复杂性, 我们就会意识到 19 世纪挪威数学家西罗 (P.L.Sylow, 1832—1918) 对这个问题的探索所取得成就是很了不起的. 西罗得到的结果对理解有限群的结构起着基本的作用.

设 $|G| = p^n m$, 这里 p 是素数, m 是与 p 互素的正整数. 阶为 p^n 的子群 $P \subset G$ (如果存在) 将称为 G 的**西罗 p-子群**. 如果不强调素数 p, 可以简单称 P 为 G 的**西罗子群**. 如同 1.2 节中的 (1.2.6) 式, 用 $N_G(P)$ 表示 P 在 G 中的正规化子 $\{g \in G \mid gPg^{-1} = P\}$.

定理 2.30 (第一西罗定理) 西罗 p-子群存在.

定理 2.31 (第二西罗定理) 群 G 中的西罗 p-子群都是共轭的. 而且, G 的子群如果是 p-群 (即阶是 p 的幂), 那么它落在某个西罗 p-子群中.

定理 2.32 (第三西罗定理) 群 G 中的西罗 p-子群的个数记为 N_p, 那么 $N_p = [G : N_G(P)]$ 且 $N_p \equiv 1 \pmod{p}$.

为证明第一西罗定理, 先建立两个引理. 群 G 在自身上的左平移作用 (即左乘作用) 诱导了 G 在 G 的子集全体形成的集合上的作用, 参见 1.2 节中第一部分最后的注.

引理 2.33 设 T 是 G 的子集, 那么 T 的稳定子群 $G_T = \{g \in G \mid gT = T\}$ 的阶整除 $|T|$ 和 $|G|$.

证明 回忆 $gT = \{gt \mid t \in T\}$. 令 $H = G_T$. 那么对任意的 $t \in T$, 有 $Ht \subset T$. 这说明 T 是 H 的一些右陪集的并, 而每个右陪集的基数都是 $|H|$, 所以 $|H|$ 整除 $|T|$. 由于 H 是 G 的子群, 根据拉格朗日定理, $|H|$ 是 G 的阶的因子. □

引理 2.34 设集合 Θ 含有 $a = p^n m$ 个元素, 其中 p 是素数, 且 p 不整除 m. 集合 Θ 的 p^n 元子集的个数记为 N, 那么 p 与 N 互素.

证明 容易看出, N 就是组合数

$$\binom{a}{p^n} = \frac{a\,(a-1)\cdots(a-k)\cdots(a-p^n+1)}{p^n(p^n-1)\cdots(p^n-k)\,\cdots\,1}.$$

数 N 没有 p 因子的原因是分子分母的 p 因子个数是一样的, 从而约掉了. 事实上,

$a = p^n m$, m 与 p 互素. 对 $p^n - 1 \geqslant k \geqslant 1$, 设 $k = p^i \ell$, 其中 ℓ 没有 p 因子, 则 $i < n$, 且 $p^n - k$ 和 $a - k = p^n m - k$ 都被 p^i 整除, 但不被 p^{i+1} 整除.　　　　　□

第一西罗定理的证明　命 $\mathcal{S}$ 为 G 的基数为 p^n 的子集全体形成的集合. 这些子集中应该有西罗子群. 不过, 直接找出来是不容易的. 群 G 在自身上的左平移作用诱导了 G 在 $\mathcal{S}$ 上的作用. 我们将证明某个 p^n 元子集的稳定子群的阶是 p^n, 这个稳定子群就是我们要找的西罗 p-子群.

设 $\mathcal{S}$ 中的 G- 轨道是 O_1, O_2, $\cdots$, O_r, 那么

$$N = |\mathcal{S}| = |O_1| + |O_2| + \cdots + |O_r|.$$

根据引理 2.34, p 不整除 N. 于是, 某个轨道 O_i 的基数不被 p 整除. 设 $T \in O_i$, T 的稳定子群是 G_T, 那么 $|G| = [G : G_T] \cdot |G_T| = |O_i| \cdot |G_T|$ (参见公式 (1.2.1) 和 (1.2.2)). 根据引理 2.33, G_T 的阶整除 $|T|$ 和 $|G|$, 而 $|T| = p^n$, 所以 G_T 的阶是 p 的幂. 由于 p 不整除 $|O_i|$, 我们必须有 $|G_T| = p^n$, $|O_i| = m$.　　　　　□

注　如果在证明中考虑 G 的基数为 p^s $(1 \leqslant s < n)$ 的子集全体形成的集合 Ω, 那么同样的方法可以证明 G 中有阶为 p^s 的子群.

第二西罗定理的证明　设 P 是 G 的西罗 p-子群, Q 是 G 的 p-子群 (即 Q 的阶是 p 的幂). 把 G 在 G/P 上的左平移作用限制在 Q 上, 得到 Q 在 G/P 上的左平移作用. 根据公式 (1.2.2) 和 (1.2.1), G/P 中的任何 Q- 轨道的基数整除 $|Q| = p^k$, $k \leqslant n$. 于是 (参见公式 (1.2.3))

$$m = \frac{p^n m}{p^n} = \frac{|G|}{|P|} = |G/P| = p^{k_1} + p^{k_2} + \cdots + p^{k_t}.$$

其中 p^{k_1}, p^{k_2}, $\cdots$, p^{k_t} 是全体轨道的基数. 由于 p 不是 m 因子, 所以有轨道其基数为 $p^{k_i} = 1$. 即存在 $a = g_i \in G$ 使得

$$Q \cdot aP = aP. \tag{2.4.12}$$

这个等式可以改写成 $Q \cdot aPa^{-1} = aPa^{-1}$. 于是得到包含关系

$$Q \subset aPa^{-1}. \tag{2.4.13}$$

由于 aPa^{-1} 是 p^n 阶群, 所以是西罗 p-子群. 我们已经说明了 G 中任意 p-子群都落在某个西罗 p-子群中. 如果 Q 也是西罗 p-子群, 那么 Q 与 aPa^{-1} 的阶相同, 从而相等, 特别 Q 与 P 共轭.　　　　　□

第三西罗定理的证明 第二西罗定理告诉我们, 通过共轭, G 作用在其西罗 p-子群全体形成的集合 $\mathcal{T}$ 上, 这个作用是可迁的, 即只有一个轨道. 对西罗 p-子群 P, 这个作用的稳定子群正是 P 的正规化子 $N_G(P)$. 于是, G 中西罗 p-子群的个数 N_p, 即 $\mathcal{T}$ 的基数, 等于 $[G : N_G(P)]$ (参见公式 (1.2.2)).

接下来考虑 P 在 $\mathcal{T}$ 上的共轭作用. 对西罗 p-子群, 作为 $\mathcal{T}$ 中的元素时, 在记号上加上方括号以便区别, 如 $[P]$ 等. 在 $\mathcal{T}$ 中, $[P]$ 的 P-轨道只有一个元素. 由于 P 是 p-群, 它的任何轨道的基数都是 p 的幂. 我们证明 P 在 $\mathcal{T}$ 中的不动点只有 $[P]$.

假设 $[Q] \in \mathcal{T}$ 是 P 的不动点, 那么 P 在 Q 的正规化子 $N_G(Q)$ 中. 于是 P 和 Q 都是 $N_G(Q)$ 的西罗 p-子群. 根据第二西罗定理, P 和 Q 在 $N_G(Q)$ 中是共轭的. 可是 Q 是 $N_G(Q)$ 的正规子群, 它在 $N_G(Q)$ 中的共轭只有它自身, 所以 $Q = P$. 于是其他的轨道的基数都被 p 整除. $\square$

注 类似地可以证明, 在 G 中阶为 p^s $(1 \leqslant s < n)$ 的子群的个数等于某个 $kp + 1$. 不过, 这些 p-子群不一定是共轭的, 如在 S_4 中, 4 阶子群 V_4 与 4-循环生成的群不是共轭的.

例 2.35 设 $G = SL_2(\mathbb{F}_p)$ 是 p 元域 $\mathbb{F}_p = \mathbb{Z}/p\mathbb{Z}$ 上所有行列式为 1 的 2 阶方阵构成的群. 一般线性群 $GL_2(\mathbb{F}_p)$ 关于 $SL_2(\mathbb{F}_p)$ 的左陪集分解

$$GL_2(\mathbb{F}_p) = \bigcup_{i=1}^{p-1} \begin{pmatrix} i & 0 \\ 0 & 1 \end{pmatrix} SL_2(\mathbb{F}_p)$$

蕴含

$$|GL_2(\mathbb{F}_p)| = (p-1)|SL_2(\mathbb{F}_p)|. \tag{2.4.14}$$

群 $GL_2(\mathbb{F}_p)$ 中的每个矩阵的行向量都构成 $\mathbb{F}_p^2$ 中的一个有序基, 这建立了群 $GL_2(\mathbb{F}_p)$ 到 $\mathbb{F}_p^2$ 的有序基全体形成的集合的一个双射. 向量空间 $\mathbb{F}_p^2$ 的有序基 $\{u_1, u_2\}$ 的个数是很容易计算的: u_1 可以是任意的非零向量, 所以有 $p^2 - 1$ 个选择, 然后 u_2 可以在 $\mathbb{F}_p^2 \backslash \mathbb{F}_p u_1$ 中任意选取, 这有 $p^2 - p$ 个选择. 所以, $\mathbb{F}_p^2$ 的有序基的个数是 $(p^2 - 1)(p^2 - p)$. 就是说, $|GL_2(\mathbb{F}_p)| = (p^2 - 1)(p^2 - p)$. 从等式 (2.4.14) 得

$$|SL_2(\mathbb{F}_p)| = p(p^2 - 1).$$

特殊线性群 $SL_2(\mathbb{F}_p)$ 有两个经常出现的子群是西罗 p-子群

$$U = \left\{ \begin{pmatrix} 1 & \alpha \\ 0 & 1 \end{pmatrix} \middle| \alpha \in \mathbb{F} \right\}, \qquad V = \left\{ \begin{pmatrix} 1 & 0 \\ \alpha & 1 \end{pmatrix} \middle| \alpha \in \mathbb{F} \right\}.$$

根据第三西罗定理 (定理 2.32), 有

$$N_p = [G : N_G(U)] = 1 + kp > 1.$$

由于

$$\begin{pmatrix} \lambda & 0 \\ 0 & \lambda^{-1} \end{pmatrix} \begin{pmatrix} 1 & \alpha \\ 0 & 1 \end{pmatrix} \begin{pmatrix} \lambda^{-1} & 0 \\ 0 & \lambda \end{pmatrix} = \begin{pmatrix} 1 & \lambda^2 \alpha \\ 0 & 1 \end{pmatrix},$$

可见正规化子 $N_G(U)$ 包含下面的博雷尔子群, 其阶是 $p(p-1)$,

$$B = \left\{ \begin{pmatrix} \lambda & \alpha \\ 0 & \lambda^{-1} \end{pmatrix} \,\middle|\, \alpha, \lambda \in \mathbb{F}_p, \ \lambda \neq 0 \right\}.$$

这只有一种可能

$$N_G(U) = B, \quad N_p = 1 + p.$$

利用定理 2.29 的证明中的布吕阿分解可以求出 G 的所有的西罗 p-子群. 对特殊线性群 $SL_n(\mathbb{F}_p)$, 布吕阿分解和博雷尔子群是讨论西罗 p-子群的有力工具.

当 $p = 2$ 时, 群 $SL_2(\mathbb{F}_p)$ 只有 6 个元素

$$SL_2(\mathbb{F}_2) = \left\{ \begin{pmatrix} 1 & 0 \\ 0 & 1 \end{pmatrix}, \begin{pmatrix} 1 & 1 \\ 1 & 0 \end{pmatrix}, \begin{pmatrix} 0 & 1 \\ 1 & 1 \end{pmatrix}, \begin{pmatrix} 0 & 1 \\ 1 & 0 \end{pmatrix}, \begin{pmatrix} 1 & 0 \\ 1 & 1 \end{pmatrix}, \begin{pmatrix} 1 & 1 \\ 0 & 1 \end{pmatrix} \right\}.$$

下面的映射确定了它与对称群 S_3 之间的一个同构:

$$(1\ 2\ 3) \rightarrow \begin{pmatrix} 1 & 1 \\ 1 & 0 \end{pmatrix}, \quad (1\ 2) \rightarrow \begin{pmatrix} 0 & 1 \\ 1 & 0 \end{pmatrix}.$$

(这两个群都与二面体群 D_3 有同样数量的生成元和定义关系.) 当 $p > 2$ 时, 群 $G = SL_2(\mathbb{F}_p)$ 有中心 $Z(G) = \{\pm E\}$, 其阶为 2. 类似于第二卷 5.3 节中的一般射影群, 商群 $PSL_2(\mathbb{F}_p) = G/Z(G)$ 被称为一个特殊射影群, 它自然作用在下面的射影直线上

$$\mathbb{P}(\mathbb{F}_p^2) = \{0,\ 1,\ 2,\ \cdots,\ p-1\} \cup \{\infty\}.$$

自群论开始的时代起, 这个群在代数中就是一个重要的角色. 事实上, 在 $p > 3$ 时, $PSL_2(\mathbb{F}_p)$ 是单群, 与 A_n $(n \geqslant 5)$ 一样, 在最早发现的有限单群的队伍中.

一般说来, 西罗子群不是正规子群. 下面的断言表明正规性条件对西罗子群来说是很强的附加条件.

定理 2.36 下列结论成立:

(1) 群 G 的西罗 p-子群 P 在 G 中正规当且仅当 $N_p = 1$.

(2) 设群 G 的阶为 $|G| = p_1^{n_1} \cdots p_k^{n_k}$, 而 P_i $(i = 1, \cdots, k)$ 是其西罗 p_i-子群. 则 G 是这些西罗子群 $P_1, \cdots, P_k$ 的直积当且仅当所有这些西罗子群在 G 中是正规的.

证明 (1) 由第二西罗定理 (定理 2.31) 知, G 中的西罗 p-子群相互共轭. 这意味着, 对 G 的西罗 p-子群 P, 有

$$N_p = 1 \Longleftrightarrow gPg^{-1} = P, \quad \forall\, g \in G \Longleftrightarrow P \lhd G.$$

(2) 必要性. 如果 $G = P_1 \times \cdots \times P_k$ 是它的西罗子群 $P_1, \cdots, P_k$ 的直积, 那么每个 P_i 作为 G 的直积因子, 当然是正规的.

充分性. 假设这些西罗子群 $P_1, \cdots, P_k$ 在 G 中是正规的, 需要证明 G 是这些西罗子群的直积.

根据断言 (1), G 只有这 k 个西罗子群. 先证明任意两个西罗子群的交集是单位元群. 设 $g \in P_i \cap P_j$, $i \ne j$. 由于 $a = p_i^{n_i}$ 与 $b = p_j^{n_j}$ 互素, 所以存在整数 s, t 使得 $1 = sa + tb$. 于是

$$g = g^{sa+tb} = (g^a)^s \cdot (g^b)^t = e^s \cdot e^t = e.$$

这说明 $P_i \cap P_j = \{e\}$.

从定理 2.7 的证明可以知道 P_i 中的元素与 P_j 中的元素相乘是交换的. 实际上, 运用定理 2.7, 得 $P_i P_j \simeq P_i \times P_j$.

现在对 k 用归纳法证明 G 是 $P_1, \cdots, P_k$ 的直积. 当 k 等于 1 时, 无事可做. 当 $k = 2$ 时, 刚才已经说明了 $P_1 P_2 \simeq P_1 \times P_2$. 比较群的阶就知道 $G = P_1 P_2 \simeq P_1 \times P_2$.

简单的计算就可以看出 $P_1 \cdots P_i$ $(i = 1, \cdots, k)$ 是 G 的正规子群. 根据归纳假设, 当 $1 \leqslant i < k$ 时有

$$P_1 \cdots P_i \simeq P_1 \times \cdots \times P_i.$$

于是 $P_1 \cdots P_i$ 的阶 $p_1^{n_1} \cdots p_i^{n_i}$ 与 P_{i+1} 的阶 $p_{i+1}^{n_{i+1}}$ 互素. 如同证明 $P_i \cap P_j = \{e\}$ 那样, 有 $P_1 \cdots P_i \cap P_{i+1} = \{e\}$. 由定理 2.7 得

$$P_1 \cdots P_i P_{i+1} = (P_1 \cdots P_i) P_{i+1} \simeq P_1 \cdots P_i \times P_{i+1} \simeq P_1 \times \cdots \times P_i \times P_{i+1}.$$

特别, 当 $i = k - 1$ 时, 我们得到

$$P_1 \cdots P_k \simeq P_1 \times \cdots \times P_k.$$

由于 G 与 $P_1 \cdots P_k$ 有相同的阶, 从而两者相等, 而且 G 是其西罗子群的直积. □

注 群 G 的子群称为**特征子群**如果子群在 G 的任意自同构 $\varphi \in \mathrm{Aut}\, G$ 下是不变的. 正规子群其实就是在 G 的内自同构下不变的群, 所以特征子群一定是正规子群, 但反过来不成立, 即有正规子群不是特征子群. 有几类重要的群是特征子群: G 的换位子群、正规的西罗子群. 容易验证特征子群有一个重要的性质: 传递性. 即如果 H 是 K 的特征子群, K 是 G 的特征子群, 那么 H 是 G 的特征子群. 正规子群没有传递性, 例子也是很容易举出的. 例如 V_4 是 S_4 的正规子群, $A = \{e, (1\,2)(3\,4)\}$ 是 V_4 的正规子群, 但 A 不是 S_4 的正规子群.

习　题　2.4

1. 在 A_5 中找出西罗 2-子群、西罗 3-子群、西罗 5-子群的个数.

2. 验证: 三元域 $\mathbb{F}_3$ 上的矩阵

$$\pm \begin{pmatrix} 1 & 0 \\ 0 & 1 \end{pmatrix}, \quad \pm \begin{pmatrix} 1 & -1 \\ -1 & -1 \end{pmatrix}, \quad \pm \begin{pmatrix} -1 & -1 \\ -1 & 1 \end{pmatrix}, \quad \pm \begin{pmatrix} 0 & 1 \\ -1 & 0 \end{pmatrix}$$

形成一个同构于四元数群 Q_8 的群 P, 而且 P 是 $SL_2(\mathbb{F}_3)$ 的西罗 2-子群. 最后证明 P 是 $SL_2(\mathbb{F}_3)$ 的正规子群.

3. 证明: 群 S_4 与 $SL_2(\mathbb{F}_3)$ 不同构. $PSL_2(\mathbb{F}_3)$ 与 A_4 同构吗?

4. 设 p 和 q 是素数且 $p < q$. 证明: 阶为 pq 的群 G 只有如下两种可能: (i) 循环群; (ii) G 是非交换的. 此时其西罗 q-子群是正规的, 而且 $p|(q-1)$. 特别, 群 G 是可解群, 15 阶群一定是循环群.

5. 通过计算对称群 S_p 中西罗 p-子群的个数 N_p 重新验证等式 $(p-1)! + 1 \equiv 0 \pmod{p}$ (参见第一卷例 7.6).

6. 证明阶 $\leqslant 30$ 的群都是可解群.

7. 设 p 和 q 是不同的素数. 证明: 阶为 p^2q 的群是可解的, 而且这个群有正规的西罗子群.

8. 设 p 和 q 是奇素数. 证明: 阶为 $2pq$ 的群是可解的.

9. 设 $\phi: G \to H$ 是有限群的满同态. 证明: G 的西罗子群的像是 H 的西罗子群.

10. 设 P 是有限群 G 的西罗子群, N 是 G 的正规子群. 证明 $P \cap N$ 是 N 的西罗子群. 举例说明如果 N 不是正规的, 则该断言不成立.

11. 对阶为 20 和阶为 30 的群分类.

12. 证明: 阶为 p^2 的群是交换的.

2.5 单参数子群

线性群, 即矩阵群, 在群论中有特殊重要的地位. 我们仅对实数域和复数域上的线性群做一点探讨, 主要涉及单参数子群和在单位元处的切空间. 从实数加法群到一个群的可微群同态称为这个群的一个**单参数子群**. 本节讨论 $GL_n(\mathbb{R})$ 和 $GL_n(\mathbb{C})$ 等典型群中的单参数子群, 这时群同态的像是 $\{e^{tA} \mid t \in \mathbb{R}\}$, 其中 A 是 n 阶实矩阵或复矩阵. 先讨论**矩阵指数** e^A 和矩阵指数函数 e^{tA}.

一 矩阵指数 (matrix exponential) 在指数函数 e^x 的泰勒展开中把 x 用实方阵或复方阵代替, 就得到方阵的指数了. 设 A 是 n 阶实方阵或复方阵, 按定义, 其**指数**是

$$e^A = E + \frac{A}{1!} + \frac{A^2}{2!} + \frac{A^3}{3!} + \cdots. \tag{2.5.15}$$

我们主要对纯量变量 t 的矩阵函数 e^{tA} 感兴趣:

$$e^{tA} = E + \frac{tA}{1!} + \frac{t^2 A^2}{2!} + \frac{t^3 A^3}{3!} + \cdots. \tag{2.5.16}$$

实或复的 $m \times n$ 矩阵全体构成的向量空间 $M_{m \times n}(\mathbb{R})$ 和 $M_{m \times n}(\mathbb{C})$ 上分别有标准的欧氏内积和埃氏内积, 从而有度量, 可以有收敛、绝对收敛、一致收敛等概念. 如果矩阵 $A_t = (a_{ij}(t))$ 的每一个系数 $a_{ij}(t)$ 都是 t 的可微函数, 那么定义 A 对 t 的导数定义为

$$A' = \frac{dA}{dt} = (a'_{ij}(t)), \tag{2.5.17}$$

并称 A_t 为**可微矩阵**.

根据矩阵的乘法, 两个矩阵函数 $A_t = (a_{ij}(t))$ 和 $B_t = (b_{ij}(t))$ 的乘积是

$$C_t = A_t B_t = (c_{ij}(t)), \quad c_{ij}(t) = \sum_{k=1}^{n} a_{ik}(t) b_{kj}(t). \tag{2.5.18}$$

乘积的导数公式对矩阵的乘法也是成立的.

引理 2.37 (1) 可微矩阵 A_t, B_t 如果可相乘, 则乘积 $C_t = A_t B_t$ 仍是可微的, 且有

$$\frac{dC_t}{dt} = (A_t B_t)' = A'_t B_t + A_t B'_t.$$

(2) 如果 $A_1, \cdots, A_k$ 是可依次相乘的可微矩阵, 那么 $A_1 \cdots A_k$ 仍是可微的, 且有

$$\frac{d}{dt}(A_1 \cdots A_k) = (A_1 \cdots A_k)' = \sum_{i=1}^{k} A_1 \cdots A_{i-1}\left(\frac{dA_i}{dt}\right) A_{i+1} \cdots A_k.$$

证明 (1) 对公式 (2.5.18) 中的 $c_{ij}(t)$ 微分并运用乘积的导数公式即可得到该断言. (2) 是 (1) 的推论. □

定理 2.38 (1) 定义 e^A 的级数 (2.5.15) 绝对收敛且在复矩阵的任何有界集合上是一致收敛的.

(2) 矩阵函数 e^{tA} 是 t 的可微函数, 其导数是矩阵乘积 Ae^{tA}.

(3) 如果 A 和 B 是交换的复矩阵: $AB = BA$, 则 $e^{A+B} = e^A e^B = e^B e^A$.

需要微积分中关于级数收敛的两个结论.

引理 2.39 设级数 $\sum m_k$ 收敛且每一项都是正实数. 如果 $u_k(t)$ 是闭区间 $[r, s]$ 上的函数, 且对所有的 k 和该区间中所有的 t 有 $|u_k(t)| \leqslant m_k$, 那么级数 $\sum u_k(t)$ 在该区间上一致收敛.

引理 2.40 设闭区间 $[r, s]$ 上的函数 $u_1(t)$, $u_2(t)$, $\cdots$ 都有连续的导数. 如果级数 $\sum u_k(t)$ 收敛到函数 $f(t)$, 且导数的级数 $\sum u_k'(t)$ 一致收敛到函数 $g(t)$, 那么在该区间上 f 是可微的, 其导数是 g.

命 $M_n = M_n(\mathbb{R})$ 或 $M_n(\mathbb{C})$. 在矩阵空间 M_n 的标准内积下, 矩阵 $A = (a_{ij}) \in M_n$ 的范数 (即长度) 是

$$\|A\| = \sqrt{|a_{11}|^2 + |a_{12}|^2 + \cdots + |a_{nn}|^2} = \sqrt{\sum_{1 \leqslant i,j \leqslant n} |a_{ij}|^2}. \tag{2.5.19}$$

显然范数 $\|A\|$ 的极限为零当且仅当 A 的所有系数 a_{ij} 的极限为零. 这意味着在内积空间 M_n 中, 矩阵序列的收敛性和序列中矩阵的相同位置的系数形成的 n^2 个的数列的收敛性是一回事, 矩阵级数的收敛性和级数中的矩阵的相同位置的系数形成的 n^2 个级数的收敛性是一回事. 特别, 对于内积给出的度量, M_n 是完备的, 即任何柯西序列都有极限.

引理 2.41 对两个 n 阶复方阵 A 和 B 有 $\|AB\| \leqslant \|A\|\,\|B\|$. 特别, $\|A^k\| \leqslant \|A\|^k$.

证明 利用埃尔米特空间 $\mathbb{C}^{n^2}$ 中的柯西–施瓦茨公式即知结论成立. □

定理 2.38 的证明 (1) 根据引理 2.41, $\|A^k\| \leqslant \|A\|^k$, 所以

$$\|E\| + \left\|\frac{A}{1!}\right\| + \left\|\frac{A^2}{2!}\right\| + \left\|\frac{A^3}{3!}\right\| + \cdots$$

$$\leqslant \|E\| + \frac{\|A\|}{1!} + \frac{\|A\|^2}{2!} + \frac{\|A\|^3}{3!} + \cdots = e^{\|A\|} + \sqrt{n} - 1. \quad (2.5.20)$$

引理 2.39 告诉我们, e^A 在有界集合 $\{A \in M_n(\mathbb{C})\} \mid \|A\| \leqslant a\}$ 上是绝对收敛和一致收敛的.

(2) 假设 A 和 B 交换. 显然 $tA + B$ 是可微矩阵, 其导数是 A. 考虑

$$e^{tA+B} = E + \frac{(tA+B)}{1!} + \frac{(tA+B)^2}{2!} + \cdots, \quad (2.5.21)$$

对 $k > 0$ 的情形, 运用引理 2.37(2), 得

$$\frac{d}{dt}\left(\frac{(tA+B)^k}{k!}\right) = \frac{1}{k!}\sum_{i=1}^{k}(tA+B)^{i-1}A(tA+B)^{k-i}.$$

由于 $AB = BA$, 上式右边的 A 可以移到前面

$$\frac{d}{dt}\left(\frac{(tA+B)^k}{k!}\right) = kA\frac{(tA+B)^{k-1}}{k!} = A\frac{(tA+B)^{k-1}}{(k-1)!}. \quad (2.5.22)$$

这是 A 与 e^{tA+B} 的级数展开后的 $k-1$ 次幂项的乘积. 所以, 对级数 (2.5.21) 逐项微分后得到 Ae^{tA+B} 的级数展开.

根据已证明的结论 (1), 指数级数 e^{tA+B} 在任何区间 $[r, s]$ 上都是一致收敛的, 而且导数级数一致收敛到 Ae^{tA+B}. 运用引理 2.40 知, e^{tA+B} 的导数可以通过级数的逐项求导得到, 从而对任意交换的矩阵 A, B 有

$$\frac{d}{dt}e^{tA+B} = Ae^{tA+B}. \quad (2.5.23)$$

取 $B = 0$ 即得到结论.

(3) 从 e^{-tA} 的定义知 $Ae^{-tA} = e^{-tA}A$. 由于 $AB = BA$, 根据乘积的导数公式和公式 (2.5.23), 得

$$\frac{d}{dt}(e^{-tA}e^{tA+B}) = (-Ae^{-tA})e^{tA+B} + e^{-tA}(Ae^{tA+B}) = 0.$$

所以 $e^{-tA}e^{tA+B} = C$ 是常值矩阵. 取 $t = 0$, 得 $e^B = C$. 当 $B = 0$ 时, 得 $C = E$, 于是 $e^{-tA} = (e^{tA})^{-1}$. 从而 $(e^{tA})^{-1}e^{tA+B} = e^B$. 取 $t = 1$, 则有 $(e^A)^{-1}e^{A+B} = e^B$, 即 $e^{A+B} = e^A e^B$. □

注 可以直接利用 e^A 和 e^B 的展开以及二项式定理证明当 $AB = BA$ 时有 $e^{A+B} = e^A e^B$.

二 线性微分方程组的解 常微分方程

$$\frac{dx}{dt} = ax$$

的解是 $x(t) = ce^{at}$. 这可以通过分离变量 $\frac{dx}{x} = a dt$, 然后两边积分, 再取指数求得. 这个结论有更一般的形式, 与矩阵指数有关. 考虑常系数微分方程组

$$\frac{dx_1}{dt} = a_{11}x_1(t) + \cdots + a_{1n}x_n(t),$$
$$\cdots\cdots \qquad (2.5.24)$$
$$\frac{dx_n}{dt} = a_{n1}x_1(t) + \cdots + a_{nn}x_n(t),$$

用矩阵可以把它写成紧凑的形式

$$\frac{dX}{dt} = AX, \qquad (2.5.25)$$

其中 $A = (a_{ij})$ 是 n 阶方阵, $X = [x_1(t), \cdots, x_n(t)]$ 是函数列向量.

定理 2.42 设 A 是 n 阶实方阵或复方阵. 那么矩阵 e^{tA} 的列向量构成微分方程 $\frac{dX}{dt} = AX$ 的解空间的一个基.

证明 定理 2.38(2) 表明 e^{tA} 的列向量是微分方程 $\frac{dX}{dt} = AX$ 的解. 下面证明该方程的任何解都是 e^{tA} 的列向量的线性组合. 设 $X(t)$ 是该方程的解, 运用导数的乘法公式 (见引理 2.37) 得

$$\frac{d}{dt}(e^{-tA}X(t)) = (-Ae^{-tA})X(t) + e^{-tA}(AX(t)) = 0. \qquad (2.5.26)$$

所以 $e^{-tA}X(t) = C$ 是常值列向量, 从而 $X(t) = e^{tA}C$ 是 e^{tA} 的列向量的线性组合. 这个线性组合的表达方式是唯一的, 因为 e^{tA} 是可逆矩阵, 其列向量线性无关. □

三 单参数子群 我们还是用记号 M_n 表示 n 阶实方阵全体 $M_n(\mathbb{R})$ 或 n 阶复方阵全体 $M_n(\mathbb{C})$, 相应地, GL_n 表示 $GL_n(\mathbb{R})$ 或 $GL_n(\mathbb{C})$.

定理 2.43 (1) 设 A 是任意的 n 阶实方阵或复方阵, 那么映射 $\varphi: (\mathbb{R}, +) \to GL_n$, $t \to e^{tA}$ 是可微群同态, 从而是 GL_n 的单参数子群. 映射的像 $\mathrm{Im}\varphi = \{e^{tA} \,|\, t \in \mathbb{R}\}$ 有时也称为 GL_n 的**单参数子群**.

(2) 反之, 如果 $\varphi : (\mathbb{R}, +) \to GL_n$ 是群同态且是可微的 (即 $\varphi(t)$ 是可微矩阵函数), 记 A 为该映射在 0 处的导数 $\varphi'(0)$, 那么 $\varphi(t) = e^{tA}$.

证明　(1) 对任何实数 r 和 s, 矩阵 rA 和 sA 交换, 所以 (参见定理 2.38)

$$e^{(r+s)A} = e^{rA} e^{sA}. \tag{2.5.27}$$

这表明 $\varphi(t) = e^{tA}$ 是群同态. 根据定理 2.38(2), 这个同态是可微的.

(2) 反过来, 假设 $\varphi : (\mathbb{R}, +) \to GL_n$ 是可微的群同态. 我们有 $\varphi(\Delta t + t) = \varphi(\Delta t)\varphi(t)$ 和 $\varphi(t) = \varphi(0)\varphi(t)$. 于是, 差商可以提取因子 $\varphi(t)$:

$$\frac{\varphi(\Delta t + t) - \varphi(t)}{\Delta t} = \frac{\varphi(\Delta t) - \varphi(0)}{\Delta t}\varphi(t). \tag{2.5.28}$$

让 $\Delta t \to 0$, 取极限得 $\varphi'(t) = \varphi'(0)\varphi(t)$. 所以 $\varphi(t)$ 是矩阵函数, 满足微分方程

$$\frac{d\varphi}{dt} = A\varphi. \tag{2.5.29}$$

函数 e^{tA} 是方程的另一个解. 如同定理 2.42 的证明, 知 $e^{-tA}\varphi = C$ 是常值矩阵. 当 $t = 0$ 时, 两个解的取值都是单位矩阵 E, 所以 $C = E$, 从而 $\varphi(t) = e^{tA}$. 　□

例 2.44　(1) 如果 $A = \begin{pmatrix} 0 & 1 \\ 0 & 0 \end{pmatrix}$, 那么 $e^{tA} = \begin{pmatrix} 1 & t \\ 0 & 1 \end{pmatrix}$.

(2) 如果 $A = \begin{pmatrix} 0 & -1 \\ 1 & 0 \end{pmatrix}$, 那么 $e^{tA} = \begin{pmatrix} \cos t & -\sin t \\ \sin t & \cos t \end{pmatrix}$.

如果 G 是 GL_n 的子群, 自然要问 G 中是否有单参数子群, 即是否有单参数子群其像在 G 中. 其实只要 H 的维数是正的, 总存在这样的单参数子群, 而且对具体的群, 这样的单参数子群常常不难找到.

命题 2.45　(1) 如果 A 是实斜对称矩阵 ($^tA = -A$), 那么 e^A 是正交矩阵. 如果 A 是斜埃尔米特矩阵 ($A^* = -A$), 那么 e^A 是酉矩阵.

(2) 正交群 $O(n)$ 中的单参数子群就是同态 $\xi \to e^{\xi A}$, 其中 A 是实斜对称矩阵.

(3) 酉群 $U(n)$ 中的单参数子群就是同态 $\xi \to e^{\xi A}$, 其中 A 是斜埃尔米特矩阵.

证明　(1) 从定义可以看出, $^t(e^A) = e^{(^tA)}$. 如果 A 是实斜对称矩阵, 即 $^tA = -A$, 那么 $^t(e^A) = e^{(^tA)} = e^{-A} = (e^A)^{-1}$, 从而 e^A 是正交矩阵. 类似地可以知道, 如果 A 是斜埃尔米特矩阵 ($A^* = -A$), 那么 e^A 是酉矩阵.

(2) 如果 A 是实斜对称矩阵, ξ 是实数, 那么 ξA 也是实斜对称矩阵. 由 (1) 知 $e^{\xi A}$ 是正交矩阵, 所以 $\xi \to e^{\xi A}$ 是 $O(n)$ 中的单参数子群. 反之, 如果对所有的实数 ξ, 矩阵 $e^{\xi A}$ 都是正交的, 则有 $e^{(^t(\xi A))} = {}^t(e^{\xi A}) = (e^{\xi A})^{-1} = e^{-\xi A}$. 等式 $e^{(^t(\xi A))} = e^{-\xi A}$ 两边对 ξ 求导得 ${}^t A e^{(^t(\xi A))} = -A e^{-\xi A}$. 取 $\xi = 0$, 得 ${}^t A = -A$, 即 A 是实斜对称矩阵.

(3) 证明类似于 (2).   □

群 $SU(2)$ 的单参数子群是命题 1.12(2) 中的经线. 群 SL_2 最简单的单参数子群是例 2.44(1). 下面考虑特殊线性群 SL_n 中的单参数子群.

引理 2.46 对任何的复矩阵 A, 有 $e^{\operatorname{tr} A} = \det e^A$.

证明 如果 X 是 A 的特征向量, 以 λ 为特征值, 那么 X 也是 e^A 的特征向量, 以 e^λ 为特征值. 设 $\lambda_1, \cdots, \lambda_n$ 是 A 的特征值全体, 那么 e^A 的特征值就是诸 e^{λ_i}. 矩阵 A 的迹是 $\operatorname{tr} A = \lambda_1 + \cdots + \lambda_n$, 矩阵 e^A 的行列式是 $e^{\lambda_1} \cdots e^{\lambda_n}$. 所以 $e^{\operatorname{tr} A} = e^{\lambda_1 + \cdots + \lambda_n} = e^{\lambda_1} \cdots e^{\lambda_n} = \det e^A$.   □

命题 2.47 特殊线性群 SL_n 中的单参数子群是同态 $t \to e^{tA}$, 其中 A 是迹为 0 的 n 阶方阵.

证明 如果 A 的迹为 0, 由引理 2.46 知对所有的实数 t 有 $\det e^{tA} = e^{t \operatorname{tr} A} = e^0 = 1$, 所以 e^{tA} 是 SL_n 中的单参数子群. 反之, 如果对所有的 t 有 $\det e^{tA} = 1$, 则 $e^{t \operatorname{tr} A} = 1$. 对这个等式求导, 有 $\operatorname{tr} A e^{t \operatorname{tr} A} = 0$. 取 $t = 0$ 即得 $\operatorname{tr} A = 0$.   □

我们略去对辛群的讨论.

习   题   2.5

1. 确定 $U(2)$ 中的单参数子群.

2. 用方程描述单参数子群在 $SL_2(\mathbb{R})$ 中的像.

3. 找出矩阵 A 的条件使得 e^{tA} 是如下群的单参数子群:

(1) 特殊酉群 $SU(n)$; (2) 洛伦兹群 $O_{3,1}$.

4. 设 G 是形如 $\begin{pmatrix} x & y \\ 0 & 1 \end{pmatrix}$, $x > 0$ 的实矩阵构成的群.

(1) 确定矩阵 A 以使 e^{tA} 为 G 的单参数子群;

(2) 对 (1) 中的矩阵清楚计算 e^{tA};

(3) 在 (x,y) 平面上画出某些单参数子群.

5. 设 G 是形如 $\begin{pmatrix} x & y \\ 0 & x^{-1} \end{pmatrix}$, $x > 0$ 的实矩阵构成的群. 确定 G 中的共轭类和矩阵 A 以使 e^{tA} 为 G 的单参数子群.

6. 确定可逆上三角矩阵形成的群中的单参数子群.

7. 设 $\varphi(t) = e^{tA}$ 是 $GL_n(\mathbb{C})$ 中的子群 G 的单参数子群. 证明: 单参数子群的像的右陪集是微分方程 $\dfrac{dX}{dt} = AX$ 的矩阵解.

8. 设 $\varphi : \mathbb{R} \to GL_n(\mathbb{C})$ 是单参数子群. 证明: $\mathrm{Ker}\,\varphi$ 只有如下三种可能: 平凡群、无限循环群、整个实数加法群.

2.6 线 性 李 群

一 在 1.3 节对 $SU(2)$ 和 $SO(3)$ 的讨论中我们看到一个群如果还有几何结构, 那么几何的结构可以帮助理解群结构, 反之亦然. 这样的群是代数、几何、分析的一个交汇点, 自然地, 其内容就变得更丰富, 几何、分析的工具能发挥作用.

一般地, 实数域或复数域上的 n 阶方阵全体是实向量空间或复向量空间, 从而有度量, 于是, 实数域或复数域上的线性群就自然带有光滑的几何结构. 它们其实是李群, 而且在李群理论中占有中心的位置.

李群就是有光滑空间结构的群. 一方面它是群, 另一方面, 它又是拓扑空间, 局部上和欧氏空间中的开球是一样的. 这些局部通过光滑的方式拼起来. 同时, 群的乘法和逆运算都是光滑映射 (即无限次可微). 我们这里不去严格定义李群, 那需要先给出光滑流形和光滑映射的概念. 我们仅满足于如下的事实:

设 V 是 n 维欧氏空间, 这里把埃氏空间也看作实向量空间, 从而是欧氏空间, 那么 V 中的开球是光滑流形, 而且任意多个开球的并集也是光滑流形, 所以, V 中的开集是光滑流形, 它们构成 V 中的 n 维光滑流形. (对埃氏空间, 这些光滑流形很多还是复流形, 但这里不需要这个概念.) 选定 V 中的一个标准正交基, 考虑坐标满足如下方程组的点形成的集合 M:

$$f_i(x_1, \cdots, x_n) = 0, \quad 1 \leqslant i \leqslant m < n. \tag{2.6.30}$$

方程组中的函数 f_i 都是无限次可微的. 这些函数的雅可比矩阵是一个 $m \times n$ 矩阵

$$J = \left(\frac{\partial f_i}{\partial x_j} \right). \tag{2.6.31}$$

如果这个矩阵在某一点处取值后得到的矩阵的秩是 m, 那么有包含这一点的开球 S 使得 $S \cap M$ 与 $\mathbb{R}^{n-m}$ 中的某个 $n - m$ 维流形微分同胚 (即两者之间可以建立无限次可微的一一映射). 如果对 M 中每一点, 雅可比矩阵都有秩 m, 那么 M 是 $n - m$ 维光滑流形.

如果 M 是群且群的运算是光滑的, 只要雅可比矩阵在单位元处的秩为 m 就够了, 因为通过平移作用, 在单位元处某个开集的光滑流形结构就可以平移到其他地方.

二 若干例子 下面给出若干线性李群的例子.

例 2.48 $(\mathbb{R}^n, +)$ 是李群. 加法运算和减法运算显然都是坐标的无限次可微函数 (即光滑函数).

例 2.49 设 V 是 n 维欧氏空间或埃氏空间. 向量空间 V 的自同构群 $\mathrm{Aut}\, V$ 中的元素就是行列式不为零的线性变换, 所以 $\mathrm{Aut}\, V$ 是 $\mathrm{Hom}\,(V, V)$ 中的开子集, 从而是光滑流形. 自同构之间的乘法就是映射的合成, 选定基之后线性变换可与矩阵等同, 映射的合成就是矩阵的乘法. 矩阵的乘法显然是坐标的多项式函数, 从而是无限次可微的. 矩阵的逆运算是坐标的有理函数, 分母不为 0, 所以也是无限次可微的. 于是 $\mathrm{Aut}\, V$ 是李群, 维数为 n^2 如果 V 是欧氏空间, 或 $2n^2$ 如果 V 是埃氏空间.

注意这里流形的维数都是指实维数. 如果使用解析函数和复流形的概念, 那么, 当 V 是 n 维埃氏空间时, $\mathrm{Aut}\, V$ 就是 n^2 维复李群. 复流形是比光滑流形更强的几何结构. 欧氏空间 $\mathbb{R}^7$ 中的六维球面 S^6 是光滑流形, 它是否为复流形却是长期困扰几何学家的一个问题, 至今未解.

例 2.50 特殊线性群 $SL_n(\mathbb{R})$ 由方程 $\det X = 1$, 其中 $X = (x_{ij}) \in M_n(\mathbb{R})$ 是 n 阶方阵. 由于 $\frac{\partial(\det X)}{\partial x_{11}}\big|_{X=E} = 1$, 所以 $SL_n(\mathbb{R})$ 是 $n^2 - 1$ 维李群.

类似地, $SL_n(\mathbb{C})$ 是 $2n^2 - 2$ 维李群, 注意此时 $\det X = 1$ 可分解成实部为 1 和虚部为 0 的两个方程. (如果使用解析函数和复流形的概念, $SL_n(\mathbb{C})$ 是 $n^2 - 1$ 维复李群.)

例 2.51 正交群 $O(n) \subset GL_n(\mathbb{R})$ 由方程 $X \cdot {}^tX = E$ 定义, 其中 $X = (x_{ij}) \in$

$M_n(\mathbb{R})$. 等价的方程组是

$$f_{ij} = \sum_{k=1}^n x_{ik} x_{jk} = \delta_{ij}, \quad 1 \leqslant i \leqslant j \leqslant n.$$

该方程组有 $m = \dfrac{n(n+1)}{2}$ 个方程, 其雅可比矩阵的 m 阶子式 $\det(\partial f_{ij}/\partial x_{st})$ 在单位矩阵 E 处的值不为 0, 其中 $1 \leqslant s \leqslant t \leqslant n$. 于是 $O(n)$ 是维数为 $n^2 - m = n(n-1)/2$ 的李群.

由于单位矩阵的行列式为 1, 所以在 $O(n)$ 中, 含单位矩阵的开集中有些小开集一定在 $SO(n)$ 中. 这说明 $SO(n)$ 也是维数为 $n^2 - m = \dfrac{n(n-1)}{2}$ 的李群. 其实, 作为拓扑空间, $O(n)$ 有两个连通分支, 一个是 $SO(n)$, 由行列式为 1 的正交矩阵组成, 另一个含有 $\mathrm{diag}\,(-1, 1, \cdots, 1)$, 由行列式为 -1 的正交矩阵组成. 这两个连通分支分别是连续映射 $\det : O(n) \to \mathbb{R}$ 的值 1 和 -1 的逆像.

例 2.52 酉群 $U(n) \subset GL_n(\mathbb{C})$ 的定义方程是 $X \cdot {}^t\bar{X} = E$, 其中 $X = (x_{ij}) \in M_n(\mathbb{C})$, $\bar{X}$ 表示 X 复共轭. 这个矩阵方程等价于如下方程组:

$$f_{ij} = \sum_{k=1}^n x_{ik} \bar{x}_{jk} = \delta_{ij}, \quad 1 \leqslant i \leqslant j \leqslant n.$$

考虑实部与虚部后, 当 $i = j$ 时本身就是实方程, 其他 $\dfrac{n(n-1)}{2}$ 个方程产生 $n(n-1)$ 个实方程, 于是得到由 n^2 个实方程构成的方程组. 实方程组的雅可比矩阵在单位矩阵处的秩是 n^2, 注意 $M_n(\mathbb{C})$ 作为实向量空间的维数是 $2n^2$, 所以 $U(n)$ 是维数为 $2n^2 - n^2 = n^2$ 的李群.

由于 $\det X = e^{i\varphi}$, $X \in U(n)$, $0 \leqslant \varphi < 2\pi$, 而特殊酉群 $SU(n)$ 在 $U(n)$ 中由方程 $\varphi = 0$ 定义, 所以 $SU(n)$ 是维数为 $n^2 - 1$ 的李群.

三 线性李群中的曲线 在光滑流形中谈论曲线、切向量等是有意义的. 在欧氏空间或仿射欧氏空间 V 中, 曲线可以看作是连续映射 $\Gamma : I \to V$, 其中 I 是 $\mathbb{R}$ 中的区间 (开区间、闭区间、半开半闭区间都可以). 比如, 曲线 $t \to (\cos t, \sin t)$, $t \in [0, 2\pi)$ 就是实平面上以原点为圆心的单位圆周.

在 V 中取定一个基, 曲线就有坐标的参数形式 $\Gamma_t = (\gamma_1(t), \cdots, \gamma_n(t))$, $t \in I$. 称曲线在点 $a \in I$ 处可微如果所有的 $\gamma_i(t)$ 在 $t = a$ 处有导数. 这时曲线在点 $\Gamma_a = (\gamma_1(a), \cdots, \gamma_n(a))$ 处的切线是

$$x_1 = \gamma_1(a) + \gamma_1'(a)t, \quad \cdots, \quad x_n = \gamma_n(a) + \gamma_n'(a)t, \quad t \in \mathbb{R}.$$

在切线的这个参数方程中, 向量 $(\gamma'_1(a), \cdots, \gamma'_n(a))$ 至关重要, 确定了切线的方向, 因此称它为曲线 Γ 在点 Γ_a 处的**切向量**, 也称为在时间 a 的**速度向量**. 如果曲线在其上每一点处都可微, 则称曲线是**可微的**. 如果曲线参数形式中的函数都在区间 I 上无限次可微, 则称曲线是**光滑的**. 我们引进记号

$$\Gamma'_t := \frac{d\Gamma_t}{dt} = (\gamma'_1(t), \cdots, \gamma'_n(t)).$$

它一方面是曲线的微分, 另一方面, 也是切向量.

对 V 中的流形 M, 如果曲线 Γ 整个在 M 中, 即 $\Gamma(I) \subset M$, 则称它是 M **中的一条曲线**. 称向量 v 是 M 在点 $x \in M$ 处的一个**切向量**如果存在可微曲线 $\Gamma : I \to M \subset V$ 过点 x 且在 x 处的切向量是 v, 其中 $I \subset \mathbb{R}$ 是开区间.

我们关心的是矩阵群, 此时 $V = M_n(\mathbb{R})$ 或 $M_n(\mathbb{C})$, 它们分别是 n^2 维和 $2n^2$ 维实向量空间. 向量空间 V 中的曲线就是取值为矩阵的函数. 我们用 GL_n 表示 $GL_n(\mathbb{R})$ 或 $GL_n(\mathbb{C})$. 设 $G \subset GL_n$ 是群, (α, β) 是 $\mathbb{R}$ 中的开区间. 对 G 中的两条曲线 $A_t = (a_{ij}(t))$, $B_t = (b_{ij}(t)) : (\alpha, \beta) \to G$, 可以定义它们的乘积

$$C_t = A_t B_t = (c_{ij}(t)) : (\alpha, \beta) \to G, \quad c_{ij}(t) = \sum_{k=1}^{n} a_{ik}(t) b_{kj}(t). \tag{2.6.32}$$

我们首要的任务是研究典型群 (参见 1.3 节) 在单位矩阵 E 处的全体切向量形成的集合.

定理 2.53　设 $G \subset GL_n$ 是矩阵群. 下列断言成立.

(1) 群 G 中两条可微曲线 A_t, $B_t : (\alpha, \beta) \to G$ 的乘积 $C_t = A_t B_t$ 仍是可微的, 且有

$$\frac{dC_t}{dt} = (A_t B_t)' = A'_t B_t + A_t B'_t.$$

(2) 考虑所有在 $t = 0$ 处取值为单位矩阵的可微曲线 $A_t : (\alpha, \beta) \to G$, $A_0 = E$, 其中 (α, β) 是含 0 的开区间. (注意对不同的曲线, 定义域可以不一样.) 这些曲线在 E 处的切向量全体记作 $L(G)$. 那么 $L(G)$ 是 M_n 的子空间. (回顾一下, $M_n = M_n(\mathbb{R})$ 或 $M_n(\mathbb{C})$.)

证明　(1) 对 (2.6.32) 中的 $c_{ij}(t)$ 微分并运用莱布尼茨法则即可得到该断言.

(2) 设 G 中的曲线 A_t 和 B_t 均可微, 定义域都是含 0 的开区间, 在 0 处的取值是 E, 在 E 处的切向量分别是 A'_0 和 B'_0. 两条曲线的定义域的交集仍是含 0 的开

区间, 在这个区间上, 乘积 $C_t = A_t B_t$ 是有定义的, 在 0 处的值是 $A_0 B_0 = EE = E$. 由 (1) 知, C_t 在 E 处的切向量是

$$C_0' = (A_t B_t)'|_{t=0} = (A_t' B_t + A_t B_t')|_{t=0} = A_0' B_0 + A_0 B_0' = A_0' E + E B_0' = A_0' + B_0'.$$

所以 $L(G)$ 对加法是封闭的.

如果 λ 是纯量, 那么 $B_t = A_{\lambda t}$ 定义在某个含 0 的开区间上. 显然 $B_0 = A_0 = E$, 而且 B_t 是可微的, 其微分是 $B_t' = A_{\lambda t}' \cdot (\lambda t)' = \lambda A_{\lambda t}'$. 于是 $B_0' = \lambda A_0'$. 根据 $L(G)$ 的定义, 有 $B_0' \in L(G)$, 所以 $\lambda A_0' \in L(G)$. $\qquad \square$

定义 2.54 向量空间 $L(G)$ 称为**群 G 在单位元处的切空间**.

例 2.55 设 $G = GL_n(\mathbb{R})$. 行列式函数 $\det : M_n(\mathbb{R}) \to \mathbb{R}$ 连续. 由于 $\det E = 1$, 任何含 1 的区间, 比如 $(0, 2)$, 在这个映射下的逆像是 $M_n(\mathbb{R})$ 的开集. 因为 E 在这个开集中, 所以这个在 G 中的开集含有以 E 为中心的开球 $S = \{ X \in M_n(\mathbb{R}) \mid \|X - E\| < \varepsilon \}$ 为 G 的子集, 其中 $\| \cdot \|$ 是标准的欧氏内积, ε 是某个正数.

现在对任意的 $B \in M_n(\mathbb{R})$, 定义 $M_n(\mathbb{R})$ 中的曲线 B_t 如下:

$$B_t = E + tB.$$

那么 $B_0 = E$, $B_0' = B$. 当 $|t|$ 很小的时候, $B_t \in S \subset G$, 所以在某个含 0 的小区间上, B_t 是 G 中的曲线. 于是 $B \in L(G)$. 这说明切空间 $L(G)$ 等于 $M_n(\mathbb{R})$, 维数是 n^2. 类似可证切空间 $L(GL_n(\mathbb{C}))$ 等于 $M_n(\mathbb{C})$, 有实维数 $2n^2$.

当然, 单参数子群 e^{tB} 在 $t = 0$ 处的切向量也是 B. 重要的是, 单参数子群对其他的典型群也适用.

我们需要下面的引理以讨论特殊线性群在单位元处的切空间.

引理 2.56 设 A_t 是 GL_n 中的曲线, 定义域是开区间且含有 0, $A_0 = E$, $A_0' = A$, 那么 $\left(\dfrac{d}{dt} \det A_t \right) \Big|_{t=0} = \operatorname{tr} A$.

证明 命 $A_t = (a_{ij}(t))$. 对 $\sigma \in S_n$, 简记 $\sigma(i)$ 为 σi, 那么

$$\det A_t = \sum_{\sigma \in S_n} (\operatorname{sign} \sigma) a_{1\sigma 1}(t) \cdots a_{n\sigma n}(t).$$

求导数, 由乘积的导数公式得

$$\frac{d}{dt} \det A_t = \sum_{\sigma \in S_n} (\operatorname{sign} \sigma) \sum_{i=1}^{n} a_{1\sigma 1}(t) \cdots a_{i\sigma i}'(t) \cdots a_{n\sigma n}(t). \tag{2.6.33}$$

考虑上式在 $t = 0$ 处的值. 由于 $A_0 = E$, 所以 $a_{ij}(0) = 0$ 如果 $i \neq j$, 且 $a_{ii} = 1$. 于是, 在 $t = 0$ 时, 上式求和项 $a_{1\sigma 1}(t) \cdots a'_{i\sigma i}(t) \cdots a_{n\sigma n}(t)$ 取值为 0 如果对某个不等于 i 的 j 有 $\sigma j \neq j$. 如果对所有不等于 i 的 j 都有 $\sigma j = j$, 由于 σ 是置换, 必有 $\sigma i = i$. 就是说 σ 为恒等变换. 这样一来, 公式 (2.6.33) 在 $t = 0$ 处的值就是

$$\sum_{i=1}^{n} a_{11}(0) \cdots a'_{ii}(0) \cdots a_{nn}(0) = a'_{11}(0) + \cdots + a'_{nn}(0) = \operatorname{tr} A. \qquad \square$$

例 2.57　设 $G = SL_n(\mathbb{R})$ 是特殊线性群. 对任何迹为 0 的矩阵 $A \in M_n(\mathbb{R})$, 单参数子群

$$\varphi : \mathbb{R} \to G, \quad t \to A_t = e^{tA}$$

是可微的而且在 G 中 (参见命题 2.47). 根据定理 2.38(2), 有 $A'_t = Ae^{tA}$, 从而 $A'_0 = A$. 于是 $L(G)$ 包含所有的迹为 0 的实 n 阶方阵.

假设 A_t 是 G 中的曲线, 满足 $A_0 = E$. 由于 $\det A_t = 1$, 所以 $\dfrac{d}{dt} \det A_t = 0$. 根据引理 2.56, 有 $\operatorname{tr} A'_0 = 0$. 即曲线在 $t = 0$ 处的切向量的迹为 0. 可见 $L(G)$ 由所有的迹为 0 的实 n 阶方阵组成, 维数是 $n^2 - 1$.

类似可以证明 $L(SL_n(\mathbb{C}))$ 由所有的迹为 0 的复 n 阶方阵组成, 实维数是 $2n^2 - 2$.

例 2.58　从例 2.51 知, 正交群 $O(n)$ 和特殊正交群 $SO(n)$ 在单位元处的切空间是一样的, 实际上, $O(n)$ 中经过单位元处的曲线一定在 $SO(n)$ 中. 令 A_ξ 是 $SO(n)$ 中的曲线, $A_0 = E$, 在单位元 E 处的切向量是 A'_0. 由于 A_ξ 是正交矩阵, 所以 ${}^t A_\xi \cdot A_\xi = E$. 求导, 得 ${}^t(A'_\xi) \cdot A_\xi + {}^t A_\xi \cdot A'_\xi = 0$. 令 $\xi = 0$, 注意 $A_0 = E$, 得 ${}^t(A'_0) + A'_0 = 0$. 即 A'_0 是斜对称矩阵.

另一方面, 如果 A 是 n 阶实斜对称矩阵, 根据命题 2.45(2), 单参数子群 $B_\xi = e^{\xi A}$ 在 $O(n)$ 中 (其实在 $SO(n)$ 中), 其在 $\xi = 0$ 处的切向量是 $B'_0 = Ae^{0A} = A$. 所以 $L(SO(n)) = \mathfrak{so}(n)$ 由所有的 n 阶实斜对称矩阵组成, 维数是 $\dfrac{n(n-1)}{2}$.

例 2.59　类似地, 酉群 $U(n)$ 在单位元处的切空间由 n 阶斜埃尔米特矩阵组成, 所以 $L(U(n)) = \mathfrak{u}(n)$ 的维数是 n^2.

比较线性李群和它们在单位元处的切空间的维数是有意思的. 如果李群由参数定义, 那么它的维数就是独立参数的个数.

定理 2.60　命 G 为典型线性李群 GL_n, SL_n, $O(n)$, $SO(n)$, $U(n)$, $SU(n)$ 中的一员, $L(G)$ 是 G 在单位元 E 处的切空间. 那么 $\dim G = \dim L(G)$.

证明 对照例 2.49~ 例 2.52 和例 2.55, 例 2.57~ 例 2.59 的维数结论即知. □

我们还是略去了辛群, 并非有困难, 只是为了叙述简单.

四 同态的微分 用微分流形的语言可以直接定义李群之间的可微映射和光滑 (即无限次可微) 映射. 一个等价的定义如下: 设 G 和 H 是李群, 映射 $\Phi: G \to H$ 是**可微的**或**光滑**的当且仅当对 G 中任意的可微曲线或光滑曲线 Γ, 群 H 中的曲线 $\Phi \circ \Gamma$ 是可微的或光滑的. 群同态 $G \to H$ 称为**可微同态**或**光滑同态**如果它既是群同态又是可微映射或光滑映射.

定义 2.61 设 $\Phi: G \to H$ 是可微映射. 定义它们在单位元处的切空间之间的映射 $d\Phi$ 如下:

$$d\Phi: L(G) \to L(H), \quad \Gamma_0' \to (\Phi \circ \Gamma)_0',$$

其中 Γ_0' 是 $L(G)$ 中由可微曲线 Γ_t 定义的切向量 Γ_0'. 映射 $d\Phi$ 称为同态 Φ 的**微分**或**切映射**. 可以验证这个定义是合理的.

定理 2.62 设 $\Phi: G \to H$ 和 $\Psi: H \to K$ 是线性李群之间的可微同态, 则有

(1) 这些同态的微分是线性映射.

(2) 同态合成的微分是微分的合成: $d(\Psi\Phi) = d\Psi \circ d\Phi$.

(3) 如果 Φ 是同构, 那么它的微分是线性同构. 特别, 此时有 $\dim G = \dim H$.

证明 (1) 设 A_0', B_0' 是 $L(G)$ 中的向量, μ, ν 是实数, 那么

$$
\begin{aligned}
d\Phi(\mu A_0' + \nu B_0') &= (\Phi \circ (A_{\mu t} \cdot B_{\nu t}))_0' = ((\Phi \circ A_{\mu t}) \cdot (\Phi \circ B_{\nu t}))_0' \\
&= (\Phi \circ A_{\mu t})'\big|_{t=0} \cdot (\Phi \circ B_{\nu t})\big|_{t=0} + (\Phi \circ A_{\mu t})\big|_{t=0} \cdot (\Phi \circ B_{\nu t})'\big|_{t=0} \\
&= \mu(\Phi \circ A)_0' \cdot E + E \cdot \nu(\Phi \circ B)_0' \\
&= \mu d\Phi(A_0') + \nu d\Phi(B_0').
\end{aligned}
$$

这表明可微同态的微分是线性映射.

(2) 首先注意 $\Psi\Phi$ 是可微同态. 于是可微同态的合成的微分是有意义的, 而且

$$
\begin{aligned}
d(\Psi\Phi)(A_0') &= ((\Psi\Phi) \circ A)_0' = (\Psi \circ (\Phi \circ A))_0' = d\Psi(\Phi \circ A)_0' \\
&= d\Psi \circ d\Phi(A_0') = (d\Psi \circ d\Phi)(A_0').
\end{aligned}
$$

所以同态合成的微分是微分的合成.

(3) 如果 Φ 是可微同构, 那么 Φ^{-1} 也是可微同构. 由 (2) 知, $d\Phi^{-1} \circ d\Phi : L(G) \to L(G)$ 和 $d\Phi \circ d\Phi^{-1} : L(H) \to L(H)$ 都是恒等映射, 所以 $d\Phi$ 是线性同构. $\square$

有意思的是李群同态的微分含有同态足够多的信息.

定理 2.63   连通李群到任意李群的可微同态由自己的微分唯一确定.

证明略. 某种意义上, 通过积分, 可以从同态的微分得到同态.

五   李群的李代数   李群在单位元处的切向量全体形成一个向量空间没什么独特的. 实际上, 空间中任何过原点的曲面在原点处的切平面都是向量空间, 在曲面其他点处的切平面其实是向量空间的一个平移, 所以本质上还是向量空间, 也可以看作是以那个点为原点的向量空间. 这样一来, 我们有理由希望李群的群运算能给它在单位元处的切空间带来一些额外的结构.

当李群是一般线性群时, 它在单位元处的切空间是矩阵代数 M_n. 这里切空间中的矩阵相乘仍是切空间中的元素. 不过, 这个性质到特殊线性群、正交群、酉群那里就不成立了. 但是, 在这些情况下, 有一个新的现象值得注意: 对 $A, B \in L(G)$, 它们的交换子 $[A, B] := AB - BA$ 仍在 $L(G)$ 中. 这可以看作是切空间 $L(G)$ 中的一个二元运算. 第一印象是这个运算有点怪异, 和以前的运算都不一样: 结合律不成立. 但是创新的思维要求我们不要这样随意对待一个以前没有见过又有产生背景的运算, 而是尽力去理解它.

结合律关注的是三个元素做运算时运算顺序的影响. 在这一点上交换子运算 $[A, B]$ 不算糟糕, 下面的关系是容易验证的:

$$[[A, B], C] + [[B, C], A] + [[C, A], B] = 0, \quad [A, B] = -[B, A]. \tag{2.6.34}$$

把向量空间上这个运算的性质抽象出来, 就得到一类新的代数结构.

定义 2.64   称域 $\mathfrak{K}$ 上的向量空间 L 为**李代数**如果在 L 上还有二元运算 $L \times L \to L$, $(u, v) \to [u, v]$, 称为**方括号运算**, 满足如下条件:

双线性: $[u + v, w] = [u, w] + [v, w], \quad [cu, w] = c[u, w],$

$$[u, v + w] = [u, v] + [u, w], \quad [u, cw] = c[u, w];$$

斜对称性: $[u, u] = 0$,   即 $[u, w] = -[w, u]$ 如果基域 K 的特征不是 2;

雅可比等式: $[[u, v], w] + [[v, w], u] + [[w, u], v] = 0;$

其中 $u, v, w \in L$ 和 $c \in \mathfrak{K}$ 均是任意的.

我们已经看到, 典型线性李群在单位元处的切空间 $L(G)$ 是李代数. 这个结论对任何李群都是成立的. 下面探究一下李代数的方括号元素和群运算的联系. 在典型群的情况, 方括号运算是一类换位子, 这不是偶然的, 一般情况, 李群在单位元处的切空间的方括号运算和群的换位子运算是密切相关的.

设 A_t, B_t 是线性李群 (可以不是典型群) G 中的可微曲线, 定义域是含 0 的开区间, $A_0 = B_0 = E$ 是群中的单位元. 回忆一下, 群中的换位子定义为 $(A, B) = ABA^{-1}B^{-1}$. 两条曲线 A_t, B_t 在单位元处的切向量 $A'_0, B'_0 \in L(G)$ 的换位子定义如下:

$$[A'_0, B'_0] = \frac{\partial^2}{\partial t \partial s}(A_t, B_s)\Big|_{t=s=0}. \tag{2.6.35}$$

注意从 $A_t A_t^{-1} = E$, 运用定理 2.53(1), 求导数后可以看出

$$(A_t^{-1})' = -A_t^{-1} A'_t A_t^{-1}. \tag{2.6.36}$$

先说明公式 (2.6.35) 定义的 $[A'_0, B'_0]$ 确是 $L(G)$ 中的元素. 对在定义域中任意的 t, $s \to (A_t, B_s) = A_t B_s A_t^{-1} B_s^{-1}$ 都是 G 中的可微曲线, 从而它对 s 的导数在 $s = 0$ 处的取值是 $L(G)$ 中的元素:

$$\begin{aligned}
\frac{\partial}{\partial s}(A_t, B_s)\Big|_{s=0} &= \frac{\partial}{\partial s}(A_t B_s A_t^{-1} B_s^{-1})\Big|_{s=0} \\
&= (A_t B'_s A_t^{-1} B_s^{-1} - A_t B_s A_t^{-1} B_s^{-1} B'_s B_s^{-1})\Big|_{s=0} \\
&= A_t B'_0 A_t^{-1} B_0^{-1} - A_t B_0 A_t^{-1} B_0^{-1} B'_0 B_0^{-1} \quad (\text{注意 } B_0 = E) \\
&= A_t B'_0 A_t^{-1} - B'_0 \in L(G).
\end{aligned}$$

于是 $q_t : t \to A_t B'_0 A_t^{-1} - B'_0$ 是 $L(G)$ 中的曲线, 它的微分也是 $L(G)$ 中的曲线. 特别, 有

$$\begin{aligned}
[A'_0, B'_0] &= \frac{\partial^2}{\partial t \partial s}(A_t, B_s)\Big|_{t=s=0} = \frac{dq_t}{dt}\Big|_{t=0} \\
&= \frac{d}{dt}(A_t B'_0 A_t^{-1} - B'_0)\Big|_{t=0} \\
&= (A'_t B'_0 A_t^{-1} - A_t B'_0 A_t^{-1} A'_t A_t^{-1})\Big|_{t=0} \\
&= A'_0 B'_0 - B'_0 A'_0 \in L(G).
\end{aligned}$$

这说明通过群的运算确实得到了切空间 $L(G)$ 上的方括号运算. 我们已经证明了如下结论.

定理 2.65　如果 $G \subset GL_n$ 是线性李群, 那么它在单位元处的切空间 $L(G) \subset M_n$ 是李代数, 其方括号运算就是矩阵的换位子运算

$$[A, B] = AB - BA.$$

对一般的李群, 由于没有现成的向量空间包含 G, 所以定义切空间要费点周折. 有不同的方式定义. 也可以考虑把李群中含单位元的某个开集与欧氏空间的开集等同起来. 这样就可以定义可微曲线的切向量, 从而得到 G 在单位元处的切空间 $L(G)$. 设 g_t, h_t 是李群 G 中的可微曲线, 定义域是含 0 的开区间, $g_0 = h_0 = e$ 是群中的单位元. 两条曲线 g_t, h_t 在单位元处的切向量 g_0', $h_0' \in L(G)$ 的换位子定义如下:

$$[g_0', h_0'] = \frac{\partial^2}{\partial t \partial s}(g_t h_s g_t^{-1} h_s^{-1})\Big|_{t=s=0}. \tag{2.6.37}$$

可以证明这确实定义了 $L(G)$ 上的方括号运算, 从而 $L(G)$ 是李代数, 称为 G 的**李代数**.

六　矩阵对数　从 $M_n(\mathbb{R}) = L(GL_n(\mathbb{R}))$ 到 $GL_n(\mathbb{R})$ 有指数映射

$$\exp : A \to e^A = \exp A.$$

似乎自然地要考虑矩阵对数

$$\log(E + A) := A - \frac{A^2}{2} + \frac{A^3}{3} - \frac{A^4}{4} + \cdots. \tag{2.6.38}$$

它应该在一定范围内给出指数映射的逆. 首先要解决的问题是上面这个级数 (2.6.38) 的收敛性. 如同定理 2.38(1) 的证明, 有

$$\|A\| + \left\|-\frac{A^2}{2}\right\| + \left\|\frac{A^3}{3}\right\| + \left\|-\frac{A^4}{4}\right\| + \cdots \leqslant \|A\| + \frac{\|A^2\|}{2} + \frac{\|A\|^3}{3} + \frac{\|A\|^4}{4} + \cdots. \tag{2.6.39}$$

上式右边的级数收敛如果 $\|A\| < 1$. 根据引理 2.39, 当 $\|A\| < 1$ 时, 级数 (2.6.38) 是绝对收敛的.

定理 2.66　假设 Θ_E 是单位矩阵 E 在 $GL_n(\mathbb{R})$ 中的一个邻域 (即某个含 E 的开集在其中), 在其上 $\log$ 有定义. 又设 Θ_0 是零矩阵的一个邻域满足 $\exp(\Theta_0) \subset \Theta_E$. 那么

(1) 对任意的 $X \in \Theta_E$ 有 $\exp \log X = X$. 对任意的 $Y \in \Theta_0$ 有 $\log \exp Y = Y$.

(2) 如果 A, B 可交换且在 E 附近, 那么

$$\log(AB) = \log A + \log B.$$

证明 (1) 如果 X 是对角矩阵, 问题归结到数的情形. 如果 X 与对角矩阵相似, 利用 $A(\exp X)A^{-1} = \exp(AXA^{-1})$ 和 $A(\log X)A^{-1} = \log(AXA^{-1})$, 把问题就归结到对角矩阵的情形. 一般情形, 利用约当标准形, 知有可对角化矩阵序列 $X_1, X_2, \cdots, X_m, \cdots$, 它以 X 为极限. 利用 exp 和 log 的连续性, 可知结论成立.

(2) 由于 $AB = BA$, 所以 $\log A \cdot \log B = \log B \cdot \log A$. 根据 (1) 和定理 2.38(3), 有

$$\exp(\log(AB)) = AB = (\exp \log A) \cdot (\exp \log B) = \exp(\log A + \log B).$$

根据 (1), exp 在 0 附近是双射, 所以 $\log(AB) = \log A + \log B$. $\qquad\square$

注 对任意的李群, 指数映射 $\exp : L(G) \to G$ 都是可以定义的. 由于连通李群由任意含单位元的邻域生成, 指数映射建立了 $L(G)$ 的含 0 的某个邻域到 G 的含 e 的某个邻域的同胚, 所以指数映射描述了李群的李代数如何确定李群的结构. 这说明了指数映射在李群理论中的重要性.

李代数可以看作李群的线性化. 李群的很多问题可以借助李代数的研究得到解决.

习 题 2.6

1. 对方括号运算 $[A, B] = AB - BA$ 验证雅可比等式.

2. 设 V 是 2 维实向量空间, 有二元运算 $[u, v]$. 该运算是双线性和斜对称的. 证明它满足雅可比等式.

3. 群 $SL_2(\mathbb{C})$ 的李代数 $sl_2(\mathbb{C})$ 由迹为 0 的 2 阶复方阵组成. 通过共轭, $SL_2(\mathbb{C})$ 作用在它的李代数上.

(1) 求出这个作用的轨道;

(2) 求出 $SL_2(\mathbb{C})$ 中对角子群在这个作用下的共同的特征向量.

4. 设 G 是形如 $\begin{pmatrix} a & b \\ 0 & a^2 \end{pmatrix}$ $(a \neq 0)$ 的实矩阵构成的群. 确定 G 的李代数 L, 计算 L 上的方括号运算.

5. (1) 证明 $\mathbb{R}^3$ 中的叉积使得 $\mathbb{R}^3$ 成为李代数, 记作 L_1.

(2) 命 L_2 为 $SU(2)$ 的李代数, L_3 为 $SO(3)$ 的李代数. 证明: 李代数 L_1, L_2, L_3 都是同构的.

6. 对维数不超过 3 的复李代数分类.

7. 设 G 是线性群, $L(G)$ 是其李代数. 李代数 $L(G)$ 的自同构 (保持方括号运算的线性同构) 全体 $\mathrm{Aut}L(G)$ 也是一个线性李群. 如果 Γ_t 是 $\mathrm{Aut}L(G)$ 中的一条可微曲线, 那么 $\Gamma_t[\mathbf{a},\mathbf{b}] = [\Gamma_t\mathbf{a}, \Gamma_t\mathbf{b}]$. 曲线在 $t=0$ 处的导数记作

$$\mathcal{D} = \left(\frac{d}{dt}\Gamma_t \right)_{t=0} \qquad (\text{事先要求 } \Gamma_0 = E),$$

则有

$$\mathcal{D}[\mathbf{a},\mathbf{b}] = [\mathcal{D}\mathbf{a},\mathbf{b}] + [\mathbf{a}, \mathcal{D}\mathbf{b}].$$

这个关系允许我们称 $\mathcal{D}$ 为李代数 $L(G)$ 的导子.

证明: 如果 $\mathcal{D}$ 是李代数 $L(G)$ 的导子, 那么 $\exp\mathcal{D}$ 是 $L(G)$ 的自同构.

第3章 群 表 示

有一类特殊的群作用在数学和其他科学如物理和化学等广泛出现, 那就是群在向量空间上的线性作用, 这类作用称为群 (的) 表示. 除了自身内容丰富深刻外, 群表示在群的结构研究中, 数论、几何、分析、物理和化学中的对称研究等都非常有用. 群表示论的思想是对称与线性化. 某种意义上, 群表示论可以看作线性代数的一个发展.

3.1 定义和例子

一　定义　假设群 G 作用在向量空间 V 上. 称这个作用是**线性的**如果作用映射 $G \times V \to V, (g,v) \to gv$ 满足以下条件满足

$$ev = v,$$
$$(gh)v = g(hv),$$
$$g(u + v) = gu + gv,$$
$$g(\lambda v) = \lambda(gv), \tag{3.1.1}$$

其中 $e \in G$ 是单位元, $g \in G$ 和 $u, v \in V$ 是任意的, 这时, 映射 $\Phi(g) : V \to V,\ v \to gv$ 是 V 的可逆线性变换. 于是有群同态

$$\Phi : G \to GL(V), \quad g \to \Phi(g). \tag{3.1.2}$$

根据定理 1.2, 任何的群同态 $G \to GL(V)$ 都给出 G 在 V 上的线性作用.

定义 3.1　群的**线性表示**就是群同态 $G \to GL(V)$. 这个同态也称为 G 在 V 上的一个**线性表示**. 向量空间 V 称为**表示空间**, 也称为 G-**空间**.

同态的核称为**表示的核**. 如果这个核只含单位元 (即同态是单射), 则称这个表示是**忠实的**. 这个表示称为**平凡的**或**单位表示**如果 V 的维数是 1 且同态像只含有恒等变换.

　　向量空间 V 的维数称为**表示的维数**. 如果 V 的基域是 K, 表示 $G \to GL(V)$ 常称为 G 在域 K 上的一个表示. 如果向量空间的基域是有理数域、实数域、复数域时, 这个表示也称为**有理表示**、**实表示**、**复表示**.

　　不产生歧义时, 线性表示可简称为**表示**.

　　我们已经看到, 群的线性表示和群的线性作用其实是同一件事. 如果表示空间 V 的维数有限, 取定一个基后, 每个线性算子就有在这个基下的矩阵, 由此得到 $GL(V)$ 与某个一般线性群 $GL_n(K)$ 的同构. 由此说来, 群到某个一般线性群的同态: $G \to GL_n(K)$ 是群的有限维线性表示的一个等价形式. 线性表示的矩阵形式对计算是很有益处的. 当然, $GL_n(K)$ 可以自然看作域 K 上高为 n 的列向量空间的可逆线性变换群, 这在第一卷 3.3 节就知道了.

　　二　若干例子　最简单的情形是一维表示. 这时群表示就是群到某个域的非零元全体的同态. 这样一个表示也称为群的**特征**.

　　例 3.2　置换的符号是置换群 S_n 的一维表示: $S_n \to \{\pm 1\} \subset \mathbb{R}^*$, $\sigma \to \mathrm{sign}\,\sigma$. 我们非常熟悉的行列式是可逆矩阵群的一维表示:

$$GL_n(F) \to GL_1(F) = F^*, \quad A \to \det A.$$

　　例 3.3　很多一维表示的例子来自于数论. 数论中的二次互反律中的 Legendre 符号 $\left(\dfrac{x}{p}\right)$ 是 $p-1$ 阶循环群的一个特征. 高斯和与狄利克雷的 L-级数中出现了有限阿贝尔群的特征.

　　例 3.4　下面是来自分析的一个例子. 周期为 2π 的函数可以看作是单位圆周上 $S = \{e^{ix} \,|\, x \in \mathbb{R}\}$ 上的函数. S 上的平方可积函数全体 H 是希尔伯特空间, 内积定义为

$$\langle f, g \rangle = \frac{1}{2\pi} \int_0^{2\pi} f(x)\overline{g(x)}dx.$$

S 的连续复特征全体是 $e^{ix} \to e^{inx}$, $n \in \mathbb{Z}$. 显然有

$$\frac{1}{2\pi} \int_0^{2\pi} e^{inx} e^{-imx} = \delta_{nm}.$$

S 的特征全体构成 H 的标准正交基. 本质上来讲这就是傅里叶分析的全部, 圆周上的每个平方可积函数可以通过标准正交基展开. 指数函数 e^{inx} 是微分算子 $\dfrac{d}{dx}$ 的特征函数, 可以想到, 群表示和微分方程的关系是非常密切的. 确实如此.

例 3.5 置换群 S_3 与二面体群 D_3 是同构的 (参见命题 2.16)：$(1\ 2\ 3) \to \mathcal{A}$, $(1\ 2) \to \mathcal{B}$. 由此可得 S_3 在 $\mathbb{R}^2$ 上的一个线性表示.

例 3.6 如果 G 是 $GL(V)$ 的子群, 那么嵌入映射 $G \hookrightarrow GL(V)$ 是 G 的表示.

例 3.7 一般线性群 $G = GL_n(K)$ 在矩阵代数 $M = M_n(K)$ 上有两个自然的线性作用：(1) **左乘作用** $\Psi : G \times M \to M$, $(A, X) \to AX$. (2) **共轭作用** $\Phi : G \times M \to M$, $(A, X) \to AXA^{-1}$. 由此得到 $GL_n(K)$ 在 $M_n(K)$ 上的两个线性表示.

例 3.8 设群 G 作用在集合 Ω 上. 考虑域 K 上以 Ω 为基的向量空间

$$V = \langle\, v_i \,|\, i \in \Omega \,\rangle_K.$$

令

$$\Phi(g)\left(\sum \lambda_i v_i\right) = \sum \lambda_i v_{gi}$$

(gi 为 $g \in G$ 在 $i \in \Omega$ 上的作用). 由于 $(gh)i = g(hi)$, 我们得到 G 在 V 上的一个线性表示.

如果 G 是有限群, $\Omega = G$, G 在 Ω 上的作用是左平移作用, 那么得到的表示 $G \to GL(V)$ 称为 G 的**正则表示**.

三 群表示由两部分组成：表示空间 V 和群到 V 的可逆线性变换群的同态 Φ. 有时简单称 V 是群的一个表示, 这么说的时候默认群在 V 上的线性作用是清楚的. 我们希望在不同的表示之间建立联系.

定义 3.9 设 (Φ, V) 和 (Ψ, W) 是群 G 的两个表示. 称线性映射 $\sigma : V \to W$ 是 G 的**表示同态**或G 表示同态如果对所有的 $g \in G$ 作如图 3.1.1 交换, 即

$$\Psi(g)\sigma = \sigma\Phi(g), \quad \forall\, g \in G. \tag{3.1.3}$$

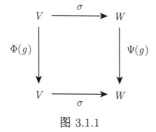

图 3.1.1

如果 σ 还是线性空间的同构, 则称 $\sigma : V \to W$ 为 G 的 **表示同构**, 并称表示 (Φ, V) 和 (Ψ, W) 是 **同构的** 或 **等价的**. 有时简单称表示 Φ 和 Ψ **同构** 或 **等价**, 记作 $\Phi \simeq \Psi$. 如果群在表示空间的作用是清楚的, 也说表示 V 和 W **同构** 或 **等价**.

表示的同态用 G-空间的语言表述是很方便的. 设 G 有两个线性作用, $G \times V \to V,\ (g, v) \to g * v$ 和 $G \times W \to W,\ (g, w) \to g \star w$. 如果线性映射 $\sigma : V \to W$ 满足条件

$$\sigma(g * v) = g \star \sigma(v), \tag{3.1.4}$$

其中 $g \in G$ 和 $v \in V$ 是任意的, 那么 σ 称为 G-**空间 (的) 同态**. 此时也说 **映射 σ 与 G 作用可交换**.

如果 V 和 W 都是有限维的, 表示同构 $\Phi \simeq \Psi$ 还可以用矩阵的语言表述. 此时 σ 是线性空间的同构, 从条件 (3.1.3) 得

$$\Psi(g) = \sigma \Phi(g) \sigma^{-1}, \quad \forall g \in G. \tag{3.1.5}$$

取定 V 的基和 W 的基, 线性同构 $\Phi(g)$, $\Psi(g)$ 和 σ 在这些基下都有矩阵, 分别记为 Φ_g, Ψ_g 和 C, 上式就成为

$$\Psi_g = C \Phi_g C^{-1}, \quad \forall g \in G. \tag{3.1.6}$$

这是矩阵的相似关系. 相似关系是方阵的等价关系, 把方阵划分为互不相交的等价类. 表示同构显然是一个等价关系, 于是表示同构与矩阵群的相似是密切相关的. 本质上, 同构的表示是一样的, 从而把表示分成同构类对表示论是基本的问题.

四 一定程度上可以说, 群表示讨论的是某些线性变换集合的性质. 讨论一个线性变换时产生的概念和理论对群表示是有启发作用的, 也是很有价值的, 如不变子空间、迹等.

定义 3.10 设 Φ 是群 G 在 V 上的线性表示. 子空间 $U \subset V$ 称为 G-**不变的**(或 G-**稳定的**) 如果对任意的 $u \in U$ 和 $g \in G$ 有 $\Phi(g)u \in U$. 子空间 U 将称为 G-**不变子空间** 或简称为 G-**子空间**, 也称为表示 Φ 的 **不变子空间**. 零子空间和 V 自身是平凡的 G-不变子空间. 称一个表示是 **不可约的** 如果这个表示的不变子空间都是平凡的. 有非平凡不变子空间的表示称为 **可约的**.

如果 Φ 是不可约表示, 我们也说 G **不可约地** 作用在表示空间 V 上. 有时简单说 V 是 G 的 **不可约表示**.

如果 U 是表示 Φ 的不变子空间, 那么 $\Phi_U : g \to \Phi(g)|_U$ 是 G 在 U 上的表示, 它称为 Φ 的一个 **子表示**. 每个算子 $\Phi(g) : V \to V$ 还自然诱导了商算子 (参见第二

卷 2.4 节), $\Phi(g)_{V/U} : V/U \to V/U, x + U \to \Phi(g)x + U$. 同态 $\Phi_{V/U} : g \to \Phi(g)_{V/U}$ 是 G 在商空间 V/U 上的表示, 它称为 Φ 的一个**商表示**. 允许说 U 是 Φ 或 V 的**子表示**和 V/U 是 Φ 或 V 的商表示会带来很多的方便.

选取不变子空间 U 的一个基, 并扩充为 V 的基. 在这个基下, $\Phi(g)$ 的矩阵就是

$$\Phi_g = \begin{pmatrix} \Phi'_g & \Phi^{\clubsuit}_g \\ 0 & \Phi''_g \end{pmatrix}, \tag{3.1.7}$$

其中 Φ'_g 是 $\Phi(g)|_U$ 在取定的 U 的基下的矩阵, Φ''_g 是 $\Phi(g)_{V/U}$ 在 V/U 的相应的基下的矩阵.

如果在 V 中可以选择基使得对所有的 $g \in G$ 有 $\Phi^{\clubsuit}_g = 0$, 那么 U 有不变的补空间 W 使得 $V = U \oplus W$. 这时称表示 Φ 是子表示 Φ_U 和 Φ_W 的直和, 记作 $\Phi = \Phi_U \oplus \Phi_W$.

自然映射

$$\sigma : W \to V/U, \quad x \to x + U$$

是表示 Φ_W 和 $\Phi_{V/U}$ 之间的同构. 简单的直接计算就可以验证这一点. 为简化记号, 对 $x \in W$ 和 $g \in G$, 命

$$g * x = \Phi_W(g)(x) = \Phi(g)(x),$$
$$g \star (x + U) = \Phi_{V/U}(g)(x + U) = \Phi(g)(x) + U.$$

那么

$$\sigma(g * x) = \sigma(\Phi(g)(x)) = \Phi(g)(x) + U = g \star (x + U) = g \star \sigma(x).$$

这正是同态要求的关系式 (3.1.4).

表示 Φ 称为**可分解的** (decomposable) 如果它是两个非平凡的子表示的直和, 称为**不可分解的** (indecomposable) 如果它不能表成两个非平凡子表示的直和. 相应地, 表示空间 V 称为**可分解 G-空间**如果 Φ 是可分解的, 称为**不可分解 G-空间**如果 Φ 是不可分解的.

对表示空间 V, 如果能分解成不变子空间 U 和 W 的直和, 那么可以继续把 U 和 W 分解成不变子空间的直和. 持续这个过程, 如果 V 是有限维的, 最终 V 就分解成一些不变子空间的直和

$$V = V_1 \oplus \cdots \oplus V_r,$$

其中每个直和因子 V_i 都是不可分解的 G-空间. 相应地, 表示 Φ 也分解成子表示的直和

$$\Phi = \Phi^{(1)} \oplus \cdots \oplus \Phi^{(r)},$$

其中每个直和因子 $\Phi^{(i)}$ 都是不可分解表示. 选取 V 的基, 要求这个基与每个 V_i 都相合, 即这个基与 V_i 的交是 V_i 的一个基. 在这个基下, 线性算子 $\Phi(g)$ 的矩阵有如下形式:

$$\Phi_g = \begin{pmatrix} \Phi_g^{(1)} & 0 & \cdots & 0 \\ 0 & \Phi_g^{(2)} & \cdots & 0 \\ \vdots & \vdots & & \vdots \\ 0 & 0 & \cdots & \Phi_g^{(r)} \end{pmatrix}.$$

定义 3.11   一个表示称为**完全可约的**如果它是不可约表示的直和. 这时, 相应的 G-空间也称为**完全可约的**.

不可约表示在表示论中担任基本模块的角色. 从不变子空间和不可约表示的定义即可看出, 任何表示都是通过不可约表示构建起来的. 找出所有的不可约表示, 弄清楚不可约表示如何构建一般的表示, 无疑是表示论中的重要课题. 对有些群, 这个问题很简单, 对有些群, 它却是在最困难的数学问题之列. 完全可约表示由不可约表示以最简单的方式构建: 直和. 在很多的情况下, 这个方式就够了. 当然, 有更多的情况, 通过不可约表示的直和不足以构造所有的表示. 某些物理上重要的群, 如洛伦兹群, 有无穷维不可约表示. 自然, 它们不会简化为有限维表示. 无限维表示的研究是一个庞大的专门课题.

五   我们已经引入了表示论中所有基本的概念, 现在需要通过例子对这些概念有更好的理解.

显然, 任何一维表示都是不可约的. 例 3.4 显示单位圆周 S^1 有无限多个互相不同构的一维表示.

一维表示 $\Phi: G \to GL(V) \simeq K^*$ 的像是交换的, 所以它的核 $\mathrm{Ker}\,\Phi$ 包含 G 的换位子群 G' (参见定理 2.5). 群 G 的两个一维表示 Φ 和 Ψ 等价当且仅当它们的矩阵形式 $\Phi, \Psi: G \to K^*$ 相同, 因为, 根据公式 (3.1.6), 有

$$\Psi_g = a\Phi_g a^{-1} \Longleftrightarrow \Psi_g = \Phi_g \Longleftrightarrow \Psi = \Phi.$$

容易验证, 例 3.5 给出的 S_3 的二维表示是不可约的, 只要验证它没有一维的子表示即可, 而这是容易的.

例 3.12 空间 V 是 $GL(V)$ 的不可约表示. 另一个说法是, $GL(V)$ 不可约地作用在 V 上.

正交群 $O(n)$ 不可约地作用在欧氏空间 $\mathbb{R}^n$ 上. 这是因为 $O(n)$ 可迁地作用在单位球面 $S^{n-1} = \{x \in \mathbb{R}^n \mid \|x\| = 1\}$ 上, 而 $\mathbb{R}^n$ 中任何非零向量都与某个单位向量成比例.

类似地, 酉群 $U(n)$ 不可约地作用在埃氏空间 $\mathbb{C}^n$ 上. 换句话说, $\mathbb{C}^n$ 是 $U(n)$ 的不可约表示.

例 3.13 一般线性群 $G = GL_n(K)$ 在矩阵代数 $M = M_n(K)$ 上的左乘作用, $G \times M \to M$, $(A, X) \to AX$, 给出 $GL_n(K)$ 在 $M_n(K)$ 上的一个 n^2 维线性表示 $\Psi : G \to GL(M_n(K))$. 令 V_i 为 $V = M_n(K)$ 中仅第 i 列不为零的矩阵

$$\begin{pmatrix} 0 & \cdots & 0 & a_{1i} & 0 & \cdots & 0 \\ \vdots & & \vdots & \vdots & \vdots & & \vdots \\ 0 & \cdots & 0 & a_{ni} & 0 & \cdots & 0 \end{pmatrix}$$

形成的子空间. 容易验证这个子空间是 Ψ 的不变子空间, 即对任何 $A \in GL_n(K)$, 有 $AV_i \subset V_i$. 不难看出, $GL_n(K)$-不变空间 V_i 是不可约的, 且与 $GL_n(K)$ 在列空间 K^n 上的自然表示是同构的. 我们有 $M_n(K)$ 的不变子空间分解

$$M_n(K) = V_1 \oplus \cdots \oplus V_n.$$

这些 $GL_n(K)$-不变子表示 V_i 都是不可约的, 且互相同构. 于是 Ψ 是完全可约表示, 相应的不可约表示分解是

$$\Psi = \Psi^{(1)} \oplus \cdots \oplus \Psi^{(n)}.$$

这些子表示 $\Psi^{(i)}$ 都是互相等价的.

例 3.14 一般线性群 $G = GL_n(K)$ 在矩阵代数 $M = M_n(K)$ 上的共轭作用, $G \times M \to M$, $(A, X) \to AXA^{-1}$, 给出 $GL_n(K)$ 在 $M_n(K)$ 上的一个 n^2 维线性表示 $\Phi : G \to GL(M_n(K))$.

由于 $AEA^{-1} = E$, 所以 $\langle E \rangle$ 是表示 Φ 的不变子空间, 给出的子表示是平凡表示. 令 V_0 为 $M_n(K)$ 中迹为零的矩阵形成的子空间. 由于共轭 (即相似) 不改变矩阵的迹, 所以 V_0 是表示 Φ 的不变子空间. 如果 K 的特征为 0, 那么 $M_n(K)$ 就有 $GL_n(K)$-不变子空间的直和分解:

$$M_n(K) = \langle E \rangle \oplus V_0.$$

不难验证, V_0 是 $GL_n(K)$ 不可约的. 从而此时 Φ 是完全可约表示.

如果 K 的特征是 p 且 n 是 p 的倍数, 那么上面的分解不存在, 因为此时 $\operatorname{tr} E = n = 0$.

按照定义, 方阵 $X \in M_n(\mathbb{C})$ 的约当标准形 $J(X)$ 不是别的, 正是 $GL_n(\mathbb{C})$ 在 $M_n(\mathbb{C})$ 上的共轭作用的含 X 的轨道中一个最易于计算的矩阵. 自然, 对 $GL_n(K)$ 在 $M_n(K)$ 上的共轭作用, 考虑子群 $H \subset GL_n(K)$ 的轨道中的某些有特别形式的矩阵是很有意义的.

例 3.15　在上面的例子中, 取 $K = \mathbb{R}$, 并把一般线性群的作用限制在正交群 $O(n)$ 上. 因为 $A \in O(n) \Leftrightarrow {}^tA = A^{-1}$, 所以 ${}^t(AXA^{-1}) = {}^tA^{-1} \cdot {}^tX \cdot {}^tA = A{}^tXA^{-1}$. 这是说, 通过正交矩阵做共轭, 对称矩阵变到对称矩阵, 斜对称矩阵变到斜对称矩阵. 命 V^+ 是 $M_n(\mathbb{R})$ 中所有迹为 0 的对称矩阵形成的子空间, V^- 是 $M_n(\mathbb{R})$ 中所有迹为 0 的斜对称矩阵形成的子空间. 那么它们都是 $O(n)$ 不变的子空间, 从而群 $O(n)$ 的表示空间 $M_n(\mathbb{R})$ 有如下的 $O(n)$-子空间直和分解

$$M_n(\mathbb{R}) = \langle E \rangle \oplus V^+ \oplus V^-.$$

容易看出, V^+ 的维数是 $(n+2)(n-1)/2$, V^- 的维数是 $n(n-1)/2$. 根据第二卷定理 3.42′, 在 V^+ 中每个轨道都含有对角矩阵, 对角矩阵中对角线中的数就是矩阵的特征值, 所以不计较顺序的意义下是唯一确定的. 这个结论也可以通过双线性型的典范式解释. 众所周知, 对称 (斜对称) 矩阵与对称 (相应地, 斜对称) 双线性型一一对应, $O(n)$ 在 V^+ 或 V^- 上的作用可以转移到相应的双线性型空间上. 二次型 $q(x)$ 变换到主轴的定理 (参见第二卷 3.3 节) 不是别的, 正是在 $O(n)$ 的包含 $q(x)$ 的轨道中有典范形式 $\sum_i \lambda_i x_i^2$, 其中诸 λ_i 为实数, 不计较排列顺序的话, 它们是唯一确定的.

用 $\mathbb{C}$ 代替 $\mathbb{R}$ 并用酉群 $U(n)$ 代替 $O(n)$. 命 U^+ 是 $M_n(\mathbb{C})$ 中所有迹为 0 的埃尔米特矩阵形成的子空间, U^- 是 $M_n(\mathbb{C})$ 中所有迹为 0 的斜埃尔米特矩阵形成的子空间. 那么它们都是 $U(n)$ 不变的子空间, 从而群 $U(n)$ 的表示空间 $M_n(\mathbb{C})$ 有如下的 $O(\mathbb{C})$-子空间直和分解

$$M_n(\mathbb{C}) = \langle E \rangle \oplus U^+ \oplus U^-.$$

根据第二卷定理 3.42′, 在 U^+ 中每个轨道都含有**实**对角矩阵, 对角矩阵中对角线中的数就是矩阵的特征值, 所以不计较顺序的意义下是唯一确定的. 这个结论也

可以通过双线性型的典范式解释. 埃尔米特矩阵与埃尔米特二次型一一对应, $U(n)$ 在 U^+ 上的作用可以转移到相应的埃尔米特二次型空间上. 二次型 $q(x)$ 变换到主轴的定理 (参见第二卷 3.3 节) 说的是在 $U(n)$ 的包含 $q(x)$ 的轨道中有典范形式 $\sum_i \lambda_i |x_i|^2$, 其中诸 λ_i 为实数, 不计较排列顺序的话, 它们是唯一确定的.

例 3.16 设群 G 作用在集合 Ω 上. 考虑域 K 上以 Ω 为基的向量空间

$$V = \langle v_i \,|\, i \in \Omega \rangle_K.$$

令

$$\Phi(g)\left(\sum \lambda_i v_i\right) = \sum \lambda_i v_{gi}$$

(gi 为 $g \in G$ 在 $i \in \Omega$ 上的作用). 由于 $(gh)i = g(hi)$, 我们得到 G 在 V 上的一个线性表示.

如果 Ω 是有限集, 基数为 n, 那么很容易注意到 V 有如下的 G-子空间分解

$$V = \left\langle \sum_{i \in \Omega} v_i \right\rangle \oplus \left\{ \sum_{\lambda_1 + \cdots + \lambda_n = 0} \lambda_i v_i \,\middle|\, \lambda_i \in K \right\}. \tag{3.1.8}$$

当然, 如果 K 的特征 p 整除 n, 那么这个分解是不存在的.

如果 $G = S_n$ 是置换群, $\Omega = \{1, 2, \cdots, n\}$. 容易验证, S_n 在 V 上的表示与下列作用给出的表示是同构的,

$$S_n \times K^n \to K^n, \quad (\sigma, v) \to \sigma v, \quad \sigma(a_1, \cdots, a_n) = (a_{\sigma 1}, \cdots, a_{\sigma n}).$$

当 $K = \mathbb{Q}$ 时, 我们得到 S_n 在 $n-1$ 维 $\{(a_1, \cdots, a_n) \in \mathbb{Q}^n \,|\, a_1 + \cdots + a_n = 0\}$ 的作用, 从而得到一个表示

$$S_n \to GL_{n-1}(\mathbb{Q}).$$

可以证明这是单射.

当 G 是有限群, $\Omega = G$ 且 G 左乘作用在 Ω 上时, 得到的表示称为空间 G 的**正则表示**. 正则表示的重要性在于在等价的意义下它含有 G 的所有的不可约表示.

例 3.17 设 G 是有限阿贝尔群, 考虑 G 的有限维复表示 $\Phi: G \to GL(V)$. 群 G 中的元素 g 都是有限阶的, 于是 $\Phi(g) \in GL(V)$ 也是有限阶的. 选取基使得 $\Phi(g)$ 在这个基下的矩阵是约当标准形

$$\begin{pmatrix} J_{m_1,\lambda_1} & & & \\ & J_{m_2,\lambda_2} & & \\ & & \ddots & \\ & & & J_{m_r,\lambda_r} \end{pmatrix}.$$

约当块 $J_{m,\lambda}$ 是 $m \times m$ 矩阵, 定义如下:

$$J_{m,\lambda} = \begin{pmatrix} \lambda & 1 & 0 & \cdots & 0 & 0 \\ 0 & \lambda & 1 & \cdots & 0 & 0 \\ \vdots & \vdots & \vdots & & \vdots & \vdots \\ 0 & 0 & 0 & \cdots & \lambda & 1 \\ 0 & 0 & 0 & \cdots & 0 & \lambda \end{pmatrix}.$$

由于 $\Phi(g)^q = \mathcal{E}$ 是恒等变换, 所以对 $\Phi(g)$ 的约当标准形中的每个约当块 J_{m_i,λ_i}, 其 q 次幂 $J_{m_i,\lambda_i}^q = E$ 为 $m_i \times m_i$ 单位矩阵. 显然, 这必然有 $m_i = 1$ 且 λ_i 是 q 次单位根 (注意这里 V 是复向量空间). 于是 $\Phi(g)$ 是可对角化算子. 由于 G 是阿贝尔群, 所以算子 $\Phi(g)$, $g \in G$ 互相交换, 从而在某个基下同时对角化. 这意味着 Φ 可以分解为一维子表示的直和, 从而是完全可约的. 而且, 我们还说明了 G 的不可约复表示都是一维的.

设 $G = \langle a \,|\, a^n = e \rangle$ 是 n 阶循环群. 令 $\varepsilon = \exp(2\pi i/n)$ 为 1 的 n 次本原根. 由于 G 的不可约表示都是一维的, 所以它的不可约表示就是同态 $G \to \mathbb{C}^*$. 这样的同态有 n 个:

$$\Phi^{(m)} : G \to \mathbb{C}^*, \quad a^k \to \varepsilon^{mk}, \quad m = 0, 1, \cdots, n-1. \tag{3.1.9}$$

这些表示互不等价, 所以 n 阶循环群的复不可约表示的等价类有 n 个.

例 3.18   无限阿贝尔群的故事不太一样. 考虑整数加法群 $\mathbb{Z}$. 对任意的复数 λ, 映射 $\mathbb{Z} \to \mathbb{C}^*$, $k \to \lambda^k$ 都是 $\mathbb{Z}$ 的一个表示. 如果 $|\lambda| \neq 1$, 那么这个表示是忠实的. 如果 $|\lambda| = 1$, 欧拉公式说 $\lambda = \exp(2\pi i\theta)$, $\theta \in \mathbb{R}$. 这时, 表示 $k \to e^{2\pi i\theta k}$ 的核不为 0 当且仅当 θ 是有理数.

群 $\mathbb{Z}$ 有任意维数的不可分解复表示, 然而它们不是不可约的. 这只需要考虑如下的群同态 $\mathbb{Z} \to GL_m(\mathbb{C})$:

$$k \to J_{m,1}^k = \begin{pmatrix} 1 & 1 & 0 & \cdots & 0 & 0 \\ 0 & 1 & 1 & \cdots & 0 & 0 \\ \vdots & \vdots & \vdots & & \vdots & \vdots \\ 0 & 0 & 0 & \cdots & 1 & 1 \\ 0 & 0 & 0 & \cdots & 0 & 1 \end{pmatrix}^k.$$

例 3.19 前面的例子已经显示出群表示的性质与基域有很大的关系. 对这点现在作更多的说明.

阶为素数 p 的循环群 $G = \langle a \,|\, a^p = e \rangle$ 按照规则 $au = u$, $av = u + v$ 作用在特征为 p 的任意域 K 上的二维向量空间 $V = \langle u,\, v \rangle$ 上. 它定义了 G 的不可分解表示 (Φ, V):

$$a^k \to \Phi_a^k = \begin{pmatrix} 1 & k \\ 0 & 1 \end{pmatrix}, \quad 0 \leqslant k \leqslant p - 1.$$

事实上, 矩阵 Φ_a 有 2 重特征根 1. 如果 Φ 能分解成两个一维子表示的直和, 就存在可逆矩阵 C 使得 $C\Phi_a C^{-1} = \begin{pmatrix} 1 & 0 \\ 0 & 1 \end{pmatrix}$, 从而 $\Phi_a = C^{-1} E C = E$, 这是不可能的.

下面令 $G = \langle a \,|\, a^3 = e \rangle$ 是 3 阶循环群, $V = \langle u,\, v \rangle$ 是实 2 维向量空间. 在基 $u,\, v$ 下的矩阵

$$\Phi_a = \begin{pmatrix} -1 & -1 \\ 1 & 0 \end{pmatrix}$$

确定了 G 的 2 维表示 (Φ, V), $a \to \Phi(a)$. 因为 $\Phi(a)$ 在基 $u,\, v$ 下的矩阵 Φ_a 的特征多项式 $t^2 + t + 1$ 没有实根, 所以 $\Phi(a)$ 没有非平凡的不变子空间. 这意味着表示 Φ 是不可约的. 当然, 如果 V 是由 $u,\, v$ 张成的复向量空间, 那么 V 可以分解成一维 G-子空间的直和

$$V = \langle u + \varepsilon^{-1} v \rangle \oplus \langle u + \varepsilon v \rangle, \quad \text{其中 } \varepsilon = \frac{-1 + \sqrt{-3}}{2},$$

而且

$$C\Phi_a C^{-1} = \begin{pmatrix} \varepsilon & 0 \\ 0 & \varepsilon^{-1} \end{pmatrix}, \quad C = \begin{pmatrix} 1 & -\varepsilon^{-1} \\ 1 & -\varepsilon \end{pmatrix}.$$

这说明, 表示的不可约性在扩域上可能失去.

接下来, 除少数情况外, 基域将是复数域或特征为 0 的代数闭域. 实际上, 复表示论的应用最广泛.

习　题　3.1

1. 证明: 有限群的一维表示 $G \to \mathbb{C}^*$ 的像是循环群.

2. 二面体群 D_n (参见例 2.15) 在 $\mathbb{R}^2$ 有自然的表示. 对哪些 n 这个表示是不可约的?

3. 设 $\rho : G \to GL(V)$ 是群 G 的表示. 证明:

(1) 对任意 $v \in V$, 线性子空间 $\langle \rho(g)v \,|\, g \in G \rangle$ 是 ρ 的不变子空间;

(2) V 中的任何向量属于某个维数 $\leqslant |G|$ 的 G-不变子空间中;

(3) 包含向量 $v \in V$ 的极小 G-不变子空间就是 $\langle \rho(g)v \,|\, g \in G \rangle$.

4. 设 $\rho: G \to GL(V)$ 是群 G 的表示, H 是 G 的子群, 指标为 $k < \infty$. 证明: 如果 U 是 $\rho|_H$ 的不变子空间, 那么包含 U 的极小的 G-不变子空间的维数不超过 $k \cdot \dim U$.

5. 设 V 是 n 维复向量空间, $v_1, \cdots, v_n$ 是一个基. 定义 n 阶循环群 $C_n = \{a \,|\, a^n = e\}$ 在 V 上的表示: $\Phi(a)(v_i) = v_{i+1}$ 如果 $i < n$, $\Phi(a)(v_n) = v_1$. 如果 $n = 2m$, 求出包含如下向量的极小不变子空间:

(1) $v_1 + v_{m+1}$;

(2) $v_1 + v_3 + \cdots + v_{2m-1}$;

(3) $v_1 - v_2 + v_3 - \cdots - v_{2m}$;

(4) $v_1 + v_2 + \cdots + v_m$.

6. 群 $SO(2)$ 到自身的恒等映射就是一个二维表示:

$$SO(2) = \left\{ \Phi(\theta) = \begin{pmatrix} \cos\theta & -\sin\theta \\ \sin\theta & \cos\theta \end{pmatrix} \,\middle|\, 0 \leqslant \theta < 2\pi \right\}.$$

它在 $\mathbb{R}$ 上不可约的. 验证

$$A\Phi(\theta)A^{-1} = \begin{pmatrix} e^{i\theta} & 0 \\ 0 & e^{-i\theta} \end{pmatrix},$$

其中

$$A = \frac{1}{\sqrt{2}} \begin{pmatrix} 1 & i \\ i & 1 \end{pmatrix} \in SU(2).$$

这意味着, Φ 在 $\mathbb{C}$ 上是两个不等价的一维表示的直和.

7. 对 $n = 2$ 和 $n = 3$, 验证 $GL_n(\mathbb{C})$ 在例 3.14 中的线性空间 V_0 上的表示是不可约的.

8. 设 Φ 和 Ψ 是 n 阶循环群 $C_n = \{a \,|\, a^n = e\}$ 的两个复不可约表示. 证明:

$$\frac{1}{n} \sum_{k=0}^{n-1} \Phi(a^k)\overline{\Psi(a^k)} = \begin{cases} 1, & \text{如果 } \Phi \simeq \Psi, \\ 0, & \text{如果 } \Phi \not\simeq \Psi. \end{cases}$$

9. 根据上一题证明下列断言正确: 有限循环群 $\{a \,|\, a^n = e\}$ 上的任何复值函数 f 有 "傅里叶展开"

$$f(a^k) = \sum_{m=0}^{n-1} c_m \varepsilon^{mk}, \quad \varepsilon = \exp\left(\frac{2\pi i}{n}\right),$$

其中 "傅里叶系数" c_m 可以由公式

$$c_m = \frac{1}{n} \sum_{k=0}^{n-1} f(a^k)\varepsilon^{-mk}$$

算出.

3.2 酉性和可约性

一 酉表示 选择复数域作为基域的优越性很多, 首先复数域是特征为 0 的代数闭域, 其次复数域上的有限维空间可以定义埃尔米特型从而成为埃尔米特空间. 记得复向量空间 V 称为**埃尔米特空间**如果它带有一个正定的埃尔米特型 $V \times V \to \mathbb{C}$, $(u,v) \to (u|v)$. 根据定义 (参见第二卷 3.2 节), 这个正定的埃尔米特型是半双线性型, 满足如下条件:

$$\begin{aligned}
&(u|v) = \overline{(v|u)}, \\
&(au + bv|w) = a(u|w) + b(v|w), \\
&(u|av + bw) = \bar{a}(u|v) + \bar{b}(u|w), \\
&(u|u) > 0, \quad \text{对所有的非零向量 } u,
\end{aligned} \tag{3.2.10}$$

其中 u, v, w 是 V 中任意的向量, a, b 是任意的复数, $\bar{a}$ 表示 a 的共轭复数.

假设 V 的维数是 n. 对 V 中任意一组向量 u_1, u_2, $\cdots$, u_n, 命

$$X = (x_{ij}), \quad x_{ij} = (u_i|u_j).$$

由于 $(u_i|u_j) = \overline{(u_j|u_i)}$, 所以 $x_{ij} = \bar{x}_{ji}$. 从而有 ${}^t\bar{X} = X$, 其中 $\bar{X} = (\bar{x}_{ij})$ 是 X 的复共轭. 我们知道, 满足条件 ${}^t\bar{X} = X$ 的矩阵 X 称为**埃尔米特矩阵**. 对任何复方阵 A, 定义 $A^* = {}^t\bar{A}$.

正定的埃尔米特型 $(\cdot|\cdot)$ 也称为 V 的内积. 保持内积的线性算子 $\mathcal{A}: V \to V$ 称为**酉算子**. 这时对任意的 u, $v \in V$ 有 $(\mathcal{A}u|\mathcal{A}v) = (u|v)$. 在 V 中, 存在标准正交基, 即满足条件 $(e_i|e_j) = \delta_{ij}$ 的基 e_1, e_2, $\cdots$, e_n. 在标准正交基下, 酉算子 $\mathcal{A}$ 的矩阵 A 是**酉矩阵**, 即满足条件 $A^* \cdot A = A \cdot A^* = E$, 其中 $A^* = {}^t\bar{A}$. 在这个标准正交基下以 A^* 为矩阵的算子记作 $\mathcal{A}^*$, 那么 $\mathcal{A}$ 为酉算子等价于 $\mathcal{A} \cdot \mathcal{A}^* = \mathcal{E} = \mathcal{A}^* \cdot \mathcal{A}$. 向量空间 V 上的酉算子全体形成的群记作 $U(V)$, 它是 $GL(V)$ 的子群. 在一般线性群 $GL_n(\mathbb{C})$ 中所有酉矩阵形成的子群记作 $U(n)$.

如果表示 $\Phi: G \to GL(V)$ 的像由酉算子组成, 即 $\mathrm{Im}\Phi \subset U(V)$, 则称 Φ 为**酉表示**.

定理 3.20   有限群 G 的任何有限维复表示 (Φ, V) 都等价于一个酉表示. 更准确地说, 在表示空间 V 上可以找到基使得每个 $\Phi(h)$, $h \in G$ 在这个基下的矩阵是酉矩阵.

证明   设 $\Phi : G \to GL(V)$ 是 G 的一个有限维复表示. 在表示空间 V 上任意选取一个正定的埃尔米特型

$$[\cdot\,|\,\cdot] : V \times V \to \mathbb{C}, \quad (u, v) \to [u\,|\,v],$$

考虑 G 中的元素 "作用" 在 $[\cdot\,|\,\cdot]$ 上, 然后取平均, 得到映射 $V \times V \to \mathbb{C}$, $(u, v) \to (u\,|\,v)$:

$$(u\,|\,v) = \frac{1}{|G|} \sum_{g \in G} [gu\,|\,gv], \tag{3.2.11}$$

其中 $gu = \Phi(g)u$. 因子 $|G|^{-1}$ 并不重要, 乘上它只是为了在所有的 $\Phi(g)$ 都保持内积 $[u\,|\,v]$ 时有 $(u\,|\,v) = [u\,|\,v]$. 对任意的向量 u, v, $w \in V$, 复数 a, b 和元素 $g \in G$, 有

$$[gu\,|\,gv] = \overline{[gv\,|\,gu]},$$
$$[g(au + bv)\,|\,gw] = [a(gu) + b(gv)\,|\,gw]$$
$$= a[gu\,|\,gw] + b[gv\,|\,gw],$$
$$[gv\,|\,gv] > 0, \quad \text{对一切非零向量 } v,$$

所以映射 $(\cdot\,|\,\cdot)$ 满足条件 (3.2.10), 从而是正定埃尔米特型.

对这个正定的埃尔米特型, 有

$$(\Phi(h)u\,|\,\Phi(h)v) = (hu\,|\,hv) = \frac{1}{|G|} \sum_{g \in G} [g(hu)\,|\,g(hv)]$$
$$= \frac{1}{|G|} \sum_{g \in G} [(gh)u\,|\,(gh)v] = \frac{1}{|G|} \sum_{t \in G} [tu\,|\,tv]$$
$$= (u\,|\,v).$$

这表明, 对任意的 $h \in G$, 算子 $\Phi(h)$ 保持内积 $(u\,|\,v)$ 不变, 从而是酉算子. 在 V 中任取关于内积 $(\cdot\,|\,\cdot)$ 的标准正交基, 那么在这个基下 $\Phi(h)$ 的矩阵是酉矩阵. $\square$

注   (1) 虽然 $g^m = e$ 意味着对 $\Phi(g)$ 的矩阵 Φ_g, 有 $\Phi_g^m = E$, 从而 (参见例 3.17), Φ_g 相似于酉对角矩阵 $\mathrm{diag}(\lambda_1, \cdots, \lambda_n)$, 其中 $\lambda_i^m = 1$. 但这个结论不足以对一般的有限群推出定理 3.20.

(2) 类似的方法可以证明, 有限群 G 的有限维实表示 (Φ, V) 等价于一个正交表示. 更确切地说, 在表示空间 V 上可以找到基使得每个 $\Phi(h)$, $h \in G$ 在这个基下的矩阵是正交矩阵.

(3) 由于酉算子是保距算子, 所以酉表示在表示论的应用中担任重要的角色是很自然的. 值得说明的是, 定理 3.20 对 $U(n)$, $O(n)$ 等紧群 (某种意义上是有界的群) 也是成立的. 这时, 在 G 上求和 $\sum\limits_{G}$ 被在 G 上求积分 $\int_{G}$ 替代. 举例说, $SU(2)$ 在几何上就是三维球面 S^3, 在球面上求积分就是一类曲面积分. 一般说来, 有限群的复表示理论和紧群的复表示理论有很多相似之处, 但这里不去细谈. 从例 3.18 可见, 非紧群 (如整数的加法群) 的表示不一定是酉表示.

最后需要指出, 定理 3.20 的证明是构造性的, 但用它找到与表示相适应的埃尔米特型并不现实, 因为证明中的求和是很不容易计算的. 在实际计算中, 更可行的办法如下. 假设 G 由 g_1, g_2, $\cdots$, g_d 生成. 对有限维复表示 $\Phi : G \to GL(V)$, 常常很容易选取 V 的一个基, 然后 V 上的算子在这个基下有矩阵, 得到表示 Φ 的矩阵形式 $\Phi_\circ : G \to GL_n(\mathbb{C})$, $g \to \Phi_g$. 如果找到可逆矩阵 $C \in GL_n(\mathbb{C})$ 使得 $C\Phi_{g_1}C^{-1}$, $C\Phi_{g_2}C^{-1}$, $\cdots$, $C\Phi_{g_d}C^{-1}$ 都是酉矩阵, 那么 $\Phi_\circ$ 就等价于酉表示 $G \to GL_n(\mathbb{C})$, $g \to C\Phi_g C^{-1}$.

例 3.21 有限群的所有一维复表示都是酉表示. 实际上, 一维复表示的矩阵形式是 $\Phi_\circ : G \to \mathbb{C}^*$, $g \to \Phi_g$. 由于 G 中的元素 g 都是有限阶的, 所以 Φ_g 都是 1 的单位根, 特别 $|\Phi_g| = 1$, 即 $\Phi_g \in U(1) = S^1 = \{\lambda \in \mathbb{C}^* \mid |\lambda| = 1\}$.

例 3.22 置换群 S_3 有两个一维复表示: 平凡表示和符号表示. 群 S_3 与二面体群 D_3 是同构的 (参见例 2.15):

$$\Phi : S_3 \to D_3, \quad (1\,2\,3) \to \mathcal{A} = \begin{pmatrix} -\dfrac{1}{2} & -\dfrac{\sqrt{3}}{2} \\ \dfrac{\sqrt{3}}{2} & -\dfrac{1}{2} \end{pmatrix}, \quad (1\,2) \to \mathcal{B} = \begin{pmatrix} -1 & 0 \\ 0 & 1 \end{pmatrix}.$$

这个同构其实是 S_3 的酉表示, 因为 $\mathrm{Im}\Phi \subset O(2) \subset U(2)$. 由于 $\mathcal{A}$ 和 $\mathcal{B}$ 没有共同的特征向量, 所以 Φ 没有非平凡的子表示, 从而是不可约的.

群 S_3 作用在集合 $\{1, 2, 3\}$ 上. 根据例 3.16, S_3 在复向量空间 $V = \langle v_1, v_2, v_3 \rangle_{\mathbb{C}}$ 定义了一个表示 Ψ':

$$\Psi'(\sigma)(a_1 v_1 + a_2 v_2 + a_3 v_3) = a_1 v_{\sigma 1} + a_2 v_{\sigma 2} + a_3 v_{\sigma 3}.$$

而且, V 有 S_3-子空间分解

$$V = \langle v_1 + v_2 + v_3 \rangle \oplus \langle v_1 - v_2,\ v_2 - v_3 \rangle.$$

命 $u = v_1 - v_2$, $v = v_2 - v_3$, S_3 在 $\langle u,\ v \rangle$ 上的表示记作 Ψ. 那么

$$\Psi(\sigma)u = v_{\sigma 1} - v_{\sigma 2}, \quad \Psi(\sigma)v = v_{\sigma 2} - v_{\sigma 3}.$$

由此很容易得到 $\Psi(\sigma)$ 的矩阵 Ψ_σ:

$$e \to \begin{pmatrix} 1 & 0 \\ 0 & 1 \end{pmatrix}, \quad (1\ 2) \to \begin{pmatrix} -1 & 1 \\ 0 & 1 \end{pmatrix}, \quad (1\ 2\ 3) \to \begin{pmatrix} 0 & -1 \\ 1 & -1 \end{pmatrix},$$

$$(1\ 3) \to \begin{pmatrix} 0 & -1 \\ -1 & 0 \end{pmatrix}, \quad (2\ 3) \to \begin{pmatrix} 1 & 0 \\ 1 & -1 \end{pmatrix}, \quad (1\ 3\ 2) \to \begin{pmatrix} -1 & 1 \\ -1 & 0 \end{pmatrix}.$$

取

$$B = \begin{pmatrix} 1 & -\dfrac{1}{2} \\ 0 & \dfrac{\sqrt{3}}{2} \end{pmatrix},$$

则有

$$B \begin{pmatrix} -1 & 1 \\ 0 & 1 \end{pmatrix} B^{-1} = \begin{pmatrix} -1 & 0 \\ 0 & 1 \end{pmatrix}, \quad B \begin{pmatrix} 0 & -1 \\ 1 & -1 \end{pmatrix} B^{-1} = \begin{pmatrix} -\dfrac{1}{2} & -\dfrac{\sqrt{3}}{2} \\ \dfrac{\sqrt{3}}{2} & -\dfrac{1}{2} \end{pmatrix}.$$

所以 Ψ 与 Φ 是等价的. 把 $(1\ 2\ 3)$ 对应的矩阵对角化更方便计算. 注意 $(1\ 2\ 3)^3 = e$, 而 $\varepsilon = -\dfrac{1}{2} + \dfrac{\sqrt{-3}}{2}$ 是 1 的 3 次本原根, $\varepsilon^2 = \varepsilon^{-1} = -\dfrac{1}{2} - \dfrac{\sqrt{-3}}{2}$. 取

$$C = \begin{pmatrix} 1 & \varepsilon \\ -1 & -\varepsilon^2 \end{pmatrix},$$

则有

$$C \begin{pmatrix} -1 & 1 \\ 0 & 1 \end{pmatrix} C^{-1} = \begin{pmatrix} 0 & 1 \\ 1 & 0 \end{pmatrix}, \quad C \begin{pmatrix} 0 & -1 \\ 1 & -1 \end{pmatrix} C^{-1} = \begin{pmatrix} \varepsilon & 0 \\ 0 & \varepsilon^{-1} \end{pmatrix}.$$

在等价的意义下, S_3 只有这三个复不可约表示. 为方便后面的引用, 记 S_3 的平凡表示为 $\Phi^{(1)}$, 符号表示为 $\Phi^{(2)}$, 二维复不可约表示为 $\Phi^{(3)}$, 它们的矩阵形式可以列表为

S_3	e	$(1\ 2)$	$(1\ 3)$	$(2\ 3)$	$(1\ 2\ 3)$	$(1\ 3\ 2)$
$\Phi^{(1)}$	1	1	1	1	1	1
$\Phi^{(2)}$	1	-1	-1	-1	1	1
$\Phi^{(3)}$	$\begin{pmatrix} 1 & 0 \\ 0 & 1 \end{pmatrix}$	$\begin{pmatrix} 0 & 1 \\ 1 & 0 \end{pmatrix}$	$\begin{pmatrix} 0 & \varepsilon \\ \varepsilon^{-1} & 0 \end{pmatrix}$	$\begin{pmatrix} 0 & \varepsilon^{-1} \\ \varepsilon & 0 \end{pmatrix}$	$\begin{pmatrix} \varepsilon & 0 \\ 0 & \varepsilon^{-1} \end{pmatrix}$	$\begin{pmatrix} \varepsilon^{-1} & 0 \\ 0 & \varepsilon \end{pmatrix}$

例 3.23　定理 1.14 中的满同态 $SU(2) \to SO(3)$ 是无限群 $SU(2)$ 的正交表示.

二　完全可约性　从定义 3.11 及随后的陈述可以知道, 下面的结论是十分重要的.

定理 3.24 (Maschke 定理)　有限群 G 在有限维空间上的表示是完全可约的, 如果该表示空间的基域的特征为 0 或不整除 $|G|$.

该定理说的是满足条件的表示 (Φ, V) 可以分解成不可约表示的直和. 实际上, Maschke 定理最初的形式表述如下:

(M) 如果 U 是 V 的 G-子空间, 那么它有 G-不变的补空间. 即存在 G-子空间 W 使得

$$V = U \oplus W. \tag{3.2.12}$$

定理 3.24 是这个结论的直接推论. 事实上, 如果 Φ 是不可约的, 定理自动成立. 如果 Φ 是可约的, 那么 V 有非平凡的 G-子空间 U, 根据结论 (M), 存在 G-子空间 W 使得 $V = U \oplus W$. 由于 $\dim U$ 和 $\dim W$ 都比 $\dim V$ 小, 对 $\dim V$ 做归纳法即知定理成立.

接下来证明结论 (M). 我们给出两个证明. 第一个证明只针对复数域, 第二个证明适用所有情况.

证明一 (复数域情形)　定理 3.20 说, 在表示空间 V 上存在正定埃尔米特型 $(\cdot|\cdot)$ 使得每个线性算子 $\Phi(g)$ 都是酉算子. 假设 $U \subset V$ 是 G-子空间. 考虑 U 的正交补

$$U^\perp = \{v \in V \,|\, (u|v) = 0, \ \forall\, u \in U\}.$$

众所周知,

$$V = U \oplus U^\perp, \quad \text{且}\ (U^\perp)^\perp = U.$$

希望 $U^\perp$ 是 G-不变的. 为简便, 对 $g \in G$ 和 $v \in V$, 命 $gv = \Phi(g)v$. 由于 $\Phi(g)U \subset U$, 且 $\Phi(g)$ 可逆, 所以 $\Phi(g)_U$ 是 U 的自同构. 于是对任意的 $u \in U$, 存在 $u' \in U$ 使得

$gu' = u$. 我们有

$$v \in U^\perp \implies (u \mid gv) = (gu' \mid gv) = (u' \mid v) = 0.$$

这是说, $v \in U^\perp \implies \Phi(g)v \in U^\perp$. 令 $W = U^\perp$, 则得到分解式 (3.2.12).　　　　$\square$

证明二　　现在考虑一般情况. 还是假设 $U \subset V$ 是 G-子空间. 任取 U 的一个补空间 W', 那么有 V 的直和分解

$$V = U \oplus W'.$$

考虑沿着 W' 到 U 的投影映射 θ. 对 $u \in U$ 和 $w \in W'$, 我们有 $\theta(u) = u$, $\theta(w) = 0$. 为简便, 对 $g \in G$ 和 $v \in V$, 命 $gv = \Phi(g)v$. 定义线性变换 $\pi : V \to V$ 如下:

$$\pi(v) = \frac{1}{|G|} \sum_{g \in G} g\theta(g^{-1}v), \quad v \in V.$$

(因为基域的特征是 0 或不整除 $|G|$, 所以在基域中 $|G|$ 是可逆的.)

由于 θ 把 V 映入 U, 而 U 是 G-不变的, 所以 $g\theta(g^{-1}v) \in U$. 也就是说 $\mathrm{Im}\,\pi \subset U$. 注意 θ 限制在 U 上是恒等映射, 所以, 对任意 $g \in G$ 和 $v \in U$, 有 $g\theta(g^{-1}v) = gg^{-1}v = v$, 从而

$$\pi(v) = |G|^{-1} \sum_{g \in G} g\theta(g^{-1}v) = |G|^{-1} \sum_{g \in G} v = |G|^{-1} \cdot |G|v = v, \quad v \in U.$$

命 $W = \mathrm{Ker}\,\pi$. 对任意的 $v \in V$, 由于 $\pi(v) \in U$, 所以 $\pi(v - \pi(v)) = \pi(v) - \pi(\pi(v)) = \pi(v) - \pi(v) = 0$, 即 $v - \pi(v) = w \in \mathrm{Ker}\,\pi$. 于是 $v = \pi(v) + w \in U + W$. 显然有 $U \cap W = \{0\}$, 从而 V 有直和分解

$$V = U \oplus W.$$

下面证明 W 是 G-不变的. 对任意的 $w \in W$ 和 $x \in G$, 有

$$\begin{aligned}
\pi(xw) &= \frac{1}{|G|} \sum_{g \in G} g\theta(g^{-1}xw) \\
&= \frac{1}{|G|} \sum_{g \in G} xx^{-1}g\theta(g^{-1}xw) \\
&= \frac{1}{|G|} \sum_{h \in G} xh\theta(h^{-1}w) \qquad h = x^{-1}g
\end{aligned}$$

$$= x\left(\frac{1}{|G|}\sum_{h \in G} h\theta(h^{-1}w)\right)$$
$$= x\pi(w) = x0 = 0.$$

定理得证. □

需要注意的是, 定理 3.24 中的分解不是唯一的. 例如, 当所有的 $g \in G$ 都作为平凡的算子 $\mathcal{E}$ 作用在 V 上时, V 有无穷多的方式分解成一维子空间的直和, 它们都是这个表示的不可约分解. 不过, 分解在某种意义上还是唯一的. 在一个不可约分解中把相互同构的直和因子相加, 得到 V 的一个直和分解

$$V = U_1 \oplus \cdots \oplus U_s,$$

其中 U_i 的直和因子互相同构, 但不同的 U_i 和 U_j 中的直和因子不同构. 由于我们视同构的表示 (或 G-空间) 为一样的, 所以可以认为

$$U_1 = V_1 \oplus \cdots \oplus V_1 = n_1V_1,$$
$$\cdots\cdots$$
$$U_s = V_s \oplus \cdots \oplus V_s = n_sV_s,$$

此处 n_i 是不可约分量 V_i 在 V 的不可约分解式中出现的重数. 我们将看到, 这个重数是不变的, 而且, 对任何的不可约分解, 诸 U_i 都是一样的.

习　题　3.2

1. 实数加法群 $(\mathbb{R}, +)$ 的一维连续复表示 (即邻近的数对应到邻近的算子) 有形式 $\Phi^{(\alpha)}$: $t \to e^{i\alpha t}$, 这里 α 是复数. 证明: $\Phi^{(\alpha)}$ 是酉表示当且仅当 α 是实数.

2. 从实数加法群 $(\mathbb{R}, +)$ 到 $SO(2)$ 的同态 $f : t \to \begin{pmatrix} \cos t & -\sin t \\ \sin t & \cos t \end{pmatrix}$ 是满射, 核由 $2\pi m$, $m \in \mathbb{Z}$ 组成. 于是 $SO(2) \simeq \mathbb{R}/(2\pi\mathbb{Z})$.

我们知道, 有限维复向量空间上任意一族交换的算子有共同的特征向量 (参见第二卷 3.5 节习题 9). 这意味着 $SO(2)$ 的复不可约表示都是一维的. 特别, $SO(2)$ 的不可约酉表示都是一维的. 对 $SO(2)$ 的任何不可约连续酉表示 $\Phi : SO(2) \to U(1)$, 与同态 f 合成后成为 $\mathbb{R}$ 的连续酉表示 $\tilde{\Phi} = \Phi \circ f$. 由上一题知 $\tilde{\Phi} = \Phi^{(\alpha)}$. 证明:

(1) $\Phi^{(\alpha)}$ 等于 f 与 $SO(2)$ 的某个连续酉表示的合成当且仅当 α 是整数. 由此可知 $SO(2)$ 的不可约连续酉表示是: $\Psi^{(n)} : f(t) \to e^{int}$, $n \in \mathbb{Z}$.

(2) $\dfrac{1}{2\pi}\displaystyle\int_0^{2\pi} e^{imt}\,\overline{e^{int}}\,dt = \delta_{mn}.$

(与 3.1 节习题 8 比较: 在有限群上的求和变成在紧群上的积分, 平均的因子则从群 C_n 的阶 n 变成群 $SO(2)$ 的长度 2π.) 在分析中, 函数 e^{int} 当做实数域上的周期函数, 等价地, 是 $S^1 \simeq SO(2)$ 上的函数. 上面的等式表明函数系 $\{e^{int}\,|\,n \in \mathbb{Z}\}$ 是一个标准正交系 (参见第二卷 3.7 节). 可以从这里展开内容丰富的傅里叶级数理论.

3. 设 $\rho : G \to GL(V)$ 是有限群在有限维实向量空间 V 上的表示. 证明:

(1) 在 V 上存在 G-不变的正定对称双线性型 $(\,|\,)$. (G-不变的含义是: $(gu\,|\,gv) = (u\,|\,v)$.)

(2) ρ 是不可约表示的直和.

(3) 一般线性群 $GL_n(\mathbb{R})$ 的有限子群都共轭到 $O(n)$ 的有限子群.

4. (1) 如果有限群 G 有一个忠实表示 $\Phi : G \to SL_2(\mathbb{R})$, 证明 G 是循环群. (提示: 利用上一题的结论.)

(2) 确定具有实二维忠实表示的有限群.

5. 设 $[\cdot|\cdot]$ 是向量空间 V 上的非退化斜对称双线性型, ρ 是有限群 G 在 V 上的表示. 证明: 如同公式 (3.2.11) 中取平均的做法给出 V 上的一个 G-不变的斜对称双线性型, 并举例说明得到的斜对称双线性型未必是非退化的.

6. 利用 Maschke 定理证明: 非交换有限群的二维忠实表示是不可约的, 这里表示空间的基域的特征不整除群的阶.

3.3　有限旋转群

物体的对称性在生活、艺术、建筑、科学等范围都是很受关注的. 美是其强烈的特质, 人们直接就能感受到. 对称的美很多时候成为艺术设计和科学研究的一个指导原则. 美有时候是一种更高程度的真实, 物理上狄拉克方程的产生是一个很好的例子. 数学家外尔 (H. Weyl) 曾说: "My work always tried to unite the true with the beautiful, but when I had to choose one or the other, I usually chose the beautiful." 他写的《对称》阐明了对称的意义.

物体的对称意味着保持它们不变的运动如旋转、反射等很多. 从群的角度说, 可以作用在对称物体上的群是非平凡的, 群中的元素越多, 物体的对称性就越好. 在平面上, 有无限个运动保持圆周不变, 但其他的对称图形如正多边形只有有限个运动保持不变. 正交群 $O(2)$ 的有限子群就是正多边形的变换群 (即保持正多边形不变的一些运动形成的群).

不应意外, $O(3)$ 的有限子群和三维空间的正多面体有密切的关系. 和平面有任意边数的正多边形不同, 三维空间的正多面体只有五个, 分别是正四面体、正六面体、正八面体、正十二面体、正二十面体, 它们也称为柏拉图多面体. 让人惊叹的是, 古希腊人早就知道这件事并给出了严格的证明. 正多面体种类之少似乎也预示了 $O(3)$ 中有限子群的个数不会比 $O(2)$ 的增加太多. 当然, 这可能只是一个后见之明.

因为 $O(3)$ 由 $SO(3)$ 加一个反射生成, 所以我们主要讨论 $SO(3)$ 的有限子群. 方法也是很有意思的: 利用旋转的几何性质和群作用.

一 $SO(3)$ 的有限阶子群 根据欧拉定理 (参见第二卷 4.3 节第四部分最后一段), 群 $SO(3)$ 的一个非单位元素是欧几里得空间 $\mathbb{R}^3$ 内绕某个轴的旋转. 这意味着, 在 $\mathbb{R}^3$ 中以原点为球心的一个球面 S^2 上, 恰好有两个对径点是 $\mathcal{A}$ 的不动点, 它们是球面和旋转轴的交点. 这两个点称为旋转 $\mathcal{A}$ 的**极点**.

现在假设 G 是 $SO(3)$ 的有限子群, Θ 是 G 的所有非单位元的极点构成的集合. 群 G 作为置换群作用在集合 Θ 上. 事实上, 如果 $x \in \Theta$ 是 G 的某个非单位元 $\mathcal{A}$ 的极点. 如果 $\mathcal{B} \in G$, 那么 $\mathcal{B A B}^{-1} \in G$, 而且

$$(\mathcal{B A B}^{-1})\mathcal{B}x = \mathcal{B} \cdot \mathcal{A}x = \mathcal{B}x.$$

所以, $\mathcal{B}x$ 是 $\mathcal{B A B}^{-1}$ 的极点, 从而 $\mathcal{B}x \in \Theta$. 为了从 Θ 得到群 G 的信息, 令 Ω 为所有有序对 $(\mathcal{A}, x)$ 形成的集合, 其中 $\mathcal{A}$ 是 G 中的非单位元, x 是 $\mathcal{A}$ 的极点.

对 $x \in \Theta$, 令 G_x 为 x 在 G 中的稳定子群. 以 $\mathbb{R}x$ 为轴的旋转全体形成 $SO(3)$ 的一个子群, 与 $SO(2)$ 同构. 所以 G_x 与 $SO(2)$ 中的一个有限子群同构. 这意味着 G_x 必然是循环群. 如果

$$G = G_x \cup g_2 G_x \cup \cdots \cup g_{m_x} G_x$$

是 G 关于 G_x 的左陪集分解, 那么极点 x 的 G-轨道就是集合

$$O_x = \{x,\ g_2 x,\ \cdots,\ g_{m_x} x\}.$$

根据拉格朗日定理, 或更准确地说, 公式 (1.2.1), 有 $N = m_x N_x$, 其中 $m_x = |O_x| = [G : G_x]$, $N_x = |G_x|$, $N = |G|$. 数 N_x 称为**极点 x 的重数**.

群 G 中每个非单位元有两个极点, 所以 $|\Omega| = 2(N-1)$. 另一方面, 对 Θ 中的极点 x, 群 G 中保持 x 不动的非单位元素有 $N_x - 1 = |G_x| - 1$ 个. 于是 Ω 中元素

对 $(\mathcal{A}, x)$ 的总数可以分解成一个求和

$$|\Omega| = \sum_{x \in \Theta} (N_x - 1).$$

在 Θ 中, 每一个 G-轨道取一个元素作为代表元, 这些轨道的代表元全体形成的集合记作 $\{x_1, \cdots, x_k\}$, 其中 k 是 Θ 中 G-轨道的个数. 令 $N_i := N_{x_i}$, $m_i = m_{x_i}$. 注意对任意的 $x \in O_{x_i}$, 有 $N_x = N_{x_i} = N_i$ (参见定理 1.5(2)). 由于 x_i 所在的轨道有 $m_i = m_{x_i}$ 个点, 我们有

$$|\Omega| = \sum_{x \in \Theta} (N_x - 1) = \sum_{i=1}^{k} m_i (N_i - 1) = \sum_{i=1}^{k} (N - m_i),$$

于是

$$2N - 2 = \sum_{i=1}^{k} (N - m_i),$$

等式两边除以 N, 得

$$2 - \frac{2}{N} = \sum_{i=1}^{k} \left(1 - \frac{1}{N_i}\right). \tag{3.3.13}$$

这个等式对轨道数 k 和稳定子群 G_{x_i} 的阶数 N_i 都有很大的限制. 事实上, 假设 $N > 1$, 则有 $1 \leqslant 2 - \frac{2}{N} < 2$. 由于 $N_i \geqslant 2$, 所以 $\frac{1}{2} \leqslant 1 - \frac{1}{N_i} < 1$. 这迫使 $k = 2$ 或 3.

情形 1　$k = 2$. 则

$$2 - \frac{2}{N} = \left(1 - \frac{1}{N_1}\right) + \left(1 - \frac{1}{N_2}\right).$$

或等价地

$$2 = \frac{N}{N_1} + \frac{N}{N_2} = m_1 + m_2.$$

由此得到 $m_1 = m_2 = 1$, $N_1 = N_2 = N$. 这意味着 Θ 只有两个点, G 中的元素都保持这两个点不动, 从而 $G = G_{x_1} = G_{x_2}$ 中的旋转都有共同的旋转轴. 前面已经说过 G_{x_1} 同构于 $SO(2)$ 中的一个有限子群, 从而 G 是循环群.

情形 2　$k = 3$. 不妨设 $N_1 \geqslant N_2 \geqslant N_3$. 如果 $N_3 \geqslant 3$, 则有

$$2 > 2 - \frac{2}{N} = 1 - \frac{1}{N_1} + 1 - \frac{1}{N_2} + 1 - \frac{1}{N_3} \geqslant 1 - \frac{1}{3} + 1 - \frac{1}{3} + 1 - \frac{1}{3} = 2.$$

这不可能. 于是 $N_3 = 2$. 此时, 等式 (3.3.13) 可以改写成

$$\frac{1}{2} + \frac{2}{N} = \frac{1}{N_1} + \frac{1}{N_2}. \tag{3.3.14}$$

这迫使 $N_2 = 2$ 或 3. $\left(\text{否则 } N_2 \geqslant 4, \text{从而 } \dfrac{1}{N_1} + \dfrac{1}{N_2} \leqslant \dfrac{1}{2} < \dfrac{1}{2} + \dfrac{2}{N}.\right)$

当 $N_2 = 2$ 时, 有 $N_1 = \dfrac{N}{2}$. 命 $m = \dfrac{N}{2}$, 那么 G_{x_1} 是 m 阶循环群. 由于 G_{x_1} 在 G 中的指标为 2, 所以它是 G 的正规子群. 设 $\mathcal{A}$ 为 G_{x_1} 的一个生成元. 对 G 中任意不在 G_{x_1} 中的元素 g, 有 $g\mathcal{A}g^{-1} \in G_{x_1}$, 所以 x_1 是 $g\mathcal{A}g^{-1}$ 的不动点. 另一方面, 已经知道 gx_1 是 $g\mathcal{A}g^{-1}$ 的不动点, 所以 $gx_1 = -x_1$ 且有 $O_{x_1} = \{x_1, -x_1\}$.

令 $\mathcal{B}$ 是二阶群 G_{x_2} 的非单位元. 刚才的讨论说明 $\mathcal{B}x_1 = -x_1$. 命 U 是 $\mathbb{R}x_1$ 在 $\mathbb{R}^3$ 中的正交补, 那么 $\mathcal{B}|_U$ 是反射, $\mathcal{A}|_U$ 是阶为 m 的旋转. 由此可知 $\mathcal{ABAB}|_U = \mathcal{E}|_U$. 显然 $\mathcal{ABAB}$ 在 $\mathbb{R}x_1$ 上的限制是恒等映射. 所以 $\mathcal{ABAB} = \mathcal{E}$. 比较例 2.15, 我们知道 G 是二面体群 D_m.

当 $N_2 = 3$ 时, 有 $\dfrac{1}{6} + \dfrac{2}{N} = \dfrac{1}{N_1}$. 只有 3 种可能:

(i) $N_1 = 3$, $N = 12$, $m_1 = m_2 = 4$, $m_3 = 6$;

(ii) $N_1 = 4$, $N = 24$, $m_1 = 6$, $m_2 = 8$, $m_3 = 12$;

(iii) $N_1 = 5$, $N = 60$, $m_1 = 12$, $m_2 = 20$, $m_3 = 30$.

上面关于群 G 的阶, 极点集合 Θ, 极点集合中的 G-轨道数, 轨道代表元的稳定子群的阶的信息可以整理到下面的表 3.3.1 中.

表 3.3.1

$\lvert G \rvert$	极点集合中的 G-轨道数	极点的个数	轨道的代表元的稳定子群的阶		
n	2	2	n	n	—
$2m$	3	$2m+2$	m	2	2
12	3	14	3	3	2
24	3	26	4	3	2
60	3	62	5	3	2

刚才的讨论可以总结如下.

定理 3.25 设 G 是 $SO(3)$ 的有限子群. 如果 G 不是循环群和二面体群, 那么 G 的阶只有三种可能: $12, 24, 60$. 群 G 的其他约束包含在表 3.3.1 中.

二 正多面体群 在定理 3.25 中并没有说明存在阶为 $12, 24, 60$ 的群. 存在性不是困难的事情, 只需要考虑保持正多面体不变的旋转形成的群即可. 我们已经知道, 在相似的意义下, 欧几里得空间 $\mathbb{R}^3$ 中只有 5 个正凸多面: 正四面体、正六

面体、正八面体、正十二面体、正二十面体, 见图 3.3.2 (来自网络[1]), 正六面体的
面是正方形, 正十二面体的面是正五边形, 其余三个的面都是正三角形. 有时这些
正多面体形象地记作 $\triangle_4$, $\square_6$, $\triangle_8$, $\pentagon_{12}$, $\triangle_{20}$.

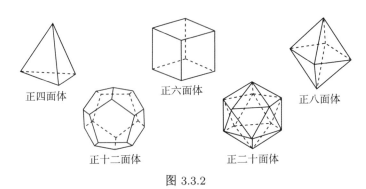

正四面体   正六面体   正八面体

正十二面体   正二十面体

图 3.3.2

如果 $\mathbb{R}^3$ 中的正多面体的中心是原点, 那么保持这个正多面体不变的旋转形成
一个有限群, 称为这个正多面体的**旋转群**. 不过这里并没有产生 5 个不同构的群,
而是 3 个, 和定理 3.25 的启示一致, 原因是正六面体和正八面体的旋转群同构, 正
十二面体和正二十面体的旋转群同构. 从几何上看, 这是很明显的. 把正六面体
相邻的面的中心连线, 这些线段是一个正八面体的棱, 该正八面体内接于正六面体.
一个旋转如果保持正六面体不变, 那就会保持六个面的中心, 从而保持它们的连线,
于是保持其内接的正八面体. 反之, 保持这个内接正八面体的旋转会保持正八面体
的顶点和它们形成的连线, 进而保持外接的正六面体. 类似地, 可以比较正十二面
体和正二十面体的旋转群.

容易看出, 如果旋转保持正多面体不变, 那么旋转轴与多面体表面的交点只有
如下 3 可能: 顶点、棱的中点、面的中心. 同样容易看出

如果旋转轴与正多面体的表面的一个交点是顶点, 那么保持正多面体不变的旋
转 (含恒等变换) 的个数恰好是含这个顶点的面的个数;

如果旋转轴与正多面体的表面的一个交点是某个面的中心, 那么保持正多面体
不变的旋转 (含恒等变换) 的个数恰好是这个面的顶点的个数;

如果旋转轴与正多面体的表面的一个交点是某条棱的中点, 那么保持正多面体
不变的旋转 (含恒等变换) 的个数是 2, 即这条棱的顶点的个数.

要看出正多面体的旋转群的阶, 只要注意通过保持正多面体不变的旋转, 可以

---

[1] http://www.liuxue86.com/a/1050433.html

把一个面变到任何其他的面, 保持一个面不动的旋转的个数是这个面的顶点数, 由此可见, 正多面体的旋转群的阶数是正多面体的面数 × 一个面的顶点数. 所以, 正四面体的旋转群的阶是 12, 正六面体和正八面体的旋转群的阶是 24, 正十二面体和正二十面体的阶是 60.

在下面的表 3.3.2 中, F_0 为正多面体的顶点数, F_1 为棱数, F_2 为面数, μ 是每个面的顶点数或棱数, ν 是聚到同一个顶点的面的个数. 和前面一样, N 是该正多面体的旋转群的阶, 刚才的讨论说明它等于 $F_2 \times \mu$. 类似的讨论指出 $N = F_0 \times \nu = F_1 \times 2$.

表 3.3.2

	F_0	F_1	F_2	μ	ν	N
正四面体	4	6	4	3	3	12
正六面体	8	12	6	4	3	24
正八面体	6	12	8	3	4	24
正十二面体	20	30	12	5	3	60
正二十面体	12	30	20	3	5	60

根据多面体几何的欧拉定理

$$F_0 - F_1 + F_2 = 2.$$

前面的讨论说明正多面体的旋转群的极点数是

$$F_0 + F_1 + F_2 = 2F_1 + 2.$$

保持正多面体不变的旋转, 可以把一条棱变到任何其他的棱, 保持一条棱不动的旋转的个数是这条棱的顶点数 2, 所以 $N = 2F_1$. 我们也看到 $\{\mu, \nu\} = \{N_1, N_2\}$, 其中 N_1, N_2 是极点的重数, 在第一部分中引入.

下面确定正多面体的旋转群的结构. 为简便, 正 n 面体的旋转群将称为**正 n 面体群**. 令 **T** 为正四面体群, **O** 为正六面体群 (正八面体群), **I** 为正二十面体群 (正十二面体群).

为明确, 不等于恒等变换的旋转称为**非平凡旋转**.

正四面体群 **T** 的元素如下: 保持一个顶点不动的非平凡旋转有两个, 旋转角分别是 $2\pi/3$, $4\pi/3$. 这两个旋转变动其他三个顶点. 于是每个顶点给出两个非平凡旋转. 这样得到 **T** 中八个 3 阶元. 这些旋转也保持一个面的中心不动, 就是不含不动顶点的那个面. 正四面体中不相交的棱成对出现, 它们的中点的连线经过正四面体的中心. 以这条连线为轴旋转角度 π, 正四面体不变. 这样得到 $\mathbf{T}$ 中三个 2 阶元. 加上恒等变换, 我们得到 $\mathbf{T}$ 中的所有 12 个元素. 很容易看出, $\mathbf{T}$ 中元素置换正四面体的顶点, 而且不同的元素给出不同的置换, 这些置换都是偶置换. 所以 $\mathbf{T}$ 与交错群 A_4 同构.

在正六面体群 $\mathbf{O}$ 中, 保持某个面的中心不动的非平凡旋转有三个, 旋转角分别是 $\pi/2$, π, $3\pi/2$. 这些旋转也保持相对面的中心不变. 这样得到的元素有九个, 六个是 4 阶元, 三个是 2 阶元. 保持某个顶点不变的非平凡旋转有两个, 旋转角分别是 $2\pi/3$, $4\pi/3$. 这些旋转也保持另一个顶点不动. 这两个不动顶点的连线是正六面体的一条对角线. 正六面体共有四条对角线. 这样得到了群中八个 3 阶元. 每条棱都有相对棱, 它们的中点的连线包含正六面体的中心. 以这条连线为轴旋转角度 π, 正六面体不变. 这样得到六个 2 阶元. 加上恒等变换, 我们得到 $\mathbf{O}$ 中所有的 24 个元素. 这些元素置换正六面体的四条对角线, 而且不同的元素给出不同的置换. 由于 $|\mathbf{O}| = |S_4|$, 所以 $\mathbf{O} \simeq S_4$.

几何上很容易看出群 $\mathbf{T}$ 是 $\mathbf{O}$ 的子群. 正六边形的每个面的某些对角线合在一起就是一个正四面体的棱, 如图 3.3.3 所示的左图. 保持这个正四面体不变的旋转也保持正六面体不变, 所以 $\mathbf{T}$ 是 $\mathbf{O}$ 的子群.

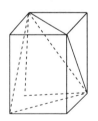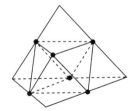

图 3.3.3

也可以把正四面体相交的棱的中点连起来, 它们形成一个正八面体的棱, 如图 3.3.3 所示的右图. 保持正四面体不变的旋转也保持正八面体不变, 所以 $\mathbf{T}$ 是 $\mathbf{O}$ 的子群.

群 $\mathbf{I}$ 与交错群 A_5 的同构留作习题.

下面说明在 $SO(3)$ 中同构的有限子群都是共轭的. 回到定理 3.25 前面的讨论. 我们看到, 当 $N_1 = N_2 = 3$ 时, 极点集合 Θ 中有两个四元 G-轨道

$$O_{p_1} = \{p_1,\ p_2,\ p_3,\ p_4\},$$

$$O_{q_1} = \{q_1,\ q_2,\ q_3,\ q_4\},$$

其中 p_i, q_i 是球面 S^2 上的对径点. 如果 M_4 是以诸 p_i 为顶点的四面体, 那么它的旋转群 $\mathbf{T}'$ 包含 G. 由 $|G| = 12$ 知 M 是正四面体. 从而有 $\mathbf{T}' = G = \mathbf{T}$.

当 $N_1 = 4$, $N_2 = 3$ 时, 极点集合 Θ 有唯一的六元 G-轨道 $O_{p_1} = \{p_1, p_2, p_3, p_4, p_5, p_6\}$. 它由三组对径点构成 (否则另有六元轨道含有 p_1 的对径点 $-p_1$). 球面 S^2 上的这三组对径点可以得到一个八面体 M_8, 其棱是非对径点的连线. 这个八面体的旋转群 $\mathbf{O}'$ 包含 G, 而 $|G| = 24$. 这迫使 M_8 为正八面体, 且 $\mathbf{O}' = G = \mathbf{O}$.

最后, 当 $N_1 = 5$, $N_2 = 3$, $N_1 = 2$ 时, 极点集合 Θ 有唯一的十二元 G-轨道 $O_{p_1} = \{p_1, p_2, \cdots, p_{12}\}$. 它由六组对径点构成 (否则另有十二元轨道含有 p_1 的对径点 $-p_1$). 球面 S^2 上的这六组对径点可以得到一个二十面体 M_{20}. 这个二十面体的旋转群 $\mathbf{I}'$ 包含 G, 而 $|G| = 60$. 这迫使 M_{20} 为正二十面体, 且 $\mathbf{I}' = G = \mathbf{I}$.

同类型的正多面体都是相似的. 如果两个同类型的正多面体的中心都与原点重合, 那么相似变换 $\mathbb{R}^3 \to \mathbb{R}^3$, $x \to \lambda x$ 后得到的正多面体与原来的正多面体有相同的旋转群. 因此, 可以通过相似变换把它们的顶点都变到同一个二维球面 S^2 上. 由于 $SO(3)$ 在球面 S^2 上的作用是可迁的, 所以有旋转把一个正多面体变成另一个正多面体. 这说明, 同类型的正多面体的旋转群在 $SO(3)$ 中是共轭的.

我们已经得到了下面的定理.

定理 3.26 在同构的意义下, $SO(3)$ 中的有限子群只有如下五类:

$$C_m \text{ (m 阶循环群)}, \quad D_n \text{ (二面体群)}, \quad m,\ n \text{ 正整数, 且 } n \geqslant 2,$$

$$\mathbf{T} \simeq A_4, \quad \mathbf{O} \simeq S_4, \quad I \simeq A_5.$$

且 $SO(3)$ 中同构的有限子群在 $SO(3)$ 中共轭.

推论 3.27 上述定理中的三个同构给出群 A_4, S_4, A_5 的不可约三维正交表示.

把定理 3.26 应用到满同态 $\Phi: SU(2) \to SO(3)$ (定理 1.14), 就可以得到 $SU(2)$ 的所有的有限子群的描述. 如果 $SU(2)$ 的有限子群不是循环群, 就会是 $SO(3)$ 的某个有限子群的逆像. 于是得到被称为**二元群**(binary group) 的下列群:

$$BD_n = \Phi^{-1}(D_n), \quad 2\mathbf{T} = \Phi^{-1}(\mathbf{T}),$$

$$2\mathbf{O} = \Phi^{-1}(\mathbf{O}), \quad 2\mathbf{I} = \Phi^{-1}(\mathbf{I}).$$

它们分别是二元二面体群、二元正四面体群、二元正八面体群、二元正二十面体群. 群 $SU(2)$ 和 $SO(3)$ 及其表示在粒子物理中是很重要的.

习　题　3.3

1. 在正二十面体群 **I** 中, 除了单位元子群外, 有 15 个共轭的 2 阶循环群, 10 个共轭的 3 阶循环群和 6 个共轭的 5 阶循环群. 证明: **I** 是单群.

2. 在群 **I** 和 A_5 之间建立一个同构.

3. 如果适当选取 $\alpha > 1$, 那么在 $\mathbb{R}^3$ 中的 12 个点 $(\pm 1, \pm\alpha, 0)$, $(0, \pm 1, \pm\alpha)$, $(\pm\alpha, 0, \pm 1)$ 形成一个正二十面体的顶点. 验证这一点并确定 α.

4. 命 **O** 为立方体 (正六面体) 的旋转群, 它作用在立方体的四条对角线形成的集合 S 上. 确定一条对角线的稳定子群.

5. 证明: 如果 H 是 $SU(2)$ 或 $SO(3)$ 的奇数阶有限子群, 那么 H 是循环群.

6. 证明: 在共轭的意义下, 有

$$BD_3 = \left\langle \begin{pmatrix} 0 & 1 \\ -1 & 0 \end{pmatrix}, \ \begin{pmatrix} \varepsilon & 0 \\ 0 & \varepsilon^{-1} \end{pmatrix} \right\rangle,$$

其中 ε 是 1 的 3 次本原根, 即 $\varepsilon^2 + \varepsilon + 1 = 0$.

7. 二元正二十面体群 **2I** 与群

$$SL_2(\mathbb{F}_5) = \left\{ \begin{pmatrix} a & b \\ c & d \end{pmatrix} \ \middle| \ ad - bc = 1, \ a, b, c, d \in \mathbb{F}_5 \right\}$$

之间有什么共同点或联系?

3.4　特　征　标

一　舒尔 (Schur) 引理　下面的结论是表示论的基石之一.

定理 3.28 (舒尔引理)　假设 (Φ, V) 和 (Ψ, W) 是群 G 的两个不可约表示, $\sigma : V \to W$ 是 G 的表示同态, 即 σ 是线性映射且与 G 作用相容:

$$\Psi(g)\sigma = \sigma\Phi(g), \quad \forall g \in G. \tag{3.4.15}$$

(1) 如果 σ 是非零的, 那么它一定是 G-表示同构, 从而 Φ 和 Ψ 是等价 (即同构) 的表示;

(2) 如果 Φ 和 Ψ 不等价 (即不同构), 那么 σ 是零映射;

(3) 如果 $\Phi = \Psi$ 是不可约的复表示, 那么 $\sigma = \lambda \mathcal{E}$.

证明 对 $v \in V$, $w \in W$ 和 $g \in G$, 向量 $\Phi(g)v$ 和 $\Psi(g)w$ 将简单记作 gv 和 gw.

(1) 由于 σ 不等于 0, 所以 $\mathrm{Im}\,\sigma \neq \{0\}$. 对 $\sigma(v) \in \mathrm{Im}\,\sigma$, 根据条件 (3.4.15), 有

$$g\sigma(v) = \sigma(gv) \in \mathrm{Im}\,\sigma.$$

即 $\mathrm{Im}\,\sigma$ 是 W 的非零 G-子空间. 由于 Ψ 是不可约的, W 的 G-子空间只有零子空间和 W 自身, 所以我们有 $W = \mathrm{Im}\,\sigma$. 即 σ 是满射.

对 $v \in \mathrm{Ker}\,\sigma$, 根据公式 (3.4.15), 得 $\sigma(gv) = g\sigma(v) = g0 = 0$. 这说明 $\mathrm{Ker}\,\sigma$ 是 V 的 G-子空间. 由于 Φ 是不可约的, 所以 $\mathrm{Ker}\,\sigma = \{0\}$ 或 V. 可是 σ 不等于 0, 所以 $\mathrm{Ker}\,\sigma = \{0\}$. 从而 σ 也是单射.

(2) 是 (1) 的直接推论.

(3) 由条件, $\sigma : V \to V$ 是 V 上的线性算子. 设 λ 是 σ 的一个特征值. 因为基域 $\mathbb{C}$ 是代数闭域, 这个特征值总存在. 线性算子 $\tau = \sigma - \lambda \mathcal{E}$ 仍是 G-表示同态, 而且它的核不是 0 (以 λ 为特征值的特征向量在核中). 从 (1) 的证明可知, τ 的核就是 V, 从而 $\tau = 0$, 即 $\sigma = \lambda \mathcal{E}$. □

推论 3.29 假设 (Φ, V) 和 (Ψ, W) 是有限群 G 的两个复表示, $\sigma : V \to W$ 是线性映射. 定义 σ 的平均映射

$$\tilde{\sigma} = \frac{1}{|G|} \sum_{g \in G} \Psi(g)\sigma\Phi(g)^{-1}.$$

那么

(1) 这个平均映射是 G-表示同态;

(2) 如果 Φ 和 Ψ 都是不可约的且不等价, 则 $\tilde{\sigma} = 0$;

(3) 当 $\Phi = \Psi$ 且不可约时, 有 $\tilde{\sigma} = \lambda \mathcal{E}$, 其中 $\lambda = \dfrac{\mathrm{tr}\,\sigma}{\dim V}$.

证明 (1) 因为

$$\Psi(h)\tilde{\sigma}\Phi(h)^{-1} = \frac{1}{|G|} \sum_{g \in G} \Psi(h)\Psi(g)\sigma\Phi(g)^{-1}\Phi(h)^{-1}$$

$$= \frac{1}{|G|} \sum_{g \in G} \Psi(hg)\sigma\Phi(hg)^{-1}$$

$$= \frac{1}{|G|} \sum_{t \in G} \Psi(t) \sigma \Phi(t)^{-1} \quad (t = hg)$$
$$= \tilde{\sigma},$$

所以 $\Psi(h)\tilde{\sigma} = \tilde{\sigma}\Phi(h)$, $\forall h \in G$. 即 $\tilde{\sigma}$ 是 G-表示同态.

(2) 由舒尔引理得出.

(3) 由舒尔引理知 $\tilde{\sigma} = \lambda \mathcal{E}$. 关于纯量 λ 的等式, 可由下列等式得到

$$(\dim V)\lambda = \operatorname{tr} \tilde{\sigma} = \frac{1}{|G|} \sum_{g \in G} \operatorname{tr} \Phi(g) \sigma \Phi(g)^{-1}$$
$$= \frac{1}{|G|} \sum_{g \in G} \operatorname{tr} \sigma = \operatorname{tr} \sigma.$$

这里引用了我们熟悉的迹函数性质: $\operatorname{tr} CAC^{-1} = \operatorname{tr} A$.　　　　　□

这个推论蕴含很多有意思的结论. 我们先看它的矩阵形式. 在空间 V 和 W 中分别选取基:

$$v_1, \ v_2, \ \cdots, \ v_n; \quad w_1, \ w_2, \ \cdots, \ w_r.$$

在这些基下, $\Phi(g)$, $\Psi(g)$, σ 和 $\tilde{\sigma}$ 的矩阵分别是

$$\Phi_g = (\phi(g)_{ij}), \quad \Psi_g = (\psi(g)_{pq}),$$
$$\sigma = (\sigma_{pi}), \quad \tilde{\sigma} = (\tilde{\sigma}_{pi}),$$

其中 $1 \leqslant i, j \leqslant n$; $1 \leqslant p, q \leqslant r$. 由 $\tilde{\sigma}$ 的定义

$$\tilde{\sigma}_{pi} = \frac{1}{|G|} \sum_{\substack{g \in G \\ 1 \leqslant q \leqslant r \\ 1 \leqslant j \leqslant n}} \psi(g)_{pq} \sigma_{qj} \phi(g^{-1})_{ji}. \tag{3.4.16}$$

等式对任意的线性映射 $\sigma : V \to W$ 成立. 取 σ 使得

$$\sigma_{qj} = \begin{cases} 0, & \text{如果 } (q, j) \neq (q_0, j_0), \\ 1, & \text{如果 } (q, j) = (q_0, j_0). \end{cases} \tag{3.4.17}$$

如果 Φ 和 Ψ 是不等价的不可约表示, 由推论 3.29(2) 知 (3.4.16) 蕴含

$$\frac{1}{|G|} \sum_{g \in G} \psi(g)_{pq_0} \phi(g^{-1})_{j_0 i} = 0, \quad \forall 1 \leqslant i, j_0 \leqslant n, \ 1 \leqslant p, q_0 \leqslant r. \tag{3.4.18}$$

现在设 $\Phi = \Psi$ 不可约, 此时有 $V = W$. 取空间 V 的一个基 $v_1, v_2, \cdots, v_n$. 条件 (3.4.17) 确定的映射 σ 的迹是 1 如果 $q_0 = j_0$, 是 0 如果 $q_0 \neq j_0$. 根据推论

3.29(3), 有 $\tilde{\sigma}_{pi} = \dfrac{\delta_{pi}\operatorname{tr}\sigma}{\dim V}$. 此时对 (3.4.17) 确定的映射 σ 应用公式 (3.4.16), 得

$$\frac{1}{|G|}\sum_{g\in G}\phi(g)_{pq_0}\phi(g^{-1})_{j_0 i} = \begin{cases} \dfrac{\delta_{pi}}{\dim V}, & \text{如果 } q_0 = j_0, \\ 0, & \text{如果 } q_0 \neq j_0, \end{cases} \tag{3.4.19}$$

其中所有指标在 $1, 2, \cdots, n$ 中取值.

二 表示的特征标 复表示 $\Phi: G \to GL(V)$ 给出的迹函数

$$\chi_\Phi : G \to \mathbb{C}, \quad g \to \operatorname{tr}\Phi(g)$$

称为**表示 Φ 的特征标 (character)**. 有时它也记作 χ_V 或 χ (如果不产生歧义). (如果还讨论其他域上的表示, G 的复表示的特征标就需要明确为复特征标. 本书只讨论复表示的特征标, 所以无需在特征标前面加上复字.)

设 $\Phi_g = (\phi(g)_{ij})$ 是算子 $\Phi(g)$ 在空间 V 的某个基下的矩阵, $\lambda_1, \cdots, \lambda_n$ $(n = \dim V)$ 是其特征根 (按重数计算). 由定义

$$\chi_\Phi(g) = \chi_V(g) = \sum_{i=1}^n \phi(g)_{ii} = \sum_{i=1}^n \lambda_i.$$

如果 C 是 n 阶可逆复方阵, 则有

$$\operatorname{tr} C\Phi_g C^{-1} = \operatorname{tr}\Phi_g.$$

等价于 Φ 的表示的矩阵形式是 $g \to C\Phi_g C^{-1}$. 因此同构(即等价)的复表示有相同的特征标. 方阵的迹是方阵最重要的特征, 可见不区分同构的表示是合理的, 重要的原因就是它们的特征标相同. 可以预见, 特征标是一个重要的概念, 是研究表示的有力工具.

下面的性质容易从定义看出.

命题 3.30 设 χ_Φ 是群 G 的复表示 (Φ, V) 的特征标. 有

(1) $\chi_\Phi(e) = \dim V$.

(2) $\chi_\Phi(hgh^{-1}) = \chi_\Phi(g), \forall g, h \in G$. 即 χ_Φ 在每个共轭类上是常值函数.

(3) $\chi_\Phi(g^{-1}) = \overline{\chi_\Phi(g)}$, 这里 $g \in G$ 是有限阶元, 上横线表示复共轭.

(4) 对表示的直和 $\Phi = \Phi' \oplus \Phi''$, 相应地有特征标的和 $\chi_\Phi = \chi_{\Phi'} + \chi_{\Phi''}$.

证明 显然有

$$\chi_\Phi(e) = \operatorname{tr}\Phi(e) = \operatorname{tr}\mathcal{E} = \dim V.$$

$$\chi_\Phi(hgh^{-1}) = \operatorname{tr}\Phi(hgh^{-1}) = \operatorname{tr}\left[\Phi(h)\Phi(g)\Phi(h)^{-1}\right] = \operatorname{tr}\Phi(g) = \chi_\Phi(g).$$

(1) 和 (2) 得证. 下面证明 (3).

如果 $\lambda_1, \cdots, \lambda_n$ 是 $\Phi(g)$ 的特征根, 由 $\Phi(g)$ 的约当标准形知 $\lambda_1^{-1}, \cdots, \lambda_n^{-1}$ 是 $\Phi(g^{-1})$ 的特征根. 当 g 的阶 m 有限时, 有

$$\Phi(g)^m = \Phi(g^m) = \Phi(e) = \mathcal{E}.$$

这意味着诸 λ_i 都是 1 的 m 次根: $\lambda_i^m = 1$. 特别 $|\lambda_i| = 1$. 从而 $\overline{\lambda_i} = \lambda_i^{-1}$. 所以

$$\chi_\Phi(g^{-1}) = \operatorname{tr}\Phi(g^{-1}) = \sum_i \lambda_i^{-1} = \sum_i \overline{\lambda_i} = \overline{\sum_i \lambda_i} = \overline{\chi_\Phi(g)}.$$

最后, 如果 $\Phi = \Phi' \oplus \Phi''$, 则可以选取 V 的基使得所有的矩阵 Φ_g, $g \in G$, 有形式

$$\Phi_g = \begin{pmatrix} \Phi'_g & 0 \\ 0 & \Phi''_g \end{pmatrix}.$$

于是 $\operatorname{tr}\Phi_g = \operatorname{tr}\Phi'_g + \operatorname{tr}\Phi''_g$. 这就是 $\chi_\Phi(g) = \chi_{\Phi'} + \chi_{\Phi''}$. □

值得指出, 当 $n = \dim V = 1$ 时, $\chi_\Phi(g) = \Phi_g$, 所以 χ_Φ 是从 G 到 $\mathbb{C}^*$ 的同态. 当 $n > 1$ 时, 这个结论不成立.

例 3.31 群 $SU(2)$ 自然作用在二维复向量空间上. 令 χ 是这个表示的特征标. 从命题 1.10 的证明知, 任意矩阵 $g \in SU(2)$ 共轭于矩阵

$$D_{\varphi/2} = \begin{pmatrix} e^{i\varphi/2} & 0 \\ 0 & e^{-i\varphi/2} \end{pmatrix}, \quad 0 \leqslant \varphi < 2\pi.$$

于是 $SU(2)$ 的共轭类被区间 $[0, \pi)$ 中的实数参数化. 根据特征标的性质 (见命题 3.30(2)), 有

$$\chi(g) = \chi(hD_{\varphi/2}h^{-1}) = \chi(D_{\varphi/2}) = e^{i\varphi/2} + e^{-i\varphi/2} = 2\cos\frac{\varphi}{2}.$$

满同态 $\Phi : SU(2) \to SO(3)$ 是 $SU(2)$ 的一个三维表示. 这个同态把 $D_{\varphi/2}$ 映到 (参见定理 1.14(2) 的证明)

$$C_\varphi = \begin{pmatrix} 1 & 0 & 0 \\ 0 & \cos\varphi & -\sin\varphi \\ 0 & \sin\varphi & \cos\varphi \end{pmatrix}.$$

该矩阵可以作为正交矩阵群 $SO(3)$ 的共轭类的合适的代表, 不过需要注意 C_φ 与 $C_{-\varphi} = C_{2\pi-\varphi}$ 通过矩阵 $\mathrm{diag}\,(-1,1,-1)$ 共轭. 显然

$$\chi_\Phi(C_\varphi) = 1 + 2\cos\varphi. \tag{3.4.20}$$

三 从 G 到 $\mathbb{C}$ 的函数全体形成的集合 $\mathbb{C}^G = \{G \to \mathbb{C}\}$ 天生有一个复数域上向量空间的结构:

$$(a\chi + b\psi)(g) := a\chi(g) + b\psi(g), \quad \forall\, a,\, b \in \mathbb{C},\ \chi,\, \psi \in \mathbb{C}^G,\ g \in G.$$

函数 $\psi : G \to \mathbb{C}$ 称为**(群 G 上的) 类函数**(class function) 或**中心函数**(central function) 如果 ψ 在 G 的每一个共轭类上都是常值函数. 显然, 群 G 上的类函数全体构成 $\mathbb{C}^G$ 的一个线性子空间. 它将记为 $X_\mathbb{C}(G)$. 一般说来, $X_\mathbb{C}(G)$ 是无限维空间. 如果 G 中的共轭类个数有限 (对有限群这总是对的), 则 $X_\mathbb{C}(G)$ 是有限维空间. 事实上, 如果 G 的共轭类是 $\mathcal{C}_1, \mathcal{C}_2, \cdots, \mathcal{C}_r$, 那么如下的类函数

$$\Gamma_i(g) = \begin{cases} 1, & \text{如果 } g \in \mathcal{C}_i, \\ 0, & \text{如果 } g \notin \mathcal{C}_i, \end{cases} \tag{3.4.21}$$

构成 $X_\mathbb{C}(G)$ 的一个基. 特别, $X_\mathbb{C}(G)$ 的维数等于 G 中共轭类的个数.

由命题 3.30(2) 知, 群 G 的特征标是 G 上的类函数, 从而特征标全体张成了 $X_\mathbb{C}(G)$ 的一个子空间. 我们将看到, 对有限群, 这个子空间其实就是 $X_\mathbb{C}(G)$.

本节此后 G 都是有限群. 在 $\mathbb{C}^G$ 上定义半双线性型

$$(\sigma, \tau)_G = \frac{1}{|G|} \sum_{g \in G} \sigma(g)\overline{\tau(g)}, \quad \sigma,\, \tau \in \mathbb{C}^G. \tag{3.4.22}$$

容易验证, 它是正定的埃尔米特型. 于是 $\mathbb{C}^G$ 成为埃尔米特空间. 这个内积在 $X_\mathbb{C}(G)$ 上的限制是非常有用的工具, 尤其对于研究表示的特征标.

定理 3.32 设 Φ 和 Ψ 是有限群 G 的不可约复表示, 那么

$$(\chi_\Phi, \chi_\Psi)_G = \begin{cases} 1, & \text{如果 } \Phi \simeq \Psi, \\ 0, & \text{如果 } \Phi \not\simeq \Psi. \end{cases} \tag{3.4.23}$$

证明 对相关的表示空间分别选取基, 在这些基下, $\Phi(g)$ 和 $\Psi(g)$ 的矩阵分别是

$$\Phi_g = (\phi(g)_{ij}), \quad \Psi_g = (\psi(g)_{pq}),$$

其中 $1 \leqslant i,\ j \leqslant n;\ \ 1 \leqslant p,\ q \leqslant r$. 于是

$$\chi_\Phi(g) = \sum_{i=1}^n \phi(g)_{ii}, \quad \chi_\Psi(g) = \sum_{p=1}^r \psi(g)_{pp}.$$

假设 Φ 和 Ψ 不等价. 在等式 (3.4.18) 中取 $q_0 = p,\ j_0 = i$, 然后对 p 和 i 求和, 得

$$
\begin{aligned}
0 &= \frac{1}{|G|} \sum_{\substack{g \in G \\ 1 \leqslant p \leqslant r \\ 1 \leqslant i \leqslant n}} \psi(g)_{pp} \phi(g^{-1})_{ii} \\
&= \frac{1}{|G|} \sum_{g \in G} \left(\sum_{p=1}^r \psi(g)_{pp} \right) \left(\sum_{i=1}^n \phi(g^{-1})_{ii} \right) \\
&= \frac{1}{|G|} \sum_{g \in G} \chi_\Psi(g) \chi_\Phi(g^{-1}) \\
&= \frac{1}{|G|} \sum_{g \in G} \chi_\Psi(g) \overline{\chi_\Phi(g)} \qquad \text{根据命题 3.30(3)} \\
&= (\chi_\Psi, \chi_\Phi)_G.
\end{aligned}
$$

假设 $\Phi = \Psi$. 在等式 (3.4.19) 中取 $q_0 = p,\ j_0 = i$, 然后对 p 和 i 求和, 得

$$
\begin{aligned}
1 &= \frac{1}{\dim V} \sum_{p,i=1}^n \delta_{pi} \\
&= \frac{1}{|G|} \sum_{\substack{g \in G \\ 1 \leqslant p \leqslant n \\ 1 \leqslant i \leqslant n}} \phi(g)_{pp} \phi(g^{-1})_{ii} \\
&= \frac{1}{|G|} \sum_{g \in G} \left(\sum_{p=1}^n \phi(g)_{pp} \right) \left(\sum_{i=1}^n \phi(g^{-1})_{ii} \right) \\
&= \frac{1}{|G|} \sum_{g \in G} \chi_\Phi(g) \chi_\Phi(g^{-1}) \\
&= \frac{1}{|G|} \sum_{g \in G} \chi_\Phi(g) \overline{\chi_\Phi(g)} \qquad \text{根据命题 3.30(3)}. \\
&= (\chi_\Phi, \chi_\Phi)_G.
\end{aligned}
$$

等价的表示有相同的特征标, 所以当 $\Phi \simeq \Psi$ 时, 有 $(\chi_\Phi, \chi_\Psi)_G = (\chi_\Phi, \chi_\Phi)_G = 1$. $\quad\square$

等式 (3.4.23) 称为**特征标的 (第一) 正交关系.**

推论 3.33 设有限群 G 的复表示空间 V 是不可约 G-子空间 $V_1, V_2, \cdots, V_k$ 的直和

$$V = V_1 \oplus V_2 \oplus \cdots \oplus V_k. \tag{3.4.24}$$

又设 W 是 V 的不可约 G-子空间, χ_W 是其特征标. 那么

(1) 分解式 (3.4.24) 中同构于 W 的直和项 V_i 的个数等于 $(\chi_V, \chi_W)_G$. 它与 V 分解成不可约 G-子空间的直和的方式无关, 称为 W 在 G-空间 (或表示) V 中出现的**重数**.

(2) 具有相同特征标的两个复表示同构.

证明 (1) 根据命题 3.30(4), 有

$$\chi_V = \chi_{V_1} + \cdots + \chi_{V_k}, \quad \text{因此} \quad (\chi_V, \chi_W)_G = (\chi_{V_1}, \chi_W)_G + \cdots + (\chi_{V_k}, \chi_W)_G.$$

根据定理 3.32, 上面第二个等式右边的项取值 0 或 1, 而且 1 出现的次数等于同构于 W 的 G-子空间 V_i 的个数. 从定义知, 内积 $(\chi_V, \chi_W)_G$ 与 V 分解成不可约 G-子空间的直和的方式无关.

(2) 假设 G-表示空间 V 和 V' 有相同的特征标 $\chi = \chi_V = \chi_{V'}$. 把 V 和 V' 都分解成不可约 G-子空间的直和:

$$V = \bigoplus_{i=1}^{k} V_i, \qquad V' = \bigoplus_{j=1}^{l} V_j'.$$

根据断言 (1), 在这两个直和分解中, 同构于任意给定的不可约 G-空间 W 的直和项的个数都是 $(\chi, \chi_W)_G$, 从而相等. 于是在上面的直和分解中一定有 $k = l$, 而且可以安排直和项的顺序使得 V_i 与 V_i' 是同构的 G-空间. 因此 V 和 V' 是同构的 G-空间, 这等价于相应的表示是同构的. $\qquad\qquad \square$

Maschke 定理 (定理 3.24) 说有限群 G 的有限维复表示 (Φ, V) 是完全可约的, 即是不可约表示的直和. 由于同构的表示有相同的特征标, 根据命题 3.30(4) 和推论 3.33(1), Φ 的特征标是一些不可约表示的特征标的和

$$\chi_\Phi = \sum_{i=1}^{s} m_i \chi_i,$$

其中 $\chi_i = \chi_{V_i}$, m_i 是不可约 G-空间 V_i 在 V 中出现的重数, 当 $i \neq j$ 时, V_i 与 V_j 是不同构的 G-空间. 应用正交关系 (3.4.23), 得

$$(\chi_\Phi, \chi_\Phi) = \sum_{i=1}^{s} m_i^2. \tag{3.4.25}$$

我们得到了一个漂亮的结果.

定理 3.34 有限群的有限维复表示 Φ 的特征标 χ_Φ 与自身的内积 (χ_Φ, χ_Φ) 总是正整数. 它等于 1 当且仅当 Φ 是不可约表示.

这是件有意思的事情. 从单个算子 $\Phi(g)$ 的迹能得到的信息很少, 但是迹函数 (即特征标) χ_Φ 含有丰富的信息.

例 3.35 我们用定理 3.34 说明 A_4, S_4, A_5 作为正多面体的旋转群而得到的三维正交表示 Φ 是不可约的. 上一节对正多面体群的旋转群的描述表明, 如果 σ 是 q 阶置换, 那么 $\Phi(\sigma)$ 是绕某个轴的旋转, 旋转角是 $k \cdot 2\pi/q$, 其中 k 与 q 互素. 由公式 (3.4.20), 特征标 $\chi = \chi_\Phi$ 在 σ 处的取值可以直接算出:

$$\chi(\sigma) = 1 + 2\cos k\frac{2\pi}{q} = 3, \ -1, \ 0, \ 1, \ \frac{1+\sqrt{5}}{2}, \ \frac{1-\sqrt{5}}{2},$$

对应的 $q = 1, \ 2, \ 3, \ 4, \ 5 \ (k = \pm1), \ 5 \ (k = \pm2)$. 需要指出

$$\frac{1+\sqrt{5}}{2} = \mathrm{tr}\begin{pmatrix} 1 & 0 & 0 \\ 0 & \varepsilon & 0 \\ 0 & 0 & \varepsilon^{-1} \end{pmatrix} = 1 + \varepsilon + \varepsilon^{-1},$$

$$\frac{1-\sqrt{5}}{2} = 1 + \varepsilon^2 + \varepsilon^{-2}, \quad \varepsilon = \exp\left(\frac{2\pi i}{5}\right) \ (\text{参见第一卷例 7.7}).$$

置换都可以分解成不相交的循环的乘积 (参见第一卷定理 2.26). 不相交的循环是乘法交换的, 长度为 k 的循环的阶是 k. 由此可以算出置换的阶. 这里不难算出共轭类的个数, 每个共轭类中元素的个数. 这些信息和特征标 χ 的值列表如下. 表中第一行是群的阶和共轭类中元素的个数, 第二行是群和共轭类的代表元, 第三行是特征标在共轭类的取值.

12	1	3	4	4
A_4	e	(1 2)(3 4)	(1 2 3)	(1 3 2)
χ	3	-1	0	0

24	1	3	6	8	6
S_4	e	(1 2)(3 4)	(1 2)	(1 2 3)	(1 2 3 4)
χ	3	-1	-1	0	1

60	1	15	20	12	12
A_5	e	(1 2)(3 4)	(1 2 3)	(1 2 3 4 5)	(1 2 3 5 4)
χ	3	-1	0	$(1+\sqrt{5})/2$	$(1-\sqrt{5})/2$

于是

$$(\chi,\chi)_{A_4} = \frac{1}{12}[1 \cdot 3^2 + 3 \cdot (-1)^2 + 4 \cdot 0^2 + 4 \cdot 0^2] = 1,$$

$$(\chi,\chi)_{S_4} = \frac{1}{24}[1 \cdot 3^2 + 3 \cdot (-1)^2 + 6 \cdot (-1)^2 + 8 \cdot 0^2 + 6 \cdot 1^2] = 1,$$

$$(\chi,\chi)_{A_5} = \frac{1}{60}\left[1 \cdot 3^2 + 15 \cdot (-1)^2 + 20 \cdot 0^2 + 12 \cdot \left(\frac{1+\sqrt{5}}{2}\right)^2 + 12 \cdot \left(\frac{1-\sqrt{5}}{2}\right)^2\right] = 1.$$

根据定理 3.34, 具有特征标 χ 的复表示 Φ 是不可约的.

习 题 3.4

1. 证明舒尔引理的一个逆: 假设 (Φ,V) 是有限群 G 的有限维复表示. 如果 V 上的 G-不变的线性算子只有纯量算子, 那么 Φ 是不可约表示.

2. 设 Φ 是有限群 G 的表示, $\mathcal{C}$ 是 G 的一个共轭类. 证明: 线性算子 $\mathcal{T} = \sum_{g \in \mathcal{C}} \Phi(g)$ 是 G-不变的.

3. 设 Φ 是有限群 G 的表示, χ 是 G 的一个特征标, 不必是 Φ 的特征标. 证明: 线性算子 $\mathcal{T} = \sum_{g \in G} \chi(g)\Phi(g)$ 是 G-不变的.

4. 利用舒尔引理证明: 交换群的有限维复不可约表示都是一维的.

5. 将建立在特征标上的不可约判别准则 (定理 3.34) 应用到例 3.22 中的群 S_3 的表示 $\Phi^{(3)}$.

6. 如果群 G 有一个自同构 τ, 那么这个群的每个表示 (Φ,V) 也有一个表示 (Φ^τ,V) 相伴, 其中 Φ^τ 规定为 $\Phi^\tau(g) = \Phi(\tau(g))$. 验证这一结论, 并证明, 如果 Φ 不可约, 那么 Φ^τ 也是不可约的. 很多时候 $\Phi^\tau \simeq \Phi$, 但也常常得到新的不可约表示的情况. 如果 τ 为内自同构的情形, 能得到新的不可约表示么?

令 $G = A_5$, Φ 是例 3.35 中的表示. 映射 $\tau : \pi \to (1\ 2)\pi(1\ 2)^{-1}$ 是 A_5 的自同构, 它置换代表元 $(1\ 2\ 3\ 4\ 5)$ 和代表元 $(1\ 2\ 3\ 5\ 4)$ 所在的两个共轭类. 相应地, 特征标 χ^τ 也对调了 χ 在这两个共轭类处的值 $(1+\sqrt{5})/2$ 和 $(1-\sqrt{5})/2$. 证明: 这两个表示 Φ^τ 和 Φ 不等价.

7. 设 $\Phi : G \to U(n)$ 和 $\Psi : G \to U(n)$ 为有限群 G 的两个等价的不可约酉表示. 证明: 存在酉矩阵 C 使得

$$C\Phi_g C^{-1} = \Psi_g, \quad \forall g \in G.$$

8. 证明: 如果有限群 G 有忠实的复不可约表示, 那么它的中心 $Z(G)$ 是平凡的或是循环群.

9. 设 $\phi: g \to \Phi_g$ 和 $\Psi: g \to \Psi_g$ 是有限群 G 的两个矩阵复表示. 证明: 如果对每一个 $g \in G$, 存在非退化矩阵 C_g 使得 $C_g \Phi_g C_g^{-1} = \Psi_g$, 那么有不依赖 g 的非退化矩阵 C 使得 $C \Phi_g C^{-1} = \Psi_g$, $\forall g \in G$.

10. 设 Φ 和 Ψ 是有限群 G 的不可约复表示. 试得出定理 3.32 的一个推广

$$|G|^{-1} \sum_{g \in G} \chi_\Phi(hg) \overline{\chi_\Psi(g)} = \delta_{\Phi, \Psi} \frac{\chi_\Phi(h)}{\chi_\Psi(e)}.$$

这里 h 是 G 中任意的元素, $\delta_{\Phi, \Psi} = 1$ 或 $\delta_{\Phi, \Psi} = 0$ 取决于 Φ 和 Ψ 等价与否.

3.5　有限群的复不可约表示

一　复不可约表示的个数　本节所讨论的表示都是有限群的有限维复表示. 上一节关于特征标的研究允许我们回答有限群复表示理论的一些基本问题. 其中之一是下面的性质.

定理 3.36　在同构的意义下 (即同构的表示被看作是一样的), 有限群 G 的复不可约表示的个数等于 G 的共轭类的个数.

群 G 的共轭类的个数 r 已经被解释为 G 上类函数空间 $X_{\mathbb{C}}(G)$ 的维数. 复表示的特征标是类函数, 它们在 $X_{\mathbb{C}}(G)$ 中张成一个维数 $s \leqslant r$ 的线性子空间. 根据定理 3.32, 不可约复表示的特征标是这个子空间的标准正交基. 于是, 我们关心的数等于 s, 它不超过 G 的共轭类的个数 r. 剩下的事情是证明 $s = r$.

引理 3.37　假设 Γ 是有限群 G 的类函数, (Φ, V) 是 G 的复不可约表示, χ_Φ 是其特征标. 定义线性算子

$$\Phi_\Gamma = \sum_{h \in G} \overline{\Gamma(h)} \, \Phi(h) : V \to V.$$

那么 $\Phi_\Gamma = \lambda \mathcal{E}$, 其中

$$\lambda = \frac{|G|}{\dim V} (\chi_\Phi, \Gamma)_G.$$

证明　由于 Γ 是类函数, 所以

$$\Phi(g) \Phi_\Gamma \Phi(g)^{-1} = \sum_{h \in G} \overline{\Gamma(h)} \, \Phi(g) \Phi(h) \Phi(g)^{-1}$$

$$= \sum_{h \in G} \overline{\Gamma(ghg^{-1})} \, \Phi(ghg^{-1})$$

$$= \sum_{t \in G} \overline{\Gamma(t)} \, \Phi(t) = \Phi_\Gamma.$$

这说明, $\Phi_\Gamma \Phi(g) = \Phi(g) \Phi_\Gamma$, $\forall g \in G$. 即 Φ_Γ 是 G-表示同态. 根据舒尔引理 (定理 3.28), 有 $\Phi_\Gamma = \lambda \mathcal{E}$. 这个等式两边取迹, 得

$$\lambda \dim V = \operatorname{tr} \lambda \mathcal{E} = \operatorname{tr} \Phi_\Gamma$$

$$= \sum_{h \in G} \overline{\Gamma(h)} \operatorname{tr} \Phi(h)$$

$$= |G| \cdot |G|^{-1} \sum_{h \in G} \chi_\Phi(h) \overline{\Gamma(h)}$$

$$= |G| (\chi_\Phi, \Gamma)_G.$$

由此得到引理中关于 λ 的等式. $\qquad\qquad\square$

群 G 的复不可约表示给出的特征标将称为 G **的不可约特征标**.

引理 3.38 有限群 G 的不可约特征标全体构成类函数空间 $X_{\mathbb{C}}(G)$ 的标准正交基.

证明 设 $\chi_1, \cdots, \chi_s$ 是 G 的不可约特征标全体. 根据定理 3.32, 它们是标准正交向量组. 我们证明这些不可约特征标张成的子空间在 $X_{\mathbb{C}}(G)$ 中的正交补是 0, 从而不可约特征标全体构成类函数空间 $X_{\mathbb{C}}(G)$ 的标准正交基.

设 Γ 是 G 的类函数, 与所有的不可约特征标 χ_i 正交, 即 $(\chi_i, \Gamma)_G = 0$.

对 G 的任意有限维复表示 (Φ, V), 定义线性算子

$$\Phi_\Gamma = \sum_{h \in G} \overline{\Gamma(h)} \, \Phi(h) : V \to V.$$

根据 Maschke 定理, (Φ, V) 可以分解成不可约子表示 $(\Phi^{(1)}, V_1)$, $\cdots$, $(\Phi^{(p)}, V_p)$ 的直和. 相应地, Φ_Γ 有直和分解

$$\Phi_\Gamma = \Phi_\Gamma^{(1)} \oplus \cdots \oplus \Phi_\Gamma^{(p)}.$$

注意对所有的 j, 特征标 χ_{V_j} 是不可约的. 由于 Γ 与所有的不可约特征标正交, 根据引理 3.37, 有

$$\Phi_\Gamma^{(j)} = \frac{|G|}{\dim V_j} (\chi_{V_j}, \Gamma) \mathcal{E} = 0 \cdot \mathcal{E} = \mathcal{O}.$$

这说明 Φ_Γ 是零算子.

把这个结论应用到例 3.8 定义的正则表示 ρ. 这时表示空间 V 有基 v_h, $h \in G$. 群在 V 上的作用是 $\rho(g)v_h = v_{gh}$. 我们有

$$0 = \rho_\Gamma(v_e) = \sum_{h \in G} \overline{\Gamma(h)}\, \rho(h)v_e$$
$$= \sum_{h \in G} \overline{\Gamma(h)}\, v_h.$$

于是所有的 $\overline{\Gamma(h)}$ 都等于 0. 从而 $\Gamma = 0$. 定理 3.36 得证.　　　　□

在例 3.22 中, 我们找到了 S_3 的三个不可约复表示: 平凡表示 $\Phi^{(1)}$, 符号表示 $\Phi^{(2)}$, 二维不可约表示 $\Phi^{(3)}$. 应用定理 3.36 知道它们就是 S_3 所有的不可约表示 (在同构意义下). 顺便说一下, 这三个不可约表示的维数的平方和 $1^2 + 1^2 + 2^2 = 6$ 正是 S_3 的阶. 下面将会看到, 一般情况有类似的关系.

二　不可约表示的维数　正则表示 ρ 在证明定理 3.36 中起了重要的作用, 现在对它作一些更详细的考察. 表示空间是 $\mathbb{C}[G] = \langle v_g \,|\, g \in G \rangle_{\mathbb{C}}$. 用 R_h 记线性算子 $\rho(h)$ 在基 $\{v_g \,|\, g \in G\}$ 下的矩阵. 因为 $\rho(h)e_g = e_{hg}$, 所以当 $h \neq e$ 时, 矩阵 R_h 的对角线上的数值都是 0, 从而 $\operatorname{tr} R_h = 0$. 于是, 正则表示的特征标 χ_ρ 的取值是

$$\chi_\rho(e) = |G|, \quad \chi_\rho(h) = 0, \quad \forall\, h \neq e. \tag{3.5.26}$$

这些信息可以确定 ρ 的不可约分解. 设 (Φ, V) 是 G 的复不可约表示. 根据推论 3.33(1), Φ 在 ρ 中出现的重数等于内积 $(\chi_\rho, \chi_\Phi)_G$. 由 (3.5.26) 得

$$(\chi_\rho, \chi_\Phi)_G = |G|^{-1} \sum_{h \in G} \chi_\rho(h)\, \overline{\chi_\Phi(h)}$$
$$= |G|^{-1} \chi_\rho(e) \overline{\chi_\Phi(e)} = |G|^{-1} \cdot |G| \chi_\Phi(e) = \dim V. \tag{3.5.27}$$

这意味着, 在同构意义下, 每个不可约表示在正则表示中出现, 其出现的重数等于它的维数. 按照定理 3.36, 在同构意义下, G 有 r 个不等价的不可约复表示

$$\Phi^{(1)},\ \Phi^{(2)},\ \cdots,\ \Phi^{(r)},$$

这里 r 是群 G 的共轭类的个数. 一般 $\Phi^{(1)}$ 取为单位表示 (即平凡表示). 这些不可约表示的维数记作 $n_1,\, n_2,\, \cdots,\, n_r$, 那么有

$$\rho \simeq n_1 \Phi^{(1)} \oplus n_2 \Phi^{(2)} \oplus \cdots \oplus n_r \Phi^{(r)}.$$

由此得到特征标的关系

$$\chi_\rho = n_1\chi_1 + n_2\chi_2 + \cdots + n_r\chi_r, \quad \text{其中 } \chi_i = \chi_{\Phi^{(i)}}.$$

等式两边在单位元处取值, 得

$$|G| = \chi_\rho(e) = n_1\chi_1(e) + n_2\chi_2(e) + \cdots + n_r\chi_r(e)$$
$$= n_1^2 + n_2^2 + \cdots + n_r^2.$$

定理 3.39 在同构意义下, 有限群 G 的每个复不可约表示 $\Phi^{(i)}$ 在正则表示中出现, 其出现的重数就是它的维数. 群 G 的所有复不可约表示的维数 n_1, n_2, $\cdots$, n_r 和群的阶 $|G|$ 满足如下关系:

$$\sum_{i=1}^{r} n_i^2 = |G|. \tag{3.5.28}$$

这个漂亮的关系对讨论群的表示是很有用的. 当群的阶不大时, 它可以确定所有不可约表示的维数. 不过, 在一般情况下, 确定有限群的特征标并不是一件容易的事情, 有时会用到艰深的几何工具.

把不可约特征标的值写成表格式是方便的:

G	e	g_2	g_3	$\cdots$	g_r
χ_1	n_1	$\chi_1(g_2)$	$\chi_1(g_3)$	$\cdots$	$\chi_1(g_r)$
χ_2	n_2	$\chi_2(g_2)$	$\chi_2(g_3)$	$\cdots$	$\chi_2(g_r)$
$\vdots$	$\vdots$	$\vdots$	$\vdots$	$\vdots$	$\vdots$
χ_r	n_r	$\chi_r(g_2)$	$\chi_r(g_3)$	$\cdots$	$\chi_r(g_r)$

该表称为**特征标表**. 表的第一行是 G 的 r 个共轭类的代表元 g_1, $\cdots$, g_r. 例如群 S_3 的特征标表为

S_3	e	$(1\ 2)$	$(1\ 2\ 3)$
χ_1	1	1	1
χ_2	1	-1	1
χ_3	2	0	-1

它来自例 3.22 的表.

如常, $g \in G$ 在群 G 中的中心化子记作 $C_G(g)$, 包含 g 的共轭类记作 $\mathcal{C}_g$. 有 $|C_G(g)| \cdot |\mathcal{C}_g| = |G|$ (参见 1.2 节第三、四部分). 设 G 的共轭类是 $\mathcal{C}_i = \mathcal{C}_{g_i}$, $i =$

1, 2, $\cdots$, r. 特征标是类函数, 于是, 第一正交关系 (3.4.23) 可以改写成

$$(\chi_i, \chi_k)_G = \frac{1}{|G|} \sum_{g \in G} \chi_i(g)\, \overline{\chi_k(g)}$$

$$= \sum_{j=1}^{r} \sum_{g \in \mathcal{C}_j} \frac{1}{|G|} \cdot \chi_i(g)\, \overline{\chi_k(g)}$$

$$= \sum_{j=1}^{r} \frac{|\mathcal{C}_i|}{|G|} \cdot \chi_i(g_j)\, \overline{\chi_k(g_j)}$$

$$= \sum_{j=1}^{r} \frac{1}{|C_G(g_j)|} \cdot \chi_i(g_j)\, \overline{\chi_k(g_j)}$$

$$= \sum_{j=1}^{r} \frac{\chi_i(g_j)}{\sqrt{|C_G(g_j)|}} \cdot \frac{\overline{\chi_k(g_j)}}{\sqrt{|C_G(g_j)|}}$$

$$= \delta_{ik}.$$

这表明, r 阶方阵

$$M = \left(\frac{\chi_i(g_j)}{\sqrt{|C_G(g_j)|}} \right)$$

的行向量是标准正交组 (即向量组由单位向量构造, 不同的向量正交), 所以是酉矩阵. 这等价于列向量是标准正交向量组 ($M \cdot {}^t\overline{M} = E = {}^t\overline{M} \cdot M$), 于是

$$\sum_{i=1}^{r} \frac{\chi_i(g_j)}{\sqrt{|C_G(g_j)|}} \cdot \frac{\overline{\chi_i(g_k)}}{\sqrt{|C_G(g_k)|}} = \delta_{jk}.$$

它可以写得更简洁优美

$$\sum_{i=1}^{r} \chi_i(g)\, \overline{\chi_i(h)} = \begin{cases} 0, & \text{如果 } g \text{ 和 } h \text{ 不共轭}, \\ |C_G(g)|, & \text{如果 } g \text{ 和 } h \text{ 共轭}. \end{cases} \tag{3.5.29}$$

该关系式称为**特征标的第二正交关系**.

　　三　交换群的表示　例 3.17 中描写了有限循环群的复不可约表示. 一般有限交换群的情形是类似的.

　　定理 3.40　有限交换群 A 的复不可约表示的维数都是 1. 群 A 的不可约特征标的个数等于 A 的阶. 反之, 如果群 A 的复不可约表示的维数都是 1, 那么 A 是交换群.

　　证明　交换群 A 的共轭类的个数等于它的阶, 于是前两个结论由定理 3.39 推出. 如果在关系式 (3.5.28) 中所有的 n_i 等于 1, 则有 $r = |A|$. 这等于说群是交换的.　　　　　　　　　　　　　　　　　　　　　　　　　　　　　　□

有限交换群 A 的不可约特征标就是群同态 $A \to \mathbb{C}^*$. 群 A 到 $\mathbb{C}^*$ 的同态全体记作

$$\hat{A} = \mathrm{Hom}\,(A, \mathbb{C}^*).$$

它就是 A 的不可约特征标全体形成的集合. 定义不可约特征标之间的乘法如下:

$$(\chi\psi)(a) = \chi(a)\,\psi(a), \quad a \in A.$$

单位表示的特征标是这个乘法的单位元, χ 的逆是 $\bar{\chi}$. 于是, 在这个乘法下, $\hat{A}$ 是群, 称为A **的特征标群**.

定理 3.41 群 A 与群 $\hat{A}$ 同构.

证明 由上一个定理知, 两个群的阶是一样的. 群 A 中的运算写为乘法. 根据定理 1.18 或 1.19, 群 A 分解为一些循环群 $A_i = \langle a_i \rangle$ 的直积

$$A = A_1 \times A_2 \times \cdots \times A_k.$$

例 3.17 中所定义的循环群的特征标很容易提升为有限交换群的特征标. 设 $|A_i| = s_i$, ε_i 是 1 的 s_i 次本原根. 定义

$$\chi_i : A \to \mathbb{C}^*, \quad a_1^{t_1} \cdots a_i^{t_i} \cdots a_k^{t_k} \to \varepsilon_i^{t_i}.$$

那么 χ_i 是 A 的特征标, 阶为 s_i.

由于

$$\chi_1^{r_1} \cdots \chi_i^{r_i} \cdots \chi_k^{r_k}(a_i) = \varepsilon_i^{r_i},$$

所以特征标 $\chi_1^{r_1} \cdots \chi_i^{r_i} \cdots \chi_k^{r_k}$ 是 $\hat{A}$ 中的单位元 (即单位表示的特征标) 当且仅当诸 r_i 是 s_i 的倍数, 它等价于诸 $\chi_i^{r_i}$ 是单位元. 于是 χ_1, χ_2, $\cdots$, χ_k 生成的群的阶是 $s_1 s_2 \cdots s_k = |A| = |\hat{A}|$. 这说明 $\hat{A}$ 是它的子群 $\langle \chi_1 \rangle$, $\langle \chi_2 \rangle$, $\cdots$, $\langle \chi_k \rangle$ 的直积

$$\hat{A} = \langle \chi_1 \rangle \times \langle \chi_2 \rangle \times \cdots \times \langle \chi_k \rangle.$$

到这里, 从群 A 到群 $\hat{A}$ 的同构就一目了然了. □

定理的证明显然也构造了有限交换群的所有不可约复表示 (一维表示和它们的特征标本质上是一回事).

例 3.42 设 $V_{2^n} = C_2 \times \cdots \times C_2$ 是 n 个 2 阶循环群的直积, χ 是其一个非平凡的不可约复特征标, 即 $\chi(a) \neq 1$ 对某个 $a \in V_{2^n}$. 那么 $\mathrm{Ker}\,\chi = B \simeq V_{2^{n-1}}$ 且有 V_{2^n} 关于 B 的陪集分解 $V_{2^n} = B \cup aB$. 于是

$$\chi(a^i b) = (-1)^i, \quad i = 0,\, 1.$$

特别, 克莱因四元群 V_4 (已出现在例 2.9 中) 有下列的特征标表:

V_4	e	a	b	ab
χ_1	1	1	1	1
χ_2	1	-1	1	-1
χ_3	1	1	-1	-1
χ_4	1	-1	-1	1

交换群的表示和非交换群的表示也是有联系的.

定理 3.43　有限群 G 的一维复表示与商群 G/G' (这里 G' 为 G 的换位子群) 的不可约复表示之间有自然的一一对应, 在同构意义下它们的个数等于 G' 在 G 中的指标 $[G:G']$.

证明　我们用表示的矩阵形式. 设 $\Phi : G \to \mathbb{C}^* = GL_1(\mathbb{C})$ 是群同态. 根据定理 2.2(1), $G/\mathrm{Ker}\,\Phi \simeq \mathrm{Im}\,\Phi \subset \mathbb{C}^*$ 是交换群, 从而 $\mathrm{Ker}\,\Phi \supset G'$ (参见定理 2.5). 再利用定理 2.2 (3) 知存在唯一的群同态 $\overline{\Phi} : G/G' \to \mathbb{C}^*$ 使得图 3.5.4 交换, 其中 $\pi : G \to G/G'$ 是自然映射.

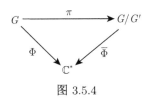

图 3.5.4

反之, 如果 $\overline{\Phi} : G/G' \to \mathbb{C}^*$ 是群同态, 那么 $\overline{\Phi}\pi : G \to \mathbb{C}^*$ 是 G 的一维表示. 可见映射 $\Phi \to \overline{\Phi}$ 给出需要的一一映射. 关于个数的结论来自定理 3.40.　　　　□

这个定理的证明方法实际上可以得到更一般的结论.

定理 3.44　设 N 是有限群 G 的正规子群, $\pi : G \to G/N$ 是自然映射. 那么任意的表示 $\overline{\Phi} : G/N \to GL(V)$ 与映射 π 合成得到 G 的一个表示 $(\overline{\Phi}\pi, V)$, 其核 $\mathrm{Ker}\,(\overline{\Phi}\pi)$ 包含 N. 反之, 任给群 G 的表示 (Φ, V), 如果 $\mathrm{Ker}\,\Phi \supset N$, 那么群 G/N 有唯一的表示 $\overline{\Phi} : G/N \to GL(V)$ 使得 $\Phi = \overline{\Phi}\pi$. 映射 $\overline{\Phi} \to \Phi$ 给出了从 G/N 的表示到 G 的核包含 N 的表示之间的一一对应.

四　某些特殊群的表示　看上去可以通过分解群的正则表示得到有限群的所有不可约表示. 但实际上, 对阶数不大的群如 S_4, 就不容易做到这一点. 一般情况, 给出正则表示的不可约分解则是根本做不到的事情. 需要其他的办法得到群的不可约表示. 特征标表是一个有效的工具, 几何与分析的工具也是很有价值的.

下面是几个简单的例子, 能感受到特征标的精妙.

(i) 群 G 是作用在 $\Omega = \{1, 2, \cdots, n\}$ 上的 2-可迁群 (见 1.2 节第六部分). 再令 Φ 是群 G 在向量空间 $V = \langle v_1, v_2, \cdots, v_n \rangle_{\mathbb{C}}$ 上的自然表示, 群作用是 $\Phi(g)v_i = v_{g(i)}$ (见例 3.16). 容易看出, 特征标值 $\chi_\Phi(g)$ 就是 g 在 Ω 中的不动点的个数 N_g, 即在 g 作用下不变的基向量 v_i 的个数. 根据定理 1.7(2), 有

$$\sum_g \chi_\Phi(g)\overline{\chi_\Phi(g)} = \sum_g \chi_\Phi(g)^2 = \sum_g N_g^2 = 2|G|.$$

显然它可以改写成

$$(\chi_\Phi, \chi_\Phi)_G = 2. \tag{3.5.30}$$

把这个等式与公式 (3.4.25) 比较, 可知 Φ 是两个不同的不可约表示的直和 (2=1+1 是 2 写成正整数平方和的唯一方式). 但是我们也知道, $\Phi = \Phi^{(1)} \oplus \Psi$, 其中 $\Phi^{(1)}$ 是单位表示, 作用在 $v_1 + v_2 + \cdots + v_n$ 张成的一维空间上, Ψ 作用在 $v_1 - v_2$, $v_2 - v_3$, $\cdots$, $v_{n-1} - v_n$ 张成的 $n-1$ 维空间上. 表示 Ψ 一定是不可约的, 否则它至少有两个不可约的子表示, 从而 Φ 的不可约分解式中的项数超过 2. 于是我们得到下列不平凡的论断.

一个集合的 2-可迁群的自然复表示 (Φ, V) 是单位表示和一个不可约表示的直和.

我们知道, 群 S_n $(n \geqslant 3)$ 和 A_n $(n \geqslant 4)$ 都是 2-可迁地作用在 $\Omega = \{1, 2, \cdots, n\}$ 上, 所以它们都有 $n-1$ 维的复不可约表示 Ψ, 其特征标 χ_Ψ 由如下公式计算:

$$\chi_\Psi(g) = N_g - 1. \tag{3.5.31}$$

我们在例 3.22 中讨论了群 S_3 的表示并计算了矩阵 Ψ_g. 对一般的情况, 要直接算出矩阵 Ψ 不困难但繁琐, 公式 (3.5.31) 给出非常简便的方式计算其特征标值, 尤其是在知道置换的循环分解时. 下面是几个简单的例子.

A_4	e	$(1\,2)(3\,4)$	$(1\,2\,3)$	$(1\,3\,2)$
χ	3	-1	0	0

S_4	e	$(1\,2)(3\,4)$	$(1\,2)$	$(1\,2\,3)$	$(1\,2\,3\,4)$
χ	3	-1	1	0	-1

A_5	e	(1 2)(3 4)	(1 2 3)	(1 2 3 4 5)	(1 2 3 5 4)
χ	4	0	1	-1	-1

(ii) 交错群 A_4 的不可约表示. 我们整理一下已经知道的事实. 群 A_4 有 4 个共轭类. 表中第一行是群的阶和共轭类中元素的个数, 第二行是群和共轭类的代表元, 第三 ~ 六行是特征标在共轭类的取值.

12	1	3	4	4
A_4	e	(1 2)(3 4)	(1 2 3)	(1 3 2)
χ_1	1	1	1	1
χ_2	1	1	ε	ε^{-1}
χ_3	1	1	ε^{-1}	ε
χ_4	3	-1	0	0

换位子群 $A_4' = V_4 = \{e, (1\,2)(3\,4), (1\,3)(2\,4), (1\,4)(2\,3)\}$ 在 A_4 中的指标是 3, 所以 A_4 有 3 个一维表示 (参见定理 3.43): $\Phi^{(1)} = \chi_1$, $\Phi^{(2)} = \chi_2$, $\Phi^{(3)} = \chi_3$. 它们的核是 A_4', ε 是 1 的 3 次本原根. 群 A_4 有 4 个共轭类, 所以它还有一个不可约表示 $\Phi^{(4)}$, 根据公式 (3.5.28), 这个不可约表示是 3 维的 ($12 = 1 + 1 + 1 + 3^2$). 由于这里只有一个 3 维不可约表示, 所以 $\Phi^{(4)}$ 与例 3.35 中四面体群 A_4 的自然表示 Φ 等价, 也等价于 2-可迁群 A_4 的自然表示中的三维子表示.

(iii) 对称群 S_4 的不可约表示. 表格的安排和交错群的情形是类似的.

24	1	3	6	8	6
S_4	e	(1 2)(3 4)	(1 2)	(1 2 3)	(1 2 3 4)
χ_1	1	1	1	1	1
χ_2	1	1	-1	1	-1
χ_3	2	2	0	-1	0
χ_4	3	-1	-1	0	1
χ_5	3	-1	1	0	-1

χ_1 是单位表示, χ_2 是符号表示. 因为 $[S_4 : S_4'] = 2$ (见例 2.6), 所以 S_4 只有这两个一维表示. 二维不可约表示来自 S_3 的二维表示, 因为 V_4 是 S_4 的正规子群且 $S_4/V_4 \simeq S_3$ (见例 2.21), 根据定理 3.44, S_3 的不可约表示可以自然成为 S_4 的不可约表示. 具有特征标 χ_4 的表示 $\Phi^{(4)}$ 与正六面体群的自然表示 Φ 等价 (参见例 3.35). 具有特征标 χ_5 的表示 $\Phi^{(5)} = \Psi$ 等价于 2-可迁群 S_4 的自然表示的三维子表示. 它也等价于正四面体 $\triangle_4$ 的所有保距变换 (旋转加反射) 的自然表示.

(iv) 四元数群 Q_8 的不可约表示　关于四元数群 Q_8 已经在例 2.17 中介绍过了, 那里给出了 (但没有用表示的术语) 具有下列特征标 χ_5 的一个二维不可约表示

$\Phi^{(5)}$:

8	1	1	2	2	2
Q_8	e	a^2	a	b	ab
χ_1	1	1	1	1	1
χ_2	1	1	-1	-1	1
χ_3	1	1	-1	1	-1
χ_4	1	1	1	-1	-1
χ_5	2	-2	0	0	0

换位子群 $Q_8' = \langle a^2 \rangle$, 所以 Q_8/Q_8' 是克莱因四元群, 它们的四个不可约表示 (参见例 3.42) 自然是 Q_8 的不可约表示.

习 题 3.5

1. 确定二面体群 D_4, D_5, D_6 的复不可约表示的维数.

2. 非阿贝尔群 G 的阶是 55. 确定它的共轭类的个数和每个共轭类的基数, 进而确定它的不可约特征标.

3. 确定二面体群 D_4, D_5, D_6 的特征标表.

4. 设 G 是二面体群 D_5, 通过生成元 x, y 和关系 $x^5 = e$, $y^2 = e$, $yxy^{-1} = x^{-1}$ 呈示. 设 χ 是 G 的一个二维复表示的特征标.

(1) 关系 $x^5 = e$ 能告诉我们 $\chi(x)$ 什么信息?

(2) 元素 x 与 x^{-1} 共轭能告诉我们 $\chi(x)$ 什么信息?

(3) 确定 G 的特征标表.

(4) 把 D_5 的每个不可约特征标在循环群 C_5 上的限制分解成 C_5 的不可约特征标的和.

5. 设 χ 是群 G 的 d 维复表示 Φ 的特征标. 证明: 对任何有限阶元素 $g \in G$ 有 $|\chi(g)| \leqslant d$, 并且, 如果 $|\chi(g)| = d$, 则 $\Phi(g) = \xi\mathcal{E}$, 其中 ξ 是某个单位根. 于是, 如果 $\chi(g) = d$, 那么 $\Phi(g)$ 是恒等算子 $\mathcal{E}$.

6. 立方体的旋转群 (正六面体群) 作用在如下集合上:

(i) 立方体的六个面;

(ii) 三组对立面;

(iii) 八个顶点;

(iv) 四组对顶点 (距离最远的两个顶点构成一组对顶点);

(v) 六组对立边 (对立边就是两条平行的边, 它们确定的平面包含立方体的中心);

(vi) 两个内接的正四面体.

把这些作用对应的表示 (参见例 3.16) 的特征标分解成不可约特征标的和.

7. 把类函数 Γ_i (见公式 (3.4.21) 表成不可约特征标的线性组合 $\Gamma_i = \sum_j t_{ij}\chi_j$, 其中 $t_{ij} = (\Gamma_i, \chi_j)_G$. 由此得出第二正交关系 (3.5.29).

8. 证明 (回想一下有限维向量空间 V 和它的对偶的对偶 $(V^*)^* = V^{**}$ 之间的同构), 由公式 $a^\tau(\chi) = \chi(a)$ 定义的映射 $\tau : A \to \hat{A}$, $a \to a^\tau$ 是有限阿贝尔群 A 到 $\hat{A}$ 的同构.

这个结论和定理 3.41 一起建立了所谓的有限阿贝尔群的对偶原理. 对拓扑阿贝尔群有类似的但深刻得多的对偶原理, 由苏联数学家庞特里亚金创立.

9. 假设 A 是有限交换群, B 是其子群. 证明: B 的每一个不可约特征标都可以延拓为 A 的不可约特征标, 且这样的延拓的个数等于指标 $[A : B]$.

10. 证明: 对称群 S_4 的不可约特征标 χ_5 (参见本节第四部分 (iii) 的表) 等价于正四面体 $\triangle_4$ 的所有保距变换 (旋转加反射) 的自然表示的特征标.

11. 有限群 G 的复特征标 χ 的所有取值的平均 $\dfrac{1}{|G|}\sum_{g \in G}\chi(g)$ 等于什么?

12. 收集群 A_5 的已知的不可约特征标的信息, 得到如下特征标表:

60	1	15	20	12	12
A_5	e	$(1\ 2)(3\ 4)$	$(1\ 2\ 3)$	$(1\ 2\ 3\ 4\ 5)$	$(1\ 2\ 3\ 5\ 4)$
χ_1	1	1	1	1	1
χ_2	3	-1	0	$(1+\sqrt{5})/2$	$(1-\sqrt{5})/2$
χ_3	3	-1	0	$(1-\sqrt{5})/2$	$(1+\sqrt{5})/2$
χ_4	4	0	1	-1	-1
χ_5	*	*	*	*	*

描述具有特征标 $\chi_1, \chi_2, \chi_3, \chi_4$ 的不可约表示, 并利用特征标第二正交关系 (3.5.29) 填写表格的最后一行.

13. 回忆 1.2 节第四部分的 p^3 阶群

$$G = \left\{ \begin{pmatrix} 1 & 0 & 0 \\ a & 1 & 0 \\ c & b & 1 \end{pmatrix} \middle| a, b, c \in \mathbb{F}_p \right\}.$$

命

$$A = \begin{pmatrix} 1 & 0 & 0 \\ 1 & 1 & 0 \\ 0 & 0 & 1 \end{pmatrix}, \quad B = \begin{pmatrix} 1 & 0 & 0 \\ 0 & 1 & 0 \\ 0 & 1 & 1 \end{pmatrix}, \quad C = \begin{pmatrix} 1 & 0 & 0 \\ 0 & 1 & 0 \\ 1 & 0 & 1 \end{pmatrix}.$$

那么 $G = \{A^i B^j C^k \,|\, 0 \leqslant i, j, k \leqslant p-1\}$. 令 $V = \langle e_0, e_1, \cdots, e_{n-1} \rangle_{\mathbb{C}}$ 是 n 维复向量空间, ε 为 1 的 p 次本原根, $\mathcal{A}$, $\mathcal{B}$, $\mathcal{C}$ 是 V 上线性算子, 由如下关系定义:

$$\mathcal{A} e_i = e_{i+1}, \quad \mathcal{B}^k e_i = \varepsilon^{-ki} e_i, \quad \mathcal{C}^k e_i = \varepsilon^k e_i, \quad 0 \leqslant i \leqslant p-1,$$

(基向量的下标按模 p 来取, 即按 $\mathbb{F}_p$ 中的元素来取).

证明: 映射

$$\Phi^{(k)} : A \to \mathcal{A}, \quad B \to \mathcal{B}^k, \quad C \to \mathcal{C}^k$$

确定了群 G 的一个不可约表示. 表示 $\Phi^{(1)}$, $\cdots$, $\Phi^{(p-1)}$ 互不等价, 且与 p^2 个一维表示一起 (p^2 为换位子群 $G' = \langle C \rangle$ 在 G 中的指标) 构成群 G 的所有不可约表示 (在同构意义下).

14. 下面是关于二面体群 D_n 的表示的若干论断, 请补充有关的证明和计算细节. 设

$$D_n = \langle a, b \,|\, a^n = e, b^2 = e, bab^{-1} = a^{n-1} \rangle$$

是阶为 $2n$ 的二面体群. 它的结构性质 (包括共轭类的描述) 在例 2.15, 命题 2.16 及随后的讨论已经给出. 由于 $\langle a \rangle \lhd D_n$, 所以映射 $a \to 1$, $b \to 1$ 和 $a \to 1$, $b \to -1$ 给出 D_n 的两个一维表示. 令 ε 为 1 的 n 次本原根. 那么映射

$$\Phi^{(j)} : a \to \begin{pmatrix} \varepsilon^j & 0 \\ 0 & \varepsilon^{-j} \end{pmatrix}$$

可以确定 D_n 的一个二维表示. 表示 $\Phi^{(j)}$ 在 $j = 1$, 2, $\cdots$, $\left[\dfrac{(n-1)}{2} \right]$ 时是不可约 (这里 $[k]$ 表示 k 的整数部分). 当 $n = 2m$ 时, $\Phi^{(m)}$ 可分解为两个一维表示: $a \to -1$, $b \to 1$ 和 $a \to -1$, $b \to -1$ 的直和. 这呼应了换位子群的结果: 换位子群 D'_{2m} 在 D_{2m} 中的指标是 4 且有 $D_{2m}/D'_{2m} \simeq C_2 \times C_2$. 前面所指出的不可约表示就是 D_n 的复不可约表示全体. 找出表示 $\Phi^{(j)}$ 的实形式 (即在表示空间上找一个基使得 $\Phi^{(j)}(a)$ 和 $\Phi^{(j)}(b)$ 都是实矩阵), 以明确的形式说明在诸 $\Phi^{(i)}$ $(1 \leqslant i \leqslant n)$ 之间的同构.

15. **晶体群.** 设 $\mathbb{E}$ 是 n 维欧几里得空间, V 是相伴 (即关联) 的欧几里得向量空间 (参见第二卷 4.2 节). 空间 $\mathbb{E}$ 的运动 d 都是仿射变换且其线性部分 $\bar{d}$ 是 V 的正交变换, 即 $\bar{d} \in O(V)$ (参见第二卷定理 4.48), 而且有 $\overline{d_1 d_2} = \bar{d}_1 \bar{d}_2$ (参见第二卷定理 4.41). 设 G 为空间 $\mathbb{E}$ 的一些运动构成的群. 如果 $\mathbb{E}$ 中任意点的 G-轨道都是离散的 (即轨道中任意两点的距离都大于某个正常数) 且存在紧集 $M \subset \mathbb{E}$ (即 M 是 $\mathbb{E}$ 中的有界闭集) 使得 $G(M) = \bigcup_{d \in G} d(M) = \mathbb{E}$, 那么称 G 为**晶体群** (crystallographic group). 根据 Schönflies-Bieberbach 定理, 晶体群 G 含有 n 个线性无关的平移, 它们在 G 中生成一个正规子群 L, 并且 $\bar{G} = G/L$ 是有限群 (晶体点群, crystallographic

point group). 当 $n = 3$ 时, 不同的晶体点群共有 32 个. 显然, 它们当中有群包含反射 (非规矩运动, 或说非刚体运动, improper motion, 即线性部分的行列式为 -1 的运动). 由晶体的条件, $\bar{G}$ 中任何规矩的旋转的旋转角 θ 只能是 0, $\pi/3$, $\pi/2$, $2\pi/3$, π, $4\pi/3$, $3\pi/2$, $5\pi/3$. 换句话说, $1 + 2\cos\theta \in \mathbb{Z}$, 即旋转的矩阵的迹是整数, 因为根据欧拉定理, 三维欧里得空间的旋转都是绕某个轴的旋转, 从而适当选取标准正交基, 旋转的矩阵就有如下形式:

$$\begin{pmatrix} 1 & 0 & 0 \\ 0 & \cos\theta & -\sin\theta \\ 0 & \sin\theta & \cos\theta \end{pmatrix}.$$

根据这个事实和定理 3.26, 证明: 当 $n = 3$ 时, 不含反射的晶体点群只有循环群 C_1, C_2, C_3, C_4, C_6, 二面体群 D_2, D_3, D_4, D_6, 正四面体群 $\mathbf{T}$ 和立方体群 (正六面体群) $\mathbf{O}$.

3.6　群 $SU(2)$ 和群 $SO(3)$ 的表示

一　群 $SU(2)$ 通过矩阵乘法自然作用在列向量空间 $\mathbb{C}^2$ 上: $(g, u) \to gu$. 这个作用带来 $SU(2)$ 在二元复函数上的作用. 对二元复函数 $\alpha: \mathbb{C}^2 \to \mathbb{C}$ 和 $g \in SU(2)$, 定义

$$(g\alpha)(u) = \alpha(g^{-1}u), \quad u \in \mathbb{C}^2. \tag{3.6.32}$$

这是群的线性作用, 也就是说, 有

(i) $e\alpha = \alpha$.

(ii) $(gh)\alpha = g(h\alpha)$.

(iii) $g(a\alpha + b\beta) = ag\alpha + bg\beta$.

其中 g, $h \in SU(2)$, a, b 是复数, α, β 是二元复函数. 和过去一样, e 是群中的单位元. (i) 是显然的. (ii) 和 (iii) 的验证如下:

$$\begin{aligned} [g(h\alpha)](u) &= (h\alpha)(g^{-1}u) = \alpha(h^{-1}g^{-1}u) \\ &= \alpha((gh)^{-1}u) = [(gh)\alpha](u), \\ [g(a\alpha + b\beta)](u) &= (a\alpha + b\beta)(g^{-1}u) \\ &= a\alpha(g^{-1}u) + b\beta(g^{-1}u) = a[g\alpha(u)] + b[g\beta(u)] \\ &= (ag\alpha + bg\beta)(u). \end{aligned}$$

二元复函数空间太大了, 难以得出有意义的结论. 我们选一个较简单的不变子

空间讨论: 多项式函数空间. 二元多项式函数有如下形式:

$$\alpha : \mathbb{C}^2 \to \mathbb{C}, \quad \begin{pmatrix} x \\ y \end{pmatrix} \to \sum a_{ij} x^i y^j, \quad a_{ij} \in \mathbb{C}.$$

对 $g = \begin{pmatrix} a & b \\ -\bar{b} & \bar{a} \end{pmatrix} \in SU(2)$, 有 $g^{-1} = \begin{pmatrix} \bar{a} & -b \\ \bar{b} & a \end{pmatrix}$. 从而 g 在 α 上的作用是

$$
\begin{aligned}
g\alpha \begin{pmatrix} x \\ y \end{pmatrix} &= \alpha \left[\begin{pmatrix} \bar{a} & -b \\ \bar{b} & a \end{pmatrix} \begin{pmatrix} x \\ y \end{pmatrix} \right] \\
&= \alpha \begin{pmatrix} \bar{a}x - by \\ \bar{b}x + ay \end{pmatrix} \\
&= \sum a_{ij} (\bar{a}x - by)^i (\bar{b}x + ay)^j.
\end{aligned}
$$

复数域上的多项式函数环与多项式环是同构的. 现在我们离开函数的观点, 直接与多项式环打交道. 按习俗, $\mathbb{C}[x, y]$ 表复数域上二元多项式环. 前面的讨论表明 $SU(2)$ 线性作用在 $\mathbb{C}[x, y]$ 上

$$\left[\begin{pmatrix} a & b \\ -\bar{b} & \bar{a} \end{pmatrix} \alpha \right](x, y) = \alpha(\bar{a}x - by, \bar{b}x + ay), \quad \alpha \in \mathbb{C}[x, y]. \tag{3.6.33}$$

显然, 这个群作用把齐次多项式变为同次数的齐次多项式, 所以由 n 次齐次二元复多项式张成的空间

$$V_n = \langle x^k y^{n-k} \,|\, k = 0,\ 1,\ \cdots,\ n \rangle_{\mathbb{C}}$$

是 $\mathbb{C}[x, y]$ 的 $SU(2)$ 不变子空间. 这个不变子空间给出的表示记作 $\Psi^{(n)}$.

定理 3.45 群 $SU(2)$ 的表示 $(\Psi^{(n)}, V_n)$ 是不可约的, 维数是 $n+1$. 当 $n = 2m$ 是偶数时, $\Psi^{(n)}$ 也是 $SO(3) \simeq SU(2)/\{\pm E\}$ 的不可约表示.

证明 假设 U 是 V_n 的 $SU(2)$-子空间, 含有非零元素

$$\alpha(x, y) = \sum_{k=0}^{n} c_k x^k y^{n-k}.$$

用群 $SU(2)$ 中的对角元素 $D_\varphi = \text{diag}\,(e^{i\varphi}, e^{-i\varphi})$ 作用在 α 上, 得

$$(D_\varphi \alpha)(x, y) = \sum_{k=0}^{n} c_k (e^{-i\varphi}x)^k (e^{i\varphi}y)^{n-k} = e^{in\varphi} \sum_{k=0}^{n} c_k (e^{-2i\varphi})^k x^k y^{n-k} \in U.$$

命 $z_k = c_k x^k y^{n-k}$, 那么

$$\sum_{k=0}^{n} (e^{-2i\varphi})^k z_k = e^{-in\varphi} D_\varphi \alpha \in U.$$

角度 φ 可以在区间 $[0, \pi)$ 内任意取值. 如果我们取 $n+1$ 个不同的值, 那么从上式得到一个以 $z_0, z_1, \cdots, z_n$ 为变量的线性方程组, 系数矩阵的行列式是范德蒙德行列式, 从而每个单项式 $z_k = c_k x^k y^{n-k}$ 都在 U 中. 所以对于 $c_k \neq 0$ 的 k 有

$$x^k y^{n-k} \in U.$$

取 $g = \begin{pmatrix} a & b \\ -\bar{b} & \bar{a} \end{pmatrix} \in SU(2)$, 要求 $ab \neq 0$. 那么

$$g(x^k y^{n-k}) = (\bar{a}x - by)^k (\bar{b}x + ay)^{n-k} = \bar{a}^k \bar{b}^{n-k} x^n + \cdots + a^{n-k}(-b)^k y^n \in U.$$

前面的讨论告诉我们, $x^n, y^n \in U$. 再让 g 作用在 x^n 上, 得

$$g(x^n) = (\bar{a}x - by)^n = \sum_{s=0}^{n} \binom{n}{s} \bar{a}^s (-b)^{n-s} x^s y^{n-s} \in U.$$

这里每个单项式的系数都不为 0, 所以诸单项式 $x^s y^{n-s}$ 全在 U 中. 于是 $U = V_n$. 表示 $(\Psi^{(n)}, V_n)$ 不可约性得证.

群 $SU(2)$ 的中心是 $\pm E$. 元素 $-E$ 在表示 $\Psi^{(n)}$ 的核中当且仅当 n 是偶数. 当 $n = 2m$ 是偶数时, 根据定理 3.44, $\Psi^{(n)}$ 可以看作是 $SO(3) \simeq SU(2)/\{\pm E\}$ 的不可约表示. $\square$

由于 $SU(2)$ 是紧群, 所以它的不可约酉表示都是有限维的. 实际上, 这个群的有限维连续复表示都是酉表示, 任何不可约酉表示都等价于某个 $\Psi^{(n)}$. 同样, $SO(3)$ 的不可约酉表示都是有限维的, 它的有限维连续复表示都是酉表示, 任何不可约酉表示都等价于某个 $\Psi^{(2m)}$. 这两个群是紧李群的典型例子. 关于紧李群的表示, 有专门的理论, 其中李代数扮演着重要的角色.

二 群作用不变的算子 (1) 刚才的讨论显示, 如果群 G 作用在集合 Ω 上, 那么也自然作用在以 Ω 为定义域的函数空间上. 如果 Ω 本身是线性空间, 那么群也作用在空间的算子上:

$$(g\mathcal{A})(v) = \mathcal{A}(g^{-1}v), \quad g \in G, \quad \mathcal{A} : \Omega \to \Omega, \quad v \in \Omega.$$

群作用不变的微分算子特别有意思. 我们看正交群 $SO(2)$ 和 $SO(3)$ 的情况. 正交群 $SO(2)$ 保持二次型 $x^2 + y^2$ 不变, 也就是说, 如果 $[x', y'] = g[x, y]$, 那么 $x'^2 + y'^2 = x^2 + y^2$. (和过去一样, 为节省空间, 列向量用方括号记.) 考虑拉普拉斯算子和拉普拉斯方程

$$\Delta = \frac{\partial^2}{\partial x^2} + \frac{\partial^2}{\partial y^2}, \quad \Delta u = 0.$$

方程 $\Delta u = 0$ 的解称为**调和函数**. 显然拉普拉斯算子与二次型 $x^2 + y^2$ 在形式上是一样的, 这点形似诱导这样的想法: 拉普拉斯算子也是 $SO(2)$ 不变的. 结果的确是. 把 x, y 理解为实平面上点的坐标. 设 $g \in SO(2)$ 是绕原点旋转角度 θ 的变换, 那么它的逆 g^{-1} 就是绕原点旋转角度 $-\theta$ 的变换. 经过 g 变换后的新坐标是

$$\begin{pmatrix} x' \\ y' \end{pmatrix} = g \begin{pmatrix} x \\ y \end{pmatrix} = \begin{pmatrix} \cos\theta & -\sin\theta \\ \sin\theta & \cos\theta \end{pmatrix} \begin{pmatrix} x \\ y \end{pmatrix} = \begin{pmatrix} x\cos\theta - y\sin\theta \\ x\sin\theta + y\cos\theta \end{pmatrix}.$$

旋转 g^{-1} 在函数 $u(x, y)$ 上的作用是 $(g^{-1}u)(x, y) = u(gx, gy) = u(x', y')$. 从而旋转 g 在拉普拉斯算子上的作用是

$$(g\Delta)(u) = \Delta(g^{-1}u) = \Delta u(x', y').$$

由熟悉的复合函数微分法, 得

$$\frac{\partial^2}{\partial x^2} u(x', y') = \frac{\partial^2 u}{\partial x'^2} \cos^2\theta + 2 \frac{\partial^2 u}{\partial x' \partial y'} \cos\theta \cdot \sin\theta + \frac{\partial^2 u}{\partial y'^2} \sin^2\theta,$$

$$\frac{\partial^2}{\partial y^2} u(x', y') = \frac{\partial^2 u}{\partial x'^2} \sin^2\theta - 2 \frac{\partial^2 u}{\partial x' \partial y'} \cos\theta \cdot \sin\theta + \frac{\partial^2 u}{\partial y'^2} \cos^2\theta.$$

由此可见

$$(g\Delta)u = \Delta u(x', y') = \frac{\partial^2}{\partial x^2} u(x', y') + \frac{\partial^2}{\partial y^2} u(x', y') = \frac{\partial^2}{\partial x'^2} u(x', y') + \frac{\partial^2}{\partial y'^2} u(x', y').$$

特别, 如果 $u(x, y)$ 满足拉普拉斯方程 $\Delta u = 0$, 那么 $g^{-1}u = u(x', y')$ 也满足方程拉普拉斯方程, 即 $\Delta(g^{-1}u) = 0$. 于是拉普拉斯方程的解空间是 $SO(2)$ 的表示空间.

我们仅考虑多项式解. 对

$$u(x, y) = a_0 x^m + a_1 x^{m-1} y + \cdots + a_{m-1} xy^{m-1} + a_m y^m,$$

有

$$\Delta u = \sum_{k=0}^{m-2} [(m-k)(m-k-1)a_k + (k+2)(k+1)a_{k+2}] x^{m-k-2} y^k.$$

于是

$$\Delta u = 0 \iff (m-k)(m-k-1)a_k + (k+2)(k+1)a_{k+2} = 0, \quad 0 \leqslant k \leqslant m-2.$$

可见, 系数中只有两个是独立的, 任何系数 a_i 都可以由 a_0 和 a_1 表达. 因此拉普拉斯方程在 m 次齐次多项式张成的空间中, 解空间 H_m 的维数 $\dim H_m \leqslant 2$. 显然有 $\dim H_0 = 1$. 以下假设 $m \geqslant 1$. 当然, 容易看出, 取 $a_0 = 1$, $a_1 = 0$ 可以得到一个解,

取 $a_0 = 0$, $a_1 = 1$ 也能得到一个解. 这两个解是线性无关的, 所以 $\dim H_m = 2$ 如果 $m \geqslant 1$.

找出解更简单的方法是把算子 Δ 的作用扩充到复系数多项式. 有

$$\Delta(x + iy)^m = m(m-1)(x+iy)^{m-2} + imi(m-1)(x+iy)^{m-2} = 0, \quad i^2 = -1.$$

把实部与虚部分开, 得

$$(x + iy)^m = u_m(x, y) + iv_m(x, y).$$

于是

$$\Delta(x + iy)^m = \Delta u_m + i\Delta v_m = 0 \Longrightarrow \Delta u_m = 0, \quad \Delta v_m = 0.$$

我们得

$$H_m = \langle u_m(x, y),\ v_m(x, y) \rangle_{\mathbb{R}}.$$

回到坐标变换, 有

$$x' + iy' = xe^{i\theta} + iye^{i\theta} = e^{i\theta}(x + iy),$$
$$(x' + iy')^m = e^{im\theta}(x + iy)^m$$
$$= (\cos m\theta + i\sin m\theta)(u_m + iv_m)$$
$$= u_m \cos m\theta - v_m \sin m\theta + i(u_m \sin m\theta + v_m \cos m\theta).$$

注意 $SO(2)$ 在 $\mathbb{C}[x, y]$ 上的作用是 $(g^{-1}u)(x, y) = u(gx, gy) = u(x', y')$, 所以有

$$g^{-1}u_m = u_m \cos m\theta - v_m \sin m\theta,$$
$$g^{-1}v_m = u_m \sin m\theta + v_m \cos m\theta.$$

就是说, 在基 u_m, v_m 下, g^{-1} 和 g 的矩阵分别是

$$\Phi_{g^{-1}} = \begin{pmatrix} \cos m\theta & \sin m\theta \\ -\sin m\theta & \cos m\theta \end{pmatrix} = g^{-m}, \quad \Phi_g = \begin{pmatrix} \cos m\theta & -\sin m\theta \\ \sin m\theta & \cos m\theta \end{pmatrix} = g^m.$$

可见 $SO(2)$ 在 H_m 上的表示 $\Phi^{(m)}$ 是不可约的. 把系数扩充到复数域 $\mathbb{C}$, 即在张量空间 $\mathbb{C} \otimes H_m$ 上, $\Phi^{(m)}$ 分解成 $\Phi_+^{(m)}$ 和 $\Phi_-^{(m)}$ 的直和. 这两个一维表示的矩阵形式是

$$\Phi_+^{(m)}: \quad g = \begin{pmatrix} \cos\theta & -\sin\theta \\ \sin\theta & \cos\theta \end{pmatrix} \to e^{im\theta},$$
$$\Phi_-^{(m)}: \quad g = \begin{pmatrix} \cos\theta & -\sin\theta \\ \sin\theta & \cos\theta \end{pmatrix} \to e^{-im\theta}.$$

表示 $\Phi_{\pm}^{(m)}$ $(m \geqslant 1)$ 加上单位表示 $\Phi^{(0)}$ 就是 $SO(2)$ 的所有的不可约酉表示, 在分析中起重要的作用.

三 群作用不变的算子 (2) 特殊正交群 $SO(3)$ 保持二次型 $x^2 + y^2 + z^2$ 不变. 与二维的情况类似, 它也保持三维拉普拉斯算子和拉普拉斯方程

$$\Delta = \frac{\partial^2}{\partial x^2} + \frac{\partial^2}{\partial y^2} + \frac{\partial^2}{\partial z^2}, \quad \Delta u = 0$$

不变. 由公式 (1.3.32) 知 $SO(3)$ 中的旋转是某些算子 B_θ 和 C_φ 的乘积, 但是 B_θ 保持 z 不变, C_φ 保持 x 不变, 所以这个不变性的证明归结到二维的情形, 那是我们知道的. 于是方程 $\Delta u = 0$ 的解空间是 $SO(3)$-不变的. 换句话说,

$$\Delta u = 0 \Longrightarrow \Delta(gu) = 0, \quad \forall g \in SO(3),$$

其中 gu 定义如下:

$$(gu)(x, y, z) = u(g^{-1}x, g^{-1}y, g^{-1}z), \tag{3.6.34}$$

对于 $g^{-1} = (a_{ij}) \in SO(3)$, 新变量 $g^{-1}x$, $g^{-1}y$, $g^{-1}z$ 由如下等式确定:

$$\begin{pmatrix} g^{-1}x \\ g^{-1}y \\ g^{-1}z \end{pmatrix} = \begin{pmatrix} a_{11} & a_{12} & a_{13} \\ a_{21} & a_{22} & a_{23} \\ a_{31} & a_{32} & a_{33} \end{pmatrix} \begin{pmatrix} x \\ y \\ z \end{pmatrix}.$$

这与公式 (3.6.32) 是完全类似的. 所以 $SO(3)$ 在三元函数空间的这个作用是线性作用, 这个作用把多项式变成多项式. 命 P_m 是 m $(m \geqslant 1)$ 次齐次三元实多项式函数

$$u(x, y, z) = \sum_{s,t} c_{st} x^s y^t z^{m-s-t}$$

全体张成的空间, 那么它的维数是 $1 + 2 + \cdots + m + 1 = \binom{m+2}{2}$. 由于 $\Delta u \in P_{m-2}$, 所以条件 $\Delta u = 0$ 等价于在系数 c_{st} 上的 $\binom{m}{2}$ 个线性方程条件. 方程 $\Delta u = 0$ 在空间 P_m 中的解称为 m **次齐次调和多项式**. 由于算子 Δ 是线性的, 方程 $\Delta u = 0$ 在 P_m 中的解构成一个 $\binom{m+2}{2} - \binom{m}{2} = 2m + 1$ 维的子空间 H_m (我们有维数 $\geqslant 2m + 1$, 但实际上相等). 根据前面所讨论的, H_m 是 $SO(3)$-不变的, 从而是一个表示空间. 记这个表示为 $\Phi^{(m)}$. 这个表示实际上是不可约的, 而且它等价于定理 3.45 中的 $\Psi^{(2m)}$. 但我们这里不去证明这些事实.

习 题 3.6

1. 证明: 满同态 $SU(2) \to SO(3)$ 是 $SU(2)$ 的一个不可约表示.

2. 左乘定义了 $SU(2)$ 在 $\mathbb{R}^4 = \{(x_0, x_1, x_2, x_3) \,|\, x_i \in \mathbb{R}\}$ 上的一个表示 (参见 (1.3.14). 把它看作一个复表示, 即坐标 x_i 可以取复数. 把这个复表示分解成不可约表示的直和.

3. 求出三元 m 次齐次调和多项式空间 H_m 的一个基.

4. 证明: 任意三元齐次多项式 $f \in P_m$ 可以写成次数为 $m, m-2, m-4, \cdots$ 的三元调和多项式的线性组合, 系数是 $x^2 + y^2 + z^2$ 的多项式.

5. 由上一题知: 球面 $S^2 : x^2 + y^2 + z^2 = 1$ 上的任何多项式 $\tilde{g} : (x, y, z) \to g(x, y, z)$ 可以按球面函数 (调和函数在 S^2 上的限制) 来分解, 其中 g 是多项式函数.

6. 不通过群 $SO(3)$ 的复不可约表示的完全描述, 证明同态 $\tau : SO(3) \to SU(2)$ 只能是平凡的.

3.7 表示的张量积

上一节显示了 $SU(2)$ 在自然表示 $\mathbb{C}^2$ 上的函数空间有丰富的表示. 我们不能对这个观点 (从已有的表示得到新的表示) 和方法做一般的展开, 但讨论一些特殊的情况.

一 对偶表示 设 (Φ, V) 是群 G 的有限维复表示. 对偶空间 $V^* = \mathrm{Hom}\,(V, \mathbb{C})$ 由 V 上的线性函数组成. 我们想在 V^* 上得到 G 的一个表示 $\Phi^* : G \to GL(V^*)$. 定义

$$(\Phi^*(g)\alpha)(v) = \alpha(\Phi(g^{-1})v), \quad \alpha \in V^*, \ v \in V. \tag{3.7.35}$$

如同上一节开始那样, 容易看出这定义了群 G 在 V^* 上的一个线性作用. 于是我们得到了 G 在 V^* 上的一个表示:

$$\Phi^* : G \to GL(V^*), \quad g \to \Phi^*(g). \tag{3.7.36}$$

它称为 Φ **的对偶表示** (dual representation) 或**逆步表示** (contragradient representation). 为看出这个对偶表示的矩阵形式, 在 V 和 V^* 中选取对偶基:

$$V = \langle v_1, \ v_2, \ \cdots, \ v_n \rangle, \quad V^* = \langle \alpha_1, \ \alpha_2, \ \cdots, \ \alpha_n \rangle, \quad \alpha_i(v_j) = \delta_{ij}.$$

线性算子 $\Phi^*(g)$ 在基 $\alpha_1,\ \alpha_2,\ \cdots,\ \alpha_n$ 下的矩阵 Φ_g^* 是算子 $\Phi(g^{-1})$ 在基 $v_1,\ v_2,\ \cdots,$ v_n 下的矩阵 $\Phi_{g^{-1}}$ 的转置矩阵:

$$\Phi_g^* = {}^t\Phi_{g^{-1}}. \tag{3.7.37}$$

于是我们得到 Φ^* 的一个矩阵形式:

$$\Phi_\circ^* : G \to GL_n(\mathbb{C}), \quad g \to {}^t\Phi_{g^{-1}}. \tag{3.7.38}$$

从对偶表示的矩阵形式知 $(\Phi^*)^* \simeq \Phi$. 对偶表示 Φ^* 可能和原来的表示 Φ 是等价的, 比如, 当 (Φ, V) 是正交表示时, 有 $\Phi_g^* = {}^t\Phi_{g^{-1}} = \Phi_g$. 但在一般情况下, 两者是不等价的. 最简单的例子是

$$C_3 = \langle a \mid a^3 = e\rangle; \quad \Phi(a) = \varepsilon, \quad \Phi^*(a) = \varepsilon^{-1}, \quad (\varepsilon^2 + \varepsilon + 1 = 0).$$

对有限群, 对偶表示与原表示的等价性可通过比较它们的特征标判断. 因为方阵 A 和 ${}^tA$ 有相同的迹, 由命题 3.30(3) 知

$$\chi_{\Phi^*}(g) = \overline{\chi_\Phi(g)}.$$

特别, 如果表示 Φ 的特征标的值都是实数, 那么 Φ 与它的对偶 Φ^* 等价. 上面的等式还告诉我们

$$(\chi_{\Phi^*}, \chi_{\Phi^*})_G = (\chi_\Phi, \chi_\Phi)_G,$$

于是 Φ 和它的对偶 Φ^* 同时可约或同时不可约.

二 表示的张量积 在第二卷 6.2 节中已经定义和构造了域 K 上两个向量空间 V 和 W 的张量积. 线性算子 $\mathcal{A} : V \to V$ 和 $\mathcal{B} : W \to W$ 的张量积

$$\mathcal{A} \otimes \mathcal{B} : V \otimes W \to V \otimes W$$

是线性算子, 且有公式

$$(\mathcal{A} \otimes \mathcal{B})(x \otimes y) = \mathcal{A}x \otimes \mathcal{B}y. \tag{3.7.39}$$

由于 $V \otimes W$ 由所有的 $x \otimes y\ (x \in V, y \in W)$ 张成, 用上面的公式直接计算得

$$(\mathcal{A} \otimes \mathcal{B})(\mathcal{C} \otimes \mathcal{D}) = \mathcal{A}\mathcal{C} \otimes \mathcal{B}\mathcal{D},$$

$$(\mathcal{A} + \mathcal{C}) \otimes \mathcal{B} = \mathcal{A} \otimes \mathcal{B} + \mathcal{C} \otimes \mathcal{B},$$

$$\mathcal{A} \otimes (\mathcal{B} + \mathcal{D}) = \mathcal{A} \otimes \mathcal{B} + \mathcal{A} \otimes \mathcal{D},$$

$$\mathcal{A} \otimes \lambda \mathcal{B} = \lambda \mathcal{A} \otimes \mathcal{B} = \lambda(\mathcal{A} \otimes \mathcal{B}).$$

对于迹则有公式

$$\operatorname{tr}(\mathcal{A} \otimes \mathcal{B}) = \operatorname{tr}\mathcal{A} \cdot \operatorname{tr}\mathcal{B}. \tag{3.7.40}$$

现在假设 (Φ, V) 和 (Ψ, W) 是群 G 的表示, 特征标分别是 χ_Φ 和 χ_Ψ. 定义**表示 (Φ, V) 和 (Ψ, W) 的张量积** $(\Phi \otimes \Psi, V \otimes W)$ 如下:

$$(\Phi \otimes \Psi)(g) = \Phi(g) \otimes \Psi(g), \quad \forall g \in G.$$

由线性算子张量积的性质知映射 $\Phi \otimes \Psi : G \to GL(V \otimes W)$ 确实是群同态, 从而是 G 的表示. 由公式 (3.7.40) 知这个表示的特征标是

$$\chi_{\Phi \otimes \Psi} = \chi_\Phi \chi_\Psi. \tag{3.7.41}$$

等式右边是类函数 χ_Φ 和 χ_Ψ 的通常的逐项乘积: $(\chi_\Phi \chi_\Psi)(g) = \chi_\Phi(g)\chi_\Psi(g)$.

显然, 如果 V_1 是 V 的 G-不变子空间, W_1 是 W 的 G-不变子空间, 那么 $V_1 \otimes W_1$ 是 $V \otimes W$ 的 G-不变子空间. 不过, Φ 和 Ψ 的不可约性不能推出 $\Phi \otimes \Psi$ 的不可约性, 例如 S_3 的二维不可约表示 $\Phi^{(3)}$ (参见例 3.22 中的表) 与自身的张量积 $\Phi^{(3)} \otimes \Phi^{(3)}$ 是可约的. 实际上, $\dim_{\mathbb{C}} \Phi^{(3)} \otimes \Phi^{(3)} = 4$, 而群 S_3 的不可约表示的最大维数等于 2.

很多重要的且非常自然的表示都是以张量积的形式出现. 多项式环与对称张量密切相关 (参见第二卷 6.3 节最后两段的评述). 对称和斜对称的共变或反变张量空间的不变子空间常常出现在各种几何中. 张量积 $\Phi \otimes \Psi$, 或更一般地, 多个表示的张量积

$$\Phi^{(1)} \otimes \Phi^{(2)} \otimes \cdots \otimes \Phi^{(r)}$$

的一个重要的研究内容是刻画出现在其中的不可约表示. 在上一节对 $SU(2)$ 和 $SO(3)$ 的表示的讨论中可以看到这一点. 不管所讨论的张量积表示是否有完全可约性, 这个课题都带来丰富的成果, 且有很多的问题依然未解决.

三 特征标环 为简单起见, 我们只讨论有限群的复表示. 假设 $\Phi^{(1)}, \Phi^{(2)}, \cdots, \Phi^{(r)}$ 是有限群 G 的互不等价的复不可约表示, 其特征标分别是 $\chi_1, \chi_2, \cdots, \chi_r$, 这里 r 是 G 中共轭类的个数. 由完全可约性定理知, 对 G 的任意两个有限维表示 Φ 和 Ψ, 有

$$\Phi \otimes \Psi \simeq m_1 \Phi^{(1)} \oplus m_2 \Phi^{(2)} \oplus \cdots \oplus m_r \Phi^{(r)},$$

其中诸重数 m_i 由 Φ 和 Ψ 完全确定, 重数为 0 意味着相应的不可约表示不出现在张量积中. 结合公式 (3.7.41), 得

$$\chi_\Phi \chi_\Psi = m_1 \chi_1 + \cdots + m_r \chi_r.$$

命 $X_{\mathbb{Z}}(G)$ 为特征标 χ_1, χ_2, $\cdots$, χ_r 的整线性组合全体形成的集合. 我们以前证明过这些不可约特征标形成 $X_{\mathbb{C}}(G)$ 的标准正交基. 因此, 不管怎样, $X_{\mathbb{Z}}(G) \subset X_{\mathbb{C}}(G)$ 是秩为 r 的自由阿贝尔群, χ_1, χ_2, $\cdots$, χ_r 是它的一个基. 这个自由阿贝尔群的元素称为群 G 的**虚特征标** (virtual character) 或**广义特征标**. 整系数线性组合 $\sum n_i \chi_i$ 是真正的特征标当且仅当诸系数 n_i 都是非负的且不全为 0.

从公式 (3.7.41) 可以看到, 表示的张量积在 $X_{\mathbb{Z}}(G)$ 上诱导了一个乘法运算. 算子张量积的性质说明这个乘法运算是交换的, 满足结合律, 对加法有分配律. 也就是说, 下面的定理成立.

定理 3.46 有限群 G 的广义特征标全体构成一个有单位元的交换结合环 $X_{\mathbb{Z}}(G)$, 其单位元是单位表示的特征标 χ_1.

群 G 的类函数全体 $X_{\mathbb{C}}(G)$ 是复数域上的 r 维交换结合代数, 它的乘法完全由**结构常数**, 即关系式

$$\chi_i \chi_j = \sum_k m_{ijk} \chi_k \tag{3.7.42}$$

中的整系数 m_{ijk} 所确定. 特别, 等式 $m_{ijk} = m_{jik}$ 和 $m_{1jk} = \delta_{jk}$ 反映了 $X_{\mathbb{C}}(G)$ 的交换性和 χ_1 的单位性.

让等式 (3.7.42) 在 $g \in G$ 处取值, 得

$$\chi_i(g)\chi_j(g) = \sum_k m_{ijk} \chi_k(g).$$

这个等式两边同乘以 $\dfrac{1}{|G|}\overline{\chi_s(g)}$, 再对所有的 $g \in G$ 求和, 应用特征标的第一正交关系, 得

$$m_{ijs} = \frac{1}{|G|} \sum_{g \in G} \chi_i(g)\chi_j(g)\overline{\chi_s(g)}. \tag{3.7.43}$$

于是结构常数可以通过特征标的值表达.

如果 χ_s 取为单位表示的特征标 χ_1, 上式就成为

$$m_{ij1} = \frac{1}{|G|} \sum_g \chi_i(g)\chi_j(g)\overline{\chi_1(g)} = \frac{1}{|G|} \sum_g \chi_i(g)\chi_j(g)$$

$$= \frac{1}{|G|} \sum_g \chi_i(g)\overline{\overline{\chi_j(g)}} = (\chi_i, \chi_j^*)_G,$$

其中 χ_j^* 是 $\Phi^{(j)}$ 的对偶表示 $(\Phi^{(j)})^*$ 的特征标. 可见, 单位表示能出现在 $\Phi^{(i)} \otimes \Phi^{(j)}$ 当且仅当 $\Phi^{(i)}$ 等价于 $\Phi^{(j)}$ 的对偶表示, 即在同构意义下, $\Phi^{(i)}$ 和 $\Phi^{(j)}$ 互为对偶表示 (否则 $m_{ij1} = (\chi_i, \chi_j^*)_G = 0$).

我们也指出, 一维表示 $\Phi^{(i)}$ 与任何不可约表示 $\Phi^{(j)}$ 的张量积总是不可约的, 其维数是 $\Phi^{(j)}$ 的维数. 这是很直观且容易理解的结论. 严格的说明可以通过计算特征标的内积得到. 命

$$\chi = \chi_{\Phi^{(i)} \otimes \Phi^{(j)}} = \chi_i \chi_j.$$

由于 $\chi_i(g)$ 是单位根 (g 为有限阶之故), 有 $\chi_i(g)\overline{\chi_i(g)} = 1$. 于是

$$(\chi, \chi) = \frac{1}{|G|} \sum_g \chi_i(g)\chi_j(g)\overline{\chi_i(g)\chi_j(g)}$$

$$= \frac{1}{|G|} \sum_g \chi_j(g)\overline{\chi_j(g)} = (\chi_j, \chi_j)_G = 1.$$

例 3.47 $G = S_3$ (见例 3.22 中的表和 3.5 节第二部分的特征标表):

$$\Phi^{(1)} \otimes \Phi^{(3)} \simeq \Phi^{(2)} \otimes \Phi^{(3)} \simeq \Phi^{(3)}.$$

例 3.48 $G = S_4$ (见 3.5 节第四部分 (iii) 中的特征标表):

$$\Phi^{(2)} \otimes \Phi^{(4)} \simeq \Phi^{(5)}, \qquad \Phi^{(2)} \otimes \Phi^{(5)} \simeq \Phi^{(4)}.$$

下面是一个有趣的定理, 部分推广了定理 3.39 中关于正则表示的不可约分解的断言.

定理 3.49 设 (Φ, V) 是有限群 G 的一个忠实复表示, 它的特征标 $\chi = \chi_\Phi$ 在 G 上有 m 个不同的值. 那么, 在同构的意义下, G 的每个不可约表示必出现在如下某个表示的不可约分解中:

$$\text{单位表示}, \quad \Phi, \quad \Phi \otimes \Phi, \quad \Phi \otimes \Phi \otimes \Phi, \quad \cdots, \quad \underbrace{\Phi \otimes \cdots \otimes \Phi}_{m-1 \text{ 个因子}}.$$

证明 令 $c_j = \chi(g_j)$, $j = 0, 1, \cdots, m-1$ 为特征标 χ 在 G 所取的 m 个不同的值, 要求 $g_0 = e$, 从而 $c_0 = \chi(e) = \dim V$ 是表示 Φ 的维数. 再令

$$G_j = \{g \in G \,|\, \chi(g) = \chi(g_j) = c_j\}.$$

由于 Φ 是忠实的, 故有

$$G_0 = \operatorname{Ker}\Phi = \{e\}.$$

如果在同构的意义下, G 的不可约表示 Ψ 不出现在如下所有表示的不可约分解中: 单位表示, Φ, $\Phi \otimes \Phi$, $\Phi \otimes \Phi \otimes \Phi$, $\cdots$, $\Phi \otimes \cdots \otimes \Phi$ ($m-1$ 个因子), 那么 Ψ

的特征标 $\psi = \chi_\Psi$ 就不会出现在这些表示的特征标 $\chi^0 = \chi_1,\ \chi = \chi^1,\ \chi^2,\ \cdots,\ \chi^{m-1}$ 的不可约分解中, 也就是说 $(\chi^i, \psi)_G = 0,\ i = 0,\ 1,\ 2,\ \cdots,\ m-1$. 从而

$$0 = |G|(\chi^i, \psi)_G = \sum_{g \in G} \chi(g)^i \overline{\psi(g)}$$

$$= \sum_{j=0}^{m-1} \sum_{g \in G_j} \chi(g)^i \overline{\psi(g)} = \sum_{j=0}^{m-1} \sum_{g \in G_j} \chi(g_j)^i \overline{\psi(g)}$$

$$= \sum_{j=0}^{m-1} \chi(g_j)^i \sum_{g \in G_j} \overline{\psi(g)} = \sum_{j=0}^{m-1} c_j^i T_j, \quad 0 \leqslant i \leqslant m-1$$

是关于诸

$$T_j = \sum_{g \in G_j} \overline{\psi(g)}$$

的齐次线性方程组. 方程组的系数矩阵的行列式为

$$\det(c_j^i) = \begin{vmatrix} 1 & 1 & \cdots & 1 \\ c_0 & c_1 & \cdots & c_{m-1} \\ \vdots & \vdots & & \vdots \\ c_0^{m-1} & c_1^{m-1} & \cdots & c_{m-1}^{m-1} \end{vmatrix}.$$

这是范德蒙德行列式, 所以不等于 0. 于是诸 T_j 全为 0, 即

$$\sum_{g \in G_j} \psi(g^{-1}) = 0, \quad j = 0,\ 1,\ \cdots,\ m-1.$$

特别,

$$0 = \sum_{g \in G_0} \psi(g^{-1}) = \psi(e).$$

这不可能. 定理得证. □

这个定理从一个侧面说明了研究表示的张量积的重要性, 另一方面也说明忠实表示的特征标取值越少, 表示本身就越复杂. 在正则表示的情形, 特征标的取值就是 $|G|$ 和 0, 故 $m = 2$.

四 线性群的不变量 令 F 为域. 域 F 上的 n 阶可逆方阵全体形成的群 $GL_n(F)$ 通常称为一般线性群, 有时为了更明确, 采用术语**域 F 上的 n 级一般线性群**. 一般线性群的子群称为**线性群**. 如果 G 是任意一个群, $\Phi : G \to GL_n(F)$ 是它的线性表示, 那么 (G, Φ) 也将称为线性群, $g \in G$ 在 Φ 下的像将记为 Φ_g. 下

面主要关注 $F = \mathbb{R}$ 和 $F = \mathbb{C}$ 的情形. 矩阵 Φ_g 自然作用在高为 n 的列向量上, 特别, 作用在未知元 $x_1, \cdots, x_n$ 形成的列上

$$\begin{pmatrix} \Phi_g(x_1) \\ \vdots \\ \Phi_g(x_n) \end{pmatrix} = \Phi_g \begin{pmatrix} x_1 \\ \vdots \\ x_n \end{pmatrix}.$$

齐次多项式将称为型 (form). 线性变换 Φ_g 把 m 次型 (即 m 次齐次多项式函数)u 仍变为 m 次型:

$$(\tilde{\Phi}_g u)(x_1, \cdots, x_n) = u(\Phi_{g^{-1}}(x_1), \cdots, \Phi_{g^{-1}}(x_n)).$$

这类作用我们在 3.6 节中见过. 映射 $\tilde{\Phi}$ 定义了群 G 在 m 次型张成的空间 P_m 上 (就是 m 阶共变对称张量空间) 上的一个表示.

定义 3.50　在所有 $\tilde{\Phi}_g$ 作用下保持不变的型 $u \in P_m$ (即 $\tilde{\Phi}_g u = u, \ \forall g \in G$) 称为线性群 (G, Φ) 的 m 次 **(完全) 不变型**或 m 次 **(完全) 不变量**.

同样重要的是相对不变的概念. 称 $u \in P_m$ 是线性群 (G, Φ) 的 m 次**相对不变型**或 m 次**相对不变量**如果

$$\tilde{\Phi}_g u = \omega_g u, \quad \forall g \in G,$$

其中 $\omega_g \in F$ 依赖 g. 对有理函数, 可类似定义不变性和相对不变性, 即不变有理函数和相对不变有理函数.

历史上, 不变量理论始于考虑的 “一般” 型的系数的齐次多项式的不变性, 如 $ax^2 + 2bxy + cy^2$ 的判别式 $b^2 - ac$ 在线性变换下有相对不变性. 我们仅限于讨论定义 3.50 中的不变型, 不去考虑那些一般系数的齐次多项式的不变性.

显然, 如果 $u_1, u_2, \cdots$ 是 (G, Φ) 的不变型, 那么它们在 $F[x_1, \cdots, x_n]$ 中生成的子环 $F[u_1, u_2, \cdots]$ 中的元素都是 (G, Φ) 不变的.

我们来看一些例子.

例 3.51　二次型 $x_1^2 + x_2^2 + \cdots + x_n^2$ 及它的多项式对正交群 $O(n)$ 的作用是不变的.

例 3.52　对称群 S_n 可以直接作用在诸变量 x_i 的下标, 在这个作用下, 初等对称多项式 $s_1(x_1, \cdots, x_n), \ \cdots, \ s_n(x_1, \cdots, x_n)$ 是不变的. 这些对称多项式要在定义 3.50 的意义下成为不变型, 需要一个群同态 $\Phi : S_n \to GL_n(\mathbb{R})$. 这是容易办到

的. 实际上, 例 3.16 中已经给出了 S_n 在 n 维实向量空间上的忠实表示, 从而得到同态 Φ. 这些初等对称多项式是线性群 (S_n, Φ) 的不变型. 对称多项式的基本定理告诉我们, 这些不变型的多项式和有理式穷尽了线性群 (S_n, Φ) 的所有不变多项式函数和不变有理函数.

斜对称多项式函数是线性群 (G, Φ) 的相对不变量: $\Phi_\pi u = (\det \Phi_\pi) u = \varepsilon_\pi u$. 我们知道 (第一卷 7.4 节习题 8), 任意斜对称多项式 u 有形式 $u = \Delta_n \cdot v$, 其中 $\Delta_n = \prod_{j<i}(x_i - x_j)$, 而 v 是对称多项式, 即是 (G, Φ) 的不变量.

例 3.53 考虑 $GL_n(F)$ 在 $M_n(F)$ 上的表示, $\Phi_A : X \to AXA^{-1}$. 命 $f_X(t) = \det(tE - X)$ 的特征多项式, 那么有

$$f_X = t^n - f_1(X)t^{n-1} + \cdots + (-1)^n f_n(X).$$

由于共轭作用不改变特征多项式, 所以 $f_1(X), \cdots, f_n(X)$ 都是线性群 $(GL_n(F), \Phi)$ 的不变量. 这些不变量包含我们熟悉的迹函数 $f_1(X) = \sum_i x_{ii}$ 和行列式函数 $f_n(X) = \det X$. 函数 $f_i(X)$ 的确定也是不难的, 留给读者.

例 3.54 给定实二次型

$$f(x_1, \cdots, x_n) = \sum a_{ij} x_i x_j.$$

将它改写成下列形式:

$$f(x_1, \cdots, x_n) = {}^t X A X, \quad 其中 \ A = (a_{ij}) = {}^t A, \quad X = [x_1, \cdots, x_n].$$

正交群 $O(n)$ 作用在该二次型上:

$$C \in O(n) \Longrightarrow (C^{-1} f)(x_1, \cdots, x_n) = {}^t(CX) A(CX)$$
$$= {}^t X \, {}^t C A C X = {}^t X ({}^t C A C) X.$$

此时可以谈论二次型 f 在 $O(n)$ 的作用下的不变量, 它们包括 $\operatorname{tr} A, \cdots, \det A$. 对于二元二次型 $ax^2 + 2bxy + cy^2$, 不变量有 $a + c$, $ac - b^2$. 它们刻画了二次曲线的类型.

例 3.55 对例 3.22 中 S_3 的二维表示 $\Gamma = \Phi^{(3)}$. 用 x, y 分别表示坐标函数 x_1, x_2. 则有

$$\Gamma_{(1\ 2)}(x) = y, \quad \Gamma_{(1\ 2)}(y) = x,$$
$$\Gamma_{(1\ 2\ 3)}(x) = \varepsilon x, \quad \Gamma_{(1\ 2\ 3)}(y) = \varepsilon^{-1} y.$$

从而

$$\tilde{\Gamma}_{(1\ 2)}(x) = \Gamma_{(1\ 2)}^{-1}(x) = y, \quad \tilde{\Gamma}_{(1\ 2)}(y) = \Gamma_{(1\ 2)}^{-1}(y) = x,$$
$$\tilde{\Gamma}_{(1\ 2\ 3)}(x) = \Gamma_{(1\ 2\ 3)}^{-1}(x) = \varepsilon^{-1}x, \quad \tilde{\Gamma}_{(1\ 2\ 3)}(y) = \Gamma_{(1\ 2\ 3)}^{-1}(y) = \varepsilon y.$$

于是

$$\tilde{\Gamma}_{(1\ 2)}(xy) = \Gamma_{(1\ 2)}^{-1}(x)\Gamma_{(1\ 2)}^{-1}(y) = yx = xy,$$
$$\tilde{\Gamma}_{(1\ 2\ 3)}(xy) = \Gamma_{(1\ 2\ 3)}^{-1}(x)\Gamma_{(1\ 2\ 3)}^{-1}(y) = \varepsilon^{-1}x \cdot \varepsilon y = xy,$$
$$\tilde{\Gamma}_{(1\ 2)}(x^3 + y^3) = \Gamma_{(1\ 2)}^{-1}(x^3) + \Gamma_{(1\ 2)}^{-1}(y^3) = y^3 + x^3 = x^3 + y^3,$$
$$\tilde{\Gamma}_{(1\ 2\ 3)}(x^3 + y^3) = \Gamma_{(1\ 2\ 3)}^{-1}(x^3) + \Gamma_{(1\ 2\ 3)}^{-1}(y^3) = (\varepsilon^{-1}x)^3 + (\varepsilon y)^3 = x^3 + y^3.$$

所以线性群 $(S_3, \Phi^{(3)})$ 有二次型和三次型

$$I = xy, \quad J = x^3 + y^3 \tag{3.7.44}$$

作为不变量.

从不变量的观点看, 第一卷 7.5 节就是利用 S_3 的不变量推导出一元三次方程的卡丹诺公式. 这不是一个孤立的现象. 实际上, S_3 是一般三次方程的伽罗瓦群, 它的可解性决定了一元三次方程的可解性. 伽罗瓦理论很大程度上就是研究伽罗瓦群在有关域中的不变量.

下面我们建立有限线性群的不变量的一个结果. 设 $\Phi: G \to GL_n(F)$ 是有限群 G 的 n 维表示. 列向量空间 F^n 的坐标函数 $x_1, \cdots, x_n$ 是互相独立的变量. 取这些变量的一个型 (即一个齐次多项式) w. 通过表示 Φ, 群 G 作为置换群作用在集合

$$\Omega = \{\tilde{\Phi}_g(w) \mid g \in G\}$$

上. 显然, Ω 中 $|G|$ (或者, 可能 $|G|$ 的某个因子) 个元的任意齐次对称多项式是线性群 (G, Φ) 的不变量. 取 w 为 x_i, 可知方程

$$\prod_{g \in G}(X - \tilde{\Phi}_g(x_i)) = 0$$

的系数是群 (G, Φ) 的不变量. 显然 x_i 是这个方程的根. 于是, 变量 x_i 是线性群 (G, Φ) 的不变量的 (代数) 函数. 如果线性群 (G, Φ) 的代数无关的不变量的个数小于 n 的话, 独立的变量 $x_1, \cdots, x_n$ 就可以通过较少的代数无关的变量来表达, 而这是不可能的. 我们已经证明了不变量理论的重要定理之一.

定理 3.56 设 $\Phi : G \to GL_n(F)$ 是有限群 G 的 n 维表示, 那么线性群 (G, Φ) 有 n 个代数无关的不变量.

对于线性群 $(S_3, \Phi^{(3)})$, 例 3.55 中的不变量 I 和 J 就是这样的不变量. 由于 (G, Φ) 的不变量都是 $x_1, \cdots, x_n$ 的多项式, 所以 $n+1$ 个不变量总是代数相关的. 线性群 (G, Φ) 的不变量全体形成多项式环的一个子环, 称作线性群的不变量环. 刻画这个不变量环一般是困难的. 例 3.52 对置换群 S_n 的自然表示刻画了这个不变量环, 结论是优美的. 有时候, 线性群 (G, Φ) 的不变量环由 $n+1$ (n 是表示 Φ 的维数) 个不变量 $u_1, \cdots, u_n, u_{n+1}$ 生成, 其中前 n 个不变量是代数无关的, 最后一个不变量是前面 n 个不变量的代数函数. 这时候, 其余的不变量都是这 $n+1$ 个不变量的多项式, 但有些不变量不能写成前面 n 个不变量 $u_1, \cdots, u_n$ 的多项式. 这个定理对于无限群是不成立的. 例如考虑特殊线性群 $SL_n(\mathbb{C})$ 在 $M_n(\mathbb{C})$ 上的表示, $\Phi(A) : X \to AX$. 可以验证, $(SL_n(\mathbb{C}), \Phi)$ 的不变量中任何两个都是代数相关的. 这个例子也表明代数无关的不变量的个数有各种情况.

不变量理论在 19 世纪后半叶是数学最活跃的研究方向之一, 布尔 (Boole), 赫塞 (Hesse), 凯莱 (Cayley), 西尔维斯特 (Sylvester), 雅可比 (Jacobi), 埃尔米特 (Hermite), 克莱布什 (Clebsch), 哥尔丹 (Gordan), 诺特 (Noether) 等都有重要的贡献. 希尔伯特是经典不变量理论的集大成者和终结者. 现代的不变量理论则是处于代数几何、代数群和表示理论的一个交汇处, 在数学和物理中都有广泛的应用, 人们一直对它保持着很大的兴趣.

习 题 3.7

1. 证明: 对任意群 G 的有限维不可约表示 (Φ, V), 对偶表示 Φ^* 都是不可约的.

2. 假设已经知道定理 3.45 中的表示就是 $SU(2)$ 的所有有限维不可约复表示 (在同构的意义下), 证明: $SU(2)$ 的每个有限维不可约复表示 Φ 都与它的对偶 Φ^* 等价. 对 $SO(3)$ 叙述并证明类似的结论. 对 $SO(2)$, 是否还有类似的结论, 为什么?

3. 利用公式 (3.7.42)、特征标的正交关系 (定理 3.32)、推论 3.33(2), 以及 3.5 节第二部分和第四部分的特征标表, 验证下列分解的正确性:

(1) 对于置换群 S_3 的二维不可约表示 $\Phi^{(3)}$ 的张量平方, 有

$$\Phi^{(3)} \otimes \Phi^{(3)} \simeq \Phi^{(1)} \oplus \Phi^{(2)} \oplus \Phi^{(3)};$$

(2) 对于四元数群 Q_8 的二维不可约表示 $\Phi^{(5)}$ 的张量平方, 有

$$\Phi^{(5)} \otimes \Phi^{(5)} \simeq \Phi^{(1)} \oplus \Phi^{(2)} \oplus \Phi^{(3)} \oplus \Phi^{(4)}.$$

4. 群的直积的表示. 假设 G 和 H 是有限群, 分别有复表示 (Φ, V) 和 (Ψ, W). 令

$$(\Phi \otimes \Psi)(g \cdot h) = \Phi(g) \otimes \Psi(h),$$

其中 $g \cdot h$ 表 G 和 H 的直积 $G \times H$ 中的元素 (g, h). 这样, $G \times H$ 作用在张量积 $V \otimes W$ 上:

$$(\Phi(g) \otimes \Psi(h))(v \otimes w) = \Phi(g)v \otimes \Psi(h)w.$$

证明:

(1) 这样定义的映射

$$\Phi \otimes \Psi : G \times H \to GL(V \otimes W)$$

是群 $G \times H$ 的具有特征标 $\chi_{\Phi \otimes \Psi} = \chi_\Phi \chi_\Psi$ 的表示;

(2) 如果 Φ 和 Ψ 都是不可约表示, 那么 $\Phi \otimes \Psi$ 也是不可约表示;

(3) 如果 $\Phi^{(1)}, \cdots, \Phi^{(r)}$ 是群 G 的所有不可约表示, $\Psi^{(1)}, \cdots, \Psi^{(s)}$ 是群 H 的所有不可约表示, 那么 $G \times H$ 的不可约表示全体就是

$$\Phi^{(i)} \otimes \Psi^{(j)}, \qquad 1 \leqslant i \leqslant r, \ 1 \leqslant j \leqslant s.$$

(这里的所有或全体都是在同构的意义上.)

5. 型 xy, $x^n + y^n$ 是线性群

$$D_n = \left\langle \begin{pmatrix} \varepsilon & 0 \\ 0 & \varepsilon^{-1} \end{pmatrix}, \begin{pmatrix} 0 & 1 \\ 1 & 0 \end{pmatrix} \right\rangle \quad (\text{其中 } \varepsilon \text{ 是 } 1 \text{ 的 } n \text{ 次本原根})$$

的不变量. 证明: D_n 的任意 (多项式) 不变量都是 xy 和 $x^n + y^n$ 的多项式.

6. 四元数群 Q_8 有一个二维不可约表示 (参见例 2.17). 证明: 对这个表示, Q_8 没有二次和三次的不变型. 对 $x^2 y^2$ 和 $x^4 + y^4$ 能说什么呢?

第 4 章 环、代数、模

环和域也是我们的旧相识. 整数环、有理数域在小学就知道了, 不过那时没有环和域的名称. 后来在中学又知道了多项式 (环)、实数域和复数域, 在线性代数里, 知道了矩阵环、剩余类环、有限域、二次域、线性变换形成的环等. 它们的重要性是毋庸赘言的, 从中也可以窥见环和域内容的丰富多彩.

我们将看到群论的一些概念和结果对环论是有启发作用的, 另一方面, 环和域更多地是有自己独特的风貌.

4.1 旧 事 重 提

环是有加法和乘法的代数结构, 关于加法, 它是阿贝尔群, 对于乘法, 它是半群, 乘法与加法通过分配律联系在一起. 一个环的子集称为**子环**如果它对加法和乘法运算都是封闭的, 即子环是环的加法群的子群也是乘法半群的子半群. 如果环的乘法半群带有单位元, 那么子环要求带有这个单位元.

虽然有些教科书对环的乘法半群不要求带有单位元, 但似乎更多的教科书要求这个乘法半群带有单位元. **本书将要求环的乘法半群带有单位元**. 这样做是为了把子环与理想区分开来, 因为子环和理想其实是差别很大的两个概念. 在没有乘法单位元的环中, 理想只是一类特殊的子环, 这在概念和思考上都会带来一些不清晰的图像. 另外, 绝大部分重要的环都是有乘法单位元的. 有乘法单位元的环的理论更优美深刻. 而且, 对有乘法单位元的环的讨论方法很容易搬到没有乘法单位元的环上去, 没有单位元的环可以嵌入到有单位元的环.

如果环中的乘法半群是交换的, 则称这个环为**交换环**. 交换环的典型例子是整数环 $\mathbb{Z}$ 和域上的多项式环.

如果环中的乘法半群是非交换的, 则称这个环为**非交换环**. 非交换环的典型例子是域 F 上 n 阶方阵全体形成的矩阵环 $M_n(F)$, 它与域 F 上的 n 维向量空间 V 上的线性算子全体形成的环 $\mathcal{L}(V)$ 是同构的.

如果环中的非零元都有乘法逆元则称这个环为**除环** (division ring) **或体**或**斜域** (skew field). 如果除环中的乘法是交换的, 那么这个除环称为**域**(field). 除环的典型例子是四元数代数 $\mathbb{H}$. 域的典型例子当然是有理数域、实数域、复数域, 还有有限域和有理分式域.

环的加法单位元也称为零元, 一般记作 0, 乘法单位元一般记作 1. 抽象地讨论环及其性质时, 加法符号一般用 +, 乘法符号一般用 · 或省去.

环之间的联系通过环同态, 即保持加法和乘法运算以及乘法单位的映射: $\varphi(a+b) = \varphi(a) + \varphi(b)$, $\varphi(ab) = \varphi(a)\varphi(b)$, $\varphi(1) = 1$.

环同态 $\varphi : R \to R'$ 的**核**定义为

$$\mathrm{Ker}\,\varphi = \{\, a \in R \,|\, \varphi(a) = 0 \,\},$$

其中 0 是 R' 的加法单位元. 环同态的核与群同态的核有诸多的相似处. 我们对环的新征途就从环同态的核开始. 除非另有说明, 每个环至少含有两个元素, 即乘法单位元和加法零元是不相等的.

4.2　理想与商环

一　理想　环 R 的子集 I 称为**环 R 的 (双边) 理想**如果 I 是 R 的加法子群且对任意的 $a \in R$ 和 $x \in I$ 有 $ax \in I$ 和 $xa \in I$.

例 4.1　环同态 $\varphi : R \to R'$ 的核是 R 的理想. 的确, φ 是加法群同态, 所以核是 R 的加法子群. 对任意的 $a \in R$ 和 $x \in \mathrm{Ker}\,\varphi$, 有 $\varphi(ax) = \varphi(a)\varphi(x) = \varphi(a)\cdot 0 = 0$, 所以 $ax \in I$. 同理可知 $xa \in I$.

例 4.2　每个环都有两个平凡的理想: **零理想** $\{0\}$ 和环自身.

例 4.3　整数环 $\mathbb{Z}$ 的加法子群都是环 $\mathbb{Z}$ 的理想. 事实上, 这些加法子群都具有形式 $m\mathbb{Z}$.

例 4.3 的理想有一个显著的特性: 完全由一个整数的倍数组成. 这启示了在交换环 R 构造理想的一个方法: 若 a 是交换环 R 的元素, 那么 aR 是 R 的理想. 的确, 我们有

$$ax + ay = a(x + y), \quad y(ax) = (ax)y = a(xy).$$

这个理想称为由 a 生成的**主理想**, 常记作 (a). 于是 $R = (1)$, $\{0\} = (0)$. 对 $\mathbb{Z}$ 中的理想, 则是 $(m) = m\mathbb{Z}$.

从已有的理想也可以构造新的理想.

命题 4.4 设 I 和 J 是环 R 的理想, 那么下面三个集合都是 R 的理想:

(1) $I \cap J$;

(2) $I + J = \{x + y \mid x \in I,\ y \in J\}$;

(3) $IJ = \{x_1 y_1 + \cdots + x_k y_k \mid x_i \in I,\ y_i \in J,\ 1 \leqslant i \leqslant k,\ k = 1,\ 2,\ 3,\ \cdots\}$.

证明 留作练习.

类似可以定义任意多个理想的交, 以及任意有限多个理想的乘积. 对于无限多个理想 I_λ, $\lambda \in \Lambda$, 它们的和定义为

$$\sum_{\lambda \in \Lambda} I_\lambda = \{a_{\lambda_1} + \cdots + a_{\lambda_m} \mid a_{\lambda_i} \in I_{\lambda_i},\ \lambda_i \in \Lambda,\ m \text{ 是正整数}\}.$$

下面关于理想和与积的结论看上去颇有趣.

命题 4.5 设 I, I_1, $\cdots$, I_n 是环 R 的理想, 且有等式

$$I + I_k = R, \quad k = 1,\ \cdots,\ n.$$

那么下面的等式成立:

$$I + I_1 \cap I_2 \cap \cdots \cap I_n = R = I + I_1 I_2 \cdots I_n.$$

证明 容易看出 $I_1 I_2 \cdots I_n \subset I_1 \cap I_2 \cap \cdots \cap I_n$, 所以只需要验证等式 $I + I_1 I_2 \cdots I_n = R$. 当 $n = 1$ 时, 没什么需要验证. 归纳假设说 $I + I_1 I_2 \cdots I_{n-1} = R$. 于是存在 $a \in I$, $x \in I_1 I_2 \cdots I_{n-1}$ 使得 $a + x = 1$. 另一方面, 还有 $I + I_n = R$, 所以存在 $b \in I$, $y \in I_n$ 使得 $b + y = 1$. 因此

$$1 = 1^2 = (a + x)(b + y) = ab + ay + xb + xy = c + xy.$$

由于 $c \in I$, $xy \in I_1 I_2 \cdots I_{n-1} I_n$, 所以

$$1 \in I + I_1 I_2 \cdots I_{n-1} I_n,$$

从而 $R = R1 = I + I_1 I_2 \cdots I_n$. $\qquad\square$

如同若干个群可以做直积, 直积因子在同构的意义下是直积群的正规子群, 若干个环可以做直和, 直和因子在同构的意义下是直和环的理想. 设 R_1, R_2, $\cdots$, R_n 是环, 把它们看作集合, 构造笛卡儿积 $R = R_1 \times R_2 \times \cdots \times R_n$. 在 R 中通过元素的分量的运算定义加法和乘法:

$$(a_1,\cdots,a_n) + (b_1,\cdots,b_n) = (a_1 + b_1,\cdots,a_n + b_n),$$
$$(a_1,\cdots,a_n) \cdot (b_1,\cdots,b_n) = (a_1 b_1,\cdots,a_n b_n).$$

易见, 在这些运算下 R 有环结构, 称为诸 R_k 的**外直和**, 记作 $R = R_1 \oplus \cdots \oplus R_n$. 投影 $\pi_k : (a_1,\cdots,a_n) \to a_k$ 是从 R 到 R_k 的满同态, 所以 R_k 是 R 的同态像. 另一方面, 环 R 中的集合

$$I_k = \{(0,\cdots,0,a_k,0,\cdots,0)\,|\,a_k \in R_k\}$$

是 R 的理想 (但并不是子环), 而且 π_k 在 I_k 上的限制给出同构 $I_k \simeq R_k$. 同时 $R = I_1 + \cdots + I_n$.

一般说来, 如果环 R 有理想 I_1, $\cdots$, I_n, 且

$$R = I_1 + \cdots + I_n, \quad I_k \cap \left(\sum_{j \neq k} I_j\right) = \{0\}, \quad 1 \leqslant k \leqslant n,$$

则称 R 是诸理想 I_k 的**内直和**, 记作 $R = I_1 \oplus \cdots \oplus I_n$. 如同向量空间或群的情形, 对我们所关心的内容 —— 运算而言, 内直和与外直和没有本质的差别, 以后都将简称为**直和**.

最后用理想对域做一个刻画以结束这里对理想的讨论.

定理 4.6 设 R 是交换环. 那么 R 是域当且仅当 R 的理想只有 R $(= (1))$ 自身和零理想 $\{0\}$ $(= (0))$.

证明 假设 R 是除环, I 是 R 中的非零理想. 取 I 中的非零元素 a, 那么 $a^{-1}a = 1 \in I$. 于是对任意的 $b \in R$ 有 $b = b \cdot 1 \in I$. 从而 $I = R$. 就是说除环中的理想只有 (0) 和 R. 特别, 对域也是如此.

反过来, 假设 R 是交换环, 其理想只有 (0) 和 R. 如果 a 是 R 的非零元素, 那么 $(a) = aR$ 是 R 的非零理想, 从而 $(a) = R$. 这意味着存在 $x \in R$ 使得 $xa = 1$. 于是 R 中任何非零元素都有乘法逆. 即 R 是域. $\qquad\qquad\square$

二 商环 理想在环论中的角色大致相当于正规子群在群论中的角色. 设 R 是环, I 是 R 的理想. 由于 R 的加法群是阿贝尔群, I 是 R 的加法群的正规子群,

从而有商群 R/I (参见 1.4 节第四部分或定理 2.1), 这个商群中的加法运算是

$$(a+I)+(b+I)=(a+b)+I.$$

其实, R/I 上可以自然定义乘法使得它成为环.

定理 4.7 设 R 是环, I 是 R 的理想. 那么加法商群 R/I 是环, 其中的乘法由下式给出

$$(a+I)(b+I)=ab+I.$$

环 R/I 中的乘法单位是 $1+I$, 加法零元是 $0+I=I$. 当 R 是交换环时, R/I 也是交换环.

证明 首先证明这个乘法的定义是合理的. 假设 $a+I=a'+I$, $b+I=b'+I$, 我们需要说明 $ab+I=a'b'+I$. 由假设知 $a'=a+x$, $b'=b+y$, 其中 $x,y \in I$. 于是

$$a'b'=(a+x)+(b+y)=ab+ay+xb+xy \in ab+I.$$

所以 $a'b'+I=ab+I$. 至于环的其他公理的验证是直截了当的, 比如 $1+I$ 是 R/I 中的乘法单位元, 分配律等. □

环 R/I 称为 R **模 I 的剩余类环**, 或 R **模 I 的商环**, 或 R **关于 I 的商环**, 陪集 $a+I$ 称为 a **模 I 的剩余类** (residue class of a modulo I), 以后常记作 $\bar{a}$, 即 $\bar{a}=a+I$.

理想与正规子群的对比还体现在下面两个结论中.

定理 4.8 (环的同态基本定理) (1) 设 R 是环, I 是 R 的理想. 自然映射 $R \to R/I$, $a \to a+I$ 是环的满同态, 其核是 I.

(2) 如果 $\varphi: R \to R'$ 是环的满同态, 那么 R' 与商环 $R/\operatorname{Ker}\varphi$ 同构.

证明 (1) 是显然的.

(2) 映射

$$\bar{\varphi}: R/\operatorname{Ker}\varphi \to R', \ a+\operatorname{Ker}\varphi \to \varphi(a)$$

是确切定义的, 且是环同构映射. □

推论 4.9 设 $\varphi: R \to R'$ 是环同态, 那么 $R/\operatorname{Ker}\varphi$ 与 $\operatorname{Im}\varphi$ 同构.

三 多项式环中的理想与多项式环的商环 整数环和域上的多项式环都是重要的环. 整数环的理想和商环其实我们在第一卷已经讨论过了, 得到了很多有趣的

有限环, 尤其是得到了很多的有限域. 整数环与域上的多项式环有很多相似之处, 比如都是唯一因子分解环, 都是欧几里得环. 对整数环的讨论方法很容易移到多项式环那里去, 也为探讨更多其他的环提供启示. 接下来对多项式环的理想和多项式环的商环做一些探讨. 这样做有两重目的, 作为例子帮助理解前面引入的概念, 也为后面的伽罗瓦理论做一些准备. 我们很快就会发现, 多项式环的理想和多项式环的商环是很有意思的.

定理 4.10　设 L 是域, $L[x]$ 是域 L 上的一元多项式环. 那么

(1) 环 $L[x]$ 的理想都是主理想, 即每个理想 I 都是由某个多项式 $f \in L[x]$ 生成的, 从而 $I = (f) = fL[x]$.

(2) 商环 $L[x]/(f)$ 是域当且仅当 f 在 L 上是不可约的 (即为 $L[x]$ 中的不可约多项式).

证明　(1) 如果 I 是零理想, 取 $f = 0$ 即可. 如果 I 是非零理想, 在 I 中取一个次数最小的非零多项式, 记作 f. 如果 $g \in I$, 根据带余除法 (参见第一卷推论 6.12), 存在 $q, r \in L[x]$ 使得 $g = qf + r$, $\deg r < \deg f$. 因为 g, qf 都是理想 I 中的元素, 可知 r 是 I 中的元素. 对 f 的取法蕴含 $r = 0$. 换句话说, f 整除 g. 从而 $I = (f) = fL[x]$, 即 I 由被 f 整除的多项式组成.

(2) 如果 $f = gh$, $0 < \deg g, \deg h < \deg f$, 那么 $L[x]/(f)$ 中的元素 $\bar{g} = g + (f)$ 和 $\bar{h} = h + (f)$ 都不等于 0, 但是

$$\bar{g} \cdot \bar{h} = \overline{gh} = \bar{f} = \bar{0}.$$

这就是说, 商环 $L[x]/(f)$ 中有非平凡的零因子, 从而不会是域.

显然 $L[x]/(f)$ 由元素 $\bar{g} = g + (f)$, $\deg g < \deg f$ 组成. 如果 f 是不可约的, $\bar{g} = g + (f)$ 是 $L[x]/(f)$ 中的非零元素且 $\deg g < \deg f$, 那么 g 和 f 的最大公因子是 1, 从而存在 $u, v \in L[x]$ 使得 $ug + vf = 1$ (参见第一卷定理 6.24 或定理 6.25). 于是 $\bar{u}\bar{g} + \bar{v}\bar{f} = \bar{1}$, 即 $\bar{u}\bar{g} = \bar{1}$. 这说明, 任意非零的剩余类 $\bar{g}$ 都有乘法逆, 从而商环 $L[x]/(f)$ 是域.　　　　　　　　　　　　　　　　　　$\square$

需要特别指出, 元素 $\bar{a} = a + (f)$, $a \in L$ 在 $L[x]/(f)$ 中组成一个和域 L 同构的子环. 在 f 是不可约多项式的情形, 根据定理 4.10, 商环 $L[x]/(f)$ 是域, 它包含一个和 L 同构的子域.

定理 4.11　如果 $f(x)$ 是域 L 上的不可约多项式, 那么存在 L 的扩域 K 使得 $f(x)$ 在 K 中有根. 域 K 可以选得与 $L[x]/(f)$ 同构.

证明 假设 $f(x) = \sum a_i x^i$, $a_i \in L$, 则在 $L[x]/(f)$ 中有

$$\overline{f(x)} = \sum \overline{a_i}\, \bar{x}^i = 0.$$

这说明 $\bar{x}$ 是多项式 $\tilde{f}(x) = \sum \overline{a_i}\, x^i$ 的根. 由于在 $L[x]/(f)$ 中元素 $\bar{a} = a + (f)$, $a \in L$ 构成一个与 L 同构的子域, 所以本质上 $\tilde{f}(x)$ 与 $f(x)$ 没有差别, $L[x]/(f)$ 就是我们要的域. 如果要追求严格性, 我们可以形式地构造一个包含 L 的域 K 使得 $f(x)$ 在 K 中有根且 K 与 $L[x]/(f)$ 同构.

不妨设 $f(x)$ 的次数为 n, 首项系数为 1. 取一个字符 ξ, 考虑它的次数小于 n 的形式多项式:

$$g(\xi) = c_0 + c_1\xi + c_2\xi^2 + \cdots + c_{n-1}\xi^{n-1}, \quad c_0, c_1, \cdots, c_{n-1} \in L.$$

这些形式多项式全体记作 K. 对于加法, K 是交换群. 现在定义 K 中一个新的乘法 $*$, 它基于多项式的乘法, 但有别于多项式的乘法. 对 K 中的元素 $g(\xi)$ 和 $h(\xi)$, 作为 ξ 的多项式, 它们可以相乘, 用 $f(\xi)$ 除它们的乘积 $g(\xi)h(\xi)$, 得到余项 $r(\xi)$. 这个余项 $r(\xi)$ 就定义为 $g(\xi)$ 和 $h(\xi)$ 在乘法 $*$ 下的乘积 $g(\xi)*h(\xi)$. 显然, 乘法 $*$ 是交换的, L 中的单位元 1 也是这个乘法的单位元.

对 K 中的三个元素 $g(\xi)$, $h(\xi)$, $k(\xi)$, 容易验证, 它们的新乘积 $[g(\xi)*h(\xi)]*k(\xi)$ 和 $g(\xi)*[h(\xi)*k(\xi)]$ 均等于 $f(\xi)$ 除 $g(\xi)h(\xi)k(\xi)$ 得到的余项 $s(\xi)$, 所以乘法 $*$ 有结合律. 乘法 $*$ 对加法的分配律也是容易验证的. 于是, K 是一个交换环.

如果 $g(\xi)$ 是 K 中的非零元, 那么它与 $f(\xi)$ 是互素的, 因为 $f(\xi)$ 是不可约的. 根据第一卷定理 6.25, 存在多项式 $u(\xi)$ 和 $v(\xi)$ 使得: $u(\xi)f(\xi) + v(\xi)g(\xi) = 1$. 我们可以要求 $v(\xi)$ 是 K 中的元素, 否则用 $f(\xi)$ 除 $v(\xi)$ 得到的余项代替 $v(\xi)$, 相应地调整 $u(\xi)$. 于是 $v(\xi)*g(\xi) = 1$. 也就是说, K 中每个非零元对乘法 $*$ 都有逆元.

另外, 如果 $g(\xi)h(\xi)$ 的次数小于 n, 我们有 $g(\xi)*h(\xi) = g(\xi)h(\xi)$. 命 $f(x) = x^n + a_{n-1}x^{n-1} + \cdots + a_0$. 那么 $f(\xi)$ 除 $\xi^n = \xi\xi^{n-1}$ 的余项是

$$\xi * \xi^{n-1} = \xi^n - f(\xi) = -a_{n-1}\xi^{n-1} - \cdots - a_1\xi - a_0.$$

注意 $\xi * \xi^{n-1}$ 就是 ξ 在乘法 $*$ 下的 n 次幂. 现在我们在 K 中只用乘法 $*$, 并把这个乘法记作 $\cdot$ 或省略记号. 那么上式就成为

$$\xi^n = -a_{n-1}\xi^{n-1} - \cdots - a_1\xi - a_0.$$

换句话说, $f(\xi) = 0$, 即 ξ 是 $f(x)$ 的根.

我们得到了 L 的一个扩域 K, $f(x)$ 在其中有根. 容易验证 $\sum a_i \xi^i \to \sum \overline{a_i} \overline{x}^i$ 是从 K 到 $L[x]/(f)$ 的同构. □

有理数域上有任意次数的不可约多项式, 从定理 4.10 的证明可知, 在有理数域上有任意有限维数的扩域.

例 4.12   根据第一卷推论 6.10, 有唯一的环同态 $\mathbb{R}[x] \to \mathbb{C}$, $f(x) \to f(i)$. 实数 a, b 不全为零时有 $a + bi \neq 0$, 且有 $i^2 + 1 = 0$. 可见这个同态的核是 $I = (x^2 + 1) = (x^2 + 1)\mathbb{R}[x]$. 根据推论 4.9, 有 $\mathbb{C} = \mathbb{R}[i] = \mathbb{R}[x]/(x^2 + 1)$. 具体的同构由映射 $a + bi \to a + bx + I$ 给出.

定理 4.11 中的域 K 称为**由 L 添加 ξ 得到的域**. 也说它是 **(在 L 上) 由 ξ 生成的域**. 在 $L(\xi)$ 上添加 η 得到域记作 $L(\xi, \eta)$, 称为**由 L 添加 ξ, η 得到的域**. 类似地, 可对 L 添加 $\xi_1, \xi_2, \cdots, \xi_n$ 得到域 $L(\xi_1, \cdots, \xi_n)$. 它也称为 **(在 L 上) 由 $\xi_1, \cdots, \xi_n$ 生成的域**.

在 $K[x]$ 中有 $f(x) = (x - \xi)g(x)$. 这显示会存在 L 的扩域, 在其上 $f(x)$ 能分解成线性因子的乘积.

定义 4.13   设 $f(x)$ 是域 L 上的多项式. 称 L 的扩域 K 为 $f(x)$ 的一个**分裂域**如果 $f(x)$ 在 K 上能分解成线性因子的乘积, 而在 K 的任何包含 L 的真子域 F (即 $L \subseteq F \subsetneq K$) 上, $f(x)$ 都不能分解成线性因子的乘积. 可见, 如果 K 是 $f(x)$ 的分裂域, 那么 K 就是在基域 L 上由 $f(x)$ (在 K 中) 的根生成的域.

定理 4.14   设 $f(x)$ 是域 L 上的正次数多项式, 那么它的分裂域存在.

证明   把 $f(x)$ 分解成不可约因子的乘积 $f(x) = f_1(x) \cdots f_r(x)$. 如果每个因子都是线性的, 那么 L 就是 $f(x)$ 的分裂域. 假设 $f_1(x)$ 的次数大于 1. 根据定理 4.11, 存在 L 的扩域 K_1, 使得 $f_1(x)$ 在 K_1 中有根. 在 $K_1[x]$ 中把 $f(x)$ 分解成不可约因子的乘积, 重复刚才的做法, 最后得到一个域 K 使得 $f(x)$ 在 $K[x]$ 中能分解成一次多项式的乘积. 在 L 上由 $f(x)$ 的根生成的域就是 $f(x)$ 的一个分裂域. □

从定理的证明可以期待一个多项式的分裂域在同构的意义下是唯一的. 这个结论我们在下一章证明. 现在我们仅限于考察一些分裂域的例子.

例 4.15   设 d 是整数且平方根不是整数, 那么有理数域上的多项式 $x^2 - d$ 的分裂域是二次域 $\mathbb{Q}(\sqrt{d})$.

例 4.16   对二元域 $\mathbb{F}_2$ 添加不可约多项式 $x^2 + x + 1$ 的一个根 θ, 得到由四个

元素组成的域 $\mathbb{F}(\theta) = \{0,\ 1,\ \theta,\ 1+\theta\}$, 它和域 $\mathbb{F}[x]/(x^2+x+1)$ 是同构的. 你会注意到

$$x^2 + x + 1 = (x-\theta)(x-\theta^2),$$

即 $\mathbb{F}_2(\theta)$ 是域 $\mathbb{F}_2$ 上的不可约多项式 x^2+x+1 的分裂域.

例 4.17　多项式 x^2+1 不仅在 $\mathbb{R}$ 上不可约, 而且在一些有限域如 $\mathbb{F}_3$ 上也是不可约的. 如果把它看作实数域上的多项式, 则复数域是它的分裂域.

现在把 x^2+1 看作 $\mathbb{F}_3$ 上的多项式. 设 θ 是它的一个根, 不妨认为 $\theta = x + (x^2+1)$ 是剩余类域 $\mathbb{F}_3[x]/(x^2+1)$ 中的元素. 那么 $\theta^2 = -1$ 且 $x^2+1 = (x-\theta)(x+\theta)$. 这说明 $\mathbb{F}_3(\theta) = \{a + b\theta \mid a, b \in \mathbb{F}_3\}$ 是 x^2+1 在 $\mathbb{F}_3$ 的分裂域.

可以说一下, $\mathbb{F}_3(\theta)$ 和由矩阵 $\begin{pmatrix} a & b \\ -b & a \end{pmatrix}$ $(a, b \in \mathbb{F}_3)$ 组成的域同构 (参见第一卷 5.4 节习题 5), 一个同构映射是

$$a + b\theta \to a \begin{pmatrix} 1 & 0 \\ 0 & 1 \end{pmatrix} + b \begin{pmatrix} 0 & 1 \\ -1 & 0 \end{pmatrix}.$$

根据定理 1.21, $\mathbb{F}_3(\theta)$ 中的非零元构成一个 8 阶循环群. 很容易把这个 8 阶循环群描述清楚:

$$\mathbb{F}_3(\theta)^* = \langle c \rangle, \quad c = 1+\theta, \quad c^2 = -\theta, \quad c^3 = 1-\theta,$$
$$c^4 = -1, \quad c^5 = -1-\theta, \quad c^6 = \theta, \quad c^7 = -1+\theta, \quad c^8 = 1.$$

例 4.18　根据艾森斯坦因 (既约性) 判别法, 多项式 x^3-2 在有理数域上是不可约的. 但 $\mathbb{Q}(\sqrt[3]{2})$ 不是其分裂域, 因为这个多项式的根不全是实数. 事实上, $\mathbb{Q}(\sqrt[3]{2}, \varepsilon)$ 是 x^3-2 的分裂域, 其中 ε 是 1 的 3 次本原根:

$$x^3 - 2 = (x - \sqrt[3]{2})(x - \varepsilon\sqrt[3]{2})(x - \varepsilon^2 \sqrt[3]{2}).$$

多元多项式环的理想比一元多项式环的理想复杂得多, 它们一般不是主理想.

例 4.19　由满足 $h(0,0) = 0$ 的二元多项式形成的集合

$$I = \{xf + yg \mid f, g \in \mathbb{R}[x, y]\},$$

当然是 $\mathbb{R}[x, y]$ 的理想. 如果 I 是主理想, 由 $q(x, y)$ 生成, 即 $I = q(x, y)\mathbb{R}[x, y]$, 那么

$$x = qu, \quad y = qv.$$

由于 $1 \notin I$, 所以 $\deg q \geqslant 1$, 于是 $\deg q = 1$, $\deg u = \deg v = 0$. 从而 $u, v \in \mathbb{R}$. 这导致荒谬的结论 $x = uv^{-1}y$. 所以 I 不是主理想.

四   环的同构定理   我们回到理想与商环的一般讨论. 和群的情形一样, 还有两个同构定理, 其中一个有时称为对应定理.

定理 4.20   设 R 是环, S 是其子环, I 是 R 的理想. 那么 $S + I = \{a + x \mid a \in S, \ x \in I\}$ 是 R 的子环, 包含 I 作为其理想, $S \cap I$ 是 S 的理想, 而且映射

$$\phi : a + I \to a + (S \cap I), \quad a \in S \tag{4.2.1}$$

建立了环同构

$$(S + I)/I \simeq S/(S \cap I).$$

证明   直接验证可知 $S + I$ 是子环: 是 R 的加法子群, 含有乘法单位元 1, 对乘法封闭. 显然 I 是 $S + I$ 的理想, $S \cap I$ 是 S 的理想. 根据定理 2.18, 映射 ϕ 是加法群同构. 很明显, 这个映射还保持乘法, 所以是环同构. 也可以利用环的同态基本定理 (定理 4.8) 证明 ϕ 是环同构以及 $S \cap I$ 是 S 的理想. 考虑映射 $S \to (S + I)/I$, $a \to a + I$. (注意这个映射可以看作是自然映射 $R \to R/I$ 在 S 上的限制.) 显然这是环同态且是满射, 而且核是 $S \cap I$, 所以 $S \cap I$ 是 S 的理想, 且 $a + (S \cap I) \to a + I$ 是从 $S/(S \cap I)$ 到 $(S + I)/I$ 的环同构, 这个环同构的逆映射是 ϕ. $\square$

另一个同构定理有时称为对应定理, 它和群论中相应的定理 2.19 是完全类似的.

定理 4.21   设 $\varphi : R \to R'$ 是环的满同态, K 是该同态的核. 那么 R 的包含 K 的加法子群集合到 R' 的加法子群集合之间有一一映射:

$$H \to \varphi(H).$$

在这个对应中, H 是 R 的子环 (理想) 当且仅当 $\varphi(H)$ 是 R' 的子环 (理想). 而且, 如果 I 是 R 的包含 K 的理想, 那么映射

$$a + I \to \varphi(a) + I', \quad I' = \varphi(I) \tag{4.2.2}$$

是从环 R/I 到 R'/I' 的同构.

证明   类似于定理 2.19 的证明. $\square$

习 题 4.2

1. 如同群论中有单群, 环论中也有单环的概念. 称环 R 是**单环**如果 R 的理想只有零理想和 R 自身. 证明: 域 F 上的矩阵环 $M_n(F)$ 是单环.

2. 环 R 的子集 I 称为**左理想**如果 I 是 R 的加法子群且对任意的 $a \in R$ 和 $x \in I$ 有 $ax \in I$. 设 F 是域, 找出

(1) 环 $M_2(F)$ 中的左理想;

(2) 环 $M_n(F)$ 中的左理想.

尝试定义右理想的概念并找出上面两个矩阵环的右理想.

3. 证明: 环 R 中任意一族 (左) 理想 I_α, $\alpha \in A$ 的交集仍是 (左) 理想.

如果 S 是环 R 的子集, 那么环 R 的所有包含 S 的理想的交集 (不会是空集, 因为 R 是包含 S 的理想) 仍然包含 S. 这个理想称为**由 S 生成的理想**, 记作 (S), 如果 S 由元素 a_1, $\cdots$, a_n 组成, 这个理想也记作 $(a_1, \cdots, a_n)$.

4. 环 R 称为**素环**如果它没有真子环. 证明: 在同构的意义下, 素环只有 $\mathbb{Z}$ 和 $\mathbb{Z}/m\mathbb{Z}$, $m \geqslant 2$.

5. 环 R 中的元素 a 称为**幂零的**如果存在正整数 k 使得 $a^k = 0$. 证明: 交换环 R 中的幂零元全体构成 R 的一个理想.

6. 环 R 中的乘法可逆元常称为环中的**单位** (unit). 证明: 环同态把单位映到单位. 这是否意味着环的满同态限制在单位组成的群上也是满同态?

7. 设 I 是环 R 的理想. 利用同态基本定理证明: $M_n(R)/M_n(I) \simeq M_n(R/I)$.

8. 证明: 除环之间的同态都是单射.

9. 环 R 中的理想 I 称为**极大的**如果 $I \neq R$ 且没有理想 J 使得 $I \subsetneq J \subsetneq R$.

设 p 是素数, 分母不能被 p 整除的有理数全体形成 $\mathbb{Q}$ 的一个子环 R. 证明: 环 R 含有唯一的极大理想 $J = \{a/b \in R \mid p \text{ 整除 } a\}$.

10. 一个环称为**局部环**如果它是交换的且有唯一的极大理想. 证明: 局部环中的元素是可逆元当且仅当它不属于极大理想.

11. 设 S 是交换环 R 中的乘法子半群. 类似于构造整环的分式域 (参见第一卷 6.4 节), 我们构造 R **对 S 的商环** $S^{-1}R$. 考虑集合 $R \times S = \{(a, s) \mid a \in R, s \in S\}$ 中的关系 $\sim$:

$$(a, s) \sim (b, t) \iff \text{存在 } u \in S \text{ 使得 } u(at - bs) = 0.$$

(1) 证明：这是一个等价关系. 等价类全体将记作 $S^{-1}R$, (a, s) 所在的等价类将记作 a/s.

(2) 在等价类中定义加法和乘法如下：

$$\frac{a}{s} + \frac{b}{t} = \frac{at + bs}{st}, \quad \frac{a}{s} \cdot \frac{b}{t} = \frac{ab}{st}.$$

证明：这些运算是确切定义的, 而且带着这些运算, $S^{-1}R$ 成为一个交换环, 称为 **R 对 S 的商环**.

(3) 证明：映射 $\varphi_S : R \to S^{-1}R$, $a \to a/1$ 是环同态, 而且 $\varphi_S(S)$ 中每个元素都是可逆的.

12. 交换环 R 中的理想 P 称为**素理想**如果 R/P 是整环 (即没有零因子的交换环, 参见第一卷 5.3 节第四部分). 素理想 P 在 R 中的补集 $S = R \backslash P$ 是 R 的乘法子半群. 证明：环 $S^{-1}R$ 是局部环, 其极大理想 $\mathfrak{M}_P$ 由形如 a/s 的元素组成, 其中 $a \in P$, $s \in S = R \backslash P$. 而且 $\mathfrak{M}_P \cap \varphi_S(R) = \varphi_S(P)$.

环 $S^{-1}R$ 称为 **R 在 P 处的局部化**, 一般记作 R_P.

13. 设 R 是闭区间 $[0,1]$ 上的连续函数全体形成的环. 对区间内任何的值 t, 赋值映射 $\eta_t : f \to f(t)$ 是从 R 到 $\mathbb{R}$ 的同态. 证明：任何从 R 到 $\mathbb{R}$ 的同态 η 都具有这样的形式. (提示：如果 $\eta \neq \eta_t$, 那么存在 $f_t \in R$ 使得 $\eta(f_t) \neq \eta_t(f_t) = f_t(t)$. 于是 $g_t = f_t - \eta(f_t)1 \in R$, 且 $g_t(t) \neq 0$ 但 $\eta(g_t) = 0$. 证明存在有限多个 t_i 使得 $g = \sum g_{t_i}^2(x) \neq 0$ 对所有的 x. 从而 $g^{-1} \in R$ 但 $\eta(g) = 0$.)

14. 设 R 是没有乘法单位元 1 的环. 命 $S = \mathbb{Z} \times R$ (笛卡儿积). 在 S 中定义加法和乘法如下：

$$(m, a) + (n, b) = (m + n, a + b),$$
$$(m, a)(n, b) = (mn, mb + na + ab).$$

证明：S 是一个乘法单位的环, 加法零元是 $0 = (0, 0)$, 乘法单位元是 $1 = (1, 0)$.

本题说明了不带乘法单位元的环可以嵌入到带有乘法单位元的环中.

4.3　交　换　环

交换环理论对数论和代数几何都是非常重要的. 我们不进入全面的探讨, 而是以整数环和域上的多项式环为出发点讨论一些有关的课题, 诸如主理想整环、唯一因子分解环、孙子定理、素环中的单位 (即乘法可逆元). 这些课题有数论的气息, 的确也是数论尤其是代数数论感兴趣的.

整数环和域上的一元多项式环有两个重要的性质: 唯一因子分解, 每个理想都是主理想. 这两个性质有关联, 都值得分开讨论进一步的拓展.

一 主理想整环 回忆整环是无零因子的交换环. 整环 R 称为**主理想整环**如果环中所有的理想都是主理想, 即 R 的理想都具有 $(a) = aR$ 的形式.

定理 4.22 欧几里得环 R 是主理想整环.

证明 设 $\delta: R\backslash\{0\} \to \mathbb{N} = \{0, 1, 2, \cdots\}$ 是尺度函数 (参见第一卷定义 6.23). 就是说, 对于 R 中任意的非零元素 a 和元素 b, 存在 $q, r \in R$ 使得

$$b = qa + r,$$

且 $\delta(r) < \delta(a)$ 或 $r = 0$.

设 I 是 R 的理想, 如果 $I = 0$, 有 $I = (0)$. 如果 I 不是零理想, 在 I 中选取 a 使得 $\delta(a)$ 尽可能小, 即对 I 中任意的非零元 x 有 $\delta(a) \leqslant \delta(x)$. 于是对于任意的 $x \in I$, 存在 $q, r \in R$ 使得 $x = qa + r$ 且 $\delta(r) < \delta(a)$ 或 $r = 0$. 由于 $r = x - qa \in I$, 根据 a 的选取, 必有 $r = 0$, 从而 $x = qa$. 即 $I = (a) = aR$. □

从证明中可以看出, 如果欧几里得环 R 中的元素 a 的尺度函数值是最小的, 那么 a 是 R 中的 (乘法) 可逆元. 我们常见的尺度函数 δ 还有性质 $\delta(ab) \geqslant \delta(a)$. 这时尺度函数的最小值就是 $\delta(1)$.

命题 4.23 如果欧几里得环 R 的尺度函数 δ 有性质 $\delta(ab) \geqslant \delta(a)$, $\forall b \in R\backslash\{0\}$, 那么 $u \in R$ 是可逆的当且仅当 $\delta(u) = \delta(1)$. 而且, 当 $u \in R$ 可逆时, 对 R 中任意的非零元 x 有 $\delta(ux) = \delta(x)$.

证明 如果 u 是可逆的, 那么 $\delta(x) = \delta(xuu^{-1}) \geqslant \delta(xu) \geqslant \delta(x)$, 这迫使 $\delta(ux) = \delta(x)$. 特别当 $x = 1$ 时有 $\delta(u) = \delta(1)$.

反之, 假设 $\delta(u) = \delta(1)$, 从 $1 = qu + r$ 可得 $\delta(r) < \delta(u) = \delta(1)$. 如果 $r \neq 0$, 那么 $\delta(r) = \delta(1r) \geqslant \delta(1)$, 矛盾. 所以 $r = 0$, 从而 u 是可逆的. □

在上一节的习题 9 中我们定义了极大理想: 环 R 中的理想 I 称为**极大的**如果 $I \neq R$ 且没有理想 J 使得 $I \subsetneq J \subsetneq R$. 交换环的极大理想是很有意思的研究对象, 它们其实就是几何空间的点. 对欧几里得环, 极大理想有个简单的刻画, 和整数环的情形是完全类似的.

命题 4.24　欧几里得环 R 的理想 $(a) = aR$ 是极大的当且仅当 a 是素元[①].

证明　假设 $a \in R$ 是素元, I 是包含 a 的理想. 如果 $I = bR$, 那么 $a = bc$. 由于 a 是素元, 所以 b 或 c 是可逆的. 如果 b 可逆, 那么 $I = R$, 如果 c 可逆, 那么 $b = ac^{-1}$, 从而 $I = aR$. 可见包含 a 的理想只有 aR 和 R, 所以 (a) 是极大的.

反之假设 $(a) = aR$ 是极大的. 如果 $a = bc$ 且 b 是不可逆的, 那么 $aR \subset bR \subsetneqq R$. 由 aR 的极大性, 知 $aR = bR$, 从而 $b = ad$. 代入 $a = bc$, 得 $a = adc$. 由于 R 是整环, 有 $1 = dc$. 于是 c 可逆. 这说明 a 是素元.　□

二　高斯整数　现在讨论**高斯整数环** $\mathbb{Z}[i] = \{a + bi \mid a, b \in \mathbb{Z}\}$, 环中的元素称为**高斯整数**. 我们将会看到它是一个富有趣味的欧几里得环.

定理 4.25　高斯整数环 $\mathbb{Z}[i]$ 是欧几里得环. 特别, 它是唯一因子分解环.

证明　高斯整数环无疑是整环, 因为它是复数域的子环. 我们证明范数定义了高斯整数环的尺度函数. 按定义, $x = a + bi$ 的范数是

$$\delta(x) = x \cdot \bar{x} = (a + bi)(a - bi) = |a + bi|^2 = a^2 + b^2.$$

显然, 对非零的高斯整数 x 和 y 有 $\delta(xy) = \delta(x)\delta(y) \geqslant \delta(x)$.

为了证明可以做辗转相除法, 把分数 xy^{-1} 写成

$$xy^{-1} = \alpha + i\beta, \quad \alpha, \beta \in \mathbb{Q}.$$

分别取最接近 α, β 的整数 m, n, 则 $\mu = \alpha - m$ 和 $\nu = \beta - n$ 的绝对值都不会超过 $1/2$. 于是

$$x = y[(m + \mu) + i(n + \nu)] = y[(m + in) + (\mu + i\nu)] = qy + r,$$

其中 $q = m + in \in \mathbb{Z}[i]$, 而 $r = y(\mu + i\nu)$. 因为 $r = x - qy$, 故 r 也是高斯整数, 且有

$$\delta(r) = |r|^2 = |y|^2(\mu^2 + \nu^2) \leqslant \delta(y)\left(\frac{1}{4} + \frac{1}{4}\right) = \frac{1}{2}\delta(y) < \delta(y).$$

这说明 $\mathbb{Z}[i]$ 是欧几里得环.　□

注意在高斯整数环中带余除法的 q, r 不是唯一的, 最多可能有四个选择. 把命题 4.23 应用到高斯整数环知, $\mathbb{Z}[i]$ 中的可逆元只有四个: ± 1, $\pm i$. 它们形成一个 4 阶循环群 $\langle i \rangle$.

---

① 素元 (或既约元) 是不可逆元且不能写成两个不可逆元的乘积, 定义见《基础代数》第一卷 6.3 节. 本书素元的定义条件弱于有些教材的素元的定义条件.

整数环中的素数在高斯整数环中未必是素元. 例如 $5 = (2+i)(2-i) = (1+2i)(1-2i)$, 注意这两个分解实质上是一样的, 因为 $(-i)(2+i) = 1-2i$, $i(2-i) = 1+2i$. 更简单的例子是 $2 = (1+i)(1-i)$.

命题 4.26 若素数 $p \in \mathbb{Z}$ 在 $\mathbb{Z}[i]$ 中有非平凡的分解, 则

$$p = (m+in)(m-in) = m^2 + n^2,$$

其中 $m+in$ 和 $m-in$ 是 $\mathbb{Z}[i]$ 中的素元.

证明 设 $p = p_1 \cdots p_r$ 是素元分解式, $r > 1$ (参见第一卷定理 6.28). 根据命题 4.23, $\delta(p_k) > 1$. 由 $p^2 = \delta(p) = \delta(p_1) \cdots \delta(p_r)$ 及 $\mathbb{Z}$ 的唯一因子分解性, 必有等式

$$r = 2, \quad p = p_1 p_2, \quad \delta(p_1) = \delta(p_2) = p.$$

若 $p_1 = m+in$, 则

$$p = \delta(p_1) = m^2 + n^2 = (m+in)(m-in) \Longrightarrow p_2 = m - in. \qquad \square$$

现在我们可以证明下面的判别法了.

定理 4.27 素数 $p \in \mathbb{Z}$ 在 $\mathbb{Z}[i]$ 中是素元当且仅当 $p = 4k - 1$.

每一个素数 $p = 4k + 1$ 可以表成 $p = m^2 + n^2$ 的形式, 其中 m 和 n 是整数.

证明 首先注意对任何整数 t 有 $t^2 \equiv 0 \pmod 4$ 或 $t^2 \equiv 1 \pmod 4$. 因此, 对于奇素数 p, 如果它不是 $\mathbb{Z}[i]$ 中的素元, 根据命题 4.26, 有

$$p = m^2 + n^2 \equiv 0, 1, 2 \pmod 4 \Longrightarrow p = 4k + 1.$$

在 $p = 4k + 1$ 的情形, 命 $t = (2k)!$. 由于

$$t = (-1)^{2k}(2k)! = (-1)(-2) \cdots (-2k) \equiv (p-1)(p-2) \cdots (p-2k)$$
$$= (2k+1)(2k+2) \cdots (p-2)(p-1) \pmod p,$$

所以

$$t^2 \equiv (2k)!(2k+1)(2k+2) \cdots (p-2)(p-1) \equiv (p-1)! \pmod p.$$

由威尔逊定理 (见第一卷公式 (7.4)) 知 $t^2 + 1 \equiv 0 \pmod p$. 于是 $(t+i)(t-i) = t^2 + 1 = ap$, $a \in \mathbb{Z}$. 如果 p 在 $\mathbb{Z}[i]$ 中是素元, 根据第一卷定理 6.20, p 整除 $t+i$ 或

$t - i$. 但 $t \pm i = p(m + in)$ 意味着 $pn = \pm 1$, $n \in \mathbb{Z}$. 这不可能. 所以 $4k + 1$ 在 $\mathbb{Z}[i]$ 中不是素元. □

有了这个判别法, 我们很容易确定什么样的整数可以分解成两个整数的平方和.

定理 4.28　正整数 t 可以表成两个整数的平方和当且仅当在它的素因子分解式中形如 $4k - 1$ 的因子的指数都是偶数.

证明　我们有

$$c^2(a^2 + b^2) = (ca)^2 + (cb)^2,$$
$$(a^2 + b^2)(c^2 + d^2) = a^2c^2 + b^2c^2 + a^2d^2 + b^2d^2 = (ac + bd)^2 + (ad - bc)^2.$$

因此, 根据定理 4.27, 如果 t 的素因子分解式中形如 $4k - 1$ 的因子的指数都是偶数, 那么 t 可以表成两个整数的平方和.

还需要证明如果 $t = a^2 + b^2$ 是两个整数的平方和, 则在 t 的素因子分解式中形如 $4k - 1$ 的因子的指数都是偶数. 当 a 或 b 等于 0 时, t 是平方整数, 任何素因子的次数都是偶数. 现设 a 和 b 均不为 0, 最大公因子是 d, $a = dm$, $b = dn$. 那么 $t = d^2(m^2 + n^2)$. 只需要证明 $m^2 + n^2$ 没有形如 $4k - 1$ 的素因子.

设素数 p 整除 $m^2 + n^2$. 由于 m 和 n 的最大公因子是 1, 所以 p 不整除 m 和 n. 根据费马小定理 (参见第一卷定理 5.43), 有 $m^{p-1} \equiv 1 \pmod{p}$. 从 $n^2 \equiv -m^2 \pmod{p}$ 可知

$$(m^{p-2}n)^2 = m^{2p-4}n^2 \equiv -m^{2p-2} \equiv -1 \pmod{p}.$$

就是说整数 $s = m^{p-2}n \in \mathbb{Z}$ 有性质 $s^2 \equiv -1 \pmod{p}$, $s^4 \equiv 1 \pmod{p}$. 如果 p 是奇素数, 那么在 p 元域的非零元乘法群 $\mathbb{F}_p^*$ 中 s 的阶是 4. 根据拉格朗日定理, 4 是 $|\mathbb{F}_p^*| = p - 1$ 的因子, 从而 $p = 4k + 1$. □

根据命题 4.24, 素数 $p = 4k - 1$ 在 $\mathbb{Z}[i]$ 中是素元等价于 $p\mathbb{Z}[i]$ 是高斯整数环中的极大理想. 这意味着商环 $\mathbb{Z}[i]/p\mathbb{Z}[i]$ 是含有 p^2 个元素的域. 这似乎并不让人惊讶, 如果注意到 $p = 4k - 1$ 时, 域 $\mathbb{F}_p$ 上的多项式 $x^2 + 1$ 是不可约的. 关于这个问题将在下一章有更详细的讨论.

三　唯一因子分解环的多项式扩张　现在对整数环和域上多项式环的唯一因子分解性做进一步的讨论. 我们指出, 整数环和域 F 上的多元多项式环 $\mathbb{Z}[x_1, \cdots, x_n]$ 与 $F[x_1, \cdots, x_n]$ 都是唯一因子分解环. 这个重要的结论可直接由下面令人愉快的定理推出.

定理 4.29 若整环 R 是唯一因子分解环, 那么多项式环 $R[x]$ 也是唯一因子分解环.

证明 需要对 $f(x) \in R[x]$ 做既约 (即不可约) 分解并证明分解的唯一性. 由于 R 未必是域, 所以 $f(x)$ 的分解还需要考虑在 R 中的因子的分解. 多项式 f 的系数的最大公因子称为 f 的**容度**, 记作 $d(f)$. 容度为 R 中可逆元的多项式称为**本原的**.

命 $Q = Q(R)$ 为 R 的分式域 (参见第一卷定理 6.30). 我们有如下的性质:

(i) 如果本原多项式 $f, g \in R[x]$ 在 $Q[x]$ 中相伴 (即存在可逆元 $u \in Q[x]$ 使得 $f = ug$), 则它们在 $R[x]$ 中也是相伴的.

(ii) 若正次数多项式 $f \in R[x]$ 在 $R[x]$ 中是既约的, 则它在 $Q[x]$ 中也是既约的.

性质 (i) 的证明是容易的, 性质 (ii) 的证明类似于第一卷推论 6.31 的证明, 那里对 $R = \mathbb{Z}$ 证明了 (ii).

现在对 $f = d(f)f_0$ 做分解. 首先本原多项式 f_0 在 $R[x]$ 中可以分解成既约本原多项式 $f_1, \cdots, f_s$ 的乘积: $f_0 = f_1 \cdots f_s$.

假设 $f_0 = g_1 \cdots g_t$ 是 f_0 在 $R[x]$ 中的另一个既约分解. 根据性质 (ii), f_i 和 g_j 在 $Q[x]$ 中也是既约的. 由于 $Q[x]$ 是唯一因子分解环 (参见第一卷推论 6.29), 所以 $s = t$, 且适当安排顺序, 可以要求 f_i 和 g_i 在 $Q[x]$ 中是相伴的. 根据性质 (i), f_i 和 g_i 在 $R[x]$ 中也是相伴的.

对 f 的容度 $d(f)$ 是可逆的情形, 我们已经看到 f 的既约分解是唯一的. 如果 f 的容度 $d(f)$ 是不可逆的, 则 $d(f) = p_1 \cdots p_r$, 其中诸 p_i 是 R 中的素元 (既约元). 这样得到 f 的一个既约分解式. 这个既约分解式的唯一性由 f_0 的既约分解的唯一性和 $d(f)$ 在 R 中的既约分解的唯一性所保障. □

定理 4.30 存在严格的包含关系:

$$\{\text{欧几里得环}\} \subset \{\text{主理想整环}\} \subset \{\text{唯一因子分解环}\}. \tag{4.3.3}$$

证明 第一个包含关系由定理 4.22 推出. 要说明这个包含关系的严格性, 一般常用的例子是 $\mathbb{Z}[(1 + \sqrt{-19})/2]$. 这个环是主理想整环但不是欧几里得环. 证明不难, 但也要费点事, 这里就略去了.

下面证明第二个包含关系. 设 R 是主理想整环. 先证明 R 中每个非零元素 a 都不能无限分解下去, 即不能分解成任意多个不可逆元的乘积. 假设不然, 则有非零元 a 可以无限分解下去. 设 $a = a_1 b_1$, 其中 $a_1, b_1 \in R$ 都不可逆. 那么 a_1, b_1 中至少有一个可以无限分解下去, 不妨设为 b_1. 于是 $b_1 = a_2 b_2$, 其中 $a_2, b_2 \in R$ 都不可逆, 且 b_2 可以无限分解下去. 如此重复下去, 我们得到一个序列

$$a = b_0, \ b_1, \ b_2, \ \cdots,$$

序列中每个元素 b_i 都可以无限分解下去, 而且 b_{i+1} 整除 b_i 但 $b_i = a_{i+1} b_{i+1}$ 不整除 b_{i+1} 因为 a_{i+1} 不可逆. 诸 b_i 生成的理想 $(b_i) = b_i R$ 就有严格的包含关系

$$(b_0) \subsetneqq (b_1) \subsetneqq (b_2) \subsetneqq (b_3) \subsetneqq \cdots.$$

简单的验证表明这些理想的并集 $D = \bigcup_i (b_i)$ 仍是理想, 从而 $D = (b)$. 于是对某个 m 有 $b \in (b_m)$. 由此得到 $(b) = (b_m) = (b_{m+1}) = \cdots$. 这与 $(b_m) \subsetneqq (b_{m+1})$ 矛盾. 这个矛盾表明 a 不能无限分解下去.

环 R 中任意两个元素 a 和 b 都有最大公因子. 事实上, $aR + bR$ 是理想, 所以 $aR + bR = dR$. 于是 $a, b \in dR$ 且 $d = ax + by$. 可见 d 是 a 和 b 的最大公因子. 现在设 p 是 R 中的素元, $p|ab$. 我们证明 $p|a$ 或 $p|b$. 如果 $p \nmid a$, 那么 p 与 a 互素, 从而最大公因子是 1 且有 $1 = ax + py$. 于是 $b = abx + pby$. 由于 p 是 ab 的因子, 可知 p 是 b 的因子, 即 $p|b$. 前面已经看到 R 中的非零元都有素因子分解, 根据第一卷定理 6.20, R 是唯一因子分解环.

环 $\mathbb{Z}[x]$ 中由 3 和 x 生成的理想 $(3, x)$, 以及 $\mathbb{R}[x, y]$ 中由 x 和 y 生成的理想 (x, y) 都不是主理想 (参见例 4.19), 同时, 根据定理 4.29, 环 $\mathbb{Z}[x]$ 和 $\mathbb{R}[x, y]$ 都是唯一因子分解环. $\square$

主理想整环在代数数论和代数几何中都是重要的. 欧几里得环的带余除法不仅对理论研究很方便, 还可以在计算机上实现.

接下来讨论素环 $\mathbb{Z}/n\mathbb{Z}$ 中可逆元形成的群, 孙子定理将起重要的作用. 注意素环与素数并没有关联, 参见 4.2 节习题 4.

四 孙子定理 孙子定理是数论中关于一个同余方程组解的定理, 后来推广到抽象代数中的环论里. 定理起源于中国南北朝时期的数学著作《孙子算经》卷下第二十六题, 叫做 "物不知数" 问题: 有物不知其数, 三三数之剩二, 五五数之剩三, 七七数之剩二. 问物几何? 该书首次提到了同余方程组问题, 以及以上具体问题的解法. 这个定理出国后摇身一变成为 "中国人的余数定理" (Chinese Remainder

Theorem), 回国后又变异为 "中国剩余定理". 这个定理的旅行与赋名经历看起来挺有趣的. 另外, 这个同余方程组的完全解答于 1247 年由秦九韶首次给出①.

用现代的语言说, 孙子定理是关于同余方程组 $x \equiv a_1 \pmod{n_1}$, $\cdots$, $x \equiv a_k \pmod{n_k}$ 的解的一个断言. 现在我们用环的语言表述并证明该定理. 对环 R 中的理想 I 和元素 a, b, 记号 $a \equiv b \pmod{I}$ 的含义是 $a - b \in I$.

定理 4.31 (孙子定理) 设 $\mathfrak{a}_1, \cdots, \mathfrak{a}_k$ 是环 R 的理想且对任意不相同的 i 和 j 有 $\mathfrak{a}_i + \mathfrak{a}_j = R$. 则对任取的元素 $x_1, \cdots, x_k \in R$, 存在 R 中的元素 x 使得 $x \equiv x_i \pmod{\mathfrak{a}_i}$ 对所有的 i 成立.

证明 在 $k = 2$ 的情形, 有
$$1 = a_1 + a_2,$$
其中 $a_1 \in \mathfrak{a}_1$, $a_2 \in \mathfrak{a}_2$. 此时元素 $x = x_2 a_1 + x_1 a_2$ 满足要求:
$$x - x_1 = x_2 a_1 + x_1 a_2 - x_1 = x_2 a_1 + x_1 (a_2 - 1) = (x_2 - x_1) a_1 \in \mathfrak{a}_1,$$
$$x - x_2 = x_2 a_1 + x_1 a_2 - x_2 = x_2 (a_1 - 1) + x_1 a_2 = (x_1 - x_2) a_2 \in \mathfrak{a}_2.$$
现在对 k 用归纳法. 假设在 $k - 1$ 时结论成立, 即有 $y \in R$ 使得
$$y - x_i \in \mathfrak{a}_i, \quad i = 2, \cdots, k.$$
注意对 $i = 2, \cdots, k$ 有 $\mathfrak{a}_1 + \mathfrak{a}_i = R$, 根据命题 4.5, 有
$$\mathfrak{a}_1 + \mathfrak{a}_2 \cap \cdots \cap \mathfrak{a}_k = R.$$
把在 $k = 2$ 已得到的结果应用于理想 $\mathfrak{a}_1$, $\mathfrak{a}_2 \cap \cdots \cap \mathfrak{a}_k$ 和元素 x_1, y, 得到元素 $x \in R$ 使得
$$x - x_1 \in \mathfrak{a}_1, \quad x - y \in \mathfrak{a}_2 \cap \cdots \cap \mathfrak{a}_k.$$
由于
$$x - y \in \mathfrak{a}_2 \cap \cdots \cap \mathfrak{a}_k \Longrightarrow x - y \in \mathfrak{a}_i, \quad i = 2, \cdots, k,$$
知
$$x - x_i = x - y + y - x_i \in \mathfrak{a}_i, \quad i = 2, \cdots, k.$$
于是, 元素 x 满足要求. $\qquad \square$

推论 4.32 保持定理 4.31 中关于环和理想的记号与条件, 那么映射
$$\theta : R \to R/\mathfrak{a}_1 \oplus \cdots \oplus R/\mathfrak{a}_k, \quad x \to (x + \mathfrak{a}_1, \cdots, x + \mathfrak{a}_k)$$

① 感谢数学史专家李文林教授告诉我这一史实.

是环的满同态, 核为 $\mathrm{Ker}\,\theta = \mathfrak{a}_1 \cap \cdots \cap \mathfrak{a}_k$.

注意在定理 4.31 和推论 4.32 中环 R 不要求是交换的. 现在设 R 是整环, $a_1, \cdots, a_k \in R$, 称理想 $a_1R, \cdots, a_kR$ 两两**互素**, 如果 $i \neq j$ 时有 $a_iR + a_jR = R$ (对主理想整环, 这个定义就是通常意义的互素, 即两个元素的最大公因子是 1). 如常, 用记号 $x \equiv x_i \,(\mathrm{mod}\, a_i)$ 表示 a_i 整除 $x - x_i$, 即 $x - x_i \in a_iR$.

推论 4.33　设 R 是整环, $a_1, \cdots, a_k \in R$ 两两互素, 则对任取的元素 $x_1, \cdots, x_k \in R$, 存在 R 中的元素 x 使得

$$x \equiv x_i \,(\mathrm{mod}\, a_i), \quad i = 1, \cdots, k.$$

五　素环 $\mathbb{Z}/n\mathbb{Z}$ 中的可逆元群　为简便, 命 $Z_n = \mathbb{Z}/n\mathbb{Z}$. 环 R 中的可逆元全体形成的乘法群记作 $U(R)$.

命题 4.34　设整数 $n \geqslant 2$, 其素因子分解是 $n = p_1^{m_1} \cdots p_k^{m_k}$, 那么

(1) $Z_n \simeq Z_{p_1^{m_1}} \oplus \cdots \oplus Z_{p_k^{m_k}}$ (环的直和);

(2) $U(Z_n) \simeq U(Z_{p_1^{m_1}}) \times \cdots \times U(Z_{p_k^{m_k}})$ (群的直积).

证明　(1) 对不同的 i, j, 由于 $p_i^{m_i}$ 和 $p_j^{m_j}$ 互素, 从而 $p_i^{m_i}\mathbb{Z} + p_j^{m_j}\mathbb{Z} = \mathbb{Z}$. 对环 $\mathbb{Z}$ 和理想 $p_1^{m_1}\mathbb{Z}, \cdots, p_k^{m_k}\mathbb{Z}$ 运用推论 4.32, 知有满同态

$$\theta : \mathbb{Z} \to Z_{p_1^{m_1}} \oplus \cdots \oplus Z_{p_k^{m_k}}, \quad x \to (x + p_1^{m_1}\mathbb{Z}, \cdots, x + p_k^{m_k}\mathbb{Z}),$$

核为 $\mathrm{Ker}\,\theta = p_1^{m_1}\mathbb{Z} \cap \cdots \cap p_k^{m_k}\mathbb{Z} = n\mathbb{Z}$.

(2) 因为 $Z_{p_1^{m_1}} \oplus \cdots \oplus Z_{p_k^{m_k}}$ 中的元素 $(x_1, \cdots, x_n)$ 可逆当且仅当诸 x_i 在 $Z_{p_i^{m_i}}$ 中可逆, 所以有群同构

$$U(Z_{p_1^{m_1}} \oplus \cdots \oplus Z_{p_k^{m_k}}) \simeq U(Z_{p_1^{m_1}}) \times \cdots \times U(Z_{p_k^{m_k}}).$$

因此, 要证的同构由 (1) 中的同构给出. 　　　　　　　　　　　　　　　　□

对于小于 n 的正整数 a, 它在 Z_n 中是可逆的当且仅当 a 与 n 互素. 这样的正整数的个数就是欧拉函数在 n 处的值 $\varphi(n)$. 换句话说, 有

$$|U(\mathbb{Z}/n\mathbb{Z})| = \varphi(n). \tag{4.3.4}$$

由命题 4.34 知 $\varphi(n) = \prod_{i=1}^{k} \varphi(p_i^{m_i})$. 易见, $\varphi(p^m) = p^{m-1}(p-1)$. 至此 $U(Z_n)$ 的阶是

很清楚了. 有限群的元素的阶是群的阶的因子, 因此对于和 n 互素的整数 a, 有

$$a^{\varphi(n)} \equiv 1 \pmod{n}.$$

(费马小定理的推广, 以欧拉定理之名闻世).

欲得到群 $U(Z_n)$ 的清晰结构, 根据命题 4.34(2), 只需考察 $n = p^m$ 的情形.

定理 4.35　设 m 是正整数.

(1) 若 p 是奇素数, 则 $U(Z_{p^m})$ 是循环群;

(2) 群 $U(Z_2)$ 和 $U(Z_4)$ 的阶分别是 1 和 2, 在 $m \geqslant 3$ 时, $U(Z_{2^m})$ 是阶为 2^{m-2} 的循环群和阶为 2 的循环群的直积.

证明　(1) 群 $U(Z_{p^m})$ 的阶是 $\varphi(p^m) = p^{m-1}(p-1)$. 先证明 $U(Z_{p^m})$ 中有元素的阶是 $p-1$ 的倍数. 考虑环的满同态

$$\phi : Z_{p^m} \to Z_p, \quad a + p^m\mathbb{Z} \to a + p\mathbb{Z}.$$

这个满同态限制在可逆元上得到乘法群的满同态 $\phi^* : U(Z_{p^m}) \to U(Z_p)$. 注意 $Z_p = \mathbb{F}_p$ 是域, 根据定理 1.21, $U(Z_p)$ 是 $p-1$ 阶循环群, 所以存在整数 a 使得 $a + p\mathbb{Z} \in U(Z_p)$ 的阶是 $p-1$. 由于 ϕ^* 是满同态, 所以 $x = a + p^m\mathbb{Z} \in (\phi^*)^{-1}(a + p\mathbb{Z}) \subset U(Z_{p^m})$ 的阶一定是 $p-1$ 的倍数. 设 x 的阶为 $p^k(p-1)$, 那么 $k \leqslant m-1$, 从而 $x^{p^{m-1}}$ 的阶是 $p-1$.

接下来证明 $1 + p + p^m\mathbb{Z} \in U(Z_{p^m})$ 的阶是 p^{m-1}. 我们有

$$(1+p)^p = \sum_{i=0}^{p} \binom{p}{i} p^i = 1 + p^2 + \frac{1}{2}(p-1)p^3 + \sum_{i \geqslant 3} p^i \binom{p}{i}.$$

因为 $p > 2$, 得 $(1+p)^p \equiv 1 + p^2 \pmod{p^3}$. 做归纳假设 $(1+p)^{p^j} \equiv 1 + p^{j+1} \pmod{p^{j+2}}$, 则有

$$\begin{aligned}
(1+p)^{p^{j+1}} &= [1 + p^{j+1} + sp^{j+2}]^p = [1 + p^{j+1}(1+sp)]^p \\
&= \sum_{i=0}^{p} \binom{p}{i} p^{(j+1)i}(1+sp)^i \\
&= 1 + p^{j+2}(1+sp) + \frac{1}{2}(p-1)p^{(j+1)2+1}(1+sp)^2 + \cdots.
\end{aligned}$$

可见

$$(1+p)^{p^{j+1}} \equiv 1 + p^{j+2} \pmod{p^{j+3}}.$$

特别, 有
$$(1+p)^{p^{m-1}} \equiv 1 \ (\mathrm{mod}\, p^m),$$

但是
$$(1+p)^{p^{m-2}} \equiv 1 + p^{m-1} \not\equiv 1 \ (\mathrm{mod}\, p^m).$$

这说明 $y = 1 + p + p^m\mathbb{Z} \in U(Z_{p^m})$ 的阶是 p^{m-1}. 群 $U(Z_{p^m})$ 中的元素 $x^{p^{m-1}}$ 和 y 的阶互素, 且它们的阶的最小公倍数是 $(p-1)p^{m-1} = \varphi(p^m)$. 由引理 1.16 知 $x^{p^{m-1}}y$ 的阶是 $(p-1)p^{m-1}$, 所以 $U(Z_{p^{m-1}})$ 是循环群, 由 $x^{p^{m-1}}y$ 生成.

(其实还可以证明, 如果 x 的阶不是 $(p-1)p^{m-1}$, 那么 xy 的阶是 $(p-1)p^{m-1}$.)

(2) 对于群 $U(Z_2)$ 和 $U(Z_4)$, 一切都是清楚的. 当 $m > 2$ 时, 从等式 $5 = 1 + 2^2$ 出发, 对 j 做归纳, 容易验证,
$$5^{2^j} \equiv 1 + 2^{j+2} \ (\mathrm{mod}\, 2^{j+3}).$$

特别, 有
$$5^{2^{m-3}} \equiv 1 + 2^{m-1} \not\equiv 1 \ (\mathrm{mod}\, 2^m), \quad 5^{2^{m-2}} \equiv 1 \ (\mathrm{mod}\, 2^m).$$

于是 $z = 5 + 2^m\mathbb{Z} \in U(Z_{2^m})$ 的阶是 2^{m-2}, 且 z 生成的子群在 $U(Z_{2^m})$ 中的指数是 2. 你会注意到 $-1 + 2^m\mathbb{Z} \notin \langle z \rangle$, 这是因为
$$5^j \equiv -1 \ (\mathrm{mod}\, 2^m) \Longrightarrow 5^j \equiv -1 \ (\mathrm{mod}\, 4) \Longrightarrow 1 \equiv -1 \ (\mathrm{mod}\, 4)$$

矛盾. 由于 $(-1)^2 = 1$, 所以 $\langle -1 + 2^m\mathbb{Z} \rangle$ 是 2 阶循环群且
$$U(\mathbb{Z}/2^m\mathbb{Z}) = \langle 5 + 2^m\mathbb{Z} \rangle \times \langle -1 + 2^m\mathbb{Z} \rangle.$$

定理得证. $\qquad\qquad\qquad\qquad\qquad\qquad\qquad\qquad\qquad\qquad\qquad\qquad\qquad\qquad\qquad\qquad$ □

推论 4.36　群 $U(\mathbb{Z}/n\mathbb{Z})$ 是循环群当且仅当正整数 n 有如下形式: 2, 4, p^m, $2p^m$, 其中 p 是奇素数, $m \geqslant 1$.

习　题　4.3

1. 证明: 唯一因子分解环 R 中的非零元 p 是素元当且仅当 R/pR 是整环.

2. 证明: 若整环 R 不是域, 则 $R[x]$ 不是主理想整环.

3. 证明: 命
$$R = \mathbb{Z}\left[\frac{(1+\sqrt{-3})}{2}\right] = \left\{ a + \frac{b}{2}(1+\sqrt{-3}) \,\middle|\, (a, b \in \mathbb{Z}) \right\}.$$

验证: $\mathbb{Q}(\sqrt{-3})$ 上的范数 N 限制在 $R\backslash\{0\}$ 上是 R 的一个尺度函数, 从而 R 是欧几里得环. 证明: $\mathbb{Z}[\sqrt{-3}]$ 不是唯一因子分解环. (注意 $a + b\sqrt{-3}$ 的范数是 $a^2 + 3b^2$.)

4. 求高斯整数环的所有素元.

5. 证明: 如果两个整数在整数环中互素, 那么它们在高斯整数环中也是互素的.

6. 把高斯整数环中如下元素分解成素元的乘积: (1) $1 - 3i$; (2) 10; (3) $6 + 9i$; (4) $7 + i$.

7. 在 $\mathbb{Z}[i]$ 中求出下列元素对的最大公因子: (1) $11 + 7i$, $4 + 7i$; (2) $11 + 7i$, $8 + i$; (3) $3 + 4i$, $18 - i$.

8. 对 $p = 3, 5, 7, 11, 13$ 和 17, 找出循环群 $U(Z_p)$ 和 $U(Z_{p^2})$ 中的生成元.

9. 对哪些整数 n, 圆周 $x^2 + y^2 = n$ 包含整点 (即坐标是整数的点).

10. (1) 证明: 设 R 是以 $\cos t$ 和 $\sin t$ 为变元的实系数多项式. 证明: R 与 $\mathbb{R}[x, y]/(x^2 + y^2 - 1)$ 同构.

(2) 证明: R 不是唯一因子分解环.

(3) 证明: $S = \mathbb{C}[x, y]/(x^2 + y^2 - 1)$ 是主理想整环, 从而是唯一因子分解环.

(4) 确定 S 和 R 中的单位 (即乘法可逆元).

11. 命 $R = \mathbb{Z}[x]$. 证明:

(1) 环 R 中的极大理想具有形式 (p, f), 其中 p 是素数, f 是本原整系数多项式, 模 p 后不可约;

(2) 如果 f 和 g 是 R 中互素的多项式, 即公因子只有 ± 1, 那么 $R/(f, g)$ 是有限的.

12. 设 f 和 g 是 $\mathbb{C}[x, y]$ 中互素的多项式. 证明: $\mathbb{C}[x, y]/(f, g)$ 是有限维复向量空间.

13. 保持定理 4.31 中的记号和条件. 命 $\mathfrak{a}'_i = \bigcap_{j \neq i} \mathfrak{a}_j$. 证明:

(1) 对每个 i, 存在 $b_i \in R$ 使得

$$b_i \equiv 1 \,(\mathrm{mod}\,\mathfrak{a}_i), \quad b_i \equiv 0 \,(\mathrm{mod}\,\mathfrak{a}'_i).$$

(2) 元素 $x = \sum b_i x_i$ 有性质 $x \equiv x_i \,(\mathrm{mod}\,\mathfrak{a}_i)$.

14. 把上一题的结论应用于 $R = \mathbb{Z}$ 模 $\mathfrak{a}_1 = 5\mathbb{Z}$, $\mathfrak{a}_2 = 9\mathbb{Z}$ 以及数对 $(x_1, x_2) = (2, 5)$, $(3, 2)$, $(3, 5)$ 的情形. 关于 x 模 45 的阶能说些什么?

15. 设 p 是奇素数. 称整数 a 为**模 p 有二次剩余**(简称为**二次剩余**) 如果同余方程 $x^2 \equiv a \pmod{p}$ 有解, 否则称 a 为**模 p 有二次非剩余**(简称为**二次非剩余**, 英文 quadratic non-residue, 可能中文非二次剩余更准确). 勒让德 (Legendre) 符号 $\left(\dfrac{a}{p} \right)$ 定义为

$$\left(\frac{a}{p} \right) = \begin{cases} 0, & \text{若 } a \equiv 0 \pmod{p}, \\ 1, & \text{若 } a \not\equiv 0 \pmod{p},\ a \text{ 为二次剩余}, \\ -1, & \text{若 } a \not\equiv 0 \pmod{p},\ a \text{ 为二次非剩余}. \end{cases}$$

(1) 证明: $\left(\dfrac{a}{p} \right) = 1$ 当且仅当 $a + p\mathbb{Z}$ 是 $U(\mathbb{Z}/p\mathbb{Z})$ 中的平方元, 且 $\left(\dfrac{a}{p} \right) = a^{\frac{p-1}{2}} \pmod{p}$. 进而, $\left(\dfrac{ab}{p} \right) = \left(\dfrac{a}{p} \right) \left(\dfrac{b}{p} \right)$, 且在数 $1, 2, \cdots, p-1$ 中, 二次剩余的个数和二次非剩余的个数相等.

(2) 对不大的奇素数 p 和 q, 验证二次互反律 (高斯的定理, 数论的一颗珍珠, 高斯曾给出多个证明):

$$\left(\frac{p}{q} \right) \left(\frac{q}{p} \right) = (-1)^{\frac{p-1}{2} \cdot \frac{q-1}{2}}.$$

(3) 运用定理 4.28 证明中对 $m^2 + n^2$ 的素因子的讨论推出等式 $\left(\dfrac{-1}{p} \right) = (-1)^{\frac{p-1}{2}}$.

16. 证明: 勒让德符号 $\left(\dfrac{2}{p} \right) = (-1)^{\frac{p^2-1}{8}}$, 即 2 是 $\bmod\, p$ 有二次剩余当且仅当 $p = \pm 1 \pmod{8}$.

17. 设 $f(X) = f(x_{11}, x_{12}, \cdots, x_{nn})$ 是 n^2 元非零多项式, 系数在 $\mathbb{Z}$ 中或某个域 K 中. 把这些未知元排成方阵 $X = (x_{ij})$, 并把这个多项式看作 n 阶方阵的函数. 假设 K 是无限域. 证明: 若 $f(AB) = f(A)f(B)$ 对所有的 $A, B \in M_n(K)$, 则 $f(X) = (\det X)^m$, 其中 m 是某个非负整数. 特别, 若 $f(\mathrm{diag}(x, 1, \cdots, 1)) = x$, 则 $f(X) = \det X$.

4.4 模

形式上看, 环上的模是向量空间的直接推广. 但历史的发展不是这个路线, 最早似乎是在数论中出现环的模. 模成为代数的重要对象和工具是在 20 世纪 20 年代后期, 很大程度上归功于诺特的洞察力, 她第一个认识到模的潜力, 特别, 她注意到群代数的模可以用于重新构建弗罗贝尼乌斯等建立的群表示论, 对群表示论发展起了非常重要的作用. 现在, 模已经是代数的基本结构, 应用广泛, 亦是学习表示理论、同调代数等分支的必备知识.

一　定义和一些概念　在向量空间的定义中把基域换成环就得到模的定义. 本节所有的环均带有单位元 1, 加法群是指交换群, 其群运算写成加法.

定义 4.37　设 R 是带 1 的环, M 是加法群. 称 M 是**左 R 模**如果有一个映射 $R \times M \to M$, $(a, x) \to ax$, 满足如下条件:

(1) $(a+b)u = au + bu$;

(2) $a(u+v) = au + av$;

(3) $(ab)u = a(bu)$;

(4) $1u = u$.

其中 a, b 是 R 中的任意元素, u, v 是 M 中的任意元素.

类似地可以定义**右模**的概念.　我们主要讨论左模, 左模将简称为**模**.　易见 $(-a)u = a(-u) = -au$, $a0 = 0$. 适当修改条件 (3) 和 (4), 可以得到李代数等非结合代数的模的概念.

例 4.38　(1) 欧氏空间内一个区域上的光滑函数全体是环, 记作 R, 则这个区域上的向量场全体是 R 模.

(2) 任何加法群 M 自然是整数环 $\mathbb{Z}$ 的模: 对任意的 $u \in M$ 和 $n \in \mathbb{Z}$, 如果 $n > 0$, nu 就是 n 个 u 相加, 如果 $n = 0$, $nu = 0$, 如果 $n < 0$, nu 就是 $-n$ 个 $-u$ 相加.

把交换群看作 $\mathbb{Z}$ 模的观点是很有益处的. 在 1.4 节中对交换群的讨论其实已经用了这个观点.

(3) 在左乘作用下, R 的左理想 (参见 4.2 节习题 2) 成为 R 模.

(4) 如果 R 是 A 的子环, 则在左乘作用下 A 成为 R 模. 特别, 在左乘作用下 R 自身是 R 模.

(5) 如果 R 是 A 的子环, 那么任何 A 模都自然是 R 模.

(6) 设 K 是域, R 是 K 上的 n 阶方阵全体构成的环, 则 K 上的 n 维向量空间是 R 模.

(7) 设 V 是域 K 上的向量空间, $\mathcal{L}(V)$ 是 V 上线性算子代数. 自然地, V 是 $\mathcal{L}(V)$ 的模. 如果 R 是 $\mathcal{L}(V)$ 的子环, 那么 V 自然是 R 模.

(8) 平凡加法群 $\{0\}$ 是任何环的模, 称为**零模**, 有时也简单记作 0.

设 M 是 R 模, M 的加法子群 N 称为 M 的**子 R 模**如果对于任意的 $a \in R$ 和 $u \in N$ 有 $au \in N$. 如果不产生误解, 子 R 模常简称为**子模**. 假设 N 是 M 的子模, 作为加法群, 我们有商群 M/N. 对 $a \in R, u \in M$, 定义

$$a(u + N) = au + N.$$

易见, 在 M/N 上得到一个 R 模结构. 这种模称为 M 的**商模**.

构造子模常用的方法是取模 M 的一个子集 S 和 R 的一个左理想 I. 考虑 S 中元素所有的以 I 中元素为系数的线性组合形成的集合

$$IS = \left\{ \sum_{u \in S} a_u u \,\bigg|\, a_u \in I \text{ 且仅有有限个不为 } 0 \right\}.$$

它是 M 的一个子模. 如果 I 还是 R 的双边理想, 不含 1, 则 M/IM 有一个自然的 R/I 模结构. 如果 $I = R$, 则称 RS 为 S **生成的子模**. 如果 $RS = M$, 就说 S 是 M 的一个**生成元集**. 如果 S 仅含一个元素 u, 用 Ru 记 S 生成的子模. 显然 M 是其自身的生成元集. 一般能找到比模自身小得多的生成元集. 如果模 M 可由一个有限集生成, 就称 M 是**有限生成模**. 由一个元素生成的模称为**循环模**.

显然一个模 M 的任意多个子模 M_i 的交 $\bigcap_i M_i$ 仍是 M 的子模. 一组子模 $M_1, \cdots, M_r$ 生成的子模称作这些子模的和并按通常的方式记作 $\sum_i M_i = M_1 + \cdots + M_r$.

二 同态 我们通过同态研究模的性质和之间的联系.

定义 4.39 设 M 和 N 是 R 模. 一个映射 $f : M \to N$ 称为 R **模同态**如果它是加法群同态并且对于任意的 $a \in R$ 和 $u \in M$ 有

$$f(au) = af(u).$$

如果无歧义, R 模同态常简称为**模同态**或**同态**. 如果 N 是 M 的子模, 则自然映射 $M \to M/N$ 是模同态. 设 $f : M \to N$ 是模同态, 它的核 $\mathrm{Ker}\, f$ 与像 $\mathrm{Im}\, f$ 分别定义为

$$\mathrm{Ker}\, f = \{u \in M \mid f(u) = 0\}, \quad \mathrm{Im}\, f = \{f(u) \mid u \in M\}.$$

显然 $\mathrm{Ker}\, f$ 是 M 的子模, $\mathrm{Im}\, f$ 是 N 的子模. 同态 f 是**单射**当且仅当 $\mathrm{Ker}\, f = 0$, 是满同态如果 $\mathrm{Im}\, f = N$. 如果 f 既是单的又是满的, 则称 f 是**模同构**. 此时有逆映

射 $g : N \to M$ 使得 $fg = \mathrm{id}$, $gf = \mathrm{id}$, 而且 g 是模同构. 如果有从 M 到 N 的模同构, 则称 M 与 N **同构**, 记作 $M \simeq N$. 如果 $f : M \to N$ 是满同态, 则映射

$$\bar{f} : M/\mathrm{Ker}\, f \to N, \quad u + \mathrm{Ker}\, f \to f(u) \tag{4.4.5}$$

是模同构.

设 M 是 R 模. 环 R 本身也是 R 模. 容易验证, 对 M 中任意元素 u, 映射 $R \to M$, $a \to au$ 是模同态. 它的核

$$\mathrm{Ann}(u) = \mathrm{Ann}_R(u) = \{a \in R \,|\, au = 0\}$$

是 R 的左理想, 称为 u 的**零化子**. 根据同构 (4.4.5), 我们有 $R/\mathrm{Ann}(u) \simeq Ru$. 称 u 是**挠元** (torsion element) 或**周期元**如果 $\mathrm{Ann}(u) \neq \{0\}$, 即存在非零元 $a \in R$ 使得 $au = 0$. 所有元素都是挠元的模称为**挠模** (torsion module) 或**周期模**. 如果 M 不含非零的挠元, 则称 M 是**无挠模** (torsion-free module).

集合

$$\mathrm{Ann}(M) = \{a \in R \,|\, aM = 0\} = \bigcap_{u \in M} \mathrm{Ann}(u),$$

称为 R 模 M 的**零化子**. 若 $\mathrm{Ann}(M) = 0$, 则称 M 为**忠实模**.

设 $M(a) = \{u \in M \,|\, au = 0\}$ 是 M 中被 $a \in R$ 零化的元素的集合. 若 R 是交换环, 那么 $M(a)$ 是 M 的子模. 如果 R 是整环, 那么 $M(x) + M(y) \subset M(xy)$, 且所有挠元形成的集合是

$$\mathrm{Tor}(M) = \sum_{a \in R \backslash \{0\}} M(a)$$

是 M 的子模, 称为 M 的**挠子模**.

挠模的典型例子是有限阿贝尔群, 它们是 $\mathbb{Z}$ 的挠模.

命题 4.40 $\mathrm{Ann}(M)$ 是环 R 的理想. 命 $(a + \mathrm{Ann}(M))u = au$, 由此 M 被赋予一个忠实的 $R/\mathrm{Ann}(M)$ 模结构.

证明 置 $I = \mathrm{Ann}(M)$. 很清楚, I 是 R 的加法子群. 对任意的 $a \in R$, $x \in I$ 和 $u \in M$, 有 $xu = 0$, $au \in M$. 从而

$$(ax)u = a(xu) = a \cdot 0 = 0, \quad (xa)u = x(au) = 0.$$

可见, $ax \in I$, $xa \in I$, 即 I 是 R 的理想.

若 $a + I = b + I$, 则 $a - b \in I$. 由此得到 $(a - b)u = 0$, 即 $au = bu$. 于是 $(a + I)u = (b + I)u$, 即商环 R/I 在 M 上的作用是明确无误的. 不难验证, 在这个作用下, M 是 R/I 模. 最后,

$$(a + I)M = 0 \Longrightarrow aM = 0 \Longrightarrow a \in I.$$

可见, R/I 中只有零元零化 M. $\hfill\square$

所有从 M 到 N 的 R 模同态全体记作 $\mathrm{Hom}_R(M, N)$. 它有一个自然的加法群结构: 对任意的 $f, g \in \mathrm{Hom}_R(M, N)$, $(f + g)(u) = f(u) + g(u)$, 其中 $u \in M$. 零元是把 M 全映到 0 的同态. 如果 $\varphi : N \to N'$ 是 R 模同态, 那么映射 $f \to f\varphi$ 是从 $\mathrm{Hom}_R(M, N)$ 到 $\mathrm{Hom}_R(M, N')$ 的群同态.

容易看出, 以映射的合成作为乘法, 加法群 $\mathrm{Hom}_R(M, M)$ 就成为环, 称为 M 的**自同态环**, 记作 $\mathrm{End}_R(M)$. 注意 M 天生就是 $\mathrm{End}_R(M)$ 的模: $(f, u) \to f(u)$. 另外, 作为加法群, M 是 $\mathbb{Z}$ 模, 显然 $\mathrm{End}_R(M)$ 是 $\mathrm{End}_{\mathbb{Z}}(M)$ 的子环, 一般说来是真子环. 从命题 4.40 可知, $R/\mathrm{Ann}(M)$ 和 $\mathrm{End}_{\mathbb{Z}}(M)$ 的一个子环同构: $a + \mathrm{Ann}(M) \to f_a$, 其中 $f_a : M \to M$, $u \to au$.

非零模 M 称为**不可约的**或**单的**如果它的子模只有零子模和自身. 例如整数环的不可约模就是素数阶循环群. 易见, 非零的 R 模 M 是不可约的当且仅当对 M 中任意的非零元 u 有 $M = Ru$.

定理 4.41 (舒尔引理) 若 M 和 N 是不可约 R 模, $\sigma : M \to N$ 是 R 模同态, 即 σ 是加法群同态且与 R 作用相容:

$$\sigma(au) = a\sigma(u), \quad \forall\, a \in R, \ u \in M. \tag{4.4.6}$$

(1) 如果 σ 是非零的, 那么它一定是模同构, 从而 M 和 N 同构.

(2) 不同构的不可约 R 模之间没有非零的模同态.

(3) $\mathrm{End}_R(M)$ 是除环 (即环中每个非零元均有逆元).

证明 完全类似于群表示中的舒尔引理 (定理 3.28) 的证明.

设 $f : M \to N$ 是同态, 则 $\mathrm{Ker}\, f$ 是 M 的子模, $\mathrm{Im}\, f$ 是 N 的子模. 故 $\mathrm{Ker}\, f = 0$ 或 $\mathrm{Ker}\, f = M$. 如果 $\mathrm{Ker}\, f = M$, 则 f 是零同态. 如果 $\mathrm{Ker}\, f = 0$, 则 $\mathrm{Im}\, f$ 是 N 的非零子模, 故 $\mathrm{Im}\, f = N$. 此时 f 是同构. 如果 $N = M$, 则所有的非零同态 $f : M \to M$ 是自同构, 从而有逆. 所以 $\mathrm{End}_R(M)$ 是除环. 定理证毕. $\hfill\square$

三 自由模 如同线性代数, 我们可以定义线性相关和线性无关的概念. 设 M 是 R 模, 称 M 中的元素 $x_1, \cdots, x_n$ 是**线性无关的**如果对于任意 $a_1, \cdots, a_n \in R$, 线性组合 $a_1 x_1 + \cdots + a_n x_n$ 为 0 当且仅当所有的 a_i 为 0. 称 M 中的元素 $x_1, \cdots, x_n$ 是**线性相关的**如果存在不全为 0 的 $a_1, \cdots, a_n \in R$ 使得 $a_1 x_1 + \cdots + a_n x_n = 0$. 称 $x_1, \cdots, x_n$ 为 M 的一个**基**如果它们线性无关且 M 中每个元素都是 $x_1, \cdots, x_n$ 的线性组合.

对 $\mathbb{Z}$ 模, M 有基等价于说 M 是有限生成自由加法群. 由此可见, 有基的模是一类很特别的模, 称为**自由模**. 大部分的模不会有基. 我们将称同构于 R 的模为 R 的一个**副本**(copy).

为了解自由模的结构, 我们需要模的直和的概念. 称 R 模 M 是子模 $M_1, \cdots, M_r$ 的**(内) 直和**, 记作 $M = M_1 \oplus \cdots \oplus M_r$, 如果

$$M = M_1 + \cdots + M_r \text{ 且 } M_i \cap \sum_{j \neq i} M_j = \{0\} \text{ 对 } i = 1, \cdots, r.$$

换句话说, M 是这些子模的直和, 若任意元素 $u \in M$ 都能以唯一的方式表示成线性组合 $u = u_1 + \cdots + u_r$, $u_i \in M_i$. 另外, R 模 $M_1, \cdots, M_r$ 的**(外) 直和**的定义和向量空间的情形是一样的, $a \in R$ 对外直和中的元素 $(u_1, \cdots, u_r)$ 的作用是 $a(u_1, \cdots, u_r) = (au_1, \cdots, au_r)$.

命题 4.42 有限生成 R 模 M 是自由的当且仅当 M 是 R 的有限多个副本的直和, 即存在 M 的子模 $M_1, \cdots, M_r$, 使得每个 M_i 作为 R 模与 R 同构, 且

$$M = M_1 \oplus \cdots \oplus M_r \simeq \underbrace{R \oplus \cdots \oplus R}_{r \text{ 个因子}}.$$

证明 如果 M 是自由的, 则有基 $x_1, \cdots, x_r$. 命

$$M_i = R x_i = \{a x_i \mid a \in R\}.$$

那么 M_i 是 M 的子模, 而且映射 $a \to ax$ 给出了从 R 到 M_i 的同构. 由于 $x_1, \cdots, x_r$ 线性无关, 我们得

$$M = M_1 \oplus \cdots \oplus M_r.$$

反之, 假设 M 是 R 的一些副本 $M_1, \cdots, M_r$ 的直和. 取同构 $\varphi_i : R \to M_i$, 命 $x_i = \varphi_i(1)$. 那么 $x_1, \cdots, x_r$ 是 M 的基. 命题得证. $\qquad \square$

命题中的 r 称为自由模 M 的**秩**. 自由模的一个基本性质如下.

命题 4.43   设 M 是秩为 r 的自由 R 模, $x_1, \cdots, x_r$ 是 M 的基. 那么对任意的 R 模 N 和 N 中任意 r 个元素 $y_1, \cdots, y_r$, 存在唯一的模同态 $\phi : M \to N$ 使得

$$\phi(x_i) = y_i, \quad i = 1, \cdots, r.$$

证明   映射 $\phi : M \to N, \sum a_i x_i \to \sum a_i y_i$ 是满足要求的模同态. 唯一性显然. $\square$

推论 4.44   每个有限生成的模都同构于某个有限秩的自由模的商模.

推论 4.45   秩相同的两个自由 R 模同构.

有相当复杂的非交换环 R, 秩不相同的自由模可以同构. 但对交换环, 这类事情不会发生.

命题 4.46   整环上的自由模的秩是唯一确定的.

证明   设 $x_1, \cdots, x_r$ 和 $y_1, \cdots, y_s$ 是整环 R 上的自由模 M 的两个基, 则有

$$x_j = \sum_{i=1}^{s} a_{ij} y_i, \quad y_i = \sum_{k=1}^{r} b_{ki} x_k.$$

由于 R 的交换性, 对于 $s \times r$ 矩阵 $P = (a_{ij})$ 和 $r \times s$ 矩阵 $Q = (b_{ij})$, 有关系式

$$PQ = E_s, \quad QP = E_r.$$

将 R 嵌入到它的分式域 Q, 利用矩阵乘积的秩与乘积因子的秩的不等式关系 (参见第一卷定理 3.22, 那个不等式对任意域上的矩阵成立), 可得 $\min\{r, s\} \geqslant s$, $\min\{r, s\} \geqslant r$. 于是 $r = s$.

另外, $r < \infty$, $s = \infty$ 的情形是不可能的, 因为在 x_i 的表达式中只出现有限个 y_j. $\square$

注   在一般交换环的情形下, 取 R 的一个极大理想 I, 然后考虑域 R/I 的向量空间 M/IM. 自由模 M 的秩就是向量空间 M/IM 的维数. 由此也知道自由模的秩是唯一确定的.

你可能会注意到, 和向量空间的情况不同, 任意自由模的生成元集未必含有基. 例如, 两个不相同的素数 p, q 生成 $\mathbb{Z}$, 因为存在 a, $b \in \mathbb{Z}$ 使得 $ap + bq = 1$, 但 $p \cdot q - q \cdot p = 0$, 所以 p, q 不是 $\mathbb{Z}$ 的基, 而 $p\mathbb{Z}$ 和 $q\mathbb{Z}$ 是 $\mathbb{Z}$ 的真子模.

自由模的子模一般不是自由模, 即便这个子模是自由模的直和项. 最简单的例子莫过于 $R = Z_6$. 这时有 $R = R(2 + 6\mathbb{Z}) \oplus R(3 + 6\mathbb{Z})$ (参见命题 4.34). 显然 $R(2 + 6\mathbb{Z})$ 和 $R(3 + 6\mathbb{Z})$ 不是自由 R 模, 因为它们的基数分别是 3 和 2, 而 R 的基数是 6. 不过, 对主理想整环, 事情是令人满意的.

四　主理想整环上的模　我们将看到主理想整环上的有限生成模和有限生成阿贝尔群的性质是类似的.

定理 4.47　设 M 是主理想整环 R 上的自由模, 秩为 r, 那么 M 的子模是自由模, 其秩不超过 r.

证明　在 $r = 1$ 时, 有 $M \simeq R$. 由于 R 的子模就是 R 的理想, 所以 M 的任何子模 N 都与 R 的一个理想同构. 于是 $N \simeq (a) = Ra$. 如果 $a = 0$, 则 N 是 M 的零子模, 即秩为 0 的自由模. 假设 $a \neq 0$, 由于 R 是整环, 对任意非零 $c \in R$, 有 $ca \neq 0$. 这意味着 Ra 是自由模, a 就是基, 从而 N 是自由模.

下面设 $r > 1$. 我们对 r 做归纳法. 对 M 的一个基 $x_1, \cdots, x_r$, 考虑 M 的子模 $M' = Rx_2 \oplus \cdots \oplus Rx_r$. 这是秩为 $r - 1$ 的自由模. 商模 $\bar{M} = M/M'$ 是秩为 1 的自由模, 由 $\bar{x}_1 = x_1 + M'$ 生成. 它有子模 $\bar{N} = (N + M')/M'$. 如果 $\bar{N} = 0$, 则 $N \subset M'$. 根据归纳假设, 这时定理的断言成立.

如果 $\bar{N} \neq 0$, 则上面对 $r = 1$ 时的讨论说明 $\bar{N}$ 是秩为 1 的自由模, 由 $\bar{y}_1 = y_1 + M'$ 生成, 其中 $y_1 \in N$. 若 $N \cap M' = 0$, 则映射 $N \to \bar{N}$, $y \to y + M'$ 是模同构, 所以 N 是秩为 1 的自由模.

最后, 设 $N \cap M' \neq 0$. 由归纳假定, 秩为 $r - 1$ 的模 M' 的子模 $N \cap M'$ 是自由的, 秩不超过 $r - 1$. 设 $y_2, \cdots, y_s$ 是 $N \cap M'$ 的基. 我们声称 $y_1, y_2, \cdots, y_s$ 是 N 的基. 事实上,

$$y \in N \Longrightarrow \bar{y} = y + M' \in \bar{N} \Longrightarrow \bar{y} = a_1 \bar{y}_1, \quad a_1 \in R$$
$$\Longrightarrow y - a_1 y_1 \in N \cap M' \Longrightarrow y - a_1 y_1 = a_2 y_2 + \cdots + a_s y_s$$
$$\Longrightarrow y = a_1 y_1 + a_2 y_2 + \cdots + a_s y_s, \quad s \leqslant r.$$

所以 N 由 $y_1, y_2, \cdots, y_s$ 生成. 如果 $\sum a_i y_i = 0$, 那么在 $\bar{N}$ 有 $a_1 \bar{y}_1 = 0$. 这意味着 $a_1 = 0$ 因为 $\bar{y}_1$ 是 $\bar{N}$ 的基. 由于 $y_2, \cdots, y_s$ 是 $N \cap M'$ 的基, 有

$$a_2 y_2 + \cdots + a_s y_s = 0 \Longrightarrow a_2 = \cdots = a_s = 0.$$

定理得证.　　　　　　　　　　　　　　　　　　　　　　　　　□

推论 4.48   主理想整环上的有限生成模的子模都是有限生成的.

证明   由定理 4.47 和推论 4.44 以及模的第二同构定理 (关于模的满同态给出的子模之间对应的定理) 得出.   □

很容易得到主理想整环的有限生成模的描述.

设 R 是主理想整环, M 是有限生成 R 模, 那么存在 M 中的元素 $x_1, \cdots, x_r$ 使得
$$M = Rx_1 \oplus Rx_2 \oplus \cdots \oplus Rx_r.$$
而且还可以要求 $\mathrm{Ann}(x_1) \supset \mathrm{Ann}(x_2) \supset \cdots \supset \mathrm{Ann}(x_r)$. (可比较定理 1.18.)

最有意思的情形是整数环和域上多项式环的情形, 1.4 节描述了 $\mathbb{Z}$ 的有限生成模, 本质上第二卷第 2 章讨论过了 $K[x]$ 的周期模.

刚才讨论的自由模都是有限秩的. 无限秩的自由模的定义与性质是类似的. 假设 M_λ, $\lambda \in \Lambda$ 都是 R 模, 它们的直和定义为
$$M = \bigoplus_{\lambda \in \Lambda} M_\lambda = \left\{ (a_\lambda) \in \prod_{\lambda \in \Lambda} M_\lambda \,\middle|\, \text{只有有限个分量 } a_\lambda \text{ 不为零} \right\}.$$

加法和环作用都是自然的. 如果每个直和因子 M_λ 都与 R 同构, 那么 M 称为**自由模**. 换句话说, 同构于 R 的若干个副本的直和的模称为**自由 R 模**.

五 环中的整元素   设 R 是整环. 元素 $t \in R$ 称为 (**在 $\mathbb{Z}$ 上**) **整的**如果 t 是某个整系数首一多项式 $x^n + a_{n-1}x^{n-1} + \cdots + a_1 x + a_0 \in \mathbb{Z}[x]$ 的根. 复数域中的整元素称为**代数整数**. 一个复数称为**代数数**如果这个数是整系数一元多项式的根. 在有理数域中, 代数整数就是整数. 代数数的适当整数倍是代数整数. 事实上, 设代数数 t 是整系数多项式 $a_n x^n + \cdots + a_1 x + a_0 = 0$ 的根, 那么 $(a_n t)^n + a_{n-1}(a_n t)^{n-1} + \cdots + a_n^{n-2} a_1 (a_n t) + a_n^{n-1} a_0 = 0$. 即 $a_n t$ 是代数整数.

对一般的情形, 把 R 看作 $\mathbb{Z}$ 模是方便的. 元素 $t \in R$ 及其所有的非负数次幂 t^m 生成的 $\mathbb{Z}$ 子模就是 $\mathbb{Z}[t]$, 它是环同态 $\mathbb{Z}[x] \to R$, $\sum a_i x^i \to \sum a_i t^i$ 的像.

引理 4.49   设 R 是整环, 则 $t \in R$ 是整元素当且仅当 $\mathbb{Z}[t]$ 是有限生成 $\mathbb{Z}$ 模.

证明   如果 t 是整的, 那么它是某个整系数首一多项式 $x^n + a_{n-1}x^{n-1} + \cdots + a_1 x + a_0 \in \mathbb{Z}[x]$ 的根, 即 $t^n + a_{n-1}t^{n-1} + \cdots + a_1 t + a_0 = 0$. 可见 $\mathbb{Z}[t] = \mathbb{Z}1 + \mathbb{Z}t + \cdots + \mathbb{Z}t^{n-1}$ 是有限生成的.

反过来, 假设 $\mathbb{Z}[t] = \mathbb{Z}u_1 + \cdots + \mathbb{Z}u_n$ 是 R 中由 $u_1, \cdots, u_n \in R$ 生成的 $\mathbb{Z}$ 子模. 注意 $\mathbb{Z}[t]$ 是 R 的子环, 所以有

$$tu_i = a_{i1}u_1 + a_{i2}u_2 + \cdots + a_{in}u_n, \quad a_{ij} \in \mathbb{Z}, \quad 1 \leqslant i,j \leqslant n.$$

这意味着: 作为分式域 $Q(R)$ 上的齐次线性方程组

$$(t - a_{11})x_1 - a_{12}x_2 - \cdots - a_{1n}x_n = 0,$$
$$\cdots\cdots$$
$$-a_{n1}x_1 - a_{n2}x_2 - \cdots + (t - a_{nn})x_n = 0$$

有非零解 $(x_1,\cdots,x_n) = (u_1,\cdots,u_n)$ (不会所有的 u_i 都等于 0, 因为 $1 \in \mathbb{Z}[t]$). 这就是说方程组的系数矩阵的行列式等于 0 (克拉默法则), 从而 t 是整系数首一多项式 $f(x) = \det(xE - (a_{ij}))$ 的根. $\qquad\square$

定理 4.50 整环 R 的整元素全体在 R 中构成一个子环.

证明 设 $u, v \in R$ 是整元素, 分别是次数为 n 和 m 的整系数首一多项式的根. 那么

$$\mathbb{Z}[u,v] = \sum_{\substack{0 \leqslant i \leqslant n, \\ 0 \leqslant j \leqslant m}} \mathbb{Z}u^i v^j$$

是有限生成 $\mathbb{Z}$ 模. 由于 $\mathbb{Z}$ 是主理想整环, 根据推论 4.48, $\mathbb{Z}[u,v]$ 的子模 $\mathbb{Z}[-u]$, $\mathbb{Z}[u+v]$, $\mathbb{Z}[uv]$ 都是有限生成 $\mathbb{Z}$ 模. 由引理 4.49 知 $-u, u+v, uv$ 都是代数整元. $\qquad\square$

在复数域中, 1 的任意次根显然都是代数整数. 根据定理 4.50, 任意多个这些根相加、相减、相乘仍是代数整数. 特别 (参见命题 3.30 的证明), 有限群 G 的复表示 Φ 的特征标的值 $\chi_\Phi(g)$ $(g \in G)$ 都是代数整数.

习 题 4.4

1. 计算 $\mathrm{Hom}_{\mathbb{Z}}(\mathbb{Z}, \mathbb{Z}/n\mathbb{Z})$ 和 $\mathrm{Hom}_{\mathbb{Z}}(\mathbb{Z}/n\mathbb{Z}, \mathbb{Z})$, 其中 $n \geqslant 2$.

2. 证明: 对环 R 的任意模 M 有 $\mathrm{Hom}_R(R, M) \simeq (M, +, 0)$.

3. 一个环的左理想 I 称为**极小的**如果它不等于 0 且没有非零左理想 J 使得 $J \subsetneqq I$. 任何极小左理想是这个环的不可约模.

4. 一个环 R 的左理想 I 称为**极大的**如果它不等于 R 且没有左理想 J 使得 $I \subsetneqq J \subsetneqq R$. 证明: 如果 I 是环 R 的极大左理想, 则 R/I 是不可约 R 模. 任何不可约 R 模 M 都同构于某个 R/I, 其中 I 是 R 的极大左理想.

5. 设 p 是素数, 则 p 元加法群是不可约 $\mathbb{Z}$ 模.

6. 证明: $\mathbb{Z}$ 没有不可约子模.

7. 设 V 是域 k 上的有限维向量空间, $\mathcal{A}$ 是 V 的线性变换. 考虑多项式环 $k[x]$ 在 V 上的作用:
$$(a_0 + a_1 x + \cdots + a_n x^n)(v) = (a_0 + a_1 \mathcal{A} + \cdots + a_n \mathcal{A}^n)(v).$$
于是 V 成为 $k[x]$ 模. 证明: V 是一些不可约子模的和当且仅当 $\mathcal{A}$ 的极小多项式的不可约因子的重数都是 1.

8. 证明: R 是除环 (即 R 中每个非 0 元都有乘法逆元) 当且仅当每一个有限生成的 R 模都是自由的.

9. 设 M_λ, $\lambda \in \Lambda$ 是 R 模, I 是环 R 的左理想. 证明: 如果 M 同构于直和 $\bigoplus M_\lambda$, 则 M/IM 同构于直和 $\bigoplus M_\lambda/IM_\lambda$.

10. 设 R 是域 k 上 n 阶方阵全体, $I_i \subset R$ 是由第 i 列外系数均为 0 的矩阵构成的集合, 则 I_i 是 R 的子模且 $R = \bigoplus_{i=1}^n I_i$.

11. 利用主理想整环 $\mathbb{C}[x]$ 的模的一般结果, 重新解释约当标准形定理 (见第二卷 2.5 节) 的证明概要.

12. 主理想整环的有限生成模理论和有限生成阿贝尔群的理论 (即 $\mathbb{Z}$ 的有限生成模理论) 是很相似的. 试对主理想整环建立一个类似于定理 1.27 的断言. 有兴趣的话可以把 1.4 节其他的结论如定理 1.18、定理 1.19 和定理 1.22 推广到一般的主理想整环.

13. 设 R 是交换环. 环中的元素序列 $(f_1, \cdots, f_r)$ 称为**幺模的**(unimodular) 如果这些元素生成的理想等于 R, 即存在 u_1, $\cdots$, $u_r \in R$ 使得 $u_1 f_1 + \cdots + u_r f_r = 1$. 称这个序列有**幺模扩张性质**如果存在 $GL_r(R)$ 中的矩阵以 $(f_1, \cdots, f_r)$ 为第一行. 证明: 主理想整环有幺模扩张性质.

14. 交换环 R 的幺模扩张性质蕴含如下性质: 对 R 模 M, 如果存在秩有限的自由模 F 使得 $M \oplus F$ 是有限秩自由模, 那么 M 是自由模.

设 $R = k[x_1, \cdots, x_n]$ 域 k 上的 n 元多项式环. 出于代数几何一些问题的研究, 1955 年, 法国数学家塞尔 (Serre J.-P.) 猜想: 对 R 模 M, 如果存在秩有限的自由模 F 使得 $M \oplus F$ 是有限秩自由模, 那么 M 是自由模. 1976 年, 苏斯林 (Suslin) 和奎伦 (Quillen) 证明了 R 有幺模扩张性质, 从而塞尔的猜想成立. 证明: $GL_r(R)$ 中的矩阵的行列式的值在 $k \backslash \{0\} = k^*$ 中. 试对不大的 n 和 r 证明 R 有幺模扩张性质, 从而塞尔的猜想这时成立.

基本的思想是对 r 做归纳法, 并研究群 $GL_r(k[x_1, \cdots, x_{n-1}])$ 在幺模序列上的作用. 另外, 需要指出, 塞尔的猜想常表述成: 有限秩的自由 R 模的直和项 (射影模或投射模) 是自由模,

即如果 $R^s = M \oplus N$, 那么 M 和 N 都是自由模.

4.5 域上的代数

环与向量空间相遇产生了域上的代数. 域上的代数是一类特别重要的环, 我们其实对它们不陌生, 已经在不同的场合遇到过, 如矩阵代数 (第一卷 3.4 节), 多项式代数 (第一卷第 6 章), 线性算子代数 (第二卷 2.2 节), 四元数代数 (1.3 节) 等. 本节对域上的代数尤其是群代数做一些理论探讨.

一 定义与例子 为免翻检之劳, 此处重述域上代数的定义.

定义 4.51 环 R 称为域 K **上的代数**或 K-**代数**如果 R 还是 K 上的向量空间, 并且 K 与 R 之间的纯量乘法满足下面的条件:

$$\lambda(xy) = (\lambda x)y = x(\lambda y),$$

其中 $\lambda \in K$ 和 $x, y \in R$ 都是任意的. 代数 R 的维数就是它作为向量空间的维数.

为了强调与环的区别, 一般的讨论时, 将用记号 A 表示一个代数, 而不是用记号 R.

说明 由于环中的乘法总是结合的, 所以这里的代数的乘法都是结合的. 如果没有特别的需要, 本书不强调代数中乘法的结合性, 也就是说一般不会用术语结合代数. 有些书和其他文献用结合代数这个术语, 含义和这里的代数是一样的.

其实, 乘法非结合的代数一般都有自己专门的名称, 如李代数、约当代数、凯莱代数等.

把环论中的基本概念迁移到代数中来是一项平凡的工作: 只需把向量空间的结构考虑进去就可以了. 比如, A 的子环如果同时还是向量子空间则称为 A 的**子代数**. 如果 S 是 A 的子集, 则 A 中所有包含 S 的子代数的交集就是包含 S 的最小的子代数, 称为**由 S 生成的子代数**, 记作 $K[S]$. 类似的方式可以定义代数的理想, 进而定义商代数. 代数之间的映射如果既是环同态又是 K-线性映射, 就称为**代数同态**.

例 4.52 (1) 如果 L 是 K 的扩域, 那么 L 自然是 K 上的代数. 这个 K-代数的维数常记作 $[L : K]$, 称为扩张的**次数**. 如果次数有限, 则称 L 是K **的有限扩张**.

(2) 域 K 上的 n 元多项式环 $A = K[x_1, \cdots, x_n]$ 是一个无限维 K-代数, 而且, 这个代数有一个向量空间的直和分解

$$A = A_0 \oplus A_1 \oplus A_2 \oplus \cdots,$$

其中 A_m 是 m 次齐次多项式张成的空间. 这个分解与乘法有很好的联系: $A_i A_j \subset A_{i+j}$. 这种类型的代数称为**分次代数**.

(3) 有限群 G 的复值函数全体是一个 $\mathbb{C}$-代数, 维数等于 $|G|$. 其中特征标全体生成的子代数就是类函数组成的子代数 $X_{\mathbb{C}}(G)$, 维数等于 G 的共轭类的个数.

代数 A 的**中心** $Z(A)$ 定义为环中与其他每一个元素乘法可交换的元素全体组成的集合:

$$Z(A) = \{a \in A \mid ax = xa, \ \forall \, x \in A\}.$$

显然 $Z(A)$ 是 A 的子代数. 等式 $A = Z(A)$ 成立当且仅当 A 是交换代数.

在 4.1 节已经说过, 本书所讨论的环都是带有乘法单位元的, 抽象讨论时, 这个单位元一般记作 1. 直接验证可知 $\lambda \cdot 1 \in Z(A)$, 而且映射 $K \to A$, $\lambda \to \lambda \cdot 1$ 是 K 到 A 的单射. 可见, 域上的代数可以看作是中心包含域的环.

例 4.53　域 K 上的 n 阶方阵全体形成的环 $M_n(K)$ 是 K 上的 n^2 维代数. 代数 $M_n(K)$ 的基元素 $\{E_{ij} \mid i, j = 1, 2, \cdots, n\}$ 按规则 $E_{ik} E_{lj} = \delta_{kl} E_{ij}$ 相乘. 容易看出 (参见第一卷定理 3.23 的证明), $Z(M_n(K)) = \{\lambda E \mid \lambda \in K\} \simeq K$.

称代数 A 是**单的**如果 A 的理想只有 0 和它自身. 称 K 上的代数 A 是**中心单的**如果 A 是单的且中心与 K 同构. 下面的定理和韦德伯恩 (Wedderburn) 定理表明矩阵代数, 或等价地, 向量空间上的线性算子代数, 在域上的代数理论中占有特殊的地位.

定理 4.54　矩阵代数 $M_n(K)$ 是中心单代数.

证明　设 I 是 $M_n(K)$ 的非零理想, 并设

$$0 \neq a = \sum_{ij} a_{ij} E_{ij} \in I.$$

若 $a_{kl} \neq 0$, 则对任意的 $s, t = 1, 2, \cdots, n$, 有 $E_{st} = a_{kl}^{-1} E_{sk} \cdot a \cdot E_{lt} \in I$. 于是 $I = M_n(K)$.　　　　　　　　　　　　　　　　　　　　　　　　　　　$\square$

更一般地, 除环上的矩阵环也是中心单代数. 事实上, 除环 D 的中心 $K = Z(D)$ 是域, 从而 D 上的矩阵环 $M_n(D)$ 是 K 上的代数. 容易验证 $M_n(D)$ 是中心单代数. 非常重要的韦德伯恩定理说:

域 K 上的有限维中心单代数一定同构于某个 $M_n(D)$, 其中正整数 n 是唯一确定的, D 是以 K 为中心的除环, 作为 K-代数是有限维的, 而且在同构的意义下是唯一的.

这个定理由韦德伯恩于 1908 年证明. 1928 年, 阿廷 (Artin) 证明了具有极小左理想 (或极小右理想) 的单环也是除环上的矩阵环. 于是这个定理后来一般称为韦德伯恩–阿廷定理.

矩阵代数还有如下的普遍性质.

命题 4.55 域 K 上的 n 维代数 A 同构于 $M_n(K)$ 的一个子代数.

证明 代数 A 中的每个元素 a 通过左乘产生一个映射, $L_a : A \to A$, $x \to ax$. 由于 A 的乘法是双线性的, 所以 L_a 是向量空间 A 的线性变换. 显然, $L_{\lambda a} = \lambda L_a$, $L_{a+b} = L_a + L_b$, $L_{ab} = L_a L_b$, 且 $L_1 = \mathcal{E}$. 所以映射 $A \to \mathcal{L}(A)$, $a \to L_a$ 是代数同态. 它是单射, 因为如果 $a \neq 0$, 则 $L_a(1) = a \cdot 1 = a \neq 0$. 选定 A 的一个基后, 就能建立 A 上的线性算子代数 $\mathcal{L}(A)$ 与 $M_n(K)$ 的一个同构. □

不难看出, 这个命题的证明和有限群的凯莱定理的证明是完全类似的. 也容易理解, 这个命题和凯莱定理一样, 对理解一般的有限维代数没多大帮助, 不过让人们知道矩阵代数的子代数足够丰富, 也可以足够复杂. 而且, 借用群表示的观点, 这个命题给出的代数 A 到算子代数的同态应该看作代数 A 的一个**表示**. 一般说来, **K-代数 A 的表示**就是 A 到某个线性算子代数的代数同态

$$A \to \mathcal{L}(V) = \mathrm{End}_F(V),$$

其中 F 是 K 的扩域, V 是域 F 上的向量空间. 这个同态等价于 V 被赋予一个左 A 模结构, 并且

$$(\lambda a)v = a(\lambda v), \qquad \forall \lambda \in K, \, a \in A, \, v \in V.$$

在 V 中取定一个基, 如同群表示的情形, 有矩阵表示 $A \to M_m(F)$, 其中 $m = \dim_F V$.

二 可除代数 域上的代数 A 如果是除环, 那么 A 称为域上的**可除代数**. 舒尔引理和韦德伯恩定理都指明可除代数在代数的结构理论中的重要性. 我们这里仅限于讨论实数域上的可除代数和有限的可除代数. 利用舒尔引理很容易构造更多的可除代数. 先证明一个辅助性断言.

引理 4.56 设 A 是域 K 上的 n 维代数, 那么 A 中的任何元素 a 都是某个次数不超过 n 的多项式 $\mu_a \in K[x]$ 的根. 可以要求 μ_a 的次数在以 a 为根的那些多

项式中次数是最低的, 则 a 是可逆的当且仅当 μ_a 的常数项不为 0. 如果 A 没有零因子, 那么 A 是可除代数. 如果 A 没有零因子且 K 是代数闭域, 则 $n = 1$, $A = K$.

证明　由于 A 的维数是 n, 所以 $1, a, a^2, \cdots, a^n$ 线性相关. 选取最小的正整数 m 使得 $1, a, a^2, \cdots, a^m$ 线性相关, 那么 $m \leqslant n$ 且 K 中有不全为零的元素 $s_0, s_1, \cdots, s_m$ 使得

$$s_0 + s_1 a + \cdots + s_m a^m = 0.$$

根据 m 的选取, 必有 $s_m \neq 0$. 对上式两边乘以 s_m^{-1}, 可以设 $s_m = 1$. 于是 a 为多项式 $\mu_a(x) = x^m + s_{m-1} x^{m-1} + \cdots + s_1 x + s_0$ 的根.

如果 $s_0 \neq 0$, 那么

$$-s_0^{-1}(s_1 + s_2 a + \cdots + s_{m-1} a^{m-2} + a^{m-1})a = 1.$$

这个等式表明 a 是可逆元.

如果 $s_0 = 0$, 那么 $a(s_1 + s_2 a + \cdots + s_{m-1} a^{m-2} + a^{m-1}) = 0$. 根据 m 的选取, $s_1 + s_2 a + \cdots + s_{m-1} a^{m-2} + a^{m-1} \neq 0$, 所以 a 是零因子, 不会是可逆元.

刚才的论证也说明, 如果 a 不是零因子, 那么 $s_0 \neq 0$, 从而 a 是可逆的. 于是, 当 A 没有零因子时, 每个非零元都是可逆的, 从而 A 是除环.

如果 K 是代数闭域, 则

$$\mu_a(x) = (x - c_1) \cdots (x - c_m), \quad c_i \in K.$$

由此可得

$$(a - c_1)(a - c_2) \cdots (a - c_m) = 0.$$

如果 A 是无零因子环, 必有某个 i 使得 $a - c_i = 0$. 从而 $a = c_i \in K$. 这对任意元素 $a \in A$ 都成立, 所以 $A = K$. 　　　　　　　　　　　　　　　　□

我们看到, 有限维可除代数的形态和多寡依赖于基域. 基域为代数闭域的情形最简单. 从这个角度说, 实数域上的有限维可除代数应该不复杂, 因为实数域离复数域这个代数闭域有最近的距离: 复数域是实数域最小的扩张. 历史上, 实数域上的可除代数自然地引起人们的特别兴趣. 复数域的出现激起寻找其他 "超复数系" 的热情, 四元数代数就是这个热情下的一个产物, 另一个成就是凯莱代数, 它是非结合的, 除此之外, 别无所得.

关于实数域上的有限维可除代数, 有下面的出色的定理.

定理 4.57 (弗罗贝尼乌斯)　实数域上的有限维可除代数只有三个: $\mathbb{R}$, $\mathbb{C}$ 及 $\mathbb{H}$.

在着手证明前, 先对实数域上的可除代数的向量空间结构做一些讨论.

设 A 是实数域上的可除代数, 1 是其乘法单位元. 我们等同 $\mathbb{R} \cdot 1$ 与 $\mathbb{R}$, 自然地, 称 $\mathbb{R} \cdot 1 = \mathbb{R}$ 的元素为实数. 对 A 中的非实数元素 a, 根据引理 4.56 (的证明), a 是某个首一实多项式 $\mu_a(x)$ 的根. 环 A 是无零因子的, μ_a 的次数是以 a 为根的多项式中次数最低的, 所以 μ_a 是不可约实多项式. 实不可约多项式的次数至多是 2, 由于 a 不是实数, μ_a 必然是 2 次的. 从而 $\mu_a(x) = x^2 - 2\alpha x + \beta$, $\alpha^2 < \beta$. 由于 $a^2 - 2\alpha a + \beta = (a - \alpha)^2 + \beta - \alpha^2$, 命 $u = a - \alpha$, 则 $u^2 = \alpha^2 - \beta < 0$. 于是每个非实数元素 $a = \alpha + u$ 都是一个实数 α 与一个平方为负实数的元素 u 的和.

引理 4.58　命 $A' = \{u \in A \mid u^2 \in \mathbb{R}$ 且 $u^2 \leqslant 0\}$ 为 A 中平方为非正实数的元素全体形成的集合. 那么 A' 是 A 的向量子空间且 $A = \mathbb{R} \oplus A'$.

证明　很清楚, 如果 $u \in A'$, $\alpha \in \mathbb{R}$, 那么 $\alpha u \in A'$. 因此只要说明如果 A' 中的元素 u 和 v 不成比例, 则 $u + v \in A'$. 首先验证不会有关系式 $u = \alpha v + \beta$, 其中 α 和 β 是实数. 根据条件, $uv \neq 0$, 且 $u^2 = \xi < 0$, $v^2 = \eta < 0$. 如果 $u = \alpha v + \beta$, 则有 $u^2 = \alpha^2 v^2 + 2\alpha\beta v + \beta^2$. 由于 $v \notin \mathbb{R}$, 我们有 $\alpha\beta = 0$. 因此 $\alpha = 0$ 或 $\beta = 0$. 在第一种情况, $u = \beta \in \mathbb{R}$, 在第二种情况, u 和 v 成比例. 这两种情况都已被对 u 和 v 的要求所清除, 所以 u 不是 1 和 v 的实线性组合.

于是 1, u, v 是线性独立的. 元素 $u + v$ 和 $u - v$ 都是非实数, 从而都是实二次方程的根. 即存在实数 p, q, r, s 使得

$$(u + v)^2 = p(u + v) + q,$$
$$(u - v)^2 = r(u - v) + s.$$

因为 $(u \pm v)^2 = u^2 \pm (uv + vu) + v^2$, 且 $u^2 = \xi$, $v^2 = \eta$ 是实数, 上面两个等式给出如下关系式:

$$\xi + \eta + (uv + vu) = p(u + v) + q,$$
$$\xi + \eta - (uv + vu) = r(u - v) + s.$$

两式相加, 得 $(p + r)u + (p - r)v + (q + s - 2\xi - 2\eta) = 0$. 由于 u, v, 1 线性独立, 有 $p = r = 0$. 于是 $(u + v)^2 = q \in \mathbb{R}$. 因为 $u + v$ 不是实数, 所以 $q < 0$. 这说明 $u + v \in A'$, 从而 A' 是 A 的子空间.

上面的讨论还说明 A 中任何元素 a 都有形式 $a = \alpha + u$, $\alpha \in \mathbb{R}$, $u \in A'$, 因此有 $A = \mathbb{R} \oplus A'$. $\qquad\square$

定理 4.57 的证明 对 $u \in A'$, 置 $u^2 = -Q(u)$, 那么 $Q(u)$ 是非负实数. 显然 $Q(u) = 0$ 当且仅当 $u = 0$. 很清楚, 对任意的实数 α 有 $Q(\alpha u) = \alpha^2 Q(u)$. 并且

$$f(u, v) = \frac{1}{2}[Q(u+v) - Q(u) - Q(v)] = -\frac{1}{2}(uv + vu)$$

是 A' 上的对称双线性型. 由此可见 $Q(u) = f(u, u)$ 是 A' 上相伴于 f 的二次型. 而且这个二次型是正定的.

如果 $A' = 0$, 则 $A = \mathbb{R}$.

现在设 $A' \neq 0$. 我们可以选取 $\mathbf{i} \in A'$ 使得 $Q(\mathbf{i}) = 1$, 即 $\mathbf{i}^2 = -1$. 于是 $\mathbb{R}[\mathbf{i}] = \mathbb{C} = \mathbb{R} + \mathbb{R}\mathbf{i}$. 如果 $A = \mathbb{C}$, 那么我们得到实数域上的二维可除代数.

如果 $A \supsetneqq \mathbb{C}$. 选取与 $\mathbf{i}$ 正交的单位向量 $\mathbf{j}$, 即选向量 $\mathbf{j}$ 使得 $Q(\mathbf{j}) = -\mathbf{j}^2 = 1$ 且 $2f(\mathbf{i}, \mathbf{j}) = \mathbf{ij} + \mathbf{ji} = 0$. 命 $\mathbf{k} = \mathbf{ij}$, 那么 $\mathbf{k}^2 = -1$, $\mathbf{ik} + \mathbf{ki} = 0 = \mathbf{jk} + \mathbf{kj}$. 因此 $\mathbf{k} \in A'$ 且 $\mathbf{k}$ 与 $\mathbf{i}$ 和 $\mathbf{j}$ 都正交. 正交的向量组是线性独立的, 所以 $1, \mathbf{i}, \mathbf{j}, \mathbf{k}$ 线性独立且 $\mathbb{H} = \mathbb{R} + \mathbb{R}\mathbf{i} + \mathbb{R}\mathbf{j} + \mathbb{R}\mathbf{k}$ 为四元数代数. 若 $A \supsetneqq \mathbb{H}$, 则存在 $\mathbf{p} \in A'$ 使得 $Q(\mathbf{p}) = 1$ 且 $\mathbf{p} \perp \mathbf{i}, \mathbf{j}, \mathbf{k}$. 于是 $\mathbf{pi} = -\mathbf{ip}$, $\mathbf{pj} = -\mathbf{jp}$, $\mathbf{pk} = -\mathbf{kp}$. 前两个关系式给出 $\mathbf{pk} = \mathbf{p(ij)} = \mathbf{(pi)j} = -\mathbf{(ip)j} = -\mathbf{i(pj)} = \mathbf{i(jp)} = \mathbf{(ij)p} = \mathbf{kp}$. 这和第三个关系式相悖. 因此有 $A = \mathbb{H}$. 定理证毕. $\square$

1905 年, 韦德伯恩发现了一个令人吃惊的事实: 每个有限除环都是交换的. 韦德伯恩的定理对射影几何有重要的意义, 与 Pappus 定理密切相关[1]. 现在证明这个定理, 要用到下一章建立的有限域和分圆多项式的一些初等性质, 当然不会发生循环论证.

定理 4.59 有限除环都是交换的, 即它们都是域.

证明 设 A 是有限除环, $K = Z(A)$ 是其中心. 显然 K 是有限域且 A 是 K 上的有限维向量空间. 根据下一章定理 5.41, 对某个素数 p 的幂 $p^m = q$, 有 $K = \mathbb{F}_q$. 设 $\dim_K A = n$. 那么 $|A| = q^n$. 如常, 命 A^* 为 A 中非零元构成的乘法群. 它的共轭类的代表元是 $a_1, \cdots, a_r$, 其中前面 $s = q - 1$ 个在中心内, 即在 K^* 中. 根据公式 (1.2.7), 有

$$|A^*| = q^n - 1 = q - 1 + \sum_{i=q}^{r} [A^* : A_i^*], \tag{4.5.7}$$

此处 $A_i^* = C_{A^*}(a_i)$ 是 a_i 在 A^* 中的中心化子. 对于不在中心的代表元 a_i, 命 $A_i = \{0\} \cup A_i^* = \{a \in A \mid aa_i = a_i a\}$. 那么 A_i 对加法和乘法都是封闭的, 从而是

---

① Artin E. Geometric Algebra. New York: Wiley, 1957: 73-74.

A 的可除子代数, 且包含 K. 当然 A_i 是 A 的向量子空间. 设 $\dim_K A_i = d_i$, 则 $|A_i| = q^{d_i}$, 从而 $|A_i^*| = q^{d_i} - 1$. 由等式 (4.5.7) 得

$$q^n - 1 = q - 1 + \sum_{i=q}^{r} \frac{q^n - 1}{q^{d_i} - 1}. \tag{4.5.8}$$

通过左乘, 除环 A 自然是 A_i 的左模. 我们说 A 是自由 A_i 模. 事实上, 取 $y_1 = 1$, 假设已经找到 A 中的元素 $y_1, \cdots, y_k$ 使得它们是 A_i 线性无关的. 如果 $A \neq A_i y_1 + \cdots + A_i y_k$, 那么存在 $y_{k+1} \in A$, 它不在 $A_i y_1 + \cdots + A_i y_k$ 中. 易见 $y_1, \cdots, y_k, y_{k+1}$ 是 A_i 线性无关的. 如此下去, 由于 A 是有限集, 最后可以找到 A_i 线性无关的元素 $y_1, \cdots, y_m$ 使得 $A = A_i y_1 + \cdots + A_i y_m$ 是诸 $A_i y_j$ 的直和. 这意味着 $q^n = |A| = |A_i|^m = q^{d_i m}$, 从而 d_i 是 n 的因子且 $d_i < n$.

设 $\Phi_n(x)$ 是第 n 个分圆多项式, 它就是 1 的 n 次本原根的极小多项式, 而且 $\Phi_n(x) = \prod(x - \varepsilon)$, 这个乘积中 ε 取遍 1 的 n 次本原单位根. 我们有 $x^n - 1 = \prod_{d|n} \Phi_d(x)$ (参见公式 (5.6.29)). 由此可知 $\Phi_n(q)$ 整除 $(q^n - 1)/(q^{d_i} - 1)$ 如果 $d_i|n$ 且 $d_i < n$. 把这个事实应用到等式 (4.5.8), 得 $\Phi_n(q)|(q-1)$.

如果 $n > 1$, 则 1 的 n 次本原根 $\varepsilon \neq 1$, 于是 q 到 ε 的实部的距离大于 $q-1$. 特别, $|q - \varepsilon| > q - 1$. 从而 $|\Phi_n(q)| = \prod |q - \varepsilon| > q - 1$. 这与 $\Phi_n(q)|(q-1)$ 矛盾. 所以 $n = 1$, 即 $A = K$ 是交换的. $\qquad\square$

三 群代数及群代数的模 有时候群的元素不仅可以相乘, 还可以相加, 例如矩阵群中的元素. 设 K 是域. 在 $M_n(K)$ 中, 每一行和每一列都只有一个系数不为 0 且这个系数为 1 的矩阵全体形成一个群, 这个群与对称群 S_n 同构, 群中的元素称为**置换矩阵**. 在 $GL_{n!}(K)$ 中我们还可以找到一个子群 H, 它同构于对称群 S_n, 且 H 中的元素是线性无关的. 群 H 中的元素张成的子空间是 $M_{n!}(K)$ 的子代数, 记作 $K[H]$. 称这个子代数为群 H 在域 K 上的**群代数**是很自然的事情. 如果 G 是 H 的子群, 那么 G 张成的子空间就是 $K[G]$. 由于任何有限群都同构于某个对称群的一个子群, 所以有限群都可以嵌入一个代数中, 且群的像是这个代数的一个基.

其实可以不借助矩阵也能得到群代数. 例 3.16 中, 在构造有限群 G 的正则表示时, 出现了域 K 上的向量空间 $V = \langle v_g \mid g \in G \rangle$. 群元素 h 在基元素 e_g 上的作用是 $hv_g = v_{hg}$. 这无疑启示了在 V 中可以直接定义基元素之间的乘法 $v_g v_h = v_{gh}$, 然后线性拓展到任意两个元素的乘法, 向量空间 V 因此成为一个结合代数. 容易看出, 这个结合代数与前面的群代数 $K[G]$ 是同构的.

在抽象的讨论中, 把 v_g 与 g 等同, V 与 $K[G]$ 等同是方便的. 也就是说, 对任意的有限群 G, 它在**域 K 上的群代数** $K[G]$ 是域 K 上的一个代数, 作为向量空间以 G 为一个基, 乘法定义为

$$\left(\sum_g a_g g\right)\left(\sum_h b_h h\right) = \sum_{g,h} a_g b_h gh = \sum_u c_u u, \quad c_u = \sum_g a_g b_{g^{-1}u}. \tag{4.5.9}$$

为了习惯与熟悉记号, 我们列出 $K[G]$ 中的加法运算和纯量乘运算以及两个元素相等的条件:

$$\sum_g a_g g + \sum_g b_g g = \sum_g (a_g + b_g)g, \qquad c\left(\sum_g a_g g\right) = \sum_g (ca_g)g,$$
$$\sum_g a_g g = \sum_g b_g g \quad \text{当且仅当 } a_g = b_g, \ \forall\, g \in G. \tag{4.5.10}$$

注意单位元 $e \in G$ 是 $K[G]$ 的单位元. 显然, 把 K 换成交换环, 这样的构造也是适用的, 这就得到群环.

此外, 如果在形式和 $\sum a_g g$ 中只允许有限多个系数不为 0, 那么上面的构造对无限群也是可行的. 把 $S = \sum a_g g$ 解释为几乎处处为 0 的函数 $S : G \to K$, $g \to a_g$, 是方便的. 这里几乎处处的含义就是只允许有限个例外. 映射之间的加法是自然的, 就是逐点相加; 乘法 $*$ 是**函数的卷积**, 其定义需要 "几乎处处为 0" 的条件:

$$(S + T)(g) = S(g) + T(g),$$
$$(S * T)(g) = \sum_h S(h)T(h^{-1}g).$$

群代数及其模的理论现在普遍看作是群表示理论不可或缺的一部分, 内容是非常丰富和深刻的.

设 K 是域, G 是有限群, e 是其单位元. 群代数 $K[G]$ 的子代数 Ke 与 K 同构. 于是每个 $K[G]$ 模也是域 K 上的向量空间. $K[G]$ 模作为 K 向量空间的维数也称为模的**维数**, 因此, 有限维 $K[G]$ 模的含义是明确的.

定理 4.60   有限维 $K[G]$ 模和群 G 在域 K 上的有限维表示之间有自然的一一对应.

证明   设 (Φ, V) 是群 G 在域 K 上的表示. 将 Φ 线性地延拓到 $K[G]$ 上:

$$\tilde{\Phi}\left(\sum a_g g\right) = \sum a_g \Phi(g).$$

置

$$\left(\sum a_g g\right) \cdot v = \sum a_g \Phi(g)v, \quad \forall v \in V.$$

容易验证, 运算 $\cdot$ 赋予 V 一个 $K[G]$ 模结构. 其实这等价于验证

$$\tilde{\Phi} : K[G] \to \mathrm{End}_K(V)$$

是 K 代数同态.

反之, 假设 V 是有限维 $K[G]$ 模, 确定模结构的映射是

$$\left(\sum a_g g, \, v\right) \to \left(\sum a_g g\right) \cdot v.$$

定义

$$\tilde{\Phi}\left(\sum a_g g\right) v = \left(\sum a_g g\right) \cdot v.$$

我们得到一个 K 代数同态 $\tilde{\Phi} : K[G] \to \mathrm{End}_K(V)$. 它在 G 上的限制 $\Phi = \tilde{\Phi}|_G$ 是群 G 在域 K 上的有限维表示. $\qquad\square$

由于这个定理, 群 G 的表示空间 V 常称作群 G 的**表示模**, 或简单地称作 G **模** (其实是 $K[G]$ 模). 群的表示论中很多的术语可以迁移到 G 模理论中. 比如 G 的不可约表示空间是 G 的不可约模, 表示的特征标也将称为 G 模的特征标等. 下面重点讨论有限群的复正则表示给出的 G 模.

按定义, 有限群 G 的复正则表示的表示空间就是群代数 $\mathbb{C}[G]$. 通过左乘, $\mathbb{C}[G]$ 成为 $\mathbb{C}[G]$ 模. 按照刚才的约定, $\mathbb{C}[G]$ 模将简单称作 G 模. 显然 $\mathbb{C}[G]$ 的 G 子模就是 $\mathbb{C}[G]$ 的左理想. 这个子模是不可约的当且仅当它是极小左理想 (参见 4.4 节习题 3).

根据 Maschke 定理 (定理 3.24), $\mathbb{C}[G]$ 可以分解为不可约子模的直和. 根据定理 3.39, 在同构的意义下, 每个不可约 $\mathbb{C}[G]$ 模出现在这个直和分解中, 出现的次数就是这个不可约模的维数. 假设 G 的 (复) 不可约特征标是 $\chi_1, \cdots, \chi_r$, 这些特征标的次数 (即提供这些特征标的不可约表示的维数) 分别是 $n_1, \cdots, n_r$. 那么在 $\mathbb{C}[G]$ 的不可约子模的直和分解式中, 特征标为 χ_i 的直和因子有 n_i 个, 把它们记作 $I_{i,1}, \cdots, I_{i,n_i}$ 并令

$$A_i = I_{i,1} \oplus \cdots \oplus I_{i,n_i}.$$

我们有

$$\mathbb{C}[G] = A_1 \oplus A_2 \oplus \cdots \oplus A_r. \tag{4.5.11}$$

引理 4.61 (1) A_i 的任何不可约子模的特征标都是 χ_i.

(2) 设 I 是 $\mathbb{C}[G]$ 的不可约子模, 特征标是 χ_i, 那么 $I \subset A_i$.

(3) A_i 是 $\mathbb{C}[G]$ 的 (双边) 理想.

证明 (1) 设 J 是 A_i 的不可约子模. 根据公式 (3.2.12), 存在 A_i 的子模 J' 使得 $A_i = J \oplus J'$. 设 χ 和 χ' 分别是 J 和 J' 的特征标. 由于 A_i 的特征标是 $n_i\chi_i$, 得 $\chi + \chi' = n_i\chi_i$. 我们知道 G 的复不可约特征标全体是线性无关的 (参见引理 3.38), χ' 是某些不可约特征标的和, 所以一定有 $\chi = \chi_i$.

(2) 考虑由直和分解 (4.5.11) 确定的投影映射 $\pi_k : \mathbb{C}[G] \to A_k$. 如果 $I \subsetneq A_i$, 则存在 $k \neq i$ 使得 $\pi_k(I) \neq 0$. 由于 I 是不可约的, 所以 $\pi_k(I)$ 也是不可约的, 而且与 I 同构 (参见定理 4.41 及其证明). 因为同构的复表示有相同的特征标, 所以 $\pi_k(I)$ 的特征标也是 χ_i. 根据刚证明的 (1), $\pi_k(I)$ 的特征标是 χ_k. 矛盾. 所以必须有 $I \subset A_i$.

(3) 只需要对任意的 $I = I_{i,j}$ 和 $a \in \mathbb{C}[G]$ 说明 $Ia \subset A_i$. 注意 Ia 仍是 $\mathbb{C}[G]$ 的左理想, 而且映射 $I \to Ia$, $x \to xa$ 是 $K[G]$ 模同态. 于是 $Ia = 0$, 或作为 G 模与 I 同构从而有特征标 χ_i. 根据 (2), 有 $Ia \subset A_i$. □

毫无疑问, 我们希望对 A_i 有更清晰的认识. 根据引理 4.61(3) 和分解式 (4.5.11), 有

$$A_iA_j \subset A_i \cap A_j = 0, \quad \text{如果 } i \neq j. \tag{4.5.12}$$

群 G 的单位元 e 是代数 $\mathbb{C}[G]$ 的乘法单位元. 由直和分解 (4.11) 知

$$e = e_1 + e_2 + \cdots + e_r, \quad e_i \in A_i. \tag{4.5.13}$$

由于 $i \neq j$ 时有 $e_ie_j = 0$, $e_iA_j = 0 = A_je_i$, 我们得

$$a = ea = e_ia, \quad a = ae = ae_i, \quad \forall\, a \in A_i. \tag{4.5.14}$$

由此可见, A_i 本身是一个环, 乘法单位元是 e_i. 由于它还是复向量空间, $\mathbb{C}[G]$ 的代数结构赋予 A_i 代数结构, 所以 A_i 是复数域上的代数. 这样一来, $\mathbb{C}[G]$ 是 r 个代数的直和.

为探究 A_i 的代数结构, 对每个 $a \in A_i$, 考虑线性算子

$$L_a : I_{i,1} \to I_{i,1}, \quad x \to ax.$$

显然有

$$L_{\lambda a} = \lambda L_a, \quad L_{a+b} = L_a + L_b, \quad L_{ab} = L_aL_b,$$

所以 $\phi : a \to L_a$ 是从代数 A_i 到线性算子代数 $\mathrm{End}_{\mathbb{C}}(I_{i,1}) \simeq M_{n_i}(\mathbb{C})$ 的同态. 如果 $a \in \mathrm{Ker}\,\phi$, 那么 $aI_{i,1} = 0$. 由于 $I_{i,1}$ 与每一个 $I_{i,j}$ 同构, 通过同构 $\phi_j : I_{i,1} \to I_{i,j}$ 得

$$aI_{i,j} = a\phi_j(I_{i,1}) = \phi_j(aI_{i,1}) = \phi_j(0) = 0.$$

这意味着, $aA_i = aI_{i,1} + \cdots + aI_{i,n_i} = 0$. 特别, 根据关系式 (4.5.14) 得, $ae_i = a = 0$. 所以 ϕ 是单射. 由于 A_i 和 $M_{n_i}(\mathbb{C})$ 的维数都是 n_i^2, 我们有

$$A_i \simeq M_{n_i}(\mathbb{C}). \tag{4.5.15}$$

我们已经得到了群代数 $\mathbb{C}[G]$ 的结构的描述.

定理 4.62 有限群 G 在复数域上的群代数 $\mathbb{C}[G]$ 与一些矩阵代数的直和同构:

$$\mathbb{C}[G] \simeq M_{n_1}(\mathbb{C}) \oplus M_{n_2}(\mathbb{C}) \oplus \cdots \oplus M_{n_r}(\mathbb{C}),$$

其中直和因子的个数 r 就是 G 的共轭类的个数, 矩阵代数 M_{n_i} 的极小左理想就是 G 的维数为 n_i 的不可约模. 在这个同构中, M_{n_i} 的逆像 A_i 是 $\mathbb{C}[G]$ 的极小 (双边) 理想.

特别, n 阶交换群在复数域上的群代数与 $\mathbb{C}$ 的 n 个副本的直和同构.

推论 4.63 (伯恩赛德 (Burnside) 定理) 设 Φ 是有限群 G 的 n 维复不可约表示, 那么矩阵 $\Phi_g \, (g \in G)$ 全体张成 $M_n(\mathbb{C})$, 从而其中有 n^2 个是线性无关的.

证明 由定理 4.62 的同构知 $\mathbb{C}[G]$ 到 $M_n(\mathbb{C})$ 的同态是满射. $\qquad\square$

四 群代数 $\mathbb{C}[G]$ 的中心 矩阵代数 $M_n(\mathbb{C})$ 的中心是一维的 (参见第一卷定理 3.23), 由定理 4.62 知代数 $\mathbb{C}[G]$ 的中心的维数等于群 G 的共轭类的个数 r. 群 G 的元素是 $\mathbb{C}[G]$ 的基, 所以很容易求出 $\mathbb{C}[G]$ 的中心. 按定义, 中心 $Z(\mathbb{C}[G])$ 中那些与群中所有元素可交换的元素 z:

$$z \in Z(\mathbb{C}[G]) \Longleftrightarrow zg = gz, \quad \forall\, g \in G.$$

若 $z = \sum_{h \in G} \lambda_h h$, 则

$$zg = \sum_{h \in G} \lambda_h hg = \sum_{t \in G} \lambda_{tg^{-1}} t,$$
$$gz = \sum_{h \in G} \lambda_h gh = \sum_{t \in G} \lambda_{g^{-1}t} t.$$

比较系数得 $\lambda_{tg^{-1}} = \lambda_{g^{-1}t}$. 命 $t = gh$, 得 $\lambda_h = \lambda_{ghg^{-1}}$. 也就是说 z 在中心里当且仅当把 z 表达为 G 中元素的线性组合时, 共轭的元素有相同的系数. 于是

$$Z(\mathbb{C}[G]) = \langle C_1,\ C_2,\ \cdots,\ C_r \rangle_{\mathbb{C}}, \tag{4.5.16}$$

其中

$$C_i = \sum_{g \in \mathcal{C}_i} g, \quad \mathcal{C}_i \text{ 为 } g_i \text{ 所在的共轭类}, \ i = 1,\ 2,\ \cdots,\ r, \tag{4.5.17}$$

$g_1,\ g_2,\ \cdots,\ g_r$ 是群 G 的共轭类代表元. 显然诸 C_i 线性无关, 所以它们形成 $Z(\mathbb{C}[G])$ 的基. 分解式 (4.5.13) 给出 $Z(\mathbb{C}[G])$ 另一个基: $e_1,\ e_2,\ \cdots,\ e_r$. 我们利用特征标的性质探究这两个基的联系.

特征标可以线性拓展为 $\mathbb{C}[G]$ 的线性函数. 看待这个拓展的最简单的方式是直接考虑群代数 $\mathbb{C}[G]$ 的不可约表示

$$\Phi^{(i)} : \mathbb{C}[G] \to A_i \simeq M_{n_i}(\mathbb{C}).$$

取迹, 就得到 χ_i 的线性拓展, 仍记为 χ_i 和称为特征标. 容易看出

$$\chi_k(e_i) = \delta_{ki} n_i, \tag{4.5.18}$$

由于特征标在共轭的元素上取值相等, 所以 $\chi_j(C_i) = |\mathcal{C}_i| \chi_j(g_i)$, 于是上式给出 C_i 写成 $e_1,\ \cdots,\ e_r$ 的线性组合的公式:

$$C_i = |\mathcal{C}_i| \sum_{j=1}^{r} \frac{\chi_j(g_i)}{n_j} e_j. \tag{4.5.19}$$

为得到 e_i 表成 $C_1,\ \cdots,\ C_r$ 的线性组合的公式, 令

$$e_i = \sum_{s=1}^{r} a_{si} C_s.$$

两边用特征标 χ_k 取值, 得

$$\delta_{ki} n_i = \sum_{s=1}^{r} a_{si} \chi_k(C_s).$$

对上式两边同乘以 $\overline{\chi_k(g_j)}$, 并对 k 从 1 到 r 求和, 得

$$n_i \overline{\chi_i(g_j)} = \sum_{k=1}^{r} \delta_{ki} n_i \overline{\chi_k(g_j)}$$

$$= \sum_{k=1}^{r} \left(\sum_{s=1}^{r} a_{si} \chi_k(C_s) \right) \overline{\chi_k(g_j)}$$

$$= \sum_{s=1}^{r} a_{si} \left(\sum_{k=1}^{r} \chi_k(C_s) \overline{\chi_k(g_j)} \right) \quad (\text{注意 } \chi_k(C_s) = |\mathcal{C}_s| \chi_k(g_s))$$

$$= \sum_{s=1}^{r} a_{si} \left(\sum_{k=1}^{r} |\mathcal{C}_s| \chi_k(g_s) \overline{\chi_k(g_j)} \right) \quad (\text{利用特征标第二正交关系})$$

$$= a_{ji} |\mathcal{C}_j| \cdot |C_G(g_j)| = |G| a_{ji}.$$

可见

$$a_{ji} = \frac{n_i \overline{\chi_i(g_j)}}{|G|},$$

$$e_i = \frac{n_i}{|G|} \sum_{j=1}^{r} \overline{\chi_i(g_j)} C_j = \frac{n_i}{|G|} \sum_{g \in G} \overline{\chi_i(g)} g, \quad 1 \leqslant i \leqslant r. \tag{4.5.20}$$

结合关系式 (4.5.12), (4.5.13), (4.5.14), 至此, 我们已经把分解式 (4.5.11) 中的 A_i 完全弄清楚了: $A_i = e_i \mathbb{C}[G] = \mathbb{C}[G] e_i$. 为方便引用, 我们把前面讨论的一些结论总结如下.

定理 4.64 (1) 公式 (4.5.20) 定义的元素 $e_1, \cdots, e_r$ 是有限群 G 在复数域上的群代数 $\mathbb{C}[G]$ 的中心的一个基, 它们有如下性质 (e 是群 G 的单位元):

$$e = e_1 + \cdots + e_r, \quad e_i e_j = \delta_{ij} e_i.$$

(有这些性质的元素组称为代数的**中心正交幂等元完备组**.)

(2) $e_i \mathbb{C}[G] = \mathbb{C}[G] e_i$ 是 $\mathbb{C}[G]$ 的 (双边) 理想. 这个理想同构于矩阵代数 $M_{n_i}(\mathbb{C})$, 且极小左理想的特征标都是 χ_i. 每个极小左理想都在某个 $e_i \mathbb{C}[G]$ 中.

(3) 群代数 $\mathbb{C}[G]$ 是 (2) 中的那些理想的直和:

$$\mathbb{C}[G] = e_1 \mathbb{C}[G] \oplus \cdots \oplus e_r \mathbb{C}[G].$$

现在可以看到, 从韦德伯恩–阿廷定理和代数的一般理论出发, 利用群代数, 可以发展整个群表示理论, 而且可以走得更远. 下面证明关于不可约表示的维数和特征标的值的两个断言, 其中关于维数的断言需要利用中心的诸元素 C_i.

定理 4.65 有限群的复不可约表示的维数整除群的阶.

证明　设 (Φ, V) 是有限群 G 的复不可约表示, 维数是 n, $\tilde{\Phi} : \mathbb{C}[G] \to \operatorname{End}_{\mathbb{C}}(V)$ 是群代数 $\mathbb{C}[G]$ 的相应表示. 对群代数的中心的元素 C_i, 由于 $\tilde{\Phi}(C_i)$ 与所有的 $\tilde{\Phi}(g)$ $(g \in G)$ 可以交换, 从而是 G 的表示同态. 根据舒尔引理 (定理 3.28), $\tilde{\Phi}(C_i) = \omega_i \mathcal{E}$ 是恒等变换 $\mathcal{E}$ 的倍数. 取迹, 得 ($\chi = \chi_\Phi$ 是表示的特征标)

$$n \omega_i = \operatorname{tr} \omega_i \mathcal{E} = \operatorname{tr} \tilde{\Phi}(C_i) = \chi(C_i) = |\mathcal{C}_i| \chi(g_i).$$

因此

$$\omega_i = \frac{|\mathcal{C}_i| \chi(g_i)}{n}.$$

我们有

$$C_i C_j = \sum_{k=1}^{r} n_{ijk} C_k, \tag{4.5.21}$$

其中整数 n_{ijk} 是使得 $gh = g_k$ 的元素对 (g, h) $(g \in \mathcal{C}_i,\ h \in \mathcal{C}_j)$ 的个数. 对上式应用同态 $\tilde{\Phi}$, 有

$$\omega_i \omega_j = \sum_{k=1}^{r} n_{ijk} \omega_k.$$

这说明 $\mathbb{Z}[\omega_i]$ 是有限生成 $\mathbb{Z}$ 模 $\mathbb{Z}\omega_1 + \cdots + \mathbb{Z}\omega_r$ 的子模, 从而也是有限生成的 (推论 4.48). 根据引理 4.49, ω_i 是代数整数. 这样一来,

$$\frac{|G|}{n} = \frac{|G|}{n} (\chi \mid \chi)_G = \frac{1}{n} \sum_{g \in G} \chi(g) \overline{\chi(g)}$$

$$= \frac{1}{n} \sum_{i=1}^{r} |\mathcal{C}_i| \cdot \chi(g_i) \overline{\chi(g_i)} = \sum_{i=1}^{r} \omega_i \overline{\chi(g_i)}$$

是一些代数整数的乘积的和. 根据定理 4.50, $|G|/n$ 是代数整数. 在有理数域中, 代数整数就是整数, 所以 $|G|/n$ 是整数.　　　　　　　　　　　　　　□

定理 4.66 (伯恩赛德)　设 G 是有限群, χ 是其不可约特征标. 若 $\chi(e) > 1$ (即特征标的次数或相应的表示的维数大于 1), 则存在 $g \in G$ 使得 $\chi(g) = 0$.

先证明一个引理.

引理 4.67　设 A 是循环群, χ 是它的特征标, 可能是可约的. 命 $S = \{a \in A \mid A = \langle a \rangle\}$. 如果 χ 在 S 中每个元素的取值都不等于零, 那么

$$\sum_{s \in S} |\chi(s)|^2 \geqslant |S|.$$

证明　设 A 的阶是 n. 命 $F = \mathbb{Q}(\zeta)$ 是有理数域添加 1 的 n 次本原根 ζ 得到域. 那么 F 是多项式 $x^n - 1$ 的分裂域 (定义参见 4.2 节第三部分). 域 F 的自同构

一定是保持 $\mathbb{Q}$ 不变. 这些自同构全体记作 $G = \mathrm{Gal}(F/\mathbb{Q})$, 称为域 F 在 $\mathbb{Q}$ 上的伽罗瓦群. 如果 $\sigma \in G$, 那么 $\sigma(\zeta)$ 仍是 1 的 n 次本原根, 所以 $\sigma(\zeta) = \zeta^m$, m 和 n 互素. 反过来, 任给与 n 互素的整数 m, 都有 G 中唯一的元素把 ζ 映到 ζ^m. 可见 G 与 $\mathbb{Z}/n\mathbb{Z}$ 中的乘法群 $U(\mathbb{Z}/n\mathbb{Z})$ 是同构的, 阶为欧拉函数 φ 在 n 处的值 $\varphi(n)$. 我们需要如下事实, 证明将在下一章给出: 域 F 中的数 α 如果在所有的元素 $\sigma \in G$ 下保持不变, 即 $\sigma(\alpha) = \alpha$, 那么 α 是有理数.

群 A 的特征标是映射 $A \to F$, 群 G 的元素是映射 $F \to F$, 所以特征标与群 G 中的元素可以做合成. 如果 $\sigma \in G$ 把 ζ 映到 ζ^m, 而 $\chi(s) = \zeta_1 + \cdots + \zeta_k$, 其中诸 ζ_i 都是 1 的 n 次根, 那么

$$\sigma\chi(s) = \sigma(\zeta_1 + \cdots + \zeta_k) = \zeta_1^m + \cdots + \zeta_k^m = \chi(s^m).$$

如果 m 与 n 互素, $s \in S$, 那么 s^m 也是 S 中的元素. 此时 $a \to a^m$ 是 A 上的双射, 所以 $s \to s^m$ 是 S 上的双射 (置换). 可见, $\prod\limits_{s \in S} |\chi(s)|^2 \in F$ 在所有的元素 $\sigma \in G$ 下保持不变, 因此它是有理数. 同时它也是代数整数, 所以它是整数. 根据条件, 诸 $\chi(s)$ 均不为 0, 所以 $\prod\limits_{s \in S} |\chi(s)|^2 \geqslant 1$. 但是对任意的正实数 $r_1, \cdots, r_k$, 有

$$\frac{1}{k}\sum_{i=1}^{k} r_i \geqslant \left(\prod_{i=1}^{k} r_i\right)^{1/k}.$$

在我们的情形

$$\frac{1}{|S|}\sum_{s \in S} |\chi(s)|^2 \geqslant 1. \qquad \qquad \square$$

定理 4.66 的证明　群 G 中两个元素称为等价的如果它们在 G 中生成同一个循环子群. 这样群 G 就划分成等价类, 单位元自成一类.

假定特征标 χ 在 G 中任何元素处的值都不为 0, 根据上一个引理, 对每一个等价类 S 有

$$\sum_{s \in S} |\chi(s)|^2 \geqslant |S|.$$

群 G 中非单位元全体是等价类的并集, 所以

$$\sum_{g \neq e} |\chi(g)|^2 \geqslant |G| - 1.$$

于是

$$|G| = |G| \cdot (\chi \,|\, \chi)_G = \sum_{g \in G} |\chi(g)|^2 \geqslant |G| - 1 + \chi(e)^2 \geqslant |G| + 3.$$

矛盾. 可见存在 $g \in G$ 使得 $\chi(g) = 0$.   □

推论 4.68   保持前面关于共轭类代表元和群代数的中心的元素的记号. 若群 G 和它的换位子群 G' 相等, 则

$$|G| \cdot \prod_{i=1}^{r} C_i = \left(\prod_{i=1}^{r} |\mathcal{C}_i|\right) \sum_{i=1}^{r} C_i. \tag{4.5.22}$$

即在 $\mathbb{Q}[G]$ 的中心里, 元素 $\prod_i C_i$ 和 $\sum_i C_i$ 成比例.

证明   根据定理 4.65 的证明, 有

$$C_i C_j = \sum_{k=1}^{r} n_{ijk} C_k,$$

$$\omega_i \omega_j = \sum_{k=1}^{r} n_{ijk} \omega_k,$$

其中 $\omega_i = \chi(g_i)|\mathcal{C}_i|/\chi(e)$ 是代数整数. 把它们代入上式, 两边同乘以 $\chi(e)$, 得

$$\frac{\chi(g_i)\chi(g_j)}{\chi(e)}|\mathcal{C}_i|\,|\mathcal{C}_j| = \sum_{k=1}^{r} n_{ijk}\chi(g_k)|\mathcal{C}_k|.$$

上式两边同乘以 $\overline{\chi(g_s)}/|G|$, 并对所有的不可约特征标 χ 求和, 得

$$\frac{|\mathcal{C}_i|\,|\mathcal{C}_j|}{|G|} \sum_{\chi} \frac{\chi(g_i)\chi(g_j)}{\chi(e)} \cdot \overline{\chi(g_s)}$$

$$= \frac{1}{|G|} \sum_{k=1}^{r} \sum_{\chi} n_{ijk}|\mathcal{C}_k|\chi(g_k)\overline{\chi(g_s)} \quad (\text{利用特征标第二正交关系})$$

$$= \frac{1}{|G|} n_{ijs}|\mathcal{C}_s| \cdot |C_G(g_s)| = n_{ijs}. \tag{4.5.23}$$

这给出结构常数的一个公式. 类似地, 命

$$\prod_{i=1}^{r} C_i = \sum_{i=1}^{r} \alpha_i C_i,$$

则有

$$\frac{\chi(g_1)\cdots\chi(g_r)\prod_{i=1}^{r}|\mathcal{C}_i|}{\chi(e)^{r-1}} = \sum_{i=1}^{r} \alpha_i \chi(g_i)|\mathcal{C}_i|.$$

于是

$$\alpha_s = \frac{\displaystyle\prod_{i=1}^{r} |\mathcal{C}_i|}{|G|} \sum_{\chi} \frac{\chi(g_1)\cdots\chi(g_r)\overline{\chi(g_s)}}{\chi(e)^{r-1}}. \tag{4.5.24}$$

如果 $G = G'$, 那么除了平凡的一维表示给出的特征标 1_G 外, 所有其他不可约特征标的次数都大于 1 (参见定理 3.43). 根据伯恩赛德定理 (定理 4.66), 当 $\chi \neq 1_G$ 时, $\chi(g_1)\cdots\chi(g_r) = 0$. 把它代入等式 (4.5.24), 得

$$\alpha_s = \frac{\displaystyle\prod_{i=1}^{r} |\mathcal{C}_i|}{|G|} \cdot 1, \quad \forall\, s.$$

这正是我们所要的. □

注 设 A 是域 K 上的向量空间, 每一个双线性映射 $A \times A \to A$, $(x, y) \to xy$ 都赋予 A 一个乘法, 从而使 A 成为一个 (未必是结合的) 代数. 到目前为止, 我们主要讨论的结合代数. 但也有很多重要的非结合代数, 它们对乘法其实也是有一定的结合性要求. 为了说明这一点, 对于任意的 x, y, $z \in A$, 定义它们的**结合子**: $(x, y, z) = (xy)z - x(yz)$. 对结合子给予各类限制, 就得到不同类型的代数, 如以下代数:

(1) **结合代数** $(x, y, z) = 0$;

(2) **交错代数** $(x, x, y) = 0 = (y, x, x)$;

(3) **约当代数** $(x, y, x^2) = 0$, $xy - yx = 0$.

许多重要的非结合代数来自代数以外的领域, 如约当代数来自量子力学 (约当 (Jordan) 是物理学家), 李代数源于无穷小变换. 我们在 2.6 节谈到了李代数, 下一节将谈论一个最简单的李代数.

<h3 style="text-align:center">习 题 4.5</h3>

1. 设 S 是代数 A 的子集. 命 $C_A(S) = \{a \in A \mid as = sa, \forall s \in S\}$ 为 S 在 A 中的中心化子. 证明: $C_A(S)$ 是 A 的子代数.

2. **广义四元数代数** 设 n, m 是非零整数. 证明: 用乘法表

·	1	e_1	e_2	e_3
1	1	e_1	e_2	e_3
e_1	e_1	n	e_3	ne_2
e_2	e_2	$-e_3$	m	$-me_1$
e_3	e_3	$-ne_2$	me_1	$-nm$

可以在 $\mathbb{Q}$ 上的四维向量空间 $\mathbb{H}(n,m) = \langle 1,\ e_1,\ e_2,\ e_3 \rangle_{\mathbb{Q}}$ 引入结合代数的结构. 为此, 利用表示

$$x = x_0 + x_1 e_1 + x_2 e_2 + x_3 e_3 \rightarrow A_x = \begin{pmatrix} x_0 + x_1\sqrt{n} & x_2\sqrt{m} + x_3\sqrt{nm} \\ x_2\sqrt{m} - x_3\sqrt{nm} & x_0 - x_1\sqrt{n} \end{pmatrix}.$$

行列式 $\det A_x = x_0^2 - x_1^2 n - x_2^2 m + x_3^2 nm$ 称为**元素** x **的范数**. 验证: 当 $\mathbb{H}(n,m)$ 中的非零元素都有非零范数时, $\mathbb{H}(n,m)$ 是可除代数 (**广义四元数代数**). 利用 4.3 节习题 14 的概念和结果证明: 对于素数 $p \equiv \pm 3 \pmod 8$, 代数 $\mathbb{H}(2,p)$ 是可除代数.

3. 本题的代数不要求乘法是结合的. 设 A 是实数域上的代数. 如果在 A 中存在共轭运算 $x \rightarrow \bar{x}$, 它是实线性的, 即 $\overline{ra + sb} = r\bar{a} + s\bar{b}$ 如果 $r, s \in \mathbb{R}$, 且有性质 $\bar{\bar{x}} = x$, $\overline{xy} = \bar{y}\bar{x}$, 我们在空间 $A \oplus A = \{(x,y) \,|\, x, y \in A\}$ 上定义双线性的乘法运算

$$(x,y)(u,v) = (xu - \bar{v}y, y\bar{u} + vx),$$

从而 $A \oplus A$ 成为实数域上的代数. 称为**代数** A **的加倍** (double).

验证: 复数域是实数域的加倍 (由于共轭是实线性的, 此时有 $\bar{x} = x$), 而四元数代数是复数域 (用通常的共轭) 的加倍. 四元数代数 (用通常的共轭) 的加倍称为**凯莱代数**, 记作 $\mathbb{C}a$.

验证: $\mathbb{C}a$ 是非交换和非结合的代数, 每个非零元都有逆. 以明显的形式表达出凯莱代数的共轭运算.

4. 将 $\mathbb{F}_{2^n}$ 看作 $\mathbb{F}_2$ 上的 n 维向量空间 V. 在向量空间 V 上引入新的乘法运算 $(x,y) \rightarrow x \circ y = \sqrt{xy}$, 其中 $x \rightarrow \sqrt{x}$ 是 $\mathbb{F}_{2^n}$ 的自同构, 它的逆是 $x \rightarrow x^2$. 于是 $\sqrt{x+y} = \sqrt{x} + \sqrt{y}$. 证明: $(V, +, \circ)$ 是 $\mathbb{F}_2$ 上的交换但非结合的代数, 它具有性质: (1) V 中没有零因子, 也没有单位元; (2) 方程 $a \circ x = b$ (其中 $a \neq 0$) 有唯一解; (3) 自同构群 $\mathrm{Aut}(V)$ 可迁地作用在 $V \backslash \{0\}$ 上.

5. 直接通过计算验证: 在任意的代数中, 结合子总满足

$$t(x,y,z) + (t,x,y)z = (tx,y,z) - (t,xy,z) + (t,x,yz).$$

证明: 如果在域 K 上的有单位元 1 的代数 A 中, 任何的结合子都在 $K \cdot 1$ 中, 则 A 是结合代数.

6. 设 $K[G]$ 是有限群在域 K 上的群代数. 证明: $\tau : K[G] \rightarrow K$, $\sum\limits_{g} a_g g \rightarrow \sum\limits_{g} a_g$ 是代数同态. 确定这个代数同态的核.

7. 证明: 映射 $K[G] \to K[G \times G]$, $\sum_g a_g g \to \sum_g a_g(g, g)$ 是代数同态.

8. 设 G 和 H 是有限群且 $\mathbb{C}[G] \simeq \mathbb{C}[H]$ 是 $\mathbb{C}$ 代数同构, 能否断言群 G 和 H 同构?

9. 设 Φ 是有限群 G 的 n 维复不可约复表示. 证明: 若常数 $n \times n$ 矩阵 C 满足

$$\mathrm{tr}\,(C\Phi_x) = 0, \quad \forall\, x \in G,$$

则 $C = 0$.

10. 证明: 在同构的意义下, 每个有限维单代数的不可约模是唯一的.

4.6 李代数 $sl_2(\mathbb{C})$ 的不可约模

一 初始内容 回顾一下定义 2.64, 域 $\mathfrak{K}$ 上的李代数 L 是一个非结合代数, L 中的两个元素 x 和 y 的乘积一般记作 $[x, y]$, 或更简单地记作 $[xy]$. 这个乘积称为方括号运算, 是双线性的, 更重要的是下面两个性质:

(1) $[xx] = 0$ ($[xy] = -[yx]$ **斜对称性**或**反交换性**);

(2) $[[xy]z] + [[yz]x] + [[zx]y] = 0$ (**雅可比等式**).

从 2.6 节习题 1 知, 若 A 是域 $\mathfrak{K}$ 上的结合代数, 方括号运算 $[xy] = xy - yx$ (两个元素的换位子) 满足雅可比等式, 因为结合代数的乘积是双线性的, 所以换位子运算是双线性的, 反交换性是显然的, 从而 A 的向量空间结构加上这个方括号运算就成为李代数, 记作 $L(A)$. 定义李代数的理想, 李代数之间的同态和同构等是一件平凡的事情.

有限维向量空间 V 上的线性算子全体组成的代数 $\mathcal{L}(V) = \mathrm{End}_{\mathfrak{K}}(V)$ 是这里特别感兴趣的情形. 李代数 $L(\mathcal{L}(V))$ 和它的矩阵形式 $L(M_n(\mathfrak{K}))$ 都称为**一般线性李代数**, 它们是同构的. 李代数同态

$$\phi : L \to L(\mathcal{L}(V))$$

称为李代数 L 的**表示**. 在环的模的定义 4.37 中简单修改前三个条件, 去掉第四个条件, 就得到李代数的模的定义了. 域 $\mathfrak{K}$ 上的向量空间 V 称为**李代数 L 的模**如果有映射 $L \times V \to V$, $(x, v) \to xv$ 满足如下条件:

(L1) $x(\alpha u + \beta v) = \alpha xu + \beta xv$ (作用是线性的);

(L2) $(\alpha x + \beta y)u = \alpha x u + \beta y u$;

(L3) $[xy]u = x(yu) - y(xu)$,

其中, $x, y \in L$, $\alpha, \beta \in \mathfrak{K}$, $u, v \in V$ 均是任意的. 第三个条件其实就是保持方括号运算.

如同群的情形一样, 李代数的表示空间是李代数的模, 反之李代数的模给出李代数的表示. 每个李代数 L 都可以嵌入到一个结合代数中, 使得李代数的方括号运算由结合代数的换位子给出, 且结合代数由这个李代数生成. 这样的结合代数可能不止一个, 但有一个是最大的, 记作 $U(L)$, 称为 L 的**普遍包络代数** (或**泛包络代数**, universal enveloping algebra). 李代数的模和它的普遍包络代数的模是一回事, 但转换成普遍包络代数的好处是这时代数是结合的. 这方面的内容在专门讨论李代数的书籍和一些关于李群的书籍中可以找到, 包括描述 $U(L)$ 的基的伯克霍夫–维特 (Birkhoff-Witt) 定理.

例 4.69　域 $\mathfrak{K}$ 上的向量空间 A 如果还有一个双线性的乘法 $A \times A \to A$, $(x, y) \to xy$, 就成为域 $\mathfrak{K}$ 上的代数了. 这个乘法未必是结合的, 所以 A 未必是结合代数. 线性算子 $\mathcal{D}: A \to A$ 称为代数 A 的**导子** (derivation) 如果它满足如下条件:

$$\mathcal{D}(uv) = D(u)v + uD(v), \quad u, v \in A.$$

方括号运算

$$[\mathcal{D}_1 \mathcal{D}_2] = \mathcal{D}_1 \mathcal{D}_2 - \mathcal{D}_2 \mathcal{D}_1,$$

赋予所有导子组成的集合 $\mathrm{Der}\, A$ (它是域 $\mathfrak{K}$ 上的向量空间) 以李代数的结构.

现设 $A = \mathfrak{K}[X]$ 是多项式环, 且 $\mathfrak{K}$ 的特征大于 2. 通过计算 $\mathcal{D}(1) = \mathcal{D}(1 \cdot 1)$ 可知 $\mathcal{D}(\alpha) = 0$, $\alpha \in \mathfrak{K}$. 显然 $\mathcal{D}$ 完全由 $u = \mathcal{D}(X)$ 确定, 而且有

$$\mathcal{D}(f) = u\frac{df}{dX} = uf'.$$

反过来, 对 $u \in A$, 上式定义了 A 的一个导子, 记作 $\mathcal{D}_u$. 于是我们有自然的向量空间同构

$$A \to \mathrm{Der}\, A, \quad u \to \mathcal{D}_u.$$

根据定义

$$[\mathcal{D}_u, \mathcal{D}_v](X) = \mathcal{D}_u(\mathcal{D}_v X) - \mathcal{D}_v(\mathcal{D}_u X) = \mathcal{D}_u(v) - \mathcal{D}_v(u)$$
$$= uv' - vu'.$$

因此

$$[\mathcal{D}_u \mathcal{D}_v] = \mathcal{D}_{uv'-u'v}.$$

于是, 在 A 上定义 $[uv] = uv' - u'v$, 则 A 就成为一个李代数 $(A, [*|*])$, 与 $\mathrm{Der}\,A$ 同构. 命 $A_{(i)} = \langle X^{i+1}\rangle_{\mathfrak{R}}$, 则得到 A 作为向量空间的直和分解

$$A = A_{-1} \oplus A_{(0)} \oplus A_{(1)} \oplus A_{(2)} \oplus A_{(3)} \oplus \cdots,$$

它有**分次李代数**的性质

$$[A_{(i)}, A_{(j)}] \subset A_{(i+j)}.$$

(可与例 4.52(2) 做比较.)

李代数 $(A, [*|*])$ 有两种方式作用在向量空间 A 上: ① $(u, f) \to uf'$ (自然的作用, 即通过 $\mathcal{D}_u$ 作用); ② $(u, f) \to uf' - u'f$ (李代数在自身上通过方括号运算作用, 称为伴随作用). 结果在 A 上得到两个不同的 $(A, [*|*])$ 模结构.

例 4.70 迹为 0 的二阶斜埃尔米特矩阵组成的三维实向量空间 $\mathfrak{su}(2)$ 是特殊酉群 $SU(2)$ 的李代数. 作为向量空间, 它就是 $(1.3.18)$ 所确定的 $\mathbb{V}$. 于是

$$\mathfrak{su}(2) = \left\{ \begin{pmatrix} ix_1 & x_2 + ix_3 \\ -x_2 + ix_3 & -ix_1 \end{pmatrix} \;\middle|\; x_1,\, x_2,\, x_3 \in \mathbb{R} \right\}.$$

采用定理 1.14 证明中的记号,

$$\mathbf{i} = \begin{pmatrix} i & 0 \\ 0 & -i \end{pmatrix}, \quad \mathbf{j} = \begin{pmatrix} 0 & 1 \\ -1 & 0 \end{pmatrix}, \quad \mathbf{k} = \begin{pmatrix} 0 & i \\ i & 0 \end{pmatrix}.$$

那么 $[\mathbf{i}\,\mathbf{j}] = 2\mathbf{k}$, $[\mathbf{j}\,\mathbf{k}] = 2\mathbf{i}$, $[\mathbf{k}\,\mathbf{i}] = 2\mathbf{j}$. 置 $\mathbf{k}_1 = \mathbf{i}/2$, $\mathbf{k}_2 = \mathbf{j}/2$, $\mathbf{k}_3 = \mathbf{k}/2$, 则有

$$[\mathbf{k}_1\,\mathbf{k}_2] = \mathbf{k}_3, \quad [\mathbf{k}_2\,\mathbf{k}_3] = \mathbf{k}_1, \quad [\mathbf{k}_3\,\mathbf{k}_1] = \mathbf{k}_2.$$

这和向量空间 $\mathbb{R}^3$ 中标准正交基的叉积的规则是一样的.

根据紧李群的一般理论, 群 $SU(2)$ 的复不可约酉表示和它的李代数 $\mathfrak{su}(2)$ 的有限维复不可约表示是自然一一对应的. 直观上, 这一点是容易理解的, 只要注意到 $SU(2)$ 的酉表示的连续性并看到在算子 $\Phi(g_t)$ (其中 g_t 是群 $SU(2)$ 中光滑地依赖参数 $t \in \mathbb{R}$ 的元素, $g_0 = E$) 的线性包络中, 线性算子 $(d\Phi(g_t)/dt)|_{t=0}$ 就是李代数 $\mathfrak{su}(2)$ 中的元素 $(dg_t/dt)|_{t=0}$ 在表示空间上作用的算子.

现在利用 $SU(2)$ 的复不可约酉表示与 $\mathfrak{su}(2)$ 的有限维复不可约表示的对应关系, 我们证实 3.6 节中已经得到了 $SU(2)$ 的复不可约酉表示的完整描述. 需要证明,

对于任意的正整数 n, 在同构的意义下, $\mathfrak{su}(2)$ 有唯一的 n 维复不可约表示. 为此, 可以在一开始就从实李代数 $\mathfrak{su}(2)$ 转向它的复化 $L = sl_2(\mathbb{C}) = \mathbb{C} \otimes_{\mathbb{R}} \mathfrak{su}(2)$, 就是迹为 0 的复二阶矩阵形成的李代数. 我们选取一个更常用的基:

$$h = \begin{pmatrix} 1 & 0 \\ 0 & -1 \end{pmatrix}, \quad e = \begin{pmatrix} 0 & 1 \\ 0 & 0 \end{pmatrix}, \quad f = \begin{pmatrix} 0 & 0 \\ 1 & 0 \end{pmatrix}.$$

它们的方括号运算如下:

$$[ef] = h, \quad [he] = 2e, \quad [hf] = -2f. \tag{4.6.25}$$

可以不考虑 L 的具体来源, 仅把它看作是复数域上具有上式确定的方括号运算的三维李代数. 容易验证, 它是单李代数. 这意味着它的任何维数大于 1 的不可约表示都是忠实的.

二 权与重数 设 V 是正维数的复向量空间, $L \to L(\mathcal{L}(V))$ 是李代数 $L = sl_2(\mathbb{C})$ 的复表示, 向量空间 V 的线性算子 F, H, E (本节符号 E 不是单位矩阵) 是 f, h, e 在这个同态下的像. 接下来 V 将看作是 L 的模.

定义 4.71 线性算子 $H : V \to V$ 的特征值称为 V 的**权**. 如果 λ 是 V 的权, 那么特征子空间

$$V^{\lambda} = \{ v \in V \mid Hv = \lambda v \}$$

称为 V 的 (权为 λ 的) **权空间**, 其中非零的向量称为(权为 λ 的) **权向量**. 维数 $\dim V^{\lambda}$ 称为**权** λ 的**重数**.

引理 4.72 若 $v \in V^{\lambda}$, 则

$$Ev \in V^{\lambda+2}, \quad Fv \in V^{\lambda-2}.$$

(可见 E 是 "提高" 算子, F 是 "降低" 算子.)

证明 根据李代数模的定义条件 (L3), 有

$$H(Ev) = [HE]v + E(Hv) = 2Ev + E(\lambda v) = (\lambda + 2)Ev.$$

由定义知 $Ev \in V^{\lambda+2}$. 类似地,

$$H(Fv) = (\lambda - 2)Fv. \qquad \square$$

三 最高权和最高权向量 由第二卷引理 2.37 知, 具有不同特征值的特征向量线性无关, 因此, 权空间的和

$$W = \sum_{\lambda} V^{\lambda} \subset V$$

是直和. 引理 4.72 表明, W 是 V 的 L 子模. 非零的有限维复向量空间上的线性算子总有特征值, 所以 $W \neq 0$. 如果 V 是不可约 L 模, 那么 $W = V$, 即 V 是权空间的直和.

定义 4.73　　非零向量 $v_0 \in V$ 称为**权为 λ 的最高权向量**如果

$$Ev_0 = 0, \quad Hv_0 = \lambda v_0.$$

引理 4.74　　复数域上的有限维 L 模都有最高权向量.

证明　　对 L 的有限维模 V, 取一个权空间 V^μ. 考虑 V 的子空间序列

$$V^\mu, \quad V^{\mu+2}, \quad V^{\mu+4}, \quad \cdots.$$

由于 V 是有限维的, 不同的权空间的和是直和, $V^\mu \neq 0$, 所以一定有某个非负整数 k 使得 $V^{\mu+2k+2} = V^{\mu+2k+4} = \cdots = 0$ 但 $V^{\mu+2k} \neq 0$. 根据引理 4.72, $V^{\mu+2k}$ 中任何的非零向量都是最高权向量. □

引理 4.75　　设 V_n 是 $n+1$ 维复向量空间, 有给定的基 $v_0, v_1, \cdots, v_n$, 线性算子 F, H, E (本节符号 E 不是单位矩阵) 由如下公式确定:

$$\begin{aligned}
Fv_m &= (m+1)v_{m+1}, \\
Hv_m &= (n-2m)v_m, \\
Ev_m &= (n-m+1)v_{m-1},
\end{aligned} \tag{4.6.26}$$

其中, $v_{-1} = 0 = v_{n+1}$. 那么 V_n 是不可约 L 模.

证明　　根据李代数的模的定义, 需要针对 L 的乘法关系 (4.6.25) 验证如下等式:

$$\begin{aligned}
E(Fv_m) - F(Ev_m) &= Hv_m, \\
H(Ev_m) - E(Hv_m) &= 2Ev_m, \\
H(Fv_m) - F(Hv_m) &= -2Fv_m.
\end{aligned}$$

直接计算可以看出这些等式成立, 所以 V_n 是 L 模.

由于 $Ev_0 = (n+1)v_{-1} = 0$, $Hv_0 = nv_0$, 所以 v_0 是权为 n 的最高权向量. 空间 $V = V_n$ 是一维权空间 $V^{n-2m} = \mathbb{C}v_m$ (每个权有重数 1) 的直和:

$$V_n = V^n \oplus V^{n-2} \oplus \cdots \oplus V^{2-n} \oplus V^{-n}. \tag{4.6.27}$$

假定 U 是 V_n 的非零子模. 在 U 中取线性算子 H 的一个特征向量 u. 根据上面的直和分解, 有某个 m 使得 $u = \alpha v_m$. 利用公式 (4.6.26), 连续用线性算子 E 作用在 u 上, 得到 $v_{m-1}, v_{m-2}, \cdots, v_0 \in U$; 连续用线性算子 F 作用在 u 上, 得到 $v_{m+1}, v_{m+2}, \cdots, v_n \in U$. 这说明 $U = V_n$. 所以 V_n 是不可约 L 模.　　　□

可以看到, V_0 是平凡的. 所谓平凡的李代数模是指李代数的任何元素都作为零算子作用在模上. 而 V_1 就是 $L \subset M_2(\mathbb{C})$ 的自然表示.

四　不可约表示的分类　下面的定理解决了我们关心的问题.

定理 4.76　任何 $n+1$ 维复不可约 L 模 V 都同构于 V_n.

证明　在 V 中取一个最高权向量 u_0, 根据引理 4.74, u_0 存在. 假设 u_0 的权是 λ. 命

$$u_{-1} = 0, \quad u_m = \frac{1}{m!} F^m u_0 = \frac{1}{m!} F(\cdots (F u_0) \cdots), \quad m \geqslant 0.$$

我们断言, 对 $m \geqslant 0$, 下面的公式成立:

$$\begin{aligned}
F u_m &= (m+1) u_{m+1}, \\
H u_m &= (\lambda - 2m) u_m, \\
E u_m &= (\lambda - m + 1) u_{m-1}.
\end{aligned} \qquad (4.6.28)$$

事实上, 第一个公式从 u_m 和 u_{m+1} 的定义直接得到. 第二个公式由引理 4.72 推出. 我们对 m 做归纳法证明第三个公式. 当 $m = 0$ 时, 第三个公式由最高权向量 u_0 和 u_{-1} 的定义导出. 假设已经知道 $E u_{m-1} = (\lambda - m + 2) u_{m-2}$, 那么

$$\begin{aligned}
m E u_m &= E(F u_{m-1}) = [EF] u_{m-1} + F(E u_{m-1}) \\
&= H u_{m-1} + (\lambda - m + 2) F u_{m-2} \\
&= (\lambda - 2m + 2) u_{m-1} + (\lambda - m + 2)(m-1) u_{m-1} \\
&= m(\lambda - m + 1) u_{m-1}.
\end{aligned}$$

上式首尾项同除以 m 就得到第三个公式了.

由公式 (4.6.28) 中的三个公式知所有的 u_m 张成的子空间是 V 的子模. 由于 V 是不可约的, 所以 V 由诸 u_m 张成. 注意 $F u_m = (m+1) u_{m+1}$, 一旦对某个非负整数 r 有 $u_{r+1} = 0$, 则有 $u_{r+1} = u_{r+2} = \cdots = 0$. 如果向量 $u_0, u_1, \cdots, u_r$ 都不为 0,

因为有不同的权, 它们线性无关. 按假设, $\dim V = n + 1$, 所以必须有 $u_n \neq 0$ 但 $u_{n+1} = 0$, 从而 $V = \langle u_1, u_1, \cdots, u_n \rangle$. 特别

$$0 = Eu_{n+1} = (\lambda - n)u_n \Longrightarrow \lambda = n.$$

(这是一个很有意思的推导: $\dim V < \infty$ 意味着最高权 λ 是非负整数.)

将 $\lambda = n$ 代入公式组 (4.6.28), 然后与公式组 (4.6.26) 比较, 立即可以断定映射 $\sum \alpha_m u_m \to \sum \alpha_m v_m$ 是从 V 到 V_n 的李代数的模的同构. $\qquad\square$

习　题　4.6

1. 设 V 是无限维复向量空间, 有一个基 $v_0, v_1, \cdots, v_m, \cdots$. 对任意给定的负整数 n, 线性算子 F, H, E 由如下公式确定:

$$
\begin{aligned}
Fv_m &= (m+1)v_{m+1}, \\
Hv_m &= (n-2m)v_m, \\
Ev_m &= (n-m+1)v_{m-1},
\end{aligned}
\tag{4.6.29}
$$

其中, $v_{-1} = 0$. 证明: V 是不可约 L 模.

2. 对李代数的模叙述并证明舒尔引理.

3. 对李代数 $L = sl_2(\mathbb{C})$ 的模 V_n, 我们在引理 4.75 中定义了线性算子 F, H, E. 命

$$C = \frac{1}{2}H^2 + EF + FE.$$

证明: 作为 V_n 的线性算子, C 与 F, H, E 都交换, 从而 $C : V_n \to V_n$ 是李代数同态. 根据舒尔引理, 必须有 $C = \alpha \mathcal{E}$. 求出 α.

4. 在题 1 中, 构造了 L 的无限维不可约模 V 和线性算子 F, H, E. 试把题 3 的结论推广到 V 上.

5. 保持李代数 L 的基元素的记号. 定义

$$w = (\exp e)(\exp(-f))(\exp e).$$

证明:

(1) $w^2 = -I$, 其中 I 是 2 阶单位矩阵;

(2) $wew^{-1} = -f, \quad wfw^{-1} = -e, \quad whw^{-1} = -h$.

6. 对李代数 L 的表示 V_n, 考虑线性算子

$$\sigma = (\exp E)(\exp(-F))(\exp E).$$

证明: $\sigma \mathbb{C} v_m = \mathbb{C} v_{-m}$.

7. 设 V 是 L 的有限维模. 证明:

(1) V 中的每个最高权向量都生成一个不可约子模;

(2) V 是一些不可约子模的直和.

8. 回到 $\mathfrak{su}(2)$ 的基元素

$$\mathbf{k}_1 = \frac{i}{2} h, \quad \mathbf{k}_2 = \frac{1}{2}(e - f), \quad \mathbf{k}_3 = \frac{i}{2}(e + f),$$

并利用公式组 (4.6.26), 把它们对应到 V_n 的线性算子 K_1, K_2, K_3. 据此给予 V_n 以 $\mathfrak{su}(2)$ 模的结构.

以下 $L = \langle f, h, e \rangle$ 是特征 $p > 2$ 的代数闭域 F 上的有乘法关系 (4.6.25) 的单李代数. 所考虑的 L 模都是域 F 上的向量空间. 权、权空间、最高权向量的定义类似于复数域的情形. 引理 4.72 和引理 4.74 也是显然成立的. 设 $L \to L(\mathcal{L}(V))$ 是李代数 L 的表示, 向量空间 V 的线性算子 F, H, E (此处符号 E 不是单位矩阵) 是 f, h, e 在这个同态下的像.

9. 如同引理 4.75 一样, 在域 F 上的 $n + 1$ 维向量空间 V_n 上定义 L 的表示结构. 证明: V_n 是不可约的当且仅当 $0 \leqslant n \leqslant p - 1$.

10. 假设 V 是不可约 L 模, 证明: 算子 F^p, E^p, $H^p - H$ 与算子 F, H, E 都交换, 从而它们都是李代数同态.

11. 承接题 10 的条件和记号. 证明: 如果算子 F^p, E^p, $H^p - H$ 不全为零, 那么 V 的维数是 p.

12. 任取 β, γ_0, $\lambda \in F$, 命

$$\gamma_k = \beta \gamma_0 + k\lambda - k(k-1), \quad k = 1, 2, \cdots, p - 1.$$

考虑 p 阶方阵

$$F = \begin{pmatrix} 0 & 0 & \cdots & 0 & 0 & \beta \\ 1 & 0 & \cdots & 0 & 0 & 0 \\ 0 & 1 & \cdots & 0 & 0 & 0 \\ \vdots & \vdots & & \vdots & \vdots & \vdots \\ 0 & 0 & \cdots & 1 & 0 & 0 \\ 0 & 0 & \cdots & 0 & 1 & 0 \end{pmatrix}, \quad E = \begin{pmatrix} 0 & \gamma_1 & 0 & \cdots & 0 & 0 \\ 0 & 0 & \gamma_2 & \cdots & 0 & 0 \\ \vdots & \vdots & \vdots & & \vdots & \vdots \\ 0 & 0 & 0 & \cdots & \gamma_{p-2} & 0 \\ 0 & 0 & 0 & \cdots & 0 & \gamma_{p-1} \\ \gamma_0 & 0 & 0 & \cdots & 0 & 0 \end{pmatrix}$$

证明:

(1) $H = [EF] = \mathrm{diag}(\lambda,\ \lambda - 2,\ \cdots,\ \lambda - 2(p-2),\ \lambda - 2(p-1))$.

(2) 如果 β, $\gamma_0\gamma_1 \cdots \gamma_{p-1}$, $\lambda^p - \lambda$ 不全为 0($\lambda^p - \lambda \neq 0$ 意味着 λ 不是域中乘法单位元 1 的整数倍),那么对应 $f \to F$, $h \to H$, $e \to E$ 定义了李代数 L 的不可约表示, 它依赖三个参数 λ, γ_0, β.

讨论这些不可约表示的同构关系超出了这里的范围.

第 5 章　伽罗瓦理论

我们现在来到了伽罗瓦理论, 代数学精彩动人的一页.

伽罗瓦理论源于解方程. 我们寻求一元高次方程的求根公式. 让我们先回顾已知的公式, 理解我们寻找的是什么. 一元二次方程的一般形式是 $px^2 + qx + r = 0$ (p 不等于 0), 它的求根公式是

$$c = \frac{-q \pm \sqrt{q^2 - 4pr}}{2p}.$$

我们可以要求首项系数 p 等于 1, 不然将方程两边除以 p, 得到的新方程首项系数为 1, 且和原来的方程有同样的解.

对于三次方程, 它的一般形式是 $rx^3 + sx^2 + px + q = 0$ ($r \neq 0$). 如上, 可以要求 $r = 1$. 再做变换 $y = x - \dfrac{s}{3}$, 进而可以要求 $s = 0$. 于是只需要考虑方程 $x^3 + px + q = 0$. 对于这个方程, 我们知道根由卡丹诺公式给出 (参见第一卷 7.5 节)

$$c_i = \omega^{i-1} \sqrt[3]{-\frac{q}{2} + \sqrt{\frac{p^3}{27} + \frac{q^2}{4}}} + \omega^{1-i} \sqrt[3]{-\frac{q}{2} - \sqrt{\frac{p^3}{27} + \frac{q^2}{4}}},$$

$i = 1, 2, 3$, 其中 ω 是 1 的三次本原根.

类似地, 对四次方程, 我们只用考虑 $x^4 + px^2 + qx + r = 0$. 它的求根公式是 (参见第一卷 7.4 节)

$$c_{1,2,3,4} = \frac{1}{2}\left(\pm\sqrt{d_1 - p} \pm \sqrt{d_2 - p} \pm \sqrt{d_3 - p}\right).$$

此处负号的个数必须是 0 或 2, 诸 $d_i - p$ 的平方根的取值要求是它们的乘积等于 $-q$, 而 d_1, d_2, d_3 是三次方程 $y^3 - py^2 - 4ry + (4pr - q^2) = 0$ 的根.

审视这些求根公式, 容易发现, 我们要寻找的其实是**对方程的系数, 通过加减乘除和开方运算, 求出方程的根**. 假设基域是 L, 即方程的系数都在 L 中（且一

般讨论时可以默认 L 是包含方程的系数的最小的域). 把方程的根和 L 中的元素一起做加减乘除, 就得到一个新的域 K. (这有点类似于实数和方程 $x^2 + 1 = 0$ 的根一起做加减乘除得到复数域一样.)

如果求根公式存在, K 可以这样得到: 对 L 中某个元素开某次方, 得到的元素和 L 中的元素一起做加减乘除, 产生一个新的域 L_1; 对 L_1 中某个元素开某次方, 得到的元素和 L_1 中的元素一起做加减乘除, 又产生一个新的域 L_2, ... 有限步下去, 就得到 K 了. 这里的要点是每次只做一个元素的开方运算. 二、三、四次方程的求根公式是理解这个认识的好例子. 阿贝尔发现, 一般情形方程的根不在这类 (通过若干次增加域中元素的根产生的) 域中. 这就是说一般情形方程没有根式解.

伽罗瓦的方法更为深刻. 伽罗瓦通过方程的伽罗瓦群, 它等于群 $\mathrm{Gal}(K/L) = \{\sigma \in \mathrm{Aut}\, K \,|\, \sigma(a) = a \ \forall\, a \in L\}$, 说明方程的可解性. 当 L 的特征为 0 时, 方程有根式解当且仅当方程的伽罗瓦群是可解的. 一般 n 次多项式的伽罗瓦群是对称群, 它在 $n \geqslant 5$ 时不是可解的. 从而一般情形高次方程没有根式解.

伽罗瓦理论虽然源于寻找高次方程的根式解, 但它的意义远远超出方程的根式解, 把数学带到一个深远的新天地, 对物理、化学等都有极其重要的意义. 它说明一个好问题是怎样推动科学的发展: 好问题让我们避免无方向的盲目探索, 像是未知世界射来的一束光, 指出前行的方向, 把我们带到神奇的世界, 那世界丰富的景色远超问题本身展示的面目.

我们下面就述说伽罗瓦理论的故事. 在本书的一开始就说过, 伽罗瓦理论本质上是关于域扩张的理论. 故事就从域扩张说起.

5.1 域 扩 张

一　先回顾一些基本的概念和事实 (见第一卷 5.4 节和本书 4.2 节第三部分).

域是有加法和乘法运算的集合, 关于加法, 这个集合是交换群, 其中的单位元称为零元, 一般记作 0, 关于乘法, 这个集合中的非零元全体形成一个 (乘法) 交换群 (称为域的**乘法群**), 其中的单位元一般记作 1, 乘法与加法之间有分配律. 群是非空集, 所以一个域至少有两个元素: 加法单位元 0 和乘法单位元 1. 利用分配律可知在域中, 零元与任何元素相乘都为零 (元).

域的典型例子包括实数域、复数域、有理数域、有理分式域、整环的分式域、有限域 $\mathbb{F}_p$.

域 K 的子集称为 K 的**子域**如果这个子集是 K 的加法群的子群, 子集中的非零元全体是 K 中非零元乘法群的子群. 如果 L 是 K 的子域, 那么 K 也称为 L 的**扩域**. 例如, 实数域是复数域的子域, 是有理数域的扩域.

我们常用记号 $L < K$ 或 K/L 表示 K 是 L 的扩域. 有时也称 L 是扩张 K/L 的**基域**.

如果 L 是域 K 的子域, α 是 K 中的元素, 那么 K 中可以表成形如 $f(\alpha)/g(\alpha)$ 的元素全体是一个域, 其中 f 和 g 均是系数在 L 中的一元多项式. 这个域是 K 的包含 L 和 α 的子域中的最小者, 记作 $L(\alpha)$, 称为**由 L 添加 α** 得到的域. 也说它是 (**在 L 上**) **由 α 生成的域**.

例 5.1 $\mathbb{Q}(\sqrt{2})$ 是 $\mathbb{Q}$ 的扩域, 由 $\mathbb{Q}$ 添加 $\sqrt{2}$ 得到. 有理函数域 $\mathbb{R}(x)$ 是 $\mathbb{R}$ 的扩域, 由 $\mathbb{R}$ 添加不定元 x 得到.

更一般地, 如果 L 是域 K 的子域, α, β, γ, $\cdots$ 是 K 中的元素, 那么 K 中可以表成形如 $f(\alpha,\beta,\gamma,\cdots)/g(\alpha,\beta,\gamma,\cdots)$ 的元素全体是一个域, 其中 f 和 g 均是系数在 L 中的多元多项式. 这个域是 K 中包含 L 和 α, β, γ, $\cdots$ 的子域中的最小者, 记作 $L(\alpha,\beta,\gamma,\cdots)$, 称为**由 L 添加 α, β, γ, $\cdots$ 得到的域**, 也说它是 (**在 L 上**) **由 α, β, γ, $\cdots$ 生成的域**.

例 5.2 $\mathbb{Q}(\sqrt{2},\sqrt{3})$ 是 $\mathbb{Q}$ 的扩域, 由 $\mathbb{Q}$ 添加 $\sqrt{2},\sqrt{3}$ 得到. 二元有理函数域 $\mathbb{R}(x,y)$ 是 $\mathbb{R}$ 的扩域, 由 $\mathbb{R}$ 添加不定元 x,y 得到.

二   假设 $L < K$, 如果乘法仅考虑 L 中的元素与 K 中的元素相乘, 那么可以把 K 看作 L 上的向量空间. 这个向量空间的维数称为 K 在 L 上的**次数**, 也称为**扩张 K/L 的次数**, 记作 $[K:L]$. 如果这个次数有限, 则称 K 是 L 的**有限扩张**, 否则称为**无限扩张**.

域 L 上的向量空间也是 L 的子域上的向量空间. 如果同时讨论这两个向量空间, 就需要明确线性独立 (即线性无关), 线性相关、基等概念是针对哪个向量空间, 更准确地说, 是针对哪个基域. 为此, 我们引入如下术语. 域 L 上的向量空间也称为 **L-向量空间**, 向量空间中的一组向量如果是线性独立 (线性无关) 的, 也说它们**在 L 上是线性独立 (线性无关)** 的, 或 **L-线性独立 (线性无关)**. 特别, 这个向量空间的基常称为**在 L 上的基**或 **L-基**.

定理 5.3 如果 L, F, K 是三个域使得 $L < F < K$ (称为**扩张的两层塔**), 那么

$$[K : L] = [K : F] \cdot [F : L].$$

证明 当 K 是 F 的无限扩张时, 在 K 中存在无限多个元素, 它们在 F 上是线性独立 (即线性无关) 的. 由于 L 是 F 的子域, 这些元素当然在 L 上更是线性独立的, 从而 K 是 L 的无限扩张. 此时要证的等式成立. 当 F 是 L 上的无限扩张时, 在 F 中存在无限多个元素, 它们在 L 上是线性独立的, 此时 K 更是 L 的无限扩张, 从而要证的等式成立.

现设 K 是 F 的有限扩张, 且 F 是 L 的有限扩张. 取 K 在 F 上的一个基 α_1, α_2, $\cdots$, α_r, 又取 F 在 L 上的一个基 β_1, β_2, $\cdots$, β_s. 我们断言乘积元素 $\beta_i\alpha_j$, 其中 $i = 1, 2, \cdots, s$, 而 $j = 1, \cdots, r$ 是 K 在 L 上的一个基.

首先, 这些向量在 L 上是线性独立的. 的确, 如果 $\sum\limits_{i,j} a_{ij}\beta_i\alpha_j = 0$, 其中 a_{ij} 都是 L 中的元素, 那么 $\sum\limits_{j} \left(\sum\limits_{i} a_{ij}\beta_i \right) \alpha_j$ 是诸 α_j 的线性组合, 系数在 F 中. 由于诸 α_j 在 F 上线性独立, 所以 $\sum\limits_{i} a_{ij}\beta_i = 0$ 对任意的 j 成立. 而诸 β_i 在 L 上的线性独立性则表明系数 a_{ij} 全为 0.

其次, K 中的每一个元素 γ 都是诸 α_j 的线性组合, 系数是 F 中的元素. 于是 $\gamma = \sum \lambda_j\alpha_j$, 其中诸 λ_j 是 F 中的元素. 进而, 每一个 λ_j 是诸 β_i 的线性组合, 系数在 L 中, 即 $\lambda_j = \sum\limits_{i} a_{ij}\beta_i$. 于是 $\gamma = \sum\limits_{i,j} a_{ij}\beta_i\alpha_j$ 是诸 $\beta_i\alpha_j$ 的线性组合, 系数在 L 中. 所以诸 $\beta_i\alpha_j$ 构成 L-向量空间 K 的基.

由于乘积元素 $\beta_i\alpha_j$ 共有 rs 个, 故要证的等式此时成立. □

推论 5.4 如果 $L < L_1 < L_2 < \cdots < L_{n-1} < L_n$ (称为**扩张的 n 层塔**), 那么

$$[L_n : L] = [L_n : L_{n-1}] \cdots [L_2 : L_1] \cdot [L_1 : L].$$

例 5.5 $\mathbb{Q}(\sqrt[3]{2}, \sqrt{3}) = [\mathbb{Q}(\sqrt[3]{2}, \sqrt{3}) : \mathbb{Q}(\sqrt[3]{2})] \cdot [\mathbb{Q}(\sqrt[3]{2}) : \mathbb{Q}] = 2 \cdot 3 = 6.$

三 代数元 设 L 是域, K 是 L 的扩域. 如果 α 是 K 中的元素, 我们可以问

是否有 L 上的非零多项式使得 α 是这些多项式的根. 如果有这样的多项式, 那么 α 称为域 L 上的**代数元**.

现设 α 是域 L 上的代数元. 在以 α 为一个根的 L 上的非零多项式集合中, 取一个次数最低的多项式 $f(x)$. 我们可以假设 $f(x)$ 的首项系数为 1. 那么 $f(x)$ 是唯一确定的, 也就是说, 它是**既约的**, 整除 L 上的以 α 为一个根的任何多项式.

确实, 如果 $g(x)$ 是 L 上的多项式, 以 α 为一个根, 用 $f(x)$ 除 $g(x)$, 得 $g(x) = q(x)f(x) + r(x)$, 其中 $r(x)$ 的次数小于 $f(x)$ 的次数. 把 $x = \alpha$ 代入, 得 $r(\alpha) = 0$. 于是 $r(x)$ 必须恒等于 0, 否则 $r(x)$ 以 α 为一个根且次数小于 $f(x)$. 可见 $f(x)$ 整除 $g(x)$. 这也证明了 $f(x)$ 的唯一性. 如果 $f(x)$ 是可约的, 那么它的一个因子就会在 $x = \alpha$ 处的值为 0, 这与 $f(x)$ 的选取相悖.

这个多项式 $f(x)$ 称为 α **(在 L 上) 的极小多项式**. 有时对 L 中的非零元素 a, 多项式 $af(x)$ 也称为 α (在 L 上) 的极小多项式. 显然代数元的概念依赖相关的基域, 代数元的极小多项式不仅依赖代数元本身, 也依赖相关的基域.

注　既约多项式也称为**不可约多项式**.

例 5.6　(1) $\sqrt[n]{2}$ 在 $\mathbb{Q}$ 上的极小多项式是 $x^n - 2$, 但在 $\mathbb{R}$ 上的极小多项式是 $x - \sqrt[n]{2}$. 虚数单位 $\sqrt{-1}$ 在 $\mathbb{Q}$ 上和 $\mathbb{R}$ 上的极小多项式都是 $x^2 + 1$. 数 $\sqrt[m]{3}$ 在 $\mathbb{Q}$ 上和 $\mathbb{Q}(\sqrt[n]{2})$ 上的极小多项式都是 $x^m - 3$.

(2) 圆周率 π 不是有理数域 $\mathbb{Q}$ 上的代数元, 但是 $\mathbb{R}$ 上的代数元.

四　极小多项式对于刻画由一个域添加一个代数元得到的扩域是很有用的.

设 α 是域 L 上的代数元, 我们已经知道, 也很容易验证, 由 L 添加 α 得到的扩域 $L(\alpha)$ 由如下形式的元素构成: $g(\alpha)/h(\alpha)$, 其中 $g(x)$ 和 $h(x)$ 是 L 上的一元多项式, $h(\alpha) \neq 0$.

现设 $f(x)$ 是 α 的极小多项式, 次数为 n. 如果 $h(\alpha) \neq 0$, 那么 f 和 h 的最大公因子是 1, 因为 f 是不可约的. 这意味着存在多项式 u 和 v 使得 (见第一卷定理 6.25): $uf + vh = 1$. 于是 $v(\alpha) = 1/h(\alpha)$, $g(\alpha)/h(\alpha) = g(\alpha)v(\alpha)$. 用 $f(x)$ 除 $g(x)v(x)$ 得 $g(x)v(x) = p(x)f(x) + s(x)$, 其中 $s(x)$ 的次数小于 $f(x)$ 的次数 n. 从而 $g(\alpha)v(\alpha) = s(\alpha)$. 由此可见, $L(\alpha)$ 由如下形式的元素构成:

$$s(\alpha) = c_0 + c_1\alpha + c_2\alpha^2 + \cdots + c_{n-1}\alpha^{n-1}, \quad c_0, c_1, \cdots, c_{n-1} \in L. \tag{5.1.1}$$

由于 L 上任何次数小于 n 的非零多项式都不以 α 为一个根, 所以 $1, \alpha, \alpha^2, \cdots, \alpha^{n-1}$ 在 L 上是线性无关的.

设 α 是 L 的扩域 K 中的元素. 如果 $[L(\alpha) : L] = n < \infty$, 那么 $1, \alpha, \alpha^2, \cdots, \alpha^{n-1}, \alpha^n$ 在 L 上是线性相关的. 这意味着 α 是 L 上的代数元.

总结上面的讨论, 得以下的定理.

定理 5.7 设 α 是域 L 的扩域 K 中的元素, 那么 α 是 L 上的代数元当且仅当 $[L(\alpha) : L] < \infty$. 如果 α 是代数元, 其极小多项式的次数为 n, 那么 $1, \alpha, \alpha^2, \cdots, \alpha^{n-1}$ 是 $L(\alpha)$ 的一个 L-基. 特别有 $[L(\alpha) : L] = n$.

由于这个结论, α 在 L 上的极小多项式的次数也称为 α **在 L 上的次数**.

五 刚才的讨论其实还说明了怎样求一个代数元 α 的极小多项式: 找到最小的整数 n 使得 $1, \alpha, \cdots, \alpha^n$ 线性相关. 线性关系 $c_0 + c_1\alpha + \cdots + c_{n-1}\alpha^n = 0$ 的系数就是 α 的极小多项式的系数. 从这个线性关系也很容易求出 α 的逆.

例 5.8 $\sqrt{3}$ 和 $\sqrt{5}$ 都是有理数域上的代数元. 命 $\theta = \sqrt{3} + \sqrt{5}$, 则有

$$\theta^2 = 8 + 2\sqrt{15}, \quad \theta^3 = 18\sqrt{3} + 14\sqrt{5}, \quad \theta^4 = 124 + 32\sqrt{15}.$$

因此可见 $1 = \theta^0, \theta, \theta^2, \theta^3$ 在有理数域上线性无关, 且

$$\theta^4 - 16\theta^2 + 4 = 0.$$

这说明 θ 是有理数域上的 4 次代数元, $\theta^{-1} = 4^{-1}(16\theta - \theta^3)$. 由于

$$[\mathbb{Q}(\sqrt{3}, \sqrt{5}) : \mathbb{Q}] = [\mathbb{Q}(\sqrt{3}, \sqrt{5}) : \mathbb{Q}(\sqrt{3})] \cdot [\mathbb{Q}(\sqrt{3}) : \mathbb{Q}] = 4, \quad [\mathbb{Q}(\theta), \mathbb{Q}] = 4,$$

且 $\mathbb{Q}(\theta) \subset \mathbb{Q}(\sqrt{3}, \sqrt{5})$, 我们得 $\mathbb{Q}(\theta) = \mathbb{Q}(\sqrt{3}, \sqrt{5})$.

六 超越元 设 K 是 L 的扩域, α 是 K 中的元素. 如果对于域 L 上的任意的非零多项式 $f(x)$ 都有 $f(\alpha) \neq 0$, 那么 α 称为域 L 上的**超越元**. 例如, 圆周率 π 是有理数域上的超越元. 此时, 域 $L(\alpha)$ 自然与 L 的有理函数域 (也称为**有理分式域**) $L(x)$ 同构. 事实上, 根据第一卷推论 6.10, 我们有自然的环同态 $L[x] \to L(\alpha)$,

$f(x) \to f(\alpha)$. 由于 α 是超越元, 所以这个环同态是单射. 这个同态自然延拓成域同构 $L(x) \to L(\alpha)$, $f(x)/g(x) \to f(\alpha)/g(\alpha)$. 所以, 在一个域上添加一个超越元得到的域在同构的意义下只有一个: 就是这个域的有理函数域.

七　扩域的构造　如果知道域 L 的一个扩域 K, 通过添加 K 中的一个元素或若干元素, 我们就可以得到 L 的很多扩域. 一个典型的例子是有理数域与复数域.

如果不知道 L 的任何扩域, 怎样构造 L 的扩域? 我们已经有一个很好的例子: L 的有理函数域 $L(x)$. 定理 4.10 告诉我们通过多项式环 $L[x]$ 和其中的不可约多项式, 用类似于构造有限域 $\mathbb{F}_p$ 的方法, 我们可以得到 L 的很多很多的扩域, 这些扩域是我们目前很感兴趣的.

定理 4.11 说: 如果 $f(x)$ 是 L 上的不可约多项式, 那么存在 L 的扩域 K 使得 $f(x)$ 在 K 中有根, 而且域 K 可以选得与 $L[x]/(f(x))$ 同构.

该定理可以直接导出几个有意思的结论, 包括多项式的分裂域的存在性 (参见定理 4.14) 和下面的结论.

定理 5.9　设 $\sigma : L \to \tilde{L}$ 是域同构, $f(x)$ 是 L 上的不可约多项式, $\tilde{f}(x)$ 是 $\tilde{L}$ 上对应的多项式. 如果 $K = L(\beta)$ 和 $\tilde{K} = \tilde{L}(\tilde{\beta})$ 分别是 L 和 $\tilde{L}$ 的扩域, 且在 K 中有 $f(\beta) = 0$, 在 $\tilde{K}$ 中有 $\tilde{f}(\tilde{\beta}) = 0$, 那么 σ 可以扩展为从 K 到 $\tilde{K}$ 的同构.

证明　不妨设 $f(x)$ 的首项系数为 1. 容易验证, 多项式 $f(x)$ 和多项式 $\tilde{f}(x)$ 分别是 β 和 $\tilde{\beta}$ 的极小多项式. 于是 K 和 $\tilde{K}$ 都同构于定理 4.11 的证明中构造的域 K.　　　　　　　　　　　　　　　　　　　　　　　　　　□

习　题　5.1

1. 设 $K = \mathbb{Q}(\alpha)$, 此处 $\alpha^3 - \alpha^2 + \alpha + 2 = 0$. 把 $(\alpha^2 + \alpha + 1)(\alpha^2 - \alpha)$ 和 $(\alpha - 1)^{-1}$ 写成 $a\alpha^2 + b\alpha + c$ 的形式, 其中 a, b, c 是有理数.

2. 计算 $[\mathbb{Q}(\sqrt{2}, \sqrt{3}, \sqrt{5}) : \mathbb{Q}]$.

3. 设 $f(x) = x^n - a_{n-1}x^{n-1} + \cdots + (-1)^n a_0$ 是域 L 上的不可约多项式, α 是其在某个扩域 K 中的根. 用 α 和诸系数 a_i 表达 α^{-1}.

4. 命 $K = \mathbb{Q}(\alpha)$, 其中 $\alpha = \omega \sqrt[3]{2}$, $\omega = e^{2\pi i/3}$. 证明: 对任意的正整数 k, 方程 $x_1^2 + \cdots + x_k^2 = -1$ 在 K 中无解.

5. 证明: 多项式 $x^4 + 3x + 3$ 在 $\mathbb{Q}(\sqrt[3]{2})$ 上是不可约的.

6. 证明: 对素数次扩张 K/L, 在 L 和 K 之间没有其他的域, 即不存在域 F 使得 $L \subsetneqq F \subsetneqq K$.

7. 设 p 是素数, ξ 是 1 在复数域中的 p 次本原根. 证明 $[\mathbb{Q}(\xi) : \mathbb{Q}] = p - 1$. (提示: 利用第一卷例 6.34.)

8. 证明: 在特征为 $p > 0$ 的域 L 上, 多项式 $X^p - a$ 只有两种可能: 不可约或为某个线性多项式的 p 次幂.

9. 设 $\mathbb{F}_p(Y)$ 是 p 元域 $\mathbb{F}_p$ 上的有理分式域. 证明: 多项式 $X^p - Y$ 是 $\mathbb{F}_p(Y)$ 上的不可约多项式, 其所有的根都相同.

10. 设 ξ_n 是 1 在复数域中的 n 次本原根.

(1) 证明 $\xi_5 \notin \mathbb{Q}(\xi_7)$;

(2) 确定如下元素在 $\mathbb{Q}$ 和 $\mathbb{Q}(\xi_3)$ 上的极小多项式: ξ_4; ξ_6; ξ_8; ξ_9; ξ_{10}; ξ_{12}.

11. 设 a 是正有理数, 且平方根不在 $\mathbb{Q}$ 中. 证明: $\sqrt[4]{a}$ 在 $\mathbb{Q}$ 上的次数是 4.

12. (1) 虚数单位 $\sqrt{-1}$ 是否在 $\mathbb{Q}(\sqrt[4]{-2})$ 中?

(2) $\sqrt[3]{5}$ 是否在 $\mathbb{Q}(\sqrt[3]{2})$ 中?

13. 假设 $K = L(\alpha)$ 是 L 上的奇次数扩张, 即 α 在 L 上的极小多项式的次数是奇数. 证明 $K = L(\alpha^2)$.

14. 设 L 是 K 的子域, F_1 和 F_2 是 K 中包含 L 的子域. 命 F 为 K 中由 F_1 和 F_2 生成的子域. 证明: 如果 F_1 和 F_2 都是 L 的有限次扩张, 那么 F 也是 L 的有限次扩张, 且 $[F : L] \leqslant [F_1 : L] \cdot [F_2 : L]$.

15. 设 α 和 β 是复数. 证明: 如果 $\alpha + \beta$ 和 $\alpha\beta$ 都是**代数数**, 即为有理数域上的代数元, 或等价地说, 为整系数一元多项式的根, 那么 α 和 β 都是代数数.

16. 设 α 和 β 分别是 $\mathbb{Q}[x]$ 中不可约多项式 $f(x)$ 和 $g(x)$ 的复数根. 命 $K = \mathbb{Q}(\alpha)$, $F = \mathbb{Q}(\beta)$. 证明: $f(x)$ 在 $F[x]$ 中不可约当且仅当 $g(x)$ 在 $K[x]$ 中不可约.

17. 假设扩张 K/L 为**代数扩张** (即 K 中每个元素都是 L 上的代数元). 证明: K 中任何包含 L 的子环是域. 特别, 如果 K 是 L 的有限次扩张, 那么 K 中任何包含 L 的子环是域.

18. 设 K/F 和 F/L 都是代数扩张. 证明: K/L 是代数扩张.

19. 设 $K = L(x)$ 是 L 的超越扩张, F 是 K 中包含 L 但不等于 L 的子域. 证明: x 是 F 上的代数元.

20. 设 K/L 是域扩张. 这里代数元意为 L 上的代数元. 证明:

(1) 如果 $\alpha, \beta \in K$ 是代数元, 那么 $[L(\alpha, \beta) : L] < \infty$. 由此可知 $\alpha \pm \beta$, $\alpha\beta$ 和 α^{-1} 都是代数元.

(2) 域 K 中的代数元全体是 K 的子域, 它包含 L.

21. 设 $K = \mathbb{Q}(\alpha)$, 其中 α 是多项式 $x^3 - x - 1$ 的根. 求出 $\gamma = 1 + \alpha^2$ 在 $\mathbb{Q}$ 上的极小多项式.

22. 确定 $\sqrt{3} + \sqrt{5}$ 在 $\mathbb{Q}(\sqrt{10})$ 和 $\mathbb{Q}(\sqrt{15})$ 上的极小多项式.

5.2　牛刀小试: 尺规作图之解

三等分一个角和倍立方的尺规作图是两个著名的古希腊的问题. 第一卷 6.1 节第八部分对它们的无解性有过一个简要的说明. 上一节仅对扩域做了非常初步的探讨, 但就足以彻底说明白这两个著名的历史问题的不可解和正 17 边形的尺规作图问题. 域扩张理论的深刻与强大威力由此可见一斑.

一　尺规作图的含义　这里的尺是没有刻度的充分长的直尺, 规就是圆规. 一般的提法是, 在一个平面上给定有限个点作为最初的**已构造点**, 然后通过如下规则构造点、直线和圆 (参见第一卷 6.1 节第八部分):

(1) 如果 a, b 是已构造的点, 那么连接这两点的直线是已构造的, 以 a 为圆心, 线段 ab 为半径的圆周是已构造的;

(2) 已构造的两条直线的交点, 已构造的两个圆周的交点, 已构造的直线和已构造的圆周的交点都是已构造的.

点、直线、圆周称为**可构造的**如果它们可以通过使用这些规则有限次后得到. 注意直尺的作用仅是用于构作连接已构造点的直线和线段.

注　尺规作图有时要求把某个给定的区域内的点都当做是已构造点去构造更多的点. 其实这和以有限个点为最初的已构造点没有本质的差别, 因为可构造点必须是从已构造点经过尺规作图有限次得到. 以有限个点为初始可构造点的长处是含义明确.

二　假设最初给定的点的个数不少于两个. 我们把问题用代数的语言表述. 取平面上的直角坐标系, 使得给定的有限个点中前面两个点的坐标分别是 $(0,0)$, $(1,0)$. 把平面与复数域等同. 那么给定的点就是一些复数 $z_1, \cdots, z_n$, 前面两个是 0 和 1. 称复数是从 $z_1, \cdots, z_n$ **可 (通过尺规) 构造的**如果相应的点是可构造的.

定理 5.10　命 $C(z_1, \cdots, z_n)$ 为从 $z_1, \cdots, z_n$ 通过尺规构造的复数全体, 那么它是复数域的子域, 对共轭运算和求平方根运算都是封闭的.

如果 F 是 $\mathbb{C}$ 的子域, 包含 $z_1, \cdots, z_n$, 对共轭运算和求平方根运算都是封闭的, 那么 F 包含 $C(z_1, \cdots, z_n)$. 换句话说, 在复数域的子域中, $C(z_1, \cdots, z_n)$ 在包含 $z_1, \cdots, z_n$, 对共轭运算和求平方根运算都封闭的子域中是最小的.

证明　注意 $z_1 = 0$, $z_2 = 1$. 从规则知 x-轴是可构造的, 其上的整数点是可构造的, 从而整数都是可构造的.

从第一卷图 6-4 知, y-轴是可构造的, 从而虚数单位 i 和它的整数倍都是可构造的. 从第一卷图 6-5 和图 6-6 知, 过已构造直线 k 和直线外的已构造点 p, 过点 p 且垂直于 k 的直线是可构造的, 过点 p 且平行于 k 的直线也是可构造的. 从图 5.2.1 可知, 如果 z, z' 是可构造的, 那么 $-z, z + z'$ 是可构造的.

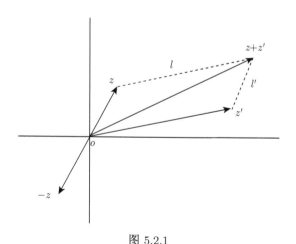

图 5.2.1

我们详细解释这两个数的可构造的推理, 后面遇到类似的情况就不再详说. 数 $-z$ 的可构造性的原因是, 原点 o 和 z 是可构造的, 所以连接它们的直线是可构造的, 以点 o 为圆心, 线段 oz 的长为半径的圆周也是可构造的, 从而这个圆周与直线 oz 的另一个交点 $-z$ 是可构造的. 数 $z + z'$ 的可构造性的原因是, 直线 oz 和 oz'

是可构造的, 过点 z 的平行于直线 oz' 的直线 l 是可构造的, 过点 z' 的平行于直线 oz 的直线 l' 是可构造的, 从而直线 l 和 l' 的交点 $z + z'$ 也是可构造的.

设 z 是可构造的复数, 把 z 写成极坐标形式 (或说三角形式) $z = re^{i\theta} = r(\cos\theta + i\sin\theta)$, 其中 $r = |z|$. 由于 r 是线段 oz 的长度, 所以是可构造的, θ 是射线 oz 与 x-轴的正半轴的夹角, 所以是可构造的. 由于 1 是可构造的, 从可构造点到可构造直线的垂线是可构造的, 所以 $\cos\theta$ 和 $\sin\theta$ 是可构造的. 由此可见, z 的可构造性等价于其模长 $|z|$ 和辐角 θ 的可构造性 (即确定辐角的两条射线的可构造性). 如果 $z' = r'e^{i\theta'}$ 是可构造的, 从 $zz' = rr'e^{i(\theta+\theta')}$ 知 zz' 的可构造性归结为 rr' 和 $\theta + \theta'$ 的可构造性. 通过尺规很容易构造射线使其与 x-轴的正半轴的夹角为 $\theta \pm \theta'$. 图 5.2.2 显示 rr' 是可构造的. 于是 $rr'|\cos(\theta+\theta')|$ 和 $rr'|\sin(\theta+\theta')|$ 是可构造的, 进而, $rr'\cos(\theta+\theta')$, $rr'\sin(\theta+\theta')$, $irr'\sin(\theta+\theta')$ 都是可构造的, 于是 $zz' = rr'[\cos(\theta+\theta') + i\sin(\theta+\theta')]$ 是可构造的.

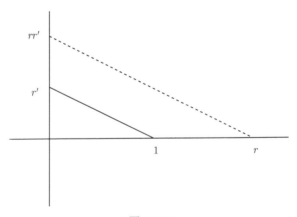

图 5.2.2

上图的方法也可以用于构造 r'/r (如果 r 不等于零): 在 y-轴上构造点 r' (其实是点 ir'), 直线连接 r 和 r', 然后过点 1 作连接 r 与 r' 的直线的平行线 l, l 与 y-轴的交点就是 r'/r. 由此可见 z'/z (如果 $z \neq 0$) 是可构造的.

我们已经证明了 $C(z_1, \cdots, z_n)$ 是 $\mathbb{C}$ 的子域.

容易看出, 也是众所周知的, 尺规可以平分一个角. 图 5.2.3 显示如何构造 $\sqrt{r}$. 这说明如果 z 是可构造的, 那么 $\sqrt{z}$ 也是可构造的. 至于 $\bar{z}$, 通过 z 向 x-轴作垂线, 垂足为 p, 以 p 为圆心, pz 为半径作圆, 这个圆与直线 pz 的另一个交点就是 $\bar{z}$. 所

以 $\bar{z}$ 是可构造的. 于是 $C(z_1, \cdots, z_n)$ 对于平方根运算和共轭运算都是封闭的.

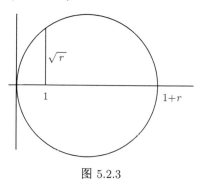

图 5.2.3

下面证明 $C(z_1, \cdots, z_n)$ 的极小性. 设 F 是 $\mathbb{C}$ 的子域, 包含 z_1, $\cdots$, z_n, 对共轭运算和求平方根运算都是封闭. 要说明 F 包含 $C(z_1, \cdots, z_n)$ 只要说明: ① F 中的点的连线的交点仍在 F 中; ② 以 F 的点为圆心, 连接 F 中的两点的线段为半径的圆周和 F 中的点的连线的交点在 F 中; ③ 两个以 F 的点为圆心, 连接 F 中的两点的线段为半径的圆周的交点在 F 中.

首先注意 -1 的平方根 $i = \sqrt{-1}$ 在 F 中. 如果 $z = x + iy \in F$, x, $y \in \mathbb{R}$, 由于 F 在共轭下是封闭的, 可知 $x, y \in F$. 于是 F 中两点确定的直线的方程具有形式 $ax + by + c = 0$, a, b, $c \in F \cap \mathbb{R}$, 以 F 中的点为圆心, F 中的两点确定的线段为半径的方程有形式 $x^2 + y^2 + dx + ey + f = 0$, d, e, $f \in F \cap \mathbb{R}$. 两条直线 $ax + by + c = 0$, $a'x + b'y + c' = 0$ 的交点的坐标可以通过克拉默法则求出. 如果方程的系数都在 F 中, 解当然也在 F 中. 直线 $y = mx + b$ 与圆周 $x^2 + y^2 + dx + ey + f = 0$ 的交点的横坐标由方程 $x^2 + (mx + b)^2 + dx + e(mx + b) + f = 0$ 确定. 用求根公式可知, 解是实数且在 F 中如果 m, b, d, e, f 都是实数、在 F 中、直线与圆周相交. 类似处理 $x = a$ 与 $x^2 + y^2 + dx + ey + f = 0$ 的交点. 两个圆周 $x^2 + y^2 + dx + ey + f = 0$ 和 $x^2 + y^2 + d'x + e'y + f' = 0$ 的交点其实与圆周 $x^2 + y^2 + dx + ey + f = 0$ 和直线 $(d - d')x + (e - e')y + f - f' = 0$ 的交点是一样的. 于是, 对于方程系数为 F 中的实数的直线、圆周, 直线与直线的交点, 直线与圆周的交点, 圆周与圆周交点等, 交点的坐标 (p, q) 可表示成系数的有理表达式或含系数的有理表达式的平方根的有理表达式, 因此 $p + qi \in F$. 这证明了 F 包含 $C(z_1, \cdots, z_n)$, 即在复数域的子域中, $C(z_1, \cdots, z_n)$ 在包含 z_1, $\cdots$, z_n, 对共轭运算和求平方根运算都封闭的子域中是最小的. $\qquad\square$

需要指出, $C(z_1, \cdots, z_n)$ 含有所有的 $p + qi$, p, $q \in \mathbb{Q}$. 这些数形成的集合在 $\mathbb{C}$ 中是稠密的, 所以复平面中任何半径为正的圆周包围的区域都含有这个集合中的点.

定理 5.11 (可构造性准则)　设 z_1, z_2, $\cdots$, $z_n \in \mathbb{C}$. 置 $F = \mathbb{Q}(z_1, \cdots, z_n, \bar{z}_1, \cdots, \bar{z}_n)$. 那么 $z \in \mathbb{C}$ 从 z_1, z_2, $\cdots$, z_n 可通过尺规构造当且仅当 z 在 $\mathbb{C}$ 的某个如下形式的子域中

$$F(u_1, u_2, \cdots, u_r), \quad 其中 u_1^2 \in F, \quad u_i^2 \in F(u_1, \cdots, u_{i-1}), \quad i = 2, \cdots, r.$$

形如 $F(u_1, u_2, \cdots, u_r)$ (其中 $u_1^2 \in F, u_i^2 \in F(u_1, \cdots, u_{i-1})$) 的域将称为 F **上的平方根塔**.

证明　因为 $C(z_1, \cdots, z_n)$ 对平方根运算和共轭运算是封闭的, 所以 $C(z_1, \cdots, z_n)$ 包含 F 和其上的平方根塔. 命 K 为 F 上的所有平方根塔的并集, 则 $K \subset C(z_1, \cdots, z_n)$. 如果 z 和 z' 分别是 F 上的平方根塔 $F(u_1, u_2, \cdots, u_r)$ 和 $F(u_1', u_2', \cdots, u_s')$ 中的元素, 那么 $z \pm z'$, zz', z^{-1} (如果 $z \neq 0$) 都在平方根塔 $F(u_1, \cdots, u_r, u_1', \cdots, u_s')$ 中. 所以 K 是 $\mathbb{C}$ 的子域. 显然 K 对平方根运算是封闭的. 对共轭运算, 注意 $\bar{F} = F$, $\overline{F(u_1, \cdots, u_r)} = F(\bar{u}_1, \cdots, \bar{u}_r)$, 从而 K 在共轭运算下是封闭的. 于是

$$K \supset C(z_1, \cdots, z_n).$$

从而 $K = C(z_1, \cdots, z_n)$. 定理得证. $\qquad\qquad\qquad\qquad\qquad\qquad\qquad\square$

下面的推论是很方便应用的.

推论 5.12　设 $F = \mathbb{Q}(z_1, \cdots, z_n, \bar{z}_1, \cdots, \bar{z}_n)$. 如果 $z \in \mathbb{C}$ 从 z_1, z_2, $\cdots$, z_n 可通过尺规构造, 那么 z 是 F 上的代数元且次数是 2 的幂.

证明　假设 $K = L(u)$ 是 L 的扩域, $u^2 \in L$, 则有 $K = L$ 或 $[K : L] = 2$. 因此, 利用推论 5.4 知, F 上的平方根塔在 F 上的维数是 2 的幂. 如果 z 在某个平方根塔 K 中, 再利用定理 5.3 知 $[F(z) : F]$ 是 2 的幂. $\qquad\qquad\square$

在很多的尺规作图的问题中, 只有两个初始点. 取平面上的直角坐标系, 使得初始的两个点的坐标分别是 $(0,0)$, $(1,0)$, 即对应的复数是 $z_1 = 0$ 和 $z_2 = 1$. 于是 $F = \mathbb{Q}(z_1, z_2, \bar{z}_1, \bar{z}_2) = \mathbb{Q}$. 称 $C(z_1, z_2) = C(0, 1)$ 为可构造复数域. 刚才的推理说可构造复数是有理数域上的代数元且次数为 2 的幂. 现在处理三个经典的尺规作图问题, 前面两个我们在第一卷 6.1 节第八部分有简要的说明.

三　倍立方问题　这个问题要求, 给了一个正方体, 构造另一个正方体, 其体积是原来正方体的两倍. 这其实要求通过有理数尺规构造 $\sqrt[3]{2}$. 由于 $x^3 - 2$ 在有理数域上是不可约的, $[\mathbb{Q}(\sqrt[3]{2}) : \mathbb{Q}] = 3$, 所以 $\sqrt[3]{2}$ 是有理数域上的 3 次代数数. 由推论 5.12 知 $\sqrt[3]{2}$ 不是可构造的, 因此问题的答案是否定的.

四 三等分一个角 并非每个角都可以通过尺规三等分. 在第一卷 6.1 节第八部分选的例子是 $60°$. 三等分一个角在这儿就是要从 $60°$ 的角构造 $20°$ 的角. 这等价于从点 $P_1 = (0,0)$, $P_2 = (1,0)$ 和 $P_3 = (\cos 60°, \sin 60°)$ 构造点 $P = (\cos 20°, \sin 20°)$. 过点 P 到 x-轴的垂线的垂足是 $Q = (\cos 20°, 0)$. 如果 P 可构造, 那么 Q 可构造. 我们将用推论 5.12 说明 Q 是不可构造的. 这儿需要考虑的初始复数是 $z_1 = 0$, $z_1 = 1$, $z_3 = \frac{1}{2} + \frac{\sqrt{3}}{2} i$, 初始的域是 $F = \mathbb{Q}(z_1, z_2, z_3, \bar{z}_1, \bar{z}_2, \bar{z}_3) = \mathbb{Q}(\sqrt{-3})$. 根据推论 5.12, 可三等分 $60°$ 角意味着 $\cos 20°$ 是 F 上的代数元, 次数为 2 的幂. 由于 $[F : \mathbb{Q}] = [\mathbb{Q}(\sqrt{-3}) : \mathbb{Q}] = 2$, $\cos 20°$ 也会是 $\mathbb{Q}$ 上的代数元, 次数为 2 的幂. 在第一卷 6.1 节第八部分已经说明 $\cos 20°$ 是如下多项式的根:

$$8x^3 - 6x - 1.$$

直接应用第一卷定理 7.57 把多项式写成 $(2x)^3 - 3(2x) - 1$, 容易看出, 这个多项式在有理数域上是不可约的, 所以 $\cos 20°$ 在有理数域上是 3 次代数数. 这意味着尺规三等分 $60°$ 角是不可能的.

五 构作正 p 边形, p 为素数 正多边形的尺规作图也是古希腊留下的经典尺规作图问题. 正 17 边形的尺规作图直到高斯才得以完成. 先看正 p 边形可尺规构作的必要条件, 其中 p 为素数. 问题的本质是从有理数通过尺规构造 $z = \cos 2\pi/p + i \sin 2\pi/p$. 由于 $z^p = 1$, $x^p - 1 = (x-1)(x^{p-1} + x^{p-2} + \cdots + x + 1)$, 所以 $z^{p-1} + z^{p-2} + \cdots + z + 1 = 0$. 我们知道 $x^{p-1} + x^{p-2} + \cdots + x + 1$ 是有理数域上的不可约多项式 (参见第一卷例 6.34), 所以 $[\mathbb{Q}(z) : \mathbb{Q}] = p - 1$. 根据推论 5.12, z 可构造的必要条件是 $p - 1 = 2^s$ 为 2 的幂, 其中 s 是非负整数. 于是, 对素数 p, 正 p 边形可构造意味着 p 具有形式 $2^s + 1$. 由于 6 不是 2 的幂, 所以正 7 边形不是尺规可构作的.

注意 $2^s + 1$ 是素数蕴含 $s = 2^t$ 对某个非负整数 t. 事实上, 如果 s 被某个奇数 k 整除, $s = kr$, 从分解式 $x^k + 1 = (x+1)(x^{k-1} - x^{k-2} + \cdots + 1)$ 得 $2^s + 1 = 2^{kr} + 1 = (2^r + 1)(2^{(k-1)r} - 2^{(k-2)r} + \cdots + 1)$. 从而 $2^s + 1 = 2^{kr} + 1$ 不是素数. 于是正 p 边形 (p 素数) 可构作的必要条件是 p 具有形式 $2^{2^t} + 1$. 这种形式的素数称为**费马素数**. 费马曾错误地猜测形为 $2^{2^t} + 1$ 的整数都是素数[①]. 已知的费马素数是 $p = 3, 5, 17, 257, 65537$, 其 t 值为 0, 1, 2, 3, 4. 根据实验证据, 人们猜测费马素数的个数有限, 可能就只有所列的 5 个.

后面例 5.35 将利用伽罗瓦理论的基本定理 (定理 5.34) 说明素数 p 边形可构

[①] 欧拉给出了分解 $2^{32} + 1 = 641 \cdot 6700417$.

作的充要条件是 p 为费马素数. 本节说明 $z = \cos\dfrac{2\pi}{17} + i\sin\dfrac{2\pi}{17}$ 是可构造的, 从而正 17 边形是可构作的.

命 $\theta = \dfrac{2\pi}{17}$, $z = \cos\theta + i\sin\theta$. 那么 z 是 1 的 17 次本原根, 它的幂 z^k 取遍 $z^{17} - 1 = 0$ 的 17 个根. 而且有

$$f(x) = x^{p-1} + x^{p-2} + \cdots + x + 1 = \prod_{k=1}^{16}(x - z^k).$$

于是

$$z + z^2 + \cdots + z^{15} + z^{16} = -1. \tag{5.2.2}$$

由于 $z = e^{i\theta}$, 所以 $z^k = e^{ik\theta} = \cos k\theta + i\sin k\theta$, $z^{-k} = e^{i(-k\theta)} = \cos k\theta - i\sin k\theta$, 因此

$$z^k + z^{-k} = 2\cos k\theta. \tag{5.2.3}$$

回顾 $\mathbb{F}_{17} = \mathbb{Z}/17\mathbb{Z}$ 的非零元乘法群 $U(\mathbb{Z}/17\mathbb{Z})$ 是 16 阶循环群 (定理 1.21). 容易看出, $\bar{3} = 3 + 17\mathbb{Z}$ 是这个循环群的一个生成元, 因为

$$3^2 \equiv 9, \quad 3^4 \equiv 13, \quad 3^8 \equiv 16 \ (\mathrm{mod}\,17), \tag{5.2.4}$$

所以 $\bar{3}$ 在 $U(\mathbb{Z}/17\mathbb{Z})$ 中的阶不是 $1, 2, 2^2, 2^3$. 由于 $\bar{3}$ 的阶必须是 2^4 的因子, 所以它必为 2^4. 置

$$x_1 = z + z^{3^2} + z^{3^4} + z^{3^6} + z^{3^8} + z^{3^{10}} + z^{3^{12}} + z^{3^{14}},$$
$$x_2 = z^3 + z^{3^3} + z^{3^5} + z^{3^7} + z^{3^9} + z^{3^{11}} + z^{3^{13}} + z^{3^{15}}. \tag{5.2.5}$$

由于 $3^0 + 3^8 \equiv 0 \ (\mathrm{mod}\,17)$, 我们得 $3^2 + 3^{10} = 3^2(3^0 + 3^8) \equiv 0 \ (\mathrm{mod}\,17)$, $3^4 + 3^{12} \equiv 0 \ (\mathrm{mod}\,17)$, $3^6 + 3^{14} \equiv 0 \ (\mathrm{mod}\,17)$. 因此 $x_1 = (z + z^{3^8}) + (z^{3^2} + z^{3^{10}}) + (z^{3^4} + z^{3^{12}}) + (z^{3^6} + z^{3^{14}}) = (z + z^{-1}) + (z^{-8} + z^8) + (z^{-4} + z^4) + (z^{-2} + z^2)$. 从而

$$x_1 = 2(\cos\theta + \cos 2\theta + \cos 4\theta + \cos 8\theta). \tag{5.2.6}$$

类似地, 得

$$x_2 = 2(\cos 3\theta + \cos 5\theta + \cos 6\theta + \cos 7\theta). \tag{5.2.7}$$

我们有 $x_1 + x_2 = z + z^2 + \cdots + z^{16} = -1$. 利用积化和差的公式 $2\cos\alpha\cos\beta = \cos(\alpha + \beta) + \cos(\alpha - \beta)$ 可以看出 $x_1 x_2 = 4(x_1 + x_2) = -4$. 于是 x_1 和 x_2 是 $(x - x_1)(x - x_2) = x^2 + x - 4$ 的根. 该方程的根是 $\dfrac{1}{2}(-1 \pm \sqrt{17})$. 由于 $\theta = \dfrac{2\pi}{17}$, 所

以 $\cos 3\theta > 0$, $\cos 5\theta < 0$, $\cos 6\theta < 0$, $\cos 7\theta < 0$. 同时, $|\cos 6\theta| = \cos(\pi - 6\theta) = \cos\dfrac{5\pi}{17} > \cos\dfrac{6\pi}{17} = \cos 3\theta$, 所以 $x_2 < 0$. 我们得

$$x_1 = \frac{1}{2}(-1 + \sqrt{17}), \quad x_2 = \frac{1}{2}(-1 - \sqrt{17}). \tag{5.2.8}$$

接下来, 令

$$y_1 = z + z^{-1} + z^4 + z^{-4} = 2(\cos\theta + \cos 4\theta),$$
$$y_2 = z^2 + z^{-2} + z^8 + z^{-8} = 2(\cos 2\theta + \cos 8\theta),$$
$$y_3 = z^3 + z^{-3} + z^5 + z^{-5} = 2(\cos 3\theta + \cos 5\theta),$$
$$y_4 = z^6 + z^{-6} + z^7 + z^{-7} = 2(\cos 6\theta + \cos 7\theta).$$

利用积化和差公式直接计算得

$$y_1 y_2 = 4(\cos\theta + \cos 4\theta)(\cos 2\theta + \cos 8\theta) = 2\sum_{k=1}^{8}\cos k\theta = -1.$$

类似地, $y_3 y_4 = -1$. 由于 $y_1 + y_2 = x_1$, $y_3 + y_4 = x_2$, 可知 y_1, y_2 是 $x^2 - x_1 x - 1 = 0$ 的根, y_3, y_4 是 $x^2 - x_2 x - 1 = 0$ 的根. 由于 $\cos\theta > \cos 2\theta$, $\cos 4\theta > 0$ 但 $\cos 8\theta < 0$, 我们有 $y_1 > y_2$. 类似地 $y_3 > y_4$, 所以

$$y_1 = \frac{1}{2}(x_1 + \sqrt{x_1^2 + 4}), \quad y_2 = \frac{1}{2}(x_1 - \sqrt{x_1^2 + 4}),$$
$$y_3 = \frac{1}{2}(x_2 + \sqrt{x_2^2 + 4}), \quad y_4 = \frac{1}{2}(x_2 - \sqrt{x_2^2 + 4}). \tag{5.2.9}$$

现在命

$$z_1 = z + z^{-1} = 2\cos\theta, \quad z_2 = z^4 + z^{-4} = 2\cos 4\theta.$$

那么 $z_1 > z_2$, $z_1 + z_2 = y_1$, 且 $z_1 z_2 = 4\cos\theta\cos 4\theta = 2(\cos 5\theta + \cos 3\theta) = y_3$. 因此

$$2\cos\theta = \frac{1}{2}(y_1 + \sqrt{y_1^2 - 4y_3}). \tag{5.2.10}$$

利用公式 (5.2.8) 和 (5.2.9), 就可以得到 $\cos\theta$ 的清晰 (但有点恐怖) 的公式, 进而得到 $\sin\theta = \sqrt{1 - \cos^2\theta}$ 和 $z = \cos\theta + i\sin\theta$ 的公式. 由此可知, z 是可构造的, 从而正 17 边形可通过尺规构作. 在后面建立了伽罗瓦对应后, 上面计算的步骤, 诸 x_i 和 y_i 及 z_i 的选取的原因就容易理解了.

习 题 5.2

1. 用两种方式证明正 5 边形是可以尺规构作的: (1) 域论; (2) 直接作图.

2. 证明 $\arccos\dfrac{11}{16}$ 可以尺规构造.

3. 确定正 9 边形是否能用尺规构作.

4. 是否可以通过尺规构作一个正方形使其面积等于一个给定的三角形的面积.

5.3　分　裂　域

域上的多项式在扩域 (包括基域本身) 中的可分解性, 或者换个说法, 根的有或无等性质是我们关注的中心问题. 关于有理系数多项式的知识已经表明这是一个十分复杂的问题. 多项式能分解成线性因子的情形是值得特别注意的.

设 K 是 L 的扩域. 称多项式 $f(x) \in L[x]$ 在 K 中**分裂**如果 $f(x)$ 在 $K[x]$ 中能分解成线性多项式的乘积, 等价的说法是 K 包含 $f(x)$ 的一个分裂域.

一　设 $f(x)$ 是域 L 上的多项式. 根据定义 4.13, $f(x)$ 的一个**分裂域**就是 L 的一个扩域, 在其中 $f(x)$ 分裂但在这个扩域的任何真子域中 $f(x)$ 不分裂, 即在基域 L 上由 $f(x)$ 的根生成的域.

例 5.13　假设基域是有理数域 $\mathbb{Q}$, 那么 $\mathbb{Q}(\sqrt{2})$ 是 $x^2 - 2$ 的分裂域, 但 $\mathbb{Q}(\sqrt{2}, \sqrt{3})$ 不是 $x^2 - 2$ 的分裂域. 又如 $\mathbb{Q}(\sqrt[n]{2}, \varepsilon)$ 是 $x^n - 2$ 的分裂域, 其中 ε 是 1 的 n 次本原根; 这也说明 $\mathbb{Q}(\sqrt[n]{2})$ 不是 $x^n - 2$ 的分裂域. 另外, $\mathbb{Q}(\varepsilon)$ 是 $x^n - 1$ 的分裂域.

如果 K 是域 L 上的多项式 $f(x)$ 的分裂域, 那么存在 K 中的元素 $\alpha_1, \cdots, \alpha_n$ 使得 $f(x) = a(x - \alpha_1) \cdots (x - \alpha_n)$, 其中 a 是 $f(x)$ 的首项系数. 于是 $K = L(\alpha_1, \cdots, \alpha_n)$. 命 $L_i = L(\alpha_1, \cdots, \alpha_i)$. 显然我们有 $L_{i+1} = L_i(\alpha_{i+1})$, $K = L_n$, 即 K 可以通过逐次添加 $\alpha_1, \cdots, \alpha_n$ 得到. 由于每个 α_k 都是 L 上的代数元, 更是 L_i 上的代数元, 由定理 5.7 和推论 5.4 知 K 在 L 上的次数是有限的.

而且, 由定理 5.7 知 K 中的元素都具有形式 $p(\alpha_1, \cdots, \alpha_n)$, 其中 $p(x_1, \cdots, x_n)$ 是多项式, 还可要求每个未知元 x_i 的次数都小于 n. 这意味着 K 在 L 上的次数不会超过 n^n. 本节的一个习题说这个次数实际上不会超过 $n!$, 而 $n!$ 正是对称群 S_n 的阶数.

二　多项式的分裂域总是存在的 (定理 4.14). 下面证明多项式的分裂域在同构的意义下是唯一的. 由于多项式的首项系数对我们的讨论无关紧要, 以后除非特别说明我们都假设首项系数为 1.

定理 5.14 设 $\sigma : L \to \tilde{L}$ 是域同构, $f(x)$ 是 L 上的多项式, $\tilde{f}(x)$ 是 $\tilde{L}$ 上对应的多项式. 如果 K 和 $\tilde{K}$ 分别是 $f(x)$ 和 $\tilde{f}(x)$ 的分裂域, 那么 σ 可以扩展为从 K 到 $\tilde{K}$ 的同构.

证明 域 K 含有 $f(x)$ 所有的根. 假设这些根中有 m 个根不在基域 L 中. 我们对 m 做归纳法.

如果 $m = 0$, 那么 $f(x)$ 的根都在 L 中, 从而 L 就是 $f(x)$ 的分裂域, 于是有 $K = L$. 设 $f(x) = (x - a_1) \cdots (x - a_r)$, 则有 $\tilde{f}(x) = (x - \sigma(a_1)) \cdots (x - \sigma(a_r))$, 此时 $\tilde{f}(x)$ 的根都在 $\tilde{L}$ 中, 即 $\tilde{L}$ 是 $\tilde{f}(x)$ 的分裂域, 从而有 $\tilde{K} = \tilde{L}$. 在这种情况下, σ 自身就满足要求.

现设 $m \geqslant 1$, 并假设定理对在基域外的根的个数小于 m 的情况都成立. 在 $L[x]$ 中把 $f(x)$ 分解成不可约因子的乘积 $f(x) = f_1(x) \cdots f_r(x)$. 由于 $m \geqslant 1$, 必有某个因子的次数大于 1, 不妨设为 $f_1(x)$. 相应地, $\tilde{f}(x)$ 有分解 $\tilde{f}(x) = \tilde{f}_1(x) \cdots \tilde{f}_r(x)$. 由于 σ 给出了多项式环的同构 $L[x] \to \tilde{L}[x]$, 因子 $\tilde{f}_1(x)$ 依然是不可约的.

根据定理 5.9, 同构 σ 可以扩展为从域 $L(\alpha)$ 到域 $\tilde{L}(\tilde{\alpha})$ 的一个同构 σ_1, 其中 $\alpha \in K$ 和 $\tilde{\alpha} \in \tilde{K}$ 分别是 $f_1(x)$ 和 $\tilde{f}_1(x)$ 的根.

由于 $L < L(\alpha)$, 所以 $f(x)$ 可以看作 $L(\alpha)$ 上的多项式, 这时 K 仍是 $f(x)$ 的分裂域. 同样, 把 $\tilde{f}(x)$ 看作 $\tilde{L}(\tilde{\alpha})$ 上的多项式, $\tilde{K}$ 仍是 $\tilde{f}(x)$ 的分裂域. 现在 $f(x)$ 的根中不在新的基域 $L(\alpha)$ 的个数少于 m, 由归纳假设, 同构 σ_1 可以扩展为从 K 到 $\tilde{K}$ 的同构 σ_2. 由于 σ_1 是 σ 的扩展, σ_2 是 σ_1 的扩展, 所以 σ_2 是 σ 的扩展. □

注 定理 5.14 中 σ 的扩展方式的个数不会超过 $[K : L]$, 当 $f(x)$ 没有重根时, 拓展方式的个数正好是 $[K : L]$, 证明留作习题.

推论 5.15 如果 $f(x)$ 是域 L 上的多项式, 那么 $f(x)$ 的任意两个分裂域都是同构的.

证明 在上面的定理中取 $\tilde{L} = L$, σ 为恒等映射即可. □

三 多项式的分裂域有一个让人惊讶的性质.

定理 5.16 (分裂定理) 设 K 是域 L 上的多项式 $f(x)$ 的分裂域. 如果 $L[x]$ 中的不可约多项式 $g(x)$ 在 K 中有一个根, 那么 $g(x)$ 在 $K[x]$ 中可以分解成线性因子的乘积.

这个定理展现了分裂域的一个特性. 域 L 上的一个分裂域 K 是 L 的一个有

限扩张, 带有如下性质: 域 L 上的不可约多项式如果在 K 中有根, 那么它在 K 上分解为一次因子的乘积. 至于哪个多项式定义了 K 作为分裂域是无关紧要的.

证明　设 $\alpha_1, \cdots, \alpha_n$ 是 f 在 K 中的根, 那么 $K = L(\alpha_1, \cdots, \alpha_n)$. 命 β_1 为 $g(x)$ 在 K 中的一个根. 利用定理 5.7 可知, 有多项式 $p_1(u) = p_1(u_1, \cdots, u_n)$ 使得 $p_1(\alpha) = p_1(\alpha_1, \cdots, \alpha_n) = \beta_1$.

对称群 S_n 通过变量下标的置换作用在多项式环 $L[u_1, \cdots, u_n]$ 上. 考虑 p_1 的轨道 $\{p_1, \cdots, p_k\}$. 置 $\beta_j = p_j(\alpha)$. 那么 $\beta_1, \cdots, \beta_k$ 是 K 中的元素. 我们证明多项式

$$h(x) = (x - \beta_1) \cdots (x - \beta_k)$$

的系数在 L 中. 如果此事成立, 那么 $g(x)$ 整除 $h(x)$, 因为 $g(x)$ 是 β_1 在 L 上的极小多项式. 由于 $h(x)$ 在 K 上可以分解成线性因子的乘积, 所以 $g(x)$ 在 $K[x]$ 中可以分解成线性因子的乘积.

设 $h(x) = x^k - b_1 x^{k-1} + b_2 x^{k-2} - \cdots + (-1)^k b_k$. 系数 $b_1, \cdots, b_k$ 由初等对称多项式 $s_1(w), \cdots, s_k(w)$ 在 $\beta = \beta_1, \cdots, \beta_k$ 处取值而得, 其中 $w = (w_1, \cdots, w_k)$.

这个取值可以分两步完成, 先代入 $w_j = p_j$, $j = 1, \cdots, k$, 得到 $L[u_1, \cdots, u_n]$ 中的多项式 $s_1(p) = s_1(p_1, \cdots, p_k), \cdots, s_k(p)$. 由于诸 s_i 是 $w_1, \cdots, w_k$ 的对称多项式, $\{p_1, \cdots, p_k\}$ 是对称群 S_n 作用在 p_1 上的轨道, 可知对称群 S_n 保持 $s_1(p), \cdots, s_k(p)$ 不变. 这意味着它们都是 $u_1, \cdots, u_n$ 的对称多项式. 再把 $u_1 = \alpha_1, \cdots, u_n = \alpha_n$ 代入, 注意 $\beta_j = p_j(\alpha_1, \cdots, \alpha_n)$, 即知

$$b_1 = s_1(\beta), \quad \cdots, \quad b_k = s_k(\beta)$$

都是 L 中的元素.　　　　　　　　　　　　　　　　　　　　　　　　　　　　　　　□

定义 5.17　称域扩张 K/L 为**正规 (代数) 扩张**如果 $L[x]$ 中的任何不可约多项式 $g(x)$ 只要在 K 中有一个根, 那么 $g(x)$ 在 $K[x]$ 中可以分解成线性因子的乘积. 换句话说, K 包含每个元素 $a \in K$ 在 L 上的极小多项式的分裂域.

习　题　5.3

1. 设 $f(x) \in L[x]$ 是次数为 n 的多项式. 证明: $f(x)$ 的分裂域 K 在 L 上的次数整除 $n!$. 特别, 这个次数不超过 $n!$.

2. 构造 $x^6 - 2$ 在有理数域上的分裂域. 确定它在 $\mathbb{Q}$ 上的维数.

3. 确定多项式 $x^4 + 1$ 在有理数域上的分裂域 (在有理数域上) 的次数.

4. 对素数 p, 确定多项式 $x^p - 3$ 在有理数域上的分裂域及其在 $\mathbb{Q}$ 上的维数.

5. 确定 $x^{p^k} - 1$, $k \in \mathbb{N}$ 在 $\mathbb{F}_p = \mathbb{Z}/p\mathbb{Z}$ 上的分裂域.

6. 设 $\sigma : L \to \tilde{L}$ 是域同构, K 和 $\tilde{K}$ 分别是 L 和 $\tilde{L}$ 的扩域. 又设 $\alpha \in K$ 是 L 上的代数元, 极小多项式为 $f(x)$. 命 $\tilde{f}(x)$ 为 $\tilde{L}$ 上对应的多项式. 那么 σ 能扩展为单同态 $L(\alpha) \to \tilde{K}$ 当且仅当 $\tilde{K}$ 含有 $\tilde{f}(x)$ 的根. 扩展方式的个数正是 $\tilde{f}(x)$ 在 $\tilde{K}$ 中不同的根的个数.

7. 利用上一题, 证明定理 5.14 中 σ 的扩展方式的个数不会超过 $[K : L]$, 当 $f(x)$ 没有重根时, 扩展方式的个数正好是 $[K : L]$.

8. 设 K 是 $f(x) \in L[x]$ 的分裂域, F 是 K 的包含 L 的子域. 证明: 任何保持 L 不动的单同态 $F \to K$ 可以扩展成为 K 的一个自同构.

9. 设 α 是 $x^4 = 5$ 的一个实数根. 证明:

(1) $\mathbb{Q}(i\alpha^2)$ 在 $\mathbb{Q}$ 上是正规的;

(2) $\mathbb{Q}(\alpha + i\alpha)$ 在 $\mathbb{Q}(i\alpha^2)$ 上是正规的;

(3) $\mathbb{Q}(\alpha + i\alpha)$ 在 $\mathbb{Q}$ 上不是正规的.

5.4 嵌入映射

两个域之间的保持运算的映射是环同态. 由于域中每个非零元都有乘法逆, 所以域之间的非零同态都是单射, 于是可以看作是**嵌入 (映射)**. 域之间的嵌入映射是比域扩张更深入的概念. 一个域到另一个域的嵌入映射可以有很多个, 这些嵌入映射反映了域的一些深刻的性质. 这个问题和定理 5.14 中的同构 σ 的扩展方式的个数有密切关系.

一 群的特征 (标) 由于域的非零元全体是乘法群, 所以, 比域的嵌入更一般的概念是群的特征 (标): 群到域的乘法群的同态. 其实还可以考虑幺半群的特征.

定义 5.18 对幺半群 G 和域 K, 称映射 $\sigma : G \to K$ 是幺半群 G 在 K 中的一个**特征 (标)** 如果它是从 G 到 K 的乘法同态: $\sigma(e) = 1$, $\sigma(ab) = \sigma(a)\sigma(b)$.

例如非零整数形成幺半群, 它到 $\mathbb{Z}/p\mathbb{Z}$ 的自然映射是这个幺半群在 $\mathbb{Z}/p\mathbb{Z}$ 中的一个特征. 注意这个特征把 p 映到 0. 当然群在域中的特征不会把元素映到 0.

我们知道, 从 G 到 K 的所有映射全体形成的集合 $M(G,K)$ 自然是 K 上的向量空间 (参见第二卷例 1.5, 但这里不采用那里的记号, 原因到下一节就清楚了). 幺半群 G 在 K 中的特征是从 G 到 K 的映射. 于是我们可以考虑特征之间的线性关系.

定理 5.19 (戴德金-阿廷)　设 G 是幺半群, K 是域, $\sigma_1, \cdots, \sigma_n$ 是 G 在 K 中的不同的特征. 那么这些特征是线性独立的.

证明　每个特征都把 G 的单位元 e 映到 K 的乘法单位元 1, 所以都是 $M(G,K)$ 中的非零向量, 从而当 $n=1$ 时, 定理成立. 现设 $n > 1$. 对 n 做归纳法.

假设 $\sigma_1, \cdots, \sigma_n$ 之间有非平凡的线性关系, 即存在不全为零的 $a_1, \cdots, a_n \in K$ 使得 $a_1\sigma_1 + \cdots + a_{n-1}\sigma_{n-1} + a_n\sigma_n = 0$, 由归纳假设, 每一个系数 a_i 都是非零的, 否则, 将有少于 n 个的特征是线性相关的.

由于 σ_1 与 σ_n 不同, 所以存在 $\alpha \in G$ 使得 $\sigma_1(\alpha) \neq \sigma_n(\alpha)$. 对于 G 中的元素 α 和任意的 x, 有

$$a_1\sigma_1(x) + \cdots + a_{n-1}\sigma_{n-1}(x) + a_n\sigma_n(x) = 0. \tag{5.4.11}$$

$$a_1\sigma_1(\alpha x) + \cdots + a_{n-1}\sigma_{n-1}(\alpha x) + a_n\sigma_n(\alpha x) = 0. \tag{5.4.12}$$

把公式 (5.4.11) 两边同乘以 $\sigma_n(\alpha)$, 得

$$a_1\sigma_n(\alpha)\sigma_1(x) + \cdots + a_{n-1}\sigma_n(\alpha)\sigma_{n-1}(x) + a_n\sigma_n(\alpha)\sigma_n(x) = 0. \tag{5.4.13}$$

把上式与等式 (5.4.12) 相减, 注意 $\sigma_i(\alpha x) = \sigma_i(\alpha)\sigma_i(x)$, 可知

$$a_1(\sigma_n(\alpha) - \sigma_1(\alpha))\sigma_1(x) + \cdots + a_{n-1}(\sigma_n(\alpha) - \sigma_{n-1}(\alpha))\sigma_{n-1}(x) = 0. \tag{5.4.14}$$

可是, $a_1(\sigma_n(\alpha) - \sigma_1(\alpha)) \neq 0$, 所以上式给出 $\sigma_1, \cdots, \sigma_{n-1}$ 之间一个非平凡的线性关系, 从而这些特征线性相关. 这与归纳假设矛盾. 所以, $\sigma_1, \cdots, \sigma_n$ 之间没有非平凡的线性关系, 即它们是线性独立的. □

二　域的嵌入　设 K 和 P 是两个域. 从域 K 到 P 的映射全体形成一个 P-向量空间 $M(K,P)$ (参见第二卷例 1.5). 定理 5.19 的一个直接推论如下.

推论 5.20　如果 $\sigma_1, \cdots, \sigma_n$ 是从域 K 到 P 的互不相同的嵌入, 那么作为向量空间 $M(K,P)$ 中的元素, 它们是线性独立的.

证明　显然这些嵌入限制在 K 的乘法群 K^* 上是 K^* 在 P 中互不相同的特征, 这些特征的线性独立性等价于嵌入 $\sigma_1, \cdots, \sigma_n$ 的线性独立性. □

三 一组嵌入的等值点域 给定从域 K 到 P 的嵌入 $\sigma_1, \cdots, \sigma_n$. 称 K 中的元素 a 为这组嵌入的**等值点**如果这些嵌入在 a 处的取值都相等: $\sigma_1(a) = \cdots = \sigma_n(a)$. 如果 K 是 P 的子域, 某个 σ_i 是恒等嵌入: $\sigma_i(x) = x$, 那么这组嵌入映射的等值点就是这组映射的 (公共的) **不动点**. 在 $K = P$ 的情况下, K 的自同构是嵌入, 但嵌入未必是自同构, 如对有理函数域 $K = L(x)$, 映射 $K \to K$, $f(x) \to f(x^2)$ 是嵌入, 但不是自同构.

引理 5.21 等值点全体形成 K 的一个子域, 称为这组嵌入的**等值点域**.

证明 首先, 0 和 1 都是等值点. 如果 a, b 是等值点, 那么

$$\sigma_i(a + b) = \sigma_i(a) + \sigma_i(b) = \sigma_j(a) + \sigma_j(b) = \sigma_j(a + b),$$
$$\sigma_i(a \cdot b) = \sigma_i(a) \cdot \sigma_i(b) = \sigma_j(a) \cdot \sigma_j(b) = \sigma_j(a \cdot b).$$

而且, 当 a 是非零元时, 有 $\sigma_i(a^{-1}) = \sigma_i(a)^{-1} = \sigma_j(a)^{-1} = \sigma_j(a^{-1})$, 所以 a^{-1} 也是等值点. 显然, $-a$ 也是等值点. 所以等值点全体对加法是群, 其中的非零元对乘法是群, 从而是域. □

下面的结论是很有用的.

定理 5.22 如果 $\sigma_1, \cdots, \sigma_n$ 是从域 K 到 P 的互不相同的嵌入, 它们的等值点全体形成的域记为 F, 那么 $[K : F] \geqslant n$.

证明 考虑 $M(K, P)$ 的线性子空间 V, 它由如下的带着 σ_1 作用的 "F-线性映射" 全体组成: $\tau : K \to P$, $\tau(ax) = \sigma_1(a)\tau(x)$, $\tau(x + y) = \tau(x) + \tau(y)$, 其中 a 取遍 F 中的元素, x, y 取遍 K 中的元素.

显然诸 σ_i 都是 V 中的元素. 易见 $\tau \in V$ 完全由它在 K 的一个 F-基上的取值确定. 而且, 在 K 的一个 F-基上任意取 P 中的值的映射, 都可以唯一 "线性" 延拓成 V 中的一个元素. 由此可见, 如果 K 是 F 的有限扩张, 次数为 m, 那么 V 的维数就是 m. 由于诸 σ_i 是线性无关的, 所以 $n \leqslant m$. 定理得证. □

把这个结论应用到定理 5.14 的情形可得以下推论.

推论 5.23 设 $\sigma : L \to \tilde{L}$ 是域同构, $f(x)$ 是 L 上的多项式, $\tilde{f}(x)$ 是 $\tilde{L}$ 上对应的多项式. 如果 K 和 $\tilde{K}$ 分别是 $f(x)$ 和 $\tilde{f}(x)$ 的分裂域, 那么通过扩展 σ 得到的域同构 $K \overset{\sim}{\to} \tilde{K}$ 的个数不超过 $[K : L]$.

证明 设 $\sigma_1, \cdots, \sigma_n : K \overset{\sim}{\to} \tilde{K}$ 是通过扩展 σ 得到的域同构全体. 这些同构在

L 上的限制都是 σ, 所以它们的等值点域 F 包含 L. 根据定理 5.22, 有

$$[K:L] \geqslant [K:F] \geqslant n.$$

结论得证.　　　　　　　　　　　　　　　　　　　　　　　　　　　　　　□

四　一组嵌入的不动点域　当 K 是 P 的子域时, 可以考虑一组从 K 到 P 的嵌入的不动点, 即那些被嵌入保持不变的元素 a: $\sigma_i(a) = a$. 如同等值点的情形, 一组嵌入的不动点全体形成 K 的子域, 称为这组嵌入的**不动点域**.

对给定的一组嵌入, 不动点域和等值域可以相同, 也可以不相同. 现举一个不相同的例子. 取 $K = P = \mathbb{C}(x)$ 为复数域上的有理函数域. 命 σ, $\tau: K \to K$ 为域的自同构, 分别定义为 $\sigma(f(x)) = f(-x)$, $\tau(f(x)) = f(\varepsilon x)$, 其中 ε 是 1 的 6 次本原根. 那么 x^3 是等值点, 但不是不动点, 因为 $\sigma(x^3) = (-x)^3 = -x^3$, $\tau(x^3) = (\varepsilon x)^3 = \varepsilon^3 x^3 = -x^3$.

显然, 一组嵌入的不动点域是这组嵌入的等值点域的子域, 于是定理 5.22 还有如下的推论.

推论 5.24　如果 σ_1, $\cdots$, σ_n 是域 K 的互不相同的自同构, L 是这些自同构的不动点域, 那么 $[K:L] \geqslant n$.

五　伽罗瓦群 $\mathrm{Gal}(K/L)$　域的一组自同构的不动点构成一个子域. 从另一方面说, 给定一个子域, 也可以考虑保持这个子域不动的自同构. 设 L 是域 K 的子域, σ 是 K 的自同构. 如果对 L 中每个元素 a 有 $\sigma(a) = a$, 则称 σ **保持 L 不动**. 显然, 如果 K 的自同构 σ 和 τ 均保持 L 不动, 那么它们的合成 $\sigma\tau$ 以及 σ 的逆映射 σ^{-1} 也都保持 L 不动. 另外, 域 K 的恒等映射是自同构, 保持 K 不动. 所以我们有以下引理.

引理 5.25　如果 L 是域 K 的子域, 那么 K 的自同构中保持 L 不动的那些自同构全体形成一个群. 这个群称为 K **在 L 上的伽罗瓦群**, 也称为**扩张 K/L 的伽罗瓦群**, 记作 $\mathrm{Gal}(K/L)$.

值得注意的是, 保持 L 不动的那些 K 的自同构全体 G 形成的群的不动点域未必是 L, 因为可能有 K 中的元素, 它不在 L 中, 但被 G 中每个自同构映到自身. 例如, $K = \mathbb{Q}(\sqrt[3]{2})$ 是 $L = \mathbb{Q}$ 的扩域, 由于域 K 的自同构只有恒等映射, 所以保持 $\mathbb{Q}$ 不动的映射也保持 $\sqrt[3]{2}$ 不动. 类似地, 对 $F = \mathbb{Q}(\sqrt[3]{2}, \sqrt{3})$, $K = \mathbb{Q}(\sqrt[3]{2})$, 有 $\mathrm{Gal}(F/\mathbb{Q}) = \mathrm{Gal}(F/K)$.

六 定理 5.22 的两个应用 我们用两个典型的例子来说明定理 5.22 和推论 5.24 的威力.

例 5.26 命 L 为域, $K = L(x)$ 是 L 上的有理函数域. 映射 $f(x) \to f\left(\frac{1}{x}\right)$ 是域 K 的自同构. 考虑 K 的如下 6 个自同构, 它们把 $f(x)$ 分别映到 $f(x)$ (恒等映射), $f(1-x)$, $f\left(\frac{1}{x}\right)$, $f\left(1-\frac{1}{x}\right)$, $f\left(\frac{1}{1-x}\right)$, $f\left(\frac{x}{x-1}\right)$. 这组自同构的等值点域和不动点域是一致的, 记作 F, 由满足如下条件的有理函数组成:

$$(1) \qquad f(x) = f(1-x) = f\left(\frac{1}{x}\right) = f\left(1-\frac{1}{x}\right) = f\left(\frac{1}{1-x}\right) = f\left(\frac{x}{x-1}\right).$$

前两个等式是基本的, 其余的等式可由它们推出. 容易看出, 函数

$$(2) \qquad\qquad h = h(x) = \frac{(x^2-x+1)^3}{x^2(x-1)^2}$$

属于 F. 因此, h 的有理函数全体形成的域 $S = L(h)$ 是 F 的子域.

可以断言: $F = S$ 且 $[K:F] = 6$.

的确, 由定理 5.22 或推论 5.24 知 $[K:F] \geqslant 6$. 由于 S 是 F 的子域, 只要证明 $[K:S] \leqslant 6$ 就可以了. 这仅需找到一个 S 上的 6 次多项式, 它以 x 为一个根. 下面的等式给出符合要求的一个多项式:

$$(x^2-x+1)^3 - hx^2(x-1)^2 = 0.$$

探讨这些域是很有裨益的, 有助于确定两个域之间所有的中间域.

例 5.27 命 L 为域, $K = L(x_1,\cdots,x_n)$ 是 L 上的 n 元有理函数域. 如果 $(\nu_1, \nu_2, \cdots, \nu_n)$ 是 $(1, 2, \cdots, n)$ 的一个置换 (或说排列), 那么映射 $p(x_1, x_2, \cdots, x_n) \to p(x_{\nu_1}, x_{\nu_2}, \cdots, x_{\nu_n})$ 是 K 的一个自同构. 这样的自同构有 $n!$ 个, 恒等映射也在其中. 这些自同构的不动点就是**对称有理函数**. 命 F 为这些自同构的不动点域. 考虑 t 的多项式

$$f = f(t) = (t-x_1)(t-x_2)\cdots(t-x_n) = t^n - s_1 t^{n-1} + s_2 t^{n-2} + \cdots + (-1)^n s_n,$$

其中 $s_1 = x_1 + x_2 + \cdots + x_n$, $s_2 = x_1 x_2 + x_1 x_3 + \cdots + x_{n-1}x_n$, $\cdots$, $s_n = x_1 x_2 \cdots x_n$ 是 x_1, $\cdots$, x_n 的初等对称多项式 (参见第一卷 7.4 节). 显然这些初等对称多项式的有理函数全体形成的域 $P = L(s_1, \cdots, s_n)$ 是 F 的子域. 根据推论 5.24, 如果能证明 $[K:P] \leqslant n!$, 那一定有 $P = F$ 且 $[K:F] = n!$.

多项式 f 可以看作是域 P 上的多项式, x_1 是它的一个根. 在 P 上添加 x_1 得到域 $P_1 = P(x_1)$. 根据定理 5.7, 有 $[P_1 : P] \leqslant n$.

在 P_1 上 f 可以分解成 $(t - x_1)f_2$. 其中 $f_2 \in P_1[t]$ 的次数是 $n - 1$, x_2 是它的一个根. 在 P_1 上添加 x_2 得到域 $P_2 = P_1(x_2) = P(x_1, x_2)$. 根据定理 5.7, 有 $[P_2 : P_1] \leqslant n - 1$.

在 P_2 上 f_2 可以分解成 $(t - x_2)f_3$. 其中 $f_3 \in P_2[t]$ 的次数是 $n - 2$, x_3 是它的一个根. 在 P_2 上添加 x_3 得到域 $P_3 = P_2(x_3) = P(x_1, x_2, x_3)$. 根据定理 5.7, 有 $[P_3 : P_2] \leqslant n - 2$.

如此下去, 我们得到扩张塔

$$P = P_0 \subset P_1 \subset P_2 \subset P_3 \subset \cdots \subset P_{n-1} = P_n = K,$$

且 $[P_{i+1} : P_i] \leqslant n - i$, 其中 $P_i = P(x_1, x_2, \cdots, x_i) = P_{i-1}(x_i)$, $i = 1, 2, \cdots, n$. 根据推论 5.4 知 $[K : P] \leqslant n!$. 所以 K 的那 $n!$ 个自同构的不动点域 F 就是 P.

根据定理 5.7, 下列单项式形成 K 的 F-基:

$$x_1^{m_1} x_2^{m_2} \cdots x_n^{m_n}, \qquad 0 \leqslant m_k \leqslant n - k \quad \text{对每个} k. \tag{5.4.15}$$

利用多项式 $f_i = (t - x_i)(t - x_{i+1}) \cdots (t - x_n)$ 可以给出算法, 把 K 中的多项式表成这个基的线性组合, 系数为初等对称多项式的多项式. 容易看出 f_i 是 $F_{i-1} = F[x_1, x_2, \cdots, x_{i-1}]$ 上的多项式, 且 x_i 是它的一个根. 于是 x_i^{n-i+1} 或更高次幂可以表成诸 s_k 和 $x_1, \cdots, x_{i-1}, x_i$ 的多项式, 且在这个多项式中 x_i 的幂小于或等于 $n - i$. 把这些表达式代入一个给定的多项式 $g(x_1, x_2, \cdots, x_n)$, 可知这个给定的多项式能表成诸 s_k 和 x_i 的多项式且 x_i 的幂低于或等于 $n - i$, 即把这个多项式表成这个基的线性组合, 系数为初等对称多项式的多项式.

这个结论其实推广了对称多项式的基本定理. 的确, 如果 $g(x_1, x_2, \cdots, x_n)$ 是对称的, 那么它在 F 中. 于是它表示成 (5.4.15) 中的单项式的线性组合时, 只有 1 的系数不为 0, 所以 $g(x_1, x_2, \cdots, x_n)$ 是诸 s_i 的多项式.

习　题　5.4

1. 下面是有理函数域 $\mathbb{C}(t)$ 的一些自同构集合.

(1) $\sigma(t) = t^{-1}$;　(2) $\sigma(t) = it$;　(3) $\sigma(t) = -t$, $\tau(t) = t^{-1}$;

(4) $\sigma(t) = it$, $\tau(t) = t^{-1}$;   (5) $\sigma(t) = \omega t$, $\tau(t) = t^{-1}$, 其中 $\omega = e^{2\pi i/3}$.

对每一个集合, 确定其生成的群和这个群的不动点域.

2. 假设 t 是不定元. 证明: $\mathbb{C}(t)$ 的两个自同构 $\sigma(t) = \dfrac{t+i}{t-i}$ 和 $\tau(t) = \dfrac{it-i}{t+1}$ 生成的群同构于交错群 A_4. 确定这个群的不动点域.

3. 假设 t 是不定元. 证明: $\mathbb{C}(t)\backslash\mathbb{C}$ 中的元素都是 $\mathbb{C}$ 上的超越元.

5.5 伽罗瓦扩张

如果 K 是 L 的扩域, 那么 K 的自同构中保持 L 不变的那些全体形成的群是 K 在 L 上的伽罗瓦群 $G = \mathrm{Gal}(K/L)$. 这个群的不动点域 K^G 包含 L, 可能比 L 大. 如果这个不动点域 K^G 正好是 L, 即 $K^{\mathrm{Gal}(K/L)} = L$, 且 K 在 L 上的次数有限, 那么称 K 是 L 的**伽罗瓦扩张**[①]. 例如 $\mathbb{Q}(\sqrt[3]{2})$ 不是 $\mathbb{Q}$ 的伽罗瓦扩张, 但 $\mathbb{Q}(\sqrt[3]{2}, \varepsilon)$ 和 $\mathbb{Q}(\sqrt{2})$ 都是 $\mathbb{Q}$ 的伽罗瓦扩张, 其中 ε 是 1 在复数域的 3 次本原根. 本节我们给出伽罗瓦扩张的判别准则 (定理 5.32) 和伽罗瓦理论的基本定理 (定理 5.34).

一   在推论 5.24 中的自同构如果形成一个群, 那么结论中的不等式可以换成等式.

定理 5.28   设 $\sigma_1, \cdots, \sigma_n$ 是域 K 的自同构, 形成一个群 G, $L = K^G$ 是这些自同构的不动点域, 那么 $[K : L] = n$.

证明   把 K 看作 L 上的向量空间, 那么诸 σ_i 是向量空间的可逆线性变换. 考虑这些线性变换的和 $\mathcal{T} = \sigma_1 + \cdots + \sigma_n$. 由于这些线性变换全体形成群, 所以 $\sigma_i \mathcal{T} = \mathcal{T}$ 对所有的 i 成立, 从而对任意的 $a \in K$ 有 $\sigma_i(\mathcal{T}(a)) = (\sigma_i \mathcal{T})(a) = \mathcal{T}(a)$, 即 $\mathcal{T}(a)$ 是 L 中的元素. 推论 5.20 告诉我们 $\mathcal{T} \neq 0$. 这意味着 $\mathcal{T}$ 的像 $\mathrm{Im}\mathcal{T} = \mathcal{T}(K)$ 等于 L.

根据推论 5.24, 我们只要证明 $[K : L] \leqslant n$, 也就是说要证明 K 中任意 $n+1$ 个元素在 L 上线性相关.

在 K 中任取 $n+1$ 个元素 $\alpha_1, \alpha_2, \cdots, \alpha_{n+1}$. 如果它们在 L 上线性相关, 那么存在 L 中不全为零的元素 $c_1, c_2, \cdots, c_{n+1}$ 使得 $c_1\alpha_1 + c_2\alpha_2 + \cdots + c_{n+1}\alpha_{n+1} = 0$. 把 σ_i 作用在这个线性关系上, 由于 σ_i 保持 L 中的元素不变, 我们得 $c_1\sigma_i(\alpha_1) +$

---

① 有无限伽罗瓦扩张理论, 但本书不涉及.

$c_2\sigma_i(\alpha_2) + \cdots + c_{n+1}\sigma_i(\alpha_{n+1}) = 0$. 这引导我们考虑如下的齐次线性方程组:

$$x_1\sigma_1(\alpha_1) + x_2\sigma_1(\alpha_2) + \cdots + x_{n+1}\sigma_1(\alpha_{n+1}) = 0,$$
$$x_1\sigma_2(\alpha_1) + x_2\sigma_2(\alpha_2) + \cdots + x_{n+1}\sigma_2(\alpha_{n+1}) = 0,$$
$$\cdots\cdots$$
$$x_1\sigma_n(\alpha_1) + x_2\sigma_n(\alpha_2) + \cdots + x_{n+1}\sigma_n(\alpha_{n+1}) = 0.$$

对任意的 k, $\sigma_k\sigma_1$, $\sigma_k\sigma_2$, $\cdots$, $\sigma_k\sigma_n$ 都是 σ_1, σ_2, $\cdots$, σ_n 的一个置换. 把 σ_k 作用在方程组中的每一个方程, 可知如果 a_1, a_2, $\cdots$, a_{n+1} 是方程组的一个解, 那么 $\sigma_k(a_1)$, $\sigma_k(a_2)$, $\cdots$, $\sigma_k(a_{n+1})$ 也是方程组的解. 由于齐次线性方程组的解集是向量空间, 所以这些解的和 $\sum_k \sigma_k(a_1)$, $\sum_k \sigma_k(a_2)$, $\cdots$, $\sum_k \sigma_k(a_{n+1})$ 也是方程组的解. 也就是说 $\mathcal{T}(a_1)$, $\mathcal{T}(a_2)$, $\cdots$, $\mathcal{T}(a_{n+1})$ 是方程组的解.

对任意的 $\xi \in K$, ξa_1, ξa_2, $\cdots$, ξa_{n+1} 也是方程组的一个解. 于是 $\mathcal{T}(\xi a_1)$, $\mathcal{T}(\xi a_2)$, $\cdots$, $\mathcal{T}(\xi a_{n+1})$ 也是方程组的解.

方程的个数少于未知元的个数, 所以这个方程组有非零解. 取方程组的一个非零解 a_1, a_2, $\cdots$, a_{n+1}. 不妨设 $a_1 \neq 0$. 由于 $\mathcal{T}(K) = L$, 存在 $c \in K$ 使得 $\mathcal{T}(c) = 1$. 令 $\xi = ca_1^{-1}$, 则有 $\xi a_1 = c$, 于是 $\mathcal{T}(\xi a_1) = 1$. 某个自同构 σ_i 是恒等变换, 把解 $1 = \mathcal{T}(\xi a_1)$, $\mathcal{T}(\xi a_2)$, $\cdots$, $\mathcal{T}(\xi a_{n+1})$ 代入到方程组中第 i 个方程, 得

$$\alpha_1 + \mathcal{T}(\xi a_2)\alpha_2 + \cdots + \mathcal{T}(\xi a_{n+1})\alpha_{n+1} = 0.$$

这说明 α_1, α_2, $\cdots$, α_{n+1} 在 L 上线性相关. 定理得证. $\qquad\square$

推论 5.29 设 G 是域 K 的自同构群 $\mathrm{Aut}K$ 的有限子群, K^G 是它的不动点域. 如果 K 的自同构 σ 保持 K^G 不动, 那么 σ 是 G 中的元素. 换句话说, $\mathrm{Gal}(K/K^G) = G$, 即 K 是 K^G 的伽罗瓦扩张.

证明 我们有 $[K : K^G] = G$ 的阶 $|G|$. 如果 σ 不在 G 中, 那么 K^G 被 G 中的元素和 σ 共 $|G| + 1$ 个自同构固定, 这与推论 5.24 抵触. $\qquad\square$

推论 5.30 域 K 的自同构群的两个相异的有限子群的不动点域是不同的.

二 可分多项式与可分扩张 设 $f(x)$ 为域 L 上的多项式, 称它为**可分的**如果它的不可约因子都没有重根. 如果 L 的扩域 K 中的元素 α 是 L 上的可分多项式的根, 那么称 α 是 (**在 L 上**) **可分的**. 域 K 称为 L 的**可分扩张**如果 K 中的每一个元素都是 (在 L 上) 可分的.

域 L 称为**完全域**如果 $L[x]$ 中的多项式都是可分的. 由于特征为 0 的域上的不可约多项式没有重根, 所以特征为 0 的域都是完全的. 对于正特征的域, 有以下定理.

定理 5.31 设 L 是特征为素数 p 的域, 命 $L^p = \{a^p \mid a \in L\}$. 那么 L 是完全域当且仅当 $L = L^p$.

证明 如果 $L \supsetneq L^p$, 取 $a \in L \backslash L^p$, 那么 $x^p - a$ 是 L 上的不可约多项式 (参见 5.1 节习题 8). 此外, $(x^p - a)' = px^{p-1} = 0$, 所以 $x^p - a$ 有重根, 从而不是可分多项式. 就是说, L 不是完全域.

反之, 假设 $L[x]$ 中有不可分的不可约多项式, 取其中一个, 记作 $f(x)$. 那么 f 和 f' 的最大公因子的次数大于 1, 所以一定是 f. 可见 $f' = 0$. 由此得 $f(x) = a_0 + a_p x^p + a_{2p} x^{2p} + \cdots + a_{np} x^{np}$. 如果每个 i 有 $a_{ip} = b_i^p \in L^p$, 那么 $f(x) = (b_0 + b_1 x + b_2 x^2 + \cdots + b_n x^n)^p$. 这与 $f(x)$ 的不可约性矛盾, 所以存在 i 使得 $a_{ip} \notin L^p$. 因此 $L \neq L^p$. $\square$

三 下面的结论给出伽罗瓦扩张的刻画.

定理 5.32 设 K 是 L 的有限扩域, 那么下面的条件等价:

(1) K 是 L 的伽罗瓦扩张;

(2) $|\mathrm{Gal}(K/L)| = [K : L]$;

(3) 存在 $\mathrm{Aut}\, K$ 的有限子群 G 使得 $L = K^G$ 是 G 的不动点域;

(4) K 是 L 上一个可分多项式 $p(x)$ 的分裂域.

证明 先证 (1) 和 (2) 等价. 由定理 5.28 知 (2) 蕴含 (1). 事实上, (2) 中的等式意味着 $\mathrm{Gal}(K/L)$ 的不动点域是 L, 从而 K/L 是伽罗瓦扩张. 由伽罗瓦扩张的定义和定理 5.28 知 (1) 蕴含 (2).

现证 (2) 蕴含 (3). 命 $G = \mathrm{Gal}(K/L)$, 那么 $L \subset K^G$. 由定理 5.28 知 $[K : K^G] = |G|$. 定理 5.3 迫使 $K^G = L$. 由推论 5.29 知 (3) 蕴含 (1). 我们已经证明了前面三个条件是等价的.

最后证明 (1) 和 (4) 等价. 假设 (4) 成立, 下面证明 (1) 成立. 根据条件, K 为 L 上的可分多项式 $p(x)$ 的分裂域. 如果 $p(x)$ 的根都在 L 中, 结论是平凡的, 因为此时 $K = L$, 只有恒等变换保持 L 不动.

假设 $p(x)$ 的根中有 $n \geqslant 1$ 个根在 K 内但不在 L 内. 我们对 n 做归纳法. 归纳假设断言如果一个可分多项式的根中有少于 n 个根不在基域, 那么其分裂域是基域的伽罗瓦扩张.

设 $p(x) = p_1(x)p_2(x) \cdots p_r(x)$ 是 $p(x)$ 的不可约因子分解. 这些因子中至少一个的次数大于 1, 否则 $p(x)$ 的根全在 L 中. 设 $\deg p_1(x) = s > 1$. 命 α_1 是 $p_1(x)$ 的一个根, 那么 $[L(\alpha_1) : L] = \deg p_1(x) = s > 1$. 把 $p(x)$ 看作 $L(\alpha_1)$ 上的多项式, K 仍是 $p(x)$ 的分裂域, 而且此时 $p(x)$ 的根中在 K 内但不在 $L(\alpha_1)$ 内的根少于 n 个. 由归纳假设, K 是 $L(\alpha_1)$ 的伽罗瓦扩张. 于是, K 中的元素如果不在 $L(\alpha_1)$ 中, 那么有 K 的自同构, 它保持 $L(\alpha_1)$ 不动, 但改变这个元素.

由于 $p(x)$ 是可分的, $p_1(x)$ 的根 α_1, α_2, $\cdots$, α_s 互不相同. 根据定理 5.9, 存在同构 σ_1, σ_2, $\cdots$, σ_s, 把 $L(\alpha_1)$ 分别映到 $L(\alpha_1)$, $L(\alpha_2)$, $\cdots$, $L(\alpha_s)$. 这些同构保持 L 不动, 把 α_1 分别映到 α_1, α_2, $\cdots$, α_s. 根据定理 5.14, K 是 $L(\alpha_1)$ 上的多项式 $p(x)$ 的分裂域, 也是 $L(\alpha_i)$ 上的多项式 $p(x)$ 的分裂域, 而且同构 σ_i 把 $L(\alpha_1)$ 上的多项式 $p(x)$ 对应到 $L(\alpha_i)$ 上的多项式 $p(x)$. 应用定理 5.14 知诸 σ_i 可以扩展为 K 到 K 的同构, 仍记为 σ_i. 于是 σ_1, σ_2, $\cdots$, σ_s 是 K 的自同构, 保持 L 不动, 且把 α_1 分别映到 α_1, α_2, $\cdots$, α_s.

现在设 θ 是 K 中的元素. 假设在 K 的自同构中, 所有保持 L 不动的自同构也保持 θ 不动. 特别, 所有保持 $L(\alpha_1)$ 不动的 K 的自同构也保持 θ 不动. 于是 θ 在 $L(\alpha_1)$ 中, 从而有如下形式

$$\theta = c_0 + c_1\alpha_1 + c_2\alpha_1^2 + \cdots + c_{s-1}\alpha_1^{s-1},$$

其中诸 c_i 在 L 中. 把 σ_i 作用在这个等式上, 因为 $\sigma_i(\theta) = \theta$, 我们得

$$\theta = c_0 + c_1\alpha_i + c_2\alpha_i^2 + \cdots + c_{s-1}\alpha_i^{s-1}.$$

多项式 $(c_0-\theta)+c_1x+c_2x^2+\cdots+c_{s-1}x^{s-1}$ 因此有 s 个不同的根 α_1, α_2, $\cdots$, α_s. 根的个数超过多项式的次数. 这迫使所有的系数必须为零, 特别 $c_0 = \theta$. 这表明 θ 在 L 中. 所以 $\mathrm{Gal}(K/L)$ 的不动点域就是 L, 从而 K/L 是伽罗瓦扩张.

假设 (1) 成立, 我们证明 (4) 成立. 此时 K 是 L 的伽罗瓦扩张, $G = \mathrm{Gal}(K/L)$ 是 K 在 L 上的伽罗瓦群. 先证明 K 是 L 的可分扩张. 对 K 中的元素 α, 设 $\alpha = \alpha_1$, α_2, $\cdots$, α_s 是 G 的轨道 $G\alpha = \{\sigma(\alpha) \,|\, \sigma \in G\}$ 中的所有元素. 由于对 G 中任意元素 σ 有 $\sigma G = G$, 所以 σ 的作用置换 α, α_2, $\cdots$, α_s. 这意味着 α, α_2, $\cdots$, α_s 的对称多项式被 G 中的元素保持不变. 多项式 $f(x) = (x - \alpha)(x - \alpha_2) \cdots (x - \alpha_s)$

的系数是 α, α_2, $\cdots$, α_s 的对称多项式, 所以被 G 中的元素保持不变. 在 K 中被 G 中的自同构保持不变的元素落在 L 中, 所以 $f(x)$ 是 L 上的可分多项式. 如果 $g(x)$ 是 L 上的多项式, 以 α 为一个根, 把 G 中的自同构作用在等式 $g(\alpha) = 0$ 上知 $g(\alpha_i) = 0$, 所以 $f(x)$ 是 $g(x)$ 的因子. 因此 $f(x)$ 是不可约的.

刚才的讨论还说明了 K 中每一个元素都是某个 L 上的可分多项式的根, 而且这个多项式在 K 上是分裂的. 取 K 的一个 L-基 ω_1, ω_2, $\cdots$, ω_t. 命 $f_i(x)$ 是 L 上的可分的不可约多项式, 以 ω_i 为一个根. 那么 K 就是可分多项式 $p(x) = f_1(x)f_2(x)\cdots f_t(x)$ 的分裂域. $\qquad\square$

根据定理 5.16 与上面 (1) 和 (4) 等价的证明, 可以看出下面的结论成立.

推论 5.33 域 L 上的可分多项式的分裂域是 L 的可分正规扩张. 从而伽罗瓦扩张就是有限可分正规扩张.

四 如果 $f(x)$ 是域 L 上的多项式, K 是 $f(x)$ 的分裂域, 那么 K 在 L 上的伽罗瓦群 $\mathrm{Gal}(K/L)$ 也称为**方程 $f(x) = 0$ 的伽罗瓦群**或**多项式 $f(x)$ 的伽罗瓦群**, 有时也记作 $\mathrm{Gal}(f)$.

设 L 是 K 的子域, 称域 F 是域扩张 K/L 的一个**中间域**如果 $L \subset F \subset K$. 回忆群 G 的子群 H 称为正规子群如果对任意的 $a \in G$ 和 $h \in H$ 有 $aha^{-1} \in H$. 例如, 对称群 S_3 中, 循环 (1 2 3) 生成的子群是正规子群, 循环 (1 2) 生成的子群不是正规子群. 如果 $G \to G'$ 是群同态, 那么这个同态的核是 G 的正规子群.

现在可以叙述并证明伽罗瓦理论的基本定理, 它建立了分裂域的结构与自同构群的联系.

定理 5.34 (基本定理) 设 $p(x)$ 是域 L 上的可分多项式, G 是它的伽罗瓦群, K 是 $p(x)$ 的分裂域. 那么

(1) G 的相异的子群有不同的不动点域, 特别, 如果 $G_1 \subsetneq G_2$ 是 G 的子群, 则有 $K^{G_1} \supsetneq K^{G_2}$;

(2) 域扩张 K/L 的每一个中间域 F 是 G 的某个子群 G_F 的不动点域;

(3) 中间域 F 是 L 的伽罗瓦扩张当且仅当子群 G_F 是 G 的正规子群;

(4) 如果中间域 F 是 L 的伽罗瓦扩张, 那么 F 的自同构群中保持 L 不动的自同构形成的群与商群 G/G_F 同构, 即 $\mathrm{Gal}(F/L) \simeq G/G_F$;

(5) 对每一个中间域 F, 有 $[F : L] = |G|/|G_F|$, $[K : F] = |G_F|$.

证明　(1) 由推论 5.30 知结论正确.

(2) 多项式 $p(x)$ 可以看作是域 F 上的多项式, 那么 K 仍是 $p(x)$ 的分裂域, 从而是 F 的伽罗瓦扩张. 由定理 5.32 知 F 是 Aut K 的某个有限子群 G_F 的不动点域. 显然 G_F 是 $G = \text{Gal}(K/L)$ 的子群.

在证明结论 (3) 和 (4) 之前我们先证明结论 (5). 由定理 5.32 知 $[K:L] = |G|$, $[K:F] = |G_F|$, 再利用等式 $[K:L] = [K:F] \cdot [F:L]$ 知 $[F:L] = |G|/|G_F|$.

现在证明 (3) 和 (4). 对于 G 中任意的元素 σ, $\sigma(F)$ 是 K 的子域. 如果 $\tau \in G$ 保持 $\sigma(F)$ 不动, 那么对 F 中的任意元素 α 有 $\tau(\sigma(\alpha)) = \sigma(\alpha)$, 从而 $(\sigma^{-1}\tau\sigma)(\alpha) = \alpha$, 即 $\sigma^{-1}\tau\sigma$ 是 G_F 中的元素, 或等价地说 τ 是群 $\sigma G_F \sigma^{-1}$ 中的元素. 反之, 如果 $\sigma^{-1}\tau\sigma$ 是 G_F 中的元素, 那么 τ 保持 $\sigma(F)$ 不动. 这说明 G 中保持 $\sigma(F)$ 不动的子群是 $\sigma G_F \sigma^{-1}$.

如果 G_F 是 G 的正规子群, 则对任意的 $\sigma \in G$ 有 $\sigma G_F \sigma^{-1} = G_F$. 于是对任意的 $\sigma \in G$ 有 $\sigma(F) = F$. 这意味着限制 $\bar{\sigma} = \sigma|_F$ 是域 F 的自同构, 保持 L 中的元素不动, 从而映射 $\sigma \to \bar{\sigma}$ 是群 $G = \text{Gal}(K/L)$ 到群 $\text{Gal}(F/L)$ 的同态, 其像 $\bar{G}$ 是 F 的一些自同构形成的群. 显然 $\bar{G}$ 的不动点域就是 G 的不动点域, 所以是 L, 于是 $\bar{G} = \text{Gal}(F/L)$.

同态 $\sigma \to \bar{\sigma}$ 的核由 K 的那些自同构构成, 它们在 F 上的限制是恒等映射, 这正是 G_F. 所以 $\bar{G} = \text{Gal}(F/L) \simeq G/G_F$. 因为 $L = F^{\bar{G}}$, 根据定理 5.32, 扩张 F/L 是伽罗瓦扩张.

反之, 假设扩张 F/L 是伽罗瓦扩张. 那么, F 是域 L 上某个可分多项式 $f(x)$ 的分裂域. 对于 $G = \text{Gal}(K/L)$ 中任意的元素 σ, 显然它把 $f(x)$ 的根仍变成 $f(x)$ 的根, 也就是说, σ 把 F 映到 F. 这意味着对任意的 $\tau \in G_F$ 和 $\alpha \in F$ 有 $(\sigma\tau\sigma^{-1})(\alpha) = \sigma(\tau(\sigma^{-1}(\alpha))) = \sigma(\sigma^{-1}(\alpha)) = \alpha$, 即 $\sigma G_F \sigma^{-1} \subset G_F$. 所以 G_F 是 G 的正规子群.　□

五　基本定理经常表述为以下定理.

定理 5.34′　对伽罗瓦扩张 K/L, 群 $G = \text{Gal}(K/L)$ 的子群与域扩张 K/L 的中间域之间有一一对应:

$$H \to K^H = \{a \in K \,|\, \sigma(a) = a,\ \forall\ \sigma \in H\}, \tag{5.5.16}$$

且这个对应有如下性质:

$$[K : K^H] = |H|, \quad [K^H : L] = |G|/|H|, \tag{5.5.17}$$

H 是正规子群当且仅当域扩张 K^H/L 是正规的, 此时 $\mathrm{Gal}(K^H/L) \simeq G/H$.

六 这个基本定理应用广泛, 将是我们讨论多项式方程有无根式解的基础. 多项式方程 $x^n - a = 0$ 显然有根式解. 我们将会看到多项式方程有根式解本质上是因为它可以归结为解一系列这样的方程. 这类方程的特殊情况 $a = 1$ 是值得特别关注的, 此时方程的解集在域的乘法下形成群. 这是接下来两节讨论的主题, 内容是有限域和单位根等, 其中有限域特别有趣.

在进入下一节之前我们先看几个例子.

例 5.35 在 5.2 节第五部分中考虑了正多边形的尺规作图问题, 特别讨论了边数为素数的情形. 证明了如果 p 是素数, 那么正 p 边形可构作的必要条件是 p 为费马素数, 说明了正 17 边形的可构作性. 现在利用基本定理证明边数为费马素数的正多边形都是可尺规作图的. 设 $p = 2^{2^t} + 1$ 为费马素数, z 为 1 在复数域中的 p 次本原根. 那么 $K = \mathbb{Q}(z)$ 是 $x^p - 1$ 在有理数域上的分裂域, 所以是 $\mathbb{Q}$ 的伽罗瓦扩张. 由于 z 的极小多项式为 $x^{p-1} + x^{p-2} + \cdots + x + 1$, 所以 $[\mathbb{Q}(z) : \mathbb{Q}] = p - 1 = 2^{2^t}$. 根据基本定理, 有 $|\mathrm{Gal}(\mathbb{Q}(z)/\mathbb{Q})| = 2^{2^t}$. 群 $\mathrm{Gal}(\mathbb{Q}(z)/\mathbb{Q})$ 中的元素 σ 完全由它在 z 上的值 $\sigma(z) = z^{n_\sigma}$ 确定. 由于 σ 是同构, 所以 z^{n_σ} 还是 1 的 p 次本原根. 而且 $\tau\sigma(z) = \tau(z^{n_\sigma}) = (\tau(z))^{n_\sigma} = (z^{n_\tau})^{n_\sigma} = z^{n_\tau \cdot n_\sigma} = \sigma\tau(z)$. 于是 $n_{\sigma\tau} = n_\sigma n_\tau \pmod{p}$. 可见, 映射 $\mathrm{Gal}(\mathbb{Q}(z)/\mathbb{Q}) \to U(\mathbb{Z}/p\mathbb{Z})$, $\sigma \to \bar{n}_\sigma$ 是群同态且是单射. 由于对任意与 p 互素的整数 m, z^m 是 p 次本原单位根, 所以这个群同态还是满射, 从而是同构. 注意 $\mathbb{Z}/p\mathbb{Z}$ 是域, 所以其非零元构成的乘法群是循环群 (参见定理 1.21). 于是 $G = \mathrm{Gal}(\mathbb{Q}(z)/\mathbb{Q})$ 为 2^{2^t} 阶循环群. 命 G_i 为 G 的 2^i 阶子群, 那么有 G 的正规子群列

$$\{e\} = G_0 \lhd G_1 \lhd G_2 \cdots \lhd G_{2^t-1} \lhd G_{2^t} = G.$$

命 $K_i = \mathbb{Q}(z)^{G_i}$ 为 G_i 的不动点域. 根据基本定理, $K_{i+1} \subsetneq K_i$. 推论 5.4 迫使 $[K_i : K_{i+1}] = 2$. 所以诸 K_i 都是 $\mathbb{Q}$ 上的平方根塔, 特别, $K_0 = \mathbb{Q}(z)$ 是 $\mathbb{Q}$ 上的平方根塔, z 是尺规可构造的.

在 $p = 17$ 的情形, $3 + 17\mathbb{Z}$ 是 $U(\mathbb{Z}/17\mathbb{Z})$ 的一个生成元, 所以 $\mathbb{Q}(z)$ 的自同构 $\sigma : z \to z^3$ 是 $G = \mathrm{Gal}(\mathbb{Q}(z)/\mathbb{Q})$ 的一个生成元. 群 G 有如下正规子群列

$$\{e\} = G_0 \lhd G_1 = \langle \sigma^8 \rangle \lhd G_2 = \langle \sigma^4 \rangle \lhd G_3 = \langle \sigma^2 \rangle \lhd G_4 = G.$$

5.2 节第五部分中的元素 x_i, y_i, z_i 的选取现在清楚了: 就是 z 或它的幂在相应的群的轨道中的元素和, 它们在相应的群下是不动的.

下面的例子计算几个简单的伽罗瓦群.

例 5.36   设 L 是特征为 $p > 0$ 的非完全域, $a \in L \backslash L^p$. 我们知道, $x^p - a$ 是 L 上的不可约多项式. 若 $K = L(u)$, $u^p = a$, 则 $[K : L] = p$. 此外, $x^p - a = (x - u)^p$, 即 K 是不可分多项式 $x^p - a$ 在 L 上的分裂域. 对 $\sigma \in \mathrm{Gal}(K/L)$, 有 $(\sigma(u))^p = a$, 所以 $\sigma(u) = u$. 换句话说, $\sigma = e_K$ 是恒等变换, 从而 $\mathrm{Gal}(K/L)$ 是单位元群.

例 5.37   设 $K = L(t)$, 其中 t 是 L 上的超越元. 把 $K \backslash L$ 中的任意元素写成 $u = f(t)/g(t)$, 其中 $f(t)$ 和 $g(t)$ 是互素的. 称 $\max\{\deg f, \deg g\}$ 为 u **的次数**. 容易看出, 如果 x, y 是不定元, 那么 $f(x) - yg(x)$ 在 $L[x, y]$ 中是不可约的, 从而在 $L(y)[x]$ 中是不可约的. 根据 5.1 节习题 19, t 是 $L(u)$ 上的代数元. 而且 t 在 $L(u)$ 上的极小多项式是 $f(x) - u \cdot g(x)$ 乘上 $L(u)$ 中的某个元素 (以便首项系数为 1). 由此可知 $[L(t) : L(u)] = 1$, 即 $L(t) = L(u)$ 当且仅当 u 的次数为 1. 注意这意味着

$$u = \frac{at + b}{ct + d}, \quad a, b, c, d \in L \ \text{且} \ ad - bc \neq 0. \tag{5.5.18}$$

所以 $\mathrm{Gal}(K/L)$ 由映射 $h(t) \to h(u)$ 组成, 其中 u 就是上式给出的元素. 特别, 我们有 $\mathrm{Gal}(K/L) \simeq PGL_2(L)$.

例 5.38   假设域 L 的特征不为 2, $f(x) \in L[x]$ 是 3 次可分不可约多项式, 首项系数为 1, 分裂域为 K. 记这个多项式在 K 中的根为 α_1, α_2, α_3. 那么这些根互不相同. 群 $\mathrm{Gal}(f) = \mathrm{Gal}(K/L)$ 中的元素把 $f(x)$ 的根映到 $f(x)$ 的根. 由于 $K = L(\alpha_1, \alpha_2, \alpha_3)$, 群 $\mathrm{Gal}(f)$ 中的元素完全由它们在根上的作用确定, 从而是 S_3 的子群. 由定理 5.9 知 $L(\alpha_i)$ 和 $L(\alpha_j)$ 是同构的, 利用定理 5.14 知这个同构可拓展为 K 的自同构. 由于这个自同构保持 L 中的元素不动, 所以是 $\mathrm{Gal}(f)$ 中的元素. 这说明 $\mathrm{Gal}(f)$ 在 α_1, α_2, α_3 上的作用是可迁的. 由于 S_3 的可迁子群只有两个 S_3, A_3, 所以 $\mathrm{Gal}(f) = S_3$ 或 A_3.

考虑

$$\delta = (\alpha_1 - \alpha_2)(\alpha_1 - \alpha_3)(\alpha_2 - \alpha_3), \quad D = \delta^2.$$

我们知道 $D \in L$ 是多项式的判别式, 它是 L 中的平方元当且仅当 $\delta \in L$. 对 $\sigma \in \mathrm{Gal}(K/L)$, 在第一卷例 2.35 就知道 $\sigma(\delta) = \varepsilon_\sigma \delta$, 其中 ε_σ 是 σ 的符号. 由此可见, $\delta \in L$ 当且仅当 $\mathrm{Gal}(K/L)$ 中没有奇置换, 即 $\mathrm{Gal}(K/L) = A_3$.

当 $f(x) = x^3 + px + q$ 时, $D = -4p^3 - 27q^2$ (参见第一卷公式 (7.21)). 对有理数域上的多项式 $f(x) = x^3 + 3x + 1$, 判别式为 $D = -5 \cdot 3^3$, 不是 $\mathbb{Q}$ 中的平方数, 所以 $\mathrm{Gal}(f) = S_3$. 对有理数域上的多项式 $f(x) = x^3 - 3x + 1$, 判别式为 $D = 3^4$, 是 $\mathbb{Q}$ 中的平方数, 所以 $\mathrm{Gal}(f) = A_3$.

例 5.39 假设 $f(x) \in L[x]$ 是 4 次可分不可约多项式, 首项系数为 1, 分裂域为 K. 记这个多项式在 K 中的根为 α_1, α_2, α_3, α_4. 如同上一个例子, 群 $\mathrm{Gal}(f)$ 中的元素完全由它们在根上的作用确定, 从而是 S_4 的子群, 而且 $\mathrm{Gal}(f)$ 在 α_1, α_2, α_3, α_4 上的作用是可迁的. 可以验证, S_4 的可迁子群只有下面这些

$$S_4, \quad A_4, \quad D_4, \quad C_4, \quad V_4. \tag{5.5.19}$$

其中有三个共轭的子群同构于二面体群 D_4, 三个共轭的子群同构于 4 阶循环群 C_4, 克莱因四元群 $V_4 = \{e, (1\,2)(3\,4), (1\,3)(2\,4), (1\,4)(2\,3)\}$ 是 S_4 的正规子群. (在 S_4 中有些子群与 V_4 同构但不是可迁的.)

考虑

$$\delta = (\alpha_1 - \alpha_2)(\alpha_1 - \alpha_3)(\alpha_1 - \alpha_4)(\alpha_2 - \alpha_3)(\alpha_2 - \alpha_4)(\alpha_3 - \alpha_4), \quad D = \delta^2.$$

那么 $D \in L$ 是多项式的判别式, 它是 L 中的平方元当且仅当 $\delta \in L$. 如同上一个例题知, $\delta \in L$ 当且仅当 $\mathrm{Gal}(K/L)$ 中没有奇置换. 于是

(1) 如果 D 为 L 中的平方元, 那么 $\mathrm{Gal}(f)$ 是 A_4 或 V_4;

(2) 如果 D 不是 L 中的平方元, 那么 $\mathrm{Gal}(f)$ 是 S_4, D_4 或 C_4.

在第一卷等式 (7.15) 为四次方程的解消方程, 它以

$$\beta_1 = \alpha_1\alpha_2 + \alpha_3\alpha_4, \quad \beta_2 = \alpha_1\alpha_3 + \alpha_2\alpha_4, \quad \beta_3 = \alpha_1\alpha_4 + \alpha_2\alpha_3$$

为根. 命

$$g(x) = (x - \beta_1)(x - \beta_2)(x - \beta_3) \in L[x].$$

有点幸运, $g(x)$ 的根也是互不相同的. 实际上, 它的判别式和 f 的判别式相等. 群 S_4 在 α_1, α_2, α_3, α_4 上的作用诱导了 S_4 在 β_1, β_2, β_3 上的作用, 这给出了满同态 $\phi : S_4 \to S_3$, 其核是 V_4. 可见如果 g 在 L 中是分裂的 (即 L 是 g 的分裂域), 那么 $\mathrm{Gal}(f)$ 在 g 的根上的作用是平凡的, 所以 $\mathrm{Gal}(f) = V_4$.

如果 g 在 L 上是不可约的, 那么 $\mathrm{Gal}(f)$ 在 β_1, β_2, β_3 上的作用是可迁的, 所以 $\mathrm{Gal}(f)$ 的阶被 3 整除. 其实, 命 $F = L(\beta_1, \beta_2, \beta_3)$, 那么 $\mathrm{Im}\phi = \mathrm{Gal}(g) = \mathrm{Gal}(F/L)$ 是 S_3 或 A_3. 反过来, 如果 $\mathrm{Gal}(f)$ 的阶被 3 整除, 那么它含有阶为 3 的元素, 取其中一个, 记为 τ. 由于 ϕ 的核是 V_4, 所以 τ 不在 ϕ 的核中, 从而它非平凡地作用在 β_1, β_2, β_3. 它必然是一个 3-循环作用. 于是 g 不可约.

于是, 多项式 $x^2 - D$, 3 次解消方程 $g(x)$ 几乎就可以完全确定伽罗瓦群 $G = G(f)$. 结果列表如下:

	D 为平方元	D 为非平方元	
g 可约	$G = V_4$	$G = D_4$ 或 C_4	(5.5.20)
g 不可约	$G = A_4$	$G = S_4$	

判别式 D 可以通过结式计算, 参见第一卷命题 7.79. 形如 $x^4 + ax^2 + b = 0$ 的四次方程的伽罗瓦群是容易确定的, 本质上它可以归结为两个二次方程. 其他的四次方程的伽罗瓦群计算起来稍微麻烦一些.

后面我们会对伽罗瓦群的计算做进一步的讨论.

习　题　5.5

1. 假设域 F 的特征不为 2, 其元素 a 和 b 都在 F 中没有平方根. 确定 $F(\sqrt{a}, \sqrt{b})$ 和 F 的中间域.

2. 设 $K = \mathbb{Q}(\alpha)$, 其中 $\alpha^3 + \alpha^2 - 2\alpha - 1 = 0$. 验证 $\alpha' = \alpha^2 - 2$ 也是 $x^3 + x^2 - 2x - 1 = 0$ 的根. 确定 $\mathrm{Gal}(K/\mathbb{Q})$. 证明 K 是 $\mathbb{Q}$ 的正规扩张.

3. 假设 K/L 是伽罗瓦扩张使得 $\mathrm{Gal}(K/L) \simeq C_2 \times C_{12}$ (回忆 C_n 表 n 阶循环群). 有多少个中间域 F 使得

(1) $[F : L] = 4$;　(2) $[F : L] = 6$;　(3) $\mathrm{Gal}(K/F) \simeq C_4$.

4. 证明: $K = \mathbb{Q}(\sqrt{2}, \sqrt{3}, \sqrt{5})$ 是有理数域 $\mathbb{Q}$ 上的伽罗瓦扩张. 确定这个扩张的伽罗瓦群和所有的中间域.

5. 设 $f(x)$ 是 $\mathbb{Q}$ 上的三次多项式, 其伽罗瓦群是 S_3. 确定 $\mathbb{Q}$ 上的多项式 $(x^3 - 1)f(x)$ 可能的伽罗瓦群.

6. 设 L 是特征为 0 的域, p 是素数, ζ 是 1 的 p 次本原根. 证明: 在 L 中没有根的多项式 $x^p - a \in L[x]$ 在 $L(\zeta)$ 上是不可约的.

7. 设 K/L 是伽罗瓦扩张, 其伽罗瓦群是 S_3. 是否 K 为 F 上的某个 3 次不可约多项式的分裂域?

8. (1) 找出 $i + \sqrt{2}$ 在 $\mathbb{Q}$ 上的极小多项式;

(2) 证明 1, i, $\sqrt{2}$, $i\sqrt{2}$ 是 $\mathbb{Q}(i, \sqrt{2})$ 在 $\mathbb{Q}$ 上的基.

9. 设 α 是 2 的四次正实根. 在如下域上把多项式 $x^4 - 2$ 分解成不可约因子的乘积: $\mathbb{Q}$, $\mathbb{Q}(\sqrt{2})$, $\mathbb{Q}(\sqrt{2}, i)$, $\mathbb{Q}(\alpha)$, $\mathbb{Q}(\alpha, i)$.

10. 设 $\zeta = e^{2\pi i/5}$. 证明 $K = \mathbb{Q}(\zeta)$ 是有理数域上的多项式 $x^5 - 1$ 的分裂域并确定次数 $[K : \mathbb{Q}]$. 不用基本定理, 证明 K 是 $\mathbb{Q}$ 的伽罗瓦扩张, 并确定伽罗瓦群.

11. 设 K 是 $x^5 - 2$ 在有理数域上的分裂域. 求出伽罗瓦群 $\mathrm{Gal}(K/\mathbb{Q})$. 确定这个群的子群和子群对应的中间域.

12. 求出下列有理数域上的多项式的伽罗瓦群:

(1) $x^3 - 12x + 8$;

(2) $x^3 - 2x - 2$;

(3) $x^3 + x + 1$;

(4) $x^4 + 4x^2 + 2$;

(5) $x^4 + 3x^3 - 3x + 3$.

13. 设 L 是特征为 $p > 0$ 的域, $a \in L$ 不等于任何 $b^p - b$, $b \in L$. 命 K 为 L 上的多项式 $x^p - x - a$ 的分裂域. 求出 K 在 L 上的伽罗瓦群.

14. 设 $K = \mathbb{F}_p(t)$ 是 p 元域 $\mathbb{F}_p$ 上的有理函数域. 命 G 为 K 的自同构 $t \to t + 1$ 生成的群. 确定 $L = K^G$ 和 $[K : L]$.

15. 在上一题中, 把 G 换成由自同构 $t \to (at + b)(ct + d)^{-1}$ 生成的群, 其中 $a, b, c, d \in \mathbb{F}_p$ 且 $ad - bc = 1$. 确定 $L = K^G$ 和 $[K : L]$.

16. 设 K/L 是伽罗瓦扩张, 伽罗瓦群为 G. 对 G 的任何子群 H, 证明: 存在 $\beta \in K$ 使得 β 在 G 中的稳定子群是 H.

17. 命 $F = \mathbb{Q}(\sqrt[3]{2}, \sqrt{3})$, 有理数域上的多项式 $(x^3 - 2)(x^2 - 3)$ 的分裂域记作 K.

(1) 找出 $\sqrt[3]{2} + \sqrt{3}$ 在 $\mathbb{Q}$ 上的极小多项式并求出这个多项式在 $\mathbb{C}$ 中的根;

(2) 确定伽罗瓦群 $\mathrm{Gal}(K/\mathbb{Q})$.

18. 证明 $K = \mathbb{Q}(\sqrt{2}, \sqrt{3}, \alpha)$, 其中 $\alpha^2 = (9 - 5\sqrt{3})(2 - \sqrt{2})$, 是 $\mathbb{Q}$ 的正规扩域. 求出 $\mathrm{Gal}(K/\mathbb{Q})$.

19. 利用定理 5.28 的证明方法证明如下关于微分方程的结论. 设 y_1, y_2, $\cdots$, y_{n+1} 是实解析函数, 满足系数 a_i 均为实数的线性微分方程 $y^{(n)} + a_1 y^{(n-1)} + \cdots + a_{n-1} y' + a_n y = 0$. 那么诸 y_i 在实数域上是线性相关的.

20. 假设 $f(x) \in L[x]$ 是 n 次可分不可约多项式, 首项系数为 1, 分裂域为 K. 证明 $\mathrm{Gal}(K/L)$ 可迁地作用在 $f(x)$ 在 K 中的根上.

5.6   有 限 域

一   经常需要知道域的有限乘法子群的性质. 我们已经知道, 答案特别简单: 域 K 的乘法有限子群是循环群 (定理 1.21).

二   顾名思义, **有限域**就是只含有限个元素的域. 我们曾经遇到的素域 $\mathbb{Z}/p\mathbb{Z}$, 以后将记作 $\mathbb{F}_p$ 或 $\mathbb{Z}_p$, 只含 p 个元素, 是一个基本的有限域. 值得把定理 1.21 在有限域的特殊情况单独说一下.

定理 5.40   有限域的非零元素在域的乘法下是循环群.

假设 K 是有限域, 其特征必是某个素数 p. 于是 K 所包含的素域 F 与 $\mathbb{F}_p$ 同构. 如果 K 在 F 上的次数是 n, 那么 K 是 F 上的 n 维向量空间, 从而 K 作为 F-向量空间与坐标空间 F^n 同构, K 所含的元素的个数是 p^n. 一个有限域 K 所含的元素的个数称为这个域的**阶**(order) 或基数, 记作 $|K|$. 我们已经证明了如下的结论.

定理 5.41   有限域的阶是这个域的特征的一个幂.

由这个结论可知, 如果两个有限域的阶是一样的, 那么它们的特征也是一样的, 从而它们所含的素域同构. 其实, 我们有更进一步的结论.

定理 5.42   两个有限域同构当且仅当它们的阶相等.

证明   必要性是显然. 现证充分性. 设 K 和 P 是有限域, 阶都是素数 p 的幂 p^n. 这两个域的素域都同构于 $\mathbb{F}_p$. 根据定理 5.40, 这两个域都是其素域上的多项式 $x^{p^n-1} - 1$ 的分裂域. 由推论 5.15 知 K 与 P 同构.   □

一个自然的问题是: 任给素数幂, 是否有域以其为阶? 答案也是令人愉快的.

定理 5.43   对任何素数的一个正整数幂, 存在以这个幂为阶的有限域. 在同构的意义下, 这个有限域是唯一的.

证明   唯一性是已知的 (定理 5.42). 下面说明存在性. 设 p 是素数, n 是正整数. 考虑素域 $\mathbb{F}_p$ 上的多项式 $f(x) = x^{p^n} - x = x(x^{p^n-1} - 1)$ 的分裂域 K. 由于

$f(x)$ 的导数为 $f'(x) = p^n x^{p^n-1} - 1 = -1$, 所以 $f(x)$ 与 $f'(x)$ 互素, 从而 $f(x)$ 有 p^n 个互不相同的根.

设 $a, b \in K$ 是 $f(x)$ 的根, 那么

$$(a \pm b)^{p^n} = a^{p^n} \pm b^{p^n} = a \pm b,$$
$$(ab)^{p^n} = a^{p^n} b^{p^n} = ab,$$

从而 $a \pm b$ 和 ab 都是 $f(x)$ 的根. 此外, 显然 0 和 1 都是 $f(x)$ 的根. 如果 $a \neq 0$, 那么 $(a^{-1})^{p^n} = (a^{p^n})^{-1} = a^{-1}$, 即 a^{-1} 也是 $f(x)$ 的根.

这说明 $f(x)$ 的根的全体是 K 的一个子域. 根据分裂域的定义, K 和这个子域相等, 它就是我们要求的域. □

以上几个优美简单的结论构成我们进一步讨论有限域的基础. 我们常用 $\mathbb{F}_q$ 记任意一个含有 q 个元素的域.

命题 5.44 设 p 是素数, 那么 $\mathbb{F}_{p^r}$ 是 $\mathbb{F}_{p^n}$ 的子域当且仅当 r 是 n 的因子.

证明 如果 $\mathbb{F}_{p^r}$ 是 $\mathbb{F}_{p^n}$ 的子域, 那么 $\mathbb{F}_{p^n}$ 是 $\mathbb{F}_{p^r}$ 上的向量空间. 设这个向量空间的维数是 k, 则有 $p^n = |\mathbb{F}_{p^n}| = |\mathbb{F}_{p^r}|^k = (p^r)^k = p^{rk}$, 可见 $n = rk$.

反之, 假设 r 是 n 的因子, 那么 $p^r - 1$ 是 $p^n - 1$ 的因子, 于是 $x^{p^r-1} - 1$ 是 $x^{p^n-1} - 1$ 的因子, 进而 $x^{p^r} - x$ 是 $x^{p^n} - x$ 的因子. 于是在 $\mathbb{F}_{p^n}$ 中, 方程 $x^{p^r} - x = 0$ 根都是 $x^{p^n} - x$ 的根. 从定理 5.43 的证明可知在 $\mathbb{F}_{p^n}$ 中方程 $x^{p^r} - x = 0$ 有 p^r 个根, 这些根形成一个域, 就是我们要求的 p^r 元子域. □

定理 5.45 设 F 是任意的有限域. 那么对任何正整数, 存在 F 的扩域使得其在 F 上的次数为这个正整数. 这个扩域在同构的意义下是唯一的.

证明 不妨设 $F = \mathbb{F}_q$ 是 q 元域. 对任意的正整数 m, 由于 q^m 仍是一个素数幂, 所以 $K = \mathbb{F}_{q^m}$ 存在且唯一 (在同构的意义下). 上一个定理及证明说它以 F 为一个子域, 且扩张 K/F 的次数为 m. □

三 设 K/L 是有限域的扩张. 由于 K 是素域上的可分多项式的分裂域, 所以 K/L 是伽罗瓦扩张, 特别 K 是其素子域 $\mathbb{F}_p$ 的伽罗瓦扩张. 域 K 的每一个自同构都保持 1 不变, 所以保持 $\mathbb{F}_p$ 不变. 也就是说, 我们有

$$\mathrm{Gal}(K/\mathbb{F}_p) = \mathrm{Aut} K.$$

现在我们确定 Aut K. 根据定理 5.34, 这个群的阶是次数 $[K : \mathbb{F}_p]$. 假设这个次数是 n. 由于在 K 中有 $(a + b)^p = a^p + b^p$, $(ab)^p = a^p b^p$, 我们得到 K 的一个显然的自同构 (弗罗贝尼乌斯映射) $\sigma : a \to a^p$. 如果 $\sigma^k : a \to a^{p^k}$ 是恒等映射, 那么对 K 中所有的元素 a, 有 $a^{p^k} - a = 0$. 这迫使 $k \geqslant n$. 当 $k = n$ 时, σ^k 确实是恒等映射. 于是 σ 是 n 阶元, 我们有 Aut $K = \langle \sigma \rangle$. 也就是说, **Aut K 是 n 阶循环群**.

基本定理 (定理 5.34) 告诉我们 Aut K 的子群与 K 的子域一一对应: $H \subset \text{Aut } K \to K^H$. 我们也知道, 作为循环群, Aut$K$ 的子群与 Aut$K$ 的阶的因子是一一对应的: $d \to \langle \sigma^d \rangle$. 对 $H = \langle \sigma^d \rangle$, 有 $K^H = \{ a \in K \mid a^{p^d} = \sigma^d(a) = a \} = \mathbb{F}_{p^d}$. 应用基本定理或直接验证知 $[K : K^H] = \dfrac{n}{d}$, $[K^H : \mathbb{F}_p] = d$, $\text{Gal}(K/K^H) = H$.

四　有限域上的不可约多项式　结合定理 5.45 和定理 5.40 可知任何一个有限域上都有任意次的不可约多项式. 事实上, 对有限域 F 和正整数 m, 定理 5.45 说 F 有 m 次扩域 K. 域 K 的非零元全体 K^* 是循环群, 设 α 是它的一个生成元, 那么 $K = F(\alpha)$. 元素 α 在 F 上的极小多项式必然有次数 m. 这就是一个 F 上的 m 次不可约多项式. 有限域上给定次数的不可约多项式有多少个是一个有意思的问题. 回答这个问题需要一些数论的知识.

五　莫比乌斯 (Möbius) 反演公式及其应用　数论中由如下规则定义的函数称为**莫比乌斯函数**:

$$\mu(n) = \begin{cases} 1, & \text{若 } n = 1, \\ (-1)^k, & \text{若 } n = p_1 \cdots p_k, \text{ 诸 } p_i \text{ 是不同的素数}, \\ 0, & \text{若 } n \text{ 被某个素数的平方整除}. \end{cases} \qquad (5.6.21)$$

很清楚, 若 μ 在 m 和 n 处的值均不为 0 且 m 和 n 互素, 则有 $\mu(mn) = \mu(m)\mu(n)$. 这是说, μ 是**乘性函数**. 同样显然, 如果 $n = p_1^{m_1} \cdots p_r^{m_r}$, 则

$$\sum_{d|n} \mu(d) = \sum_{d|n_0} \mu(d),$$

其中 $n_0 = p_1 \cdots p_r$ 是 n 的不含素因子平方的最大因子. 对于固定的 s, 数 n_0 的因子 $d = p_{i_1} \cdots p_{i_s}$ 的个数等于 $\binom{r}{s}$. 因此, 当 $n > 1$ 时, 有

$$\sum_{d|n} \mu(d) = \sum_{d|n_0} \mu(d) = \sum_{s=0}^{r} \binom{r}{s} (-1)^s = (1 - 1)^r = 0.$$

(左端的求和指标 d 取遍整数 n 的所有正整数因子). 最后得到公式

$$\sum_{d|n} \mu(d) = \begin{cases} 1, & \text{若 } n = 1, \\ 0, & \text{若 } n > 1. \end{cases} \qquad (5.6.22)$$

它的变形

$$\sum_{d|n|m} \mu\left(\frac{m}{n}\right) = \begin{cases} 1, & \text{若 } d = m, \\ 0, & \text{若 } d|m, \ d < m \end{cases} \tag{5.6.23}$$

也是有用的 (求和是对整除 m 而又被 d 整除的 n 进行的). 命 $m = dt$, $n = dl$, 并让 l 取遍 t 的因子, 则容易看出上面两个公式是等价的. 它们也可以作为莫比乌斯函数的递归定义. 二者对我们的价值包含在下面的断言中.

设 f 和 g 是从正整数集合 $\mathbb{N}\backslash\{0\}$ 到 M 的任意两个函数 (M 等于 $\mathbb{Z}$, $\mathbb{R}$, $K[x]$ 等等), 若它们由关系式

$$f(n) = \sum_{d|n} g(d) \tag{5.6.24}$$

联系起来, 则

$$g(n) = \sum_{d|n} \mu\left(\frac{n}{d}\right) f(d). \tag{5.6.25}$$

事实上, 将公式 (5.6.24) 两边同乘以 $\mu\left(\frac{m}{n}\right)$, 然后对 m 的所有因子 n 求和, 并利用公式 (5.6.23), 即得

$$\sum_{n|m} \mu\left(\frac{m}{n}\right) f(n) = \sum_{n|m} \mu\left(\frac{m}{n}\right) \sum_{d|n} g(d) = \sum_{d|m} g(d) \sum_{d|n|m} \mu\left(\frac{m}{n}\right) = g(m).$$

简单地更换一下记号就得到公式 (5.6.25), 它称为**莫比乌斯反演公式**. 以类似的方式可以完成由公式 (5.6.25) 到公式 (5.6.24) 的转换.

对乘法, 有类似的反演公式: 若 $f(n) = \prod_{d|n} g(d)$, 则

$$g(n) = \prod_{d|n} f(d)^{\mu(n/d)}. \tag{5.6.26}$$

利用对数, 立即可以看出这个公式是 (5.6.25) 的乘法形式. 直接证明也是容易的:

$$\prod_{n|m} f(n)^{\mu(m/n)} = \prod_{n|m} \prod_{d|n} g(d)^{\mu(m/n)} = \prod_{d|m} \prod_{d|n|m} g(d)^{\mu(m/n)}$$
$$= \prod_{d|m} g(d)^{\sum_{d|n|m} \mu(m/n)} = g(m).$$

然后稍微地改变一下记号就变成公式 (5.6.26) 了.

莫比乌斯反演公式的应用是广泛的, 下面给出三个例子.

例 5.46 (欧拉函数) φ 根据定义, $\varphi(n)$ 是整数 $1, 2, \cdots, n-1$ 中与 n 互素的数的个数, 或者说, 是环 $\mathbb{Z}/n\mathbb{Z}$ 中的可逆元群 $U(\mathbb{Z}/n\mathbb{Z})$ 的阶. 根据欧拉函数的乘性以及 $\varphi(p^m) = p^m - p^{m-1}$, 容易看出

$$n = \sum_{d|n} \varphi(d). \tag{5.6.27}$$

根据公式 (5.6.26) 得

$$\varphi(n) = \sum_{d|n} \mu\left(\frac{n}{d}\right) d = \sum_{d|n} \mu(d) \frac{n}{d} = n \sum_{d|n} \frac{\mu(d)}{d}.$$

若 $n = p_1^{m_1} \cdots p_r^{m_r}$, 则

$$\sum_{d|n} \frac{\mu(d)}{d} = 1 - \sum_i \frac{1}{p_i} + \sum_{i<j} \frac{1}{p_i p_j} - \cdots + (-1)^r \frac{1}{p_1 \cdots p_r}$$

$$= \left(1 - \frac{1}{p_1}\right)\left(1 - \frac{1}{p_2}\right) \cdots \left(1 - \frac{1}{p_r}\right).$$

因此

$$\varphi(n) = n \left(1 - \frac{1}{p_1}\right)\left(1 - \frac{1}{p_2}\right) \cdots \left(1 - \frac{1}{p_r}\right).$$

这当然也可以从命题 4.34 看出.

例 5.47 (分圆多项式) 多项式 $X^n - 1$ 在 $\mathbb{Q}$ 上的分裂域 Γ_n 称为**分圆域**. 因为 1 的 n 次根全体组成 n 阶循环群, 所以分圆域具有形式 $\mathbb{Q}(\zeta)$, 其中 ζ 是 1 的 n 次本原根. 我们希望求出次数 $[\Gamma_n : \mathbb{Q}]$ 和 ζ 在 $\mathbb{Q}$ 上的极小多项式.

用 U_n 表示 1 的 n 次本原根全体组成的集合, 其基数 $|U_n| = \varphi(n)$. 注意 n 阶循环群的子群和数 n 的因子 d 之间有一一对应, 而每一个 ζ^i 落入某个集合 U_d. 因此, 产生 1 的 n 次根的一个划分

$$\{1, \zeta, \zeta^2, \cdots, \zeta^{n-1}\} = \bigcup_{d|n} U_d, \tag{5.6.28}$$

(取集合的基数, 又得到公式 (5.6.27)). 次数为 $\varphi(n)$ 的多项式

$$\Phi_n(x) = \prod_{\zeta \in U_n} (x - \zeta)$$

称为**第 n 个分圆多项式**(或相应于 Γ_n 的分圆多项式). 从划分 (5.6.28) 我们得到分解式

$$x^n - 1 = \prod_{i=0}^{n-1} (x - \zeta^i) = \prod_{d|n} \left\{ \prod_{\zeta \in U_d} (x - \zeta) \right\} = \prod_{d|n} \Phi_d(x). \tag{5.6.29}$$

将莫比乌斯反演公式应用于上式, 得到 Φ_n 的显性表达式[①]

$$\Phi_n(x) = \prod_{d|n}(x^d - 1)^{\mu(n/d)}. \qquad (5.6.30)$$

对于 n 不大的值, 有

$$\Phi_1(x) = x - 1, \quad \Phi_2(x) = x + 1, \quad \Phi_3(x) = x^2 + x + 1,$$
$$\Phi_4(x) = x^2 + 1, \quad \Phi_6(x) = x^2 - x + 1, \quad \Phi_8(x) = x^4 + 1,$$
$$\Phi_9(x) = x^6 + x^3 + 1, \quad \Phi_{10}(x) = x^4 - x^3 + x^2 - x + 1,$$
$$\Phi_{12}(x) = x^4 - x^2 + 1.$$

我们看到

$$\Phi_n(x) \in \mathbb{Z}[x], \quad \Phi_n(0) = 1, \quad n > 1. \qquad (5.6.31)$$

上式可以通过归纳法得到, 而不是通过公式 (5.6.30). 对不大的 n, 它是已知的. 接下来, 归纳假设说

$$g(x) = \prod_{d|n,\, d \neq n} \Phi_d(x)$$

是常数项为 -1 的多项式. 运用带余除法, 得到唯一的多项式 $q, r \in \mathbb{Z}[x]$ 使得

$$x^n - 1 = q(x)g(x) + r(x), \quad \deg r(x) < \deg g(x).$$

但在 $\mathbb{Q}(\zeta)[x]$ 中有 $\Phi_n(x)|(x^n - 1)$, 所以 $r(x) = 0$. 从而 $\Phi_n(x) = q(x) \in \mathbb{Z}[x]$, 并且 $g(x)$ 的常数项为 -1 蕴含 $\Phi_n(x)$ 的常数项为 1.

第一卷例 6.34 已经确定了多项式

$$\Phi_p(x) = (x^p - 1)/(x - 1) = x^{p-1} + x^{p-2} + \cdots + x + 1$$

的不可约性, 其中 p 是任意素数. 对于一般的 n, 多项式 Φ_n 的不可约性留待下一节去讨论.

例 5.48 ($\mathbb{F}_q$ 上的不可约多项式) 设 $\psi_d(q)$ 是 $\mathbb{F}_q$ 上 d 次不可约首一多项式的个数, $q = p^n$, 并设 $f(x)$ 是这些多项式中的一个. 它在 $\mathbb{F}_q$ 上的分裂域既同构于商环 $\mathbb{F}_q[x]/(f(x))$, 又同构于多项式 $x^{q^d} - x$ 的分裂域 (定理 5.45 或定理 5.43 的推论). 由于 $f(x)$ 的不可约性, $x^{q^d} - x$ 和 $f(x)$ 存在公共根意味着 $f(x)$ 整除 $x^{q^d} - x$. 我们知道, 对任何 $m = rd$, 多项式 $x^{q^d} - x$ 是 $x^{q^m} - x$ 的因子, 而且 $x^{q^d} - x$ 没有重

[①] 英文: closed formula, 意指公式是自足的, 给出自变量的值, 通过代入就可以用这个公式求出函数的值, 不需要解方程等其他工作. 显性公式相对的是隐性公式, 两者的差别类似于显性函数和隐 (性) 函数.

根. 从而, 可以得出结论: 对于任何 $d|m$, 多项式 $x^{q^m} - x$ 在 $\mathbb{F}_q$ 上分解成不可约多项式的乘积时, $\mathbb{F}_q$ 上所有 d 次首一不可约多项式

$$f_{d,1}(x),\ f_{d,2}(x),\ \cdots,\ f_{d,\psi_d(q)}(x)$$

都出现在其中, 且每一个都恰好出现一次:

$$x^{q^m} - x = \prod_{d|m} \left\{ \prod_{k=1}^{\psi_d(q)} f_{d,k}(x) \right\}. \tag{5.6.32}$$

比较上式两边多项式的次数, 得到关系式

$$q^m = \sum_{d|m} d\psi_d(q).$$

应用莫比乌斯反演公式, 得

$$\psi_m(q) = \frac{1}{m} \sum_{d|m} \mu\left(\frac{m}{d}\right) q^d. \tag{5.6.33}$$

例如, 对 $q = 2$, 有

$$\psi_2(2) = \frac{1}{2}(2^2 - 2) = 1, \quad \psi_3(2) = \frac{1}{3}(2^3 - 2) = 2,$$
$$\psi_4(2) = \frac{1}{4}(2^4 - 2^2) = 3, \quad \psi_5(2) = \frac{1}{5}(2^5 - 2) = 6,$$
$$\psi_6(2) = \frac{1}{6}(2^6 - 2^3 - 2^2 + 2) = 9.$$

公式 (5.6.33) 指出, 随机取出 $\mathbb{F}_q$ 上的 m 次首一多项式, 它是不可约多项式的概率大致是 $1/m$. 不过, 对于具体的一个多项式, 并没有令人满意的不可约性判别法. 例如, 关于多项式 $x^m + x^k + 1$, 能就其不可约性说些什么? 这类问题在代数编码和伪随机序列的构造中经常遇到.

习　题　5.6

1. 求出 $\mathbb{F}_8$ 中的元素在 $\mathbb{F}_2$ 上的极小多项式.

2. 在 $\mathbb{F}_{13}$ 中找到 2 的一个 13 次根.

3. 求出 $\mathbb{F}_3$ 和 $\mathbb{F}_5$ 上的 3 次不可约多项式的个数.

4. 在 $\mathbb{F}_3$ 中分解 $x^9 - x$ 和 $x^{27} - x$.

5. 设 K 是有限域. 证明 K 中的非零元的乘积是 -1.

6. 多项式 $f(x) = x^3 + x + 1$ 和 $g(x) = x^3 + x^2 + 1$ 在 $\mathbb{F}_2$ 上不可约. 命 K 为 $\mathbb{F}_2$ 的扩域, 由添加 $f(x)$ 的一个根得到; 命 F 为 $\mathbb{F}_2$ 的扩域, 由添加 $g(x)$ 的一个根得到. 清晰地描述从 K 到 F 的一个同构, 求出这样的同构的个数.

7. 证明: 如果 $n \geqslant 3$, 那么 $x^{2^n} + x + 1$ 是 $\mathbb{F}_2$ 上的可约多项式.

8. 设 $F = \mathbb{F}_p$.

(1) 直接求出 $F[x]$ 上的二次首一不可约多项式的个数.

(2) 设 $f(x)$ 是 $F[x]$ 中的二次不可约多项式. 证明 $K = F[x]/(f)$ 是阶为 p^2 的域, 其元素都有形式 $a + b\alpha$, 其中 $a, b \in F$, α 是 $f(x)$ 在 K 中的一个根. 而且, 如果 $b \neq 0$, 任何 $a + b\alpha$ 都是 $F[x]$ 中某个二次不可约多项式的根.

(3) 证明 $F[x]$ 中每个二次不可约多项式在 K 中都有根.

(4) 对于给定的素数 p, 直接证明上面方式构造的域 K 都是同构的.

9. 设 F 是有限域, $f(x) \in F[x]$ 是非常数多项式, 导数为 0. 证明: $f(x)$ 不是不可约的.

10. 设 $|F| = p^n$. 证明: 域 F 中任何元素在 F 中有唯一的 p 次根.

11. 构造一个 9 元域并写出其加法和乘法表. 对 25 元域做同样的事情.

12. 设 $|F| = q$, n 和 q 互素, K 是 $x^n - 1$ 在 F 上的分裂域. 证明: $[K : F]$ 是最小的正整数 k 使得 $n|(q^k - 1)$.

13. 设 F 是 q 元域, $f(x) \in F[x]$ 不可约. 证明 $f(x)$ 整除 $x^{q^n} - x$ 当且仅当 $\deg f$ 整除 n.

14. 假设 $L = \mathbb{F}_{p^r}$ 是 $K - \mathbb{F}_{p^n}$ 的子域, 那么 $r|n$. 证明 $\mathrm{Gal}(K/L)$ 由 K 的自同构 $\phi: a \to a^{p^r}$ 生成.

15. 证明: 有限域中的元素都可以写成这个域中两个元素的平方和.

16. 从自然的包含链
$$\mathbb{F}_p \subset \mathbb{F}_{p^{2!}} \subset \mathbb{F}_{p^{3!}} \subset \cdots$$
出发, 引入正向极限 (direct limit)
$$\Omega_p = \bigcup_{i=0}^{\infty} \mathbb{F}_{p^{i!}}.$$
证明: Ω_p 是代数闭域, 即 $\Omega_p[x]$ 中任何多项式都可以分解成线性多项式的乘积.

17. 命 $q = p^n$. 证明: 当 $p = 2$ 时, 域 $\mathbb{F}_q$ 中任何元素都是平方元, 当 $p > 2$ 时, 群 $\mathbb{F}_q^*$ 中的平方元在其中组成指数为 2 的子群 $\mathbb{F}_q^{*2}$, 并且 $\mathbb{F}_q^* = \mathrm{Ker}\,(a \to a^{(q-1)/2})$.

18. (阿西巴谢尔 (M. Aschbacher)) 设 $\mathbb{F}_q$ 是阶为奇数 $q = p^n$ 的域, 若 q 不等于 3 或 5, "圆周"方程 $x^2 + y^2 = 1$ 在 $\mathbb{F}_q^*$ 中有解. 对 $p > 5$ 证明这个断言.

19. 如果 $\mathbb{F}_{p^n} = \mathbb{F}_p(\alpha)$, 是否 α 一定为 $\mathbb{F}_{p^n}^*$ 的生成元?

20. 假设 L 的特征为 $p > 0$, 域 K 是 L 的有限扩张. 证明: 如果 $[K : L]$ 与 p 互素, 那么 K 是 L 的可分扩张.

21. 假设 L 的特征为 $p > 0$. 证明: 如果 $a \in L$ 在 L 中没有 p 次根, 那么对所有的正整数 n, 多项式 $x^{p^n} - a$ 在 $L[x]$ 中是不可约的.

22. 假设 L 的特征为 $p > 0$, α 是 L 上的代数元. 证明: α 是可分的当且仅当对所有的正整数 n 有 $L(\alpha) = L(\alpha^{p^n})$.

23. 证明: 对任何 $d | n, d < n$, 由关系式 $x^n - 1 = (x^d - 1)\Phi_n(x)h_d(x)$, 其中 $h_d(x) \in \mathbb{Z}[x]$.

24. 设 $q > 1$ 是正整数. 根据关系式 (5.6.31), $\Phi_n(q) \in \mathbb{Z}$. 证明: $\Phi_n(q) | (q - 1) \Longrightarrow n = 1$.

25. 验证: 分圆多项式

$$\Phi_{15}(x) = x^8 - x^7 + x^5 - x^4 + x^3 - x + 1,$$

看作域 $\mathbb{F}_2$ 上的多项式时是两个不可约多项式 $x^4 + x^3 + 1$ 和 $x^4 + x + 1$ 的积. 利用这个事实, 证明 $\Phi_{15}(x)$ 在有理数域上是不可约的.

26. 验证分圆多项式有如下性质:

若 p 是素数且 $p | n$, 则 $\Phi_{pn}(x) = \Phi_n(x^p)$; 若 $p \nmid n$, 则 $\Phi_{pn}(x) = \Phi_n(x^p)/\Phi_n(x)$.

27. 在这个习题中我们可以看到公式 (5.6.33) 中的数 $\varphi_m(q)$ 在完全不同的问题中出现. 设 $A(q) = \mathrm{Ass}_F(X_1, \cdots, X_q)$ 是域 F 上的自由结合代数, 它由 q 个自由生成元 (非交换的变元) $X_1, \cdots, X_q$ 生成. 命 $A_m(q)$ 为 $A(q)$ 中由次数为 m 的单项式张成的子空间:

$$A_m(q) = \langle X_{i_1} X_{i_2} \cdots X_{i_m} \mid 1 \leqslant i_j \leqslant n \rangle_F, \quad \dim A_m(q) = q^m.$$

可见 $A(q)$ 是分次代数

$$A(q) = F \cdot 1 \oplus A_1(q) \oplus A_2(q) \oplus A_3(q) \oplus \cdots.$$

在 $A(q)$ 中包含由 $X_1, \cdots, X_q$ 生成的自由李代数 $L(q) = \mathrm{Lie}(X_1, \cdots, X_q)$, 方括号运算是 $[UV] = UV - VU$. 李代数 $L(q)$ 也是分次的:

$$L(q) = F \cdot 1 \oplus L_1(q) \oplus L_2(q) \oplus L_3(q) \oplus \cdots,$$

其中 $L_1(q) = \langle X_1, \cdots, X_q \rangle_F$,

$$L_2(q) = \langle [X_i X_j] \mid i < j \rangle_F, \quad L_3(q) = \langle [[X_i X_j] X_k] \mid 1 \leqslant i, j, k \leqslant n \rangle_F.$$

利用雅可比等式验证:

$$L_3(q) = \langle [[X_i X_j] X_k] \mid i < j \text{ 且 } k \leqslant j \rangle_F, \quad \dim L_3(q) = \frac{1}{3}(q^3 - q).$$

事实上, 有广义维特 (Witt) 公式

$$\dim L_m(q) = \varphi_m(q) = \frac{1}{m} \sum_{d \mid m} \mu\left(\frac{m}{d}\right) q^d. \tag{5.6.34}$$

形式上, 它和公式 (5.6.33) 完全一致, 差别在于函数的定义域, 此处 q 是任意正整数, 公式 (5.6.33) 处 q 是素数的幂.

28. (1) 设 F 是 q 元域. 定义 zeta 函数

$$Z(t) = (1-t)^{-1} \prod_f (1 - t^{\deg f})^{-1},$$

其中 $f = f(X)$ 取遍 $F[X]$ 中的首一不可约多项式. 证明 $Z(t)$ 是有理函数并求出这个有理函数.

(2) 命 $\pi_q(n)$ 为 $F[X]$ 中次数不超过 n 的首一不可约多项式. 证明

$$\text{当 } q \to \infty \text{ 时}, \quad \pi_q(m) \sim \frac{q}{q-1} \frac{q^m}{m},$$

此处 $\sim$ 的含义是两边的比值在 $n \to \infty$ 时极限为常数.

注 这个结论类似于数论中的素数定理, 但这儿的结论是简单的, 因为相应的黎曼假设很容易验证. 更有意思的情况是考虑有限域 $\mathbb{F}_q$ 上的椭圆曲线 $y^2 = x^3 + ax + b$, $-4a^3 - 27b^2 \neq 0$ 在 $\mathbb{F}_{q^n}$ 中的解的个数. 命

$$N_n = \#\{(x, y) \in \mathbb{F}_{q^n} \times \mathbb{F}_{q^n} \mid y^2 = x^3 + ax + b\}.$$

定义 zeta 函数 $Z(t)$ 为唯一的有理函数使得 $Z(0) = 1$ 且

$$Z'(t)/Z(t) = \sum (N_n + 1) t^{n-1}.$$

哈塞 (Hasse) 有一个著名的定理断言 $Z(t)$ 是如下形式的有理函数:

$$Z(t) = \frac{(1 - \alpha t)(1 - \bar{\alpha} t)}{(1-t)(1-qt)},$$

其中 α 是一个负有理数的二次根, $\bar{\alpha}$ 是它的复共轭且 $\alpha \bar{\alpha} = q$, 从而 $|\alpha| = q^{1/2}$.

5.7 单 位 根

假设 L 是域, K 是域 L 上的多项式 $x^n - 1$ 的分裂域. 如果这个多项式没有重根, 则称 K 是**由 L 添加 n 次本原单位根生成的域**. (注意这个多项式有重根当且仅当域 L 的特征整除 n.) 设 ε_1, ε_2, $\cdots$, ε_n 是 $x^n - 1$ 在 K 中的根, 那么它们形成一个乘法群. 根据定理 1.21, 这是一个循环群. 这个群的任何生成元都称为 n **次本原单位根**. 如果 ε 是一个 n 次本原单位根, 那么它的阶是 n, 从而 $x^n - 1$ 的根就是 1, ε, ε^2, $\cdots$, ε^{n-1}.

熟知, 如果 ε 是 n 次本原单位根, 那么 ε^m 是 n 次本原单位根当且仅当 m 与 n 互素. 在第一卷 5.3 节第三部分中我们构造了剩余类环 $\mathbb{Z}/n\mathbb{Z}$. 在这个环中, m 所在的剩余类 $\bar{m}$ 是乘法的可逆元当且仅当 m 与 n 互素. 这个环中的乘法可逆元全体在乘法下形成一个群, 记作 $U(\mathbb{Z}/n\mathbb{Z})$. 当 $n = p$ 是素数时, $\mathbb{Z}/p\mathbb{Z}$ 中的非零元都是可逆的, 从而 $U(\mathbb{Z}/p\mathbb{Z})$ 是 $p - 1$ 阶循环群.

定理 5.49 假设 K 是由 L 添加 n 次本原单位根生成的域, 那么 K 是 L 的伽罗瓦扩张. 假设 K 不等于 L (即 $x^n - 1$ 有根不在 L 中), 那么群 $\mathrm{Gal}(K/L)$ 与剩余类环 $\mathbb{Z}/n\mathbb{Z}$ 中乘法可逆元形成的群 $U(\mathbb{Z}/n\mathbb{Z})$ 的一个子群同构. 特别伽罗瓦群 $\mathrm{Gal}(K/L)$ 是交换的, 当 n 是素数时, 这个伽罗瓦群是循环群.

证明 由于 $x^n - 1$ 没有重根, 所以它的分裂域 K 是基域 L 的伽罗瓦扩张.

假设 K 不等于 L, 那么 n 次本原单位根 ε 不在 L 中. 我们有 $K = L(\varepsilon)$. 设 σ 是群 $\mathrm{Gal}(K/L)$ 中的元素. 由于 σ 保持 L 中的元素不动, 所以 σ 完全由它在 ε 处的值确定. 显然 $\sigma(\varepsilon)$ 仍是 $x^n - 1$ 的根, 所以是 ε 的一个幂. 由于 σ 是同构, $\sigma(\varepsilon) = \varepsilon^{n_\sigma}$ 还是 n 次本原单位根, 其中 $1 \leqslant n_\sigma < n$. 而且, $\tau\sigma(\varepsilon) = \tau(\varepsilon^{n_\sigma}) = (\tau(\varepsilon))^{n_\sigma} = (\varepsilon^{n_\tau})^{n_\sigma} = \varepsilon^{n_\tau \cdot n_\sigma} = \sigma\tau(\varepsilon)$. 于是 $n_{\sigma\tau} = n_\sigma n_\tau \ (\mathrm{mod}\, n)$.

由此可见, 映射 $\mathrm{Gal}(G/L) \to U(\mathbb{Z}/n\mathbb{Z})$, $\sigma \to \bar{n}_\sigma$ 是群同态且是单射. 当 $n = p$ 是素数时, $U(\mathbb{Z}/n\mathbb{Z})$ 是 $p - 1$ 阶循环群. 由于循环群的子群仍是循环群, 所以当 n 是素数时, $\mathrm{Gal}(K/L)$ 是循环群. $\square$

从这个定理可知, 在基域上添加 n 次本原单位根得到的扩域的次数不超过欧拉函数 φ 在 n 处的值 $\varphi(n)$. 在基域为有理数域这个极其重要的特殊情形, 下面的结论表明扩张次数正好是 $\varphi(n)$. 它等价于有理数域上的分圆多项式是不可约多项式.

定理 5.50 分圆多项式 $\Phi_n(x)$ 是有理数域上的不可约多项式. 特别, 如果 K 是由 $\mathbb{Q}$ 添加 n 次本原单位根生成的域, 那么 K 是 $\mathbb{Q}$ 的伽罗瓦扩张, 群 $\mathrm{Gal}(K/\mathbb{Q})$ 与剩余类环 $\mathbb{Z}/n\mathbb{Z}$ 中乘法可逆元形成的群 $U(\mathbb{Z}/n\mathbb{Z})$ 同构, 从而 $[K:\mathbb{Q}] = \varphi(n)$.

证明 设 ε 是复数域中一个 n 次本原单位根. 根据上一个定理, $K = \mathbb{Q}(\varepsilon)$ 是 $\mathbb{Q}$ 的伽罗瓦扩张, 且 $\mathrm{Gal}(K/\mathbb{Q})$ 同构于 $U(\mathbb{Z}/n\mathbb{Z})$ 的一个子群. 根据定理 5.7 和定理 5.32, 这意味着 ε 在有理数域上的极小多项式 $f(x)$ 的次数 $[K:\mathbb{Q}]$ 不超过 $|U(\mathbb{Z}/n\mathbb{Z})| = \varphi(n)$. 复数域中 n 次本原单位根的个数是 $\varphi(n)$. 我们证明复数域中任何 n 次本原单位根都是 $f(x)$ 的零点, 从而 $f(x)$ 的次数至少是 $\varphi(n)$. 这迫使 $f(x)$ 的次数为 $\varphi(n)$ 并且 $f(x)$ 就是分圆多项式 $\Phi_n(x)$. 由于极小多项式是不可约的, $\Phi_n(x)$ 作为 n 次本原单位根在有理数域上的极小多项式, 所以在有理数域上是不可约的. 结合上一个定理, 这也蕴含 $\mathrm{Gal}(K/\mathbb{Q}) \simeq U(\mathbb{Z}/n\mathbb{Z})$.

注意 $f(x)$ 是 $x^n - 1$ 的因子. 命

$$x^n - 1 = f(x)g(x).$$

那么 $f(x)$ 和 $g(x)$ 的首项系数都是 1. 根据高斯引理及其推论 (见第一卷定理 6.30 和推论 6.31), $f(x)$ 和 $g(x)$ 都是整系数多项式.

假设 p 是不整除 n 的素数. 注意 ε^p 是 $x^n - 1$ 的根. 如果它不是 $f(x)$ 的根, 则它是 $g(x)$ 的根, 从而 ε 是 $g(x^p)$ 的根. 由于 $f(x)$ 是 ε 的极小多项式, 所以 $f(x)$ 整除 $g(x^p)$. 命

$$g(x^p) = f(x)h(x).$$

由于 $f(x)$ 和 $g(x^p)$ 都是首一整系数多项式, 可知 $h(x)$ 是首一整系数多项式. 对任意的整数 a 有 $a^p \equiv a \pmod{p}$, 于是

$$g(x^p) \equiv g(x)^p \pmod{p}.$$

从而

$$g(x)^p \equiv f(x)h(x) \pmod{p}.$$

把系数模 p 后, 从 $f(x)$ 和 $g(x)$ 得到 $\mathbb{Z}/p\mathbb{Z}$ 上的多项式 $\bar{f}$ 和 $\bar{g}$. 上式表明 $\bar{f}$ 和 $\bar{g}$ 不是互素的. 这意味着 $\mathbb{Z}/p\mathbb{Z}$ 上的多项式 $x^n - \bar{1} = \bar{f}(x)\bar{g}(x)$ 有重根. 但这不可能, 因为 p 不整除 n, 从而 $x^n - \bar{1}$ 的导数 nx^{n-1} 与 $x^n - \bar{1}$ 互素. 可见 ε^p 是 $f(x)$ 的根.

复数域中任何 n 次单位根都是 ε 的某个幂 ε^m. 这个单位根 ε^m 是 n 次本原单位根当且仅当 m 与 n 互素. 这意味着 m 是若干个与 n 互素的素数的乘积. 从上面

的讨论可知, 这时 ε^m 是 $f(x)$ 的根. 于是, 复数域中任何 n 次本原单位根都是 $f(x)$ 的零点. □

习　题　5.7

以下 ζ_n 记 1 在 $\mathbb{C}$ 中的一个 n 次本原根.

1. 求出 ζ_7 在 $\mathbb{Q}(\zeta_3)$ 上的次数.

2. 设 $\zeta = \zeta_7$, 求出下列元素在 $\mathbb{Q}$ 上的次数:

(1) $\zeta + \zeta^5$;　(2) $\zeta^3 + \zeta^4$;　(3) $\zeta^3 + \zeta^5 + \zeta^6$.

3. 设 $K = \mathbb{Q}(\zeta_p)$. 对下列情况清楚描述扩张 $K/\mathbb{Q}$ 的中间域:

(1) $p = 5$;　(2) $p = 7$;　(3) $p = 11$;　(4) $p = 13$.

4. 确定如下多项式在有理数域上的伽罗瓦群: $x^8 - 1$, $x^{12} - 1$, $x^9 - 1$.

5. 对 $n > 2$ 有 $[\mathbb{Q}(\zeta_n + \zeta_n^{-1}) : \mathbb{Q}] = \varphi(n)/2$.

6. 假设 n 和 m 是互素的正整数, 那么

(1) $\mathbb{Q}(\zeta_n)\mathbb{Q}(\zeta_m) = \mathbb{Q}(\zeta_{nm})$, 这里 $\mathbb{Q}(\zeta_n)\mathbb{Q}(\zeta_m) = \mathbb{Q}(\zeta_n, \zeta_m)$ 是 $\mathbb{C}$ 中包含 $\mathbb{Q}(\zeta_n)$ 和 $\mathbb{Q}(\zeta_m)$ 的最小子域.

(2) $\mathbb{Q}(\zeta_n) \cap \mathbb{Q}(\zeta_m) = \mathbb{Q}$.

7. 设 K 是 $\mathbb{Q}$ 的有限扩张. 证明: K 中 1 的根的个数是有限的.

8. 设 p 是奇素数. 证明: 在 $\mathbb{Q}(\zeta_p)$ 中 $\mathbb{Q}$ 有唯一的二次扩域 L. 如果 $p \equiv 1 \pmod 4$, 那么 $L = \mathbb{Q}(\sqrt{p})$, 如果 $p \equiv 3 \pmod 4$, 那么 $L = \mathbb{Q}(\sqrt{-p})$.

5.8　诺特方程、范数和迹

一　诺特方程　设 K 是域, G 是 K 的自同构群的子群. 域 K 中的一组元素 x_σ $(\sigma \in G)$ 称为 **(群 G 的) 诺特方程的一个解**如果 $x_\sigma \cdot \sigma(x_\tau) = x_{\sigma\tau}$ 对任意的 $\sigma, \tau \in G$.

如果某个 $x_\sigma = 0$, 那么 $x_\tau = 0$ 对任意的 $\tau \in G$. 事实上, 当 τ 取遍 G 中的元素时, $\sigma\tau$ 取遍 G 中的元素, 从 $x_\sigma = 0$ 得 $x_{\sigma\tau} = x_\sigma \cdot \sigma(x_\tau) = 0$. 于是, 诺特方程的

解不含 0 元素, 除非这个解全是 0 (称为平凡解). 以下只考虑非平凡解.

定理 5.51 假设 G 是域 K 的自同构群的有限子群, 那么元素组 x_σ, $\sigma \in G$ 是诺特方程的一个解当且仅当存在 K 中的非零元素 α 使得 $x_\sigma = \alpha/\sigma(\alpha)$ 对任意的 $\sigma \in G$.

证明 充分性 对 K 中任意非零元 α, 元素组 $x_\sigma = \alpha/\sigma(\alpha)$ 确是诺特方程的解, 因为

$$x_\sigma \cdot \sigma(x_\tau) = \frac{\alpha}{\sigma(\alpha)} \cdot \sigma\left(\frac{\alpha}{\tau(\alpha)}\right) = \frac{\alpha}{\sigma(\alpha)} \cdot \frac{\sigma(\alpha)}{\sigma\tau(\alpha)} = \frac{\alpha}{\sigma\tau(\alpha)}.$$

(注意充分性并不需要 G 是有限的这一条件.)

必要性 假设元素组 $x_\sigma, \sigma \in G$ 是诺特方程的一个 (非平凡) 解. 根据推论 5.20, G 中的元素在 K 上线性无关, 所以线性组合 $\sum_{\tau \in G} x_\tau \tau : K \to K$ 不是零映射. 于是存在 $a \in K$ 使得

$$\sum_{\tau \in G} x_\tau \cdot \tau(a) = \alpha \neq 0.$$

把 σ 作用到这个等式, 得

$$\sigma(\alpha) = \sum_{\tau \in G} \sigma(x_\tau) \cdot \sigma\tau(a).$$

两边乘以 x_σ, 可见

$$x_\sigma \cdot \sigma(\alpha) = \sum_{\tau \in G} x_\sigma\sigma(x_\tau) \cdot \sigma\tau(a).$$

用 $x_{\sigma\tau}$ 替换 $x_\sigma\sigma(x_\tau)$, 注意当 τ 取遍 G 中的元素时, $\sigma\tau$ 取遍 G 中的元素, 我们有

$$x_\sigma \cdot \sigma(\alpha) = \sum_{\tau \in G} x_\tau \cdot \tau(a).$$

于是

$$x_\sigma = \alpha/\sigma(\alpha).$$

结论得证. □

诺特方程的解确定了 G 到 K 的映射 $\mathcal{A} : \sigma \to x_\sigma$. 如果 L 是 G 的不动点域, 元素 x_σ 都在 L 中, 那么这个映射是 G 在 L 中的特征. 的确, 我们有 $\mathcal{A}(\sigma\tau) = x_{\sigma\tau} = x_\sigma \cdot \sigma(x_\tau) = x_\sigma x_\tau$, 因为 $\sigma(x_\tau) = x_\tau$ 如果 $x_\tau \in L$. 反过来, G 在 L 中的任意特征 $\mathcal{A}$ 提供了诺特方程的一个解: $x_\sigma = \mathcal{A}(\sigma)$. 事实上, 由于 $x_\tau \in L$, 所以 $x_\sigma \cdot \sigma(x_\tau) = x_\sigma \cdot x_\tau = \mathcal{A}(\sigma) \cdot \mathcal{A}(\tau) = \mathcal{A}(\sigma\tau) = x_{\sigma\tau}$. 结合定理 5.51, 我们得以下定理.

定理 5.52   设 K/L 是伽罗瓦扩张. 那么对 $G = \mathrm{Gal}(K/L)$ 的任意在 L 中的特征 $\mathcal{A}$, 存在 K 中的元素 α 使得 $\mathcal{A}(\sigma) = \alpha/\sigma(\alpha)$. 反过来, 如果对任意的 $\sigma \in G$, 元素 $\alpha/\sigma(\alpha)$ 在 L 中, 那么 $\mathcal{A}(\sigma) = \alpha/\sigma(\alpha)$ 是 G 在 L 中的特征. 如果 r 是 G 的元素的阶的最小公倍数, 那么 $\alpha^r \in L$.

除了最后一个断言, 其余的前面已经证明了. 要说明最后一个结论, 只需证明 $\sigma(\alpha^r) = \alpha^r$ 对任意的 $\sigma \in G$ 成立. 这由等式 $\alpha^r/\sigma(\alpha^r) = (\alpha/\sigma(\alpha))^r = (\mathcal{A}(\sigma))^r = \mathcal{A}(\sigma^r) = \mathcal{A}(e) = 1$ 得出, 其中 e 是 G 中的单位元.

上面关于诺特方程的结论对于讨论多项式 $x^n - a$ 的分裂域是很有用的. 它还可以用于证明著名的希尔伯特定理 90, 是关于范数和迹的核的断言. 希尔伯特的这个定理可以用于循环扩张的探讨.

二   范数与迹   设 K/L 是伽罗瓦扩张, $G = \mathrm{Gal}(K/L) = \{\sigma_1 = e,\ \sigma_2,\ \cdots,\ \sigma_n\}$. 对 $u \in K$, 定义它 (从 K 到 L) 的**范数**如下:

$$\mathrm{N}_{K/L}(u) = \mathrm{N}_L^K(u) = \prod_{\sigma \in G} \sigma(u) = \prod_{i=1}^n \sigma_i(u). \tag{5.8.35}$$

类似地, 定义 u (从 K 到 L) 的**迹**为

$$\mathrm{Tr}_{K/L}(u) = \mathrm{Tr}_L^K(u) = \sum_{\sigma \in G} \sigma(u) = \sigma_1(u) + \sigma_2(u) + \cdots + \sigma_n(u). \tag{5.8.36}$$

显然, u 的范数和迹在 G 的作用下是不动的, 所以都是 L 中的元素. 于是, 得到两个从 K 到 L 的映射:

$$\mathrm{N}_{K/L} : u \to \mathrm{N}_{K/L}(u), \quad \mathrm{Tr}_{K/L} : u \to \mathrm{Tr}_{K/L}(u).$$

对 $u, v \in K$ 和 $a \in L$, 有

$$\mathrm{Tr}_{K/L}(u+v) = \sum_i \sigma_i(u+v) = \sum_i \sigma_i(u) + \sum_i \sigma_i(v) = \mathrm{Tr}_{K/L}(u) + \mathrm{Tr}_{K/L}(v),$$

$$\mathrm{Tr}_{K/L}(au) = \sum_i \sigma_i(au) = \sum_i \sigma_i(a)\sigma_i(u) = \sum_i a\sigma_i(u) = a\mathrm{Tr}_{K/L}(u),$$

$$\mathrm{N}_{K/L}(uv) = \prod_i \sigma_i(uv) = \prod_i \sigma_i(u) \prod_i \sigma_i(v) = \mathrm{N}_{K/L}(u) \cdot \mathrm{N}_{K/L}(v),$$

$$\mathrm{N}_{K/L}(au) = \prod_i \sigma_i(au) = \prod_i \sigma_i(a) \prod_i \sigma_i(u) = a^n \cdot \mathrm{N}_{K/L}(u).$$

前两个等式表明 $\mathrm{T} = \mathrm{Tr}_{K/L}$ 是 L-线性的, 即 T 是 L 上的向量空间 K 的线性函数. 后两个等式显示 $\mathrm{N} = \mathrm{N}_{K/L}$ 是 n 次乘性齐次映射, 而且, 它在 $K^* = K\backslash\{0\}$ 上的限制是从 K^* 到 L^* 的同态.

例 5.53 考虑有理数域的二次扩张 $K = \mathbb{Q}(\sqrt{m})$, 其中 m 是没有平方因子的整数. 域 K 中的元素 u 的一般形式是 $a + b\sqrt{m}, a, b \in \mathbb{Q}$. 群 $\mathrm{Gal}(K/\mathbb{Q})$ 由恒等映射和映射 $\sigma : a + b\sqrt{m} \to a - b\sqrt{m}$ 构成. 所以

$$\mathrm{T}(a + b\sqrt{m}) = 2a, \quad \mathrm{N}(a + b\sqrt{m}) = a^2 - mb^2.$$

可能关于迹和范数最熟悉的例子是把复数域 $\mathbb{C}$ 看作 $\mathbb{R}$ 添加 $\sqrt{-1}$ 得到的二次扩张. 此时 $\mathrm{T}(u) = 2a$ 是 u 的实部的 2 倍, $\mathrm{N}(u) = a^2 + b^2 = |u|^2$ 是复数的模的平方.

对线性函数 T 和同态 N, 自然希望知道它们的像与核. 线性函数 T 的像是一维向量空间 L 的子空间, 只有两个可能: L 和 0. 为 0 不可能, 因为诸 σ_i 是线性无关的 (参见推论 5.20), 所以 T 的像是 L. 范数的像一般不容易确定. 对例 5.53 的情形, 就是要找出有理数 c 使得方程 $x^2 - my^2 = c$ 在 $\mathbb{Q}$ 中有解. 在 $m = -1$ 的情形, 高斯整数环的算数给出答案 (见本节习题 3). 关于范数的核, 有著名的希尔伯特定理 90, 它作为第 90 定理 (Satz 90) 出现在希尔伯特经典的代数数论报告中[①].

域扩张称为**循环扩张**或**阿贝尔扩张**如果这个扩张是伽罗瓦扩张且伽罗瓦群是循环群或阿贝尔群. 类似地, 定义**可解扩张**.

定理 5.54 (希尔伯特定理 90) 设 K/L 是循环扩张, σ 是循环群 $G = \mathrm{Gal}(K/L)$ 的生成元. 那么 $\mathrm{N}_{K/L}(u) = 1$ 当且仅当存在 $\alpha \in K$ 使得 $u = \alpha/\sigma(\alpha)$.

证明 一个方向是平凡的: 如果 $u = \alpha/\sigma(\alpha)$, 则

$$\mathrm{N}(u) = \mathrm{N}(\alpha)/\mathrm{N}(\sigma(\alpha)) = \mathrm{N}(\alpha)/\mathrm{N}(\alpha) = 1.$$

现设 $u \in K^*$ 在 N 的核中. 假设 σ 的阶为 n. 定义

$$u_\sigma = u, \quad u_{\sigma^i} = u \cdot \sigma(u) \cdot \sigma^2(u) \cdots \sigma^{i-1}(u), \quad 2 \leqslant i \leqslant n. \tag{5.8.37}$$

当 $i + j \leqslant n$ 时, 有

$$u_{\sigma^i} \cdot \sigma^i(u_{\sigma^j}) = u \cdot \sigma(u) \cdot \sigma^2(u) \cdots \sigma^{i-1}(u) \cdot \sigma^i(u) \cdots \sigma^{i+j-1}(u) = u_{\sigma^{i+j}}.$$

当 $i + j > n$ 时同样的关系式成立, 因为 $u_e = u_{\sigma^n} = \mathrm{N}(u) = 1$. 这样, 元素组 u_τ ($\tau \in \langle \sigma \rangle$) 对群 G 是诺特方程的解, 根据定理 5.51, 存在 $\alpha \in K$ 使得 $u = \alpha/\sigma(\alpha)$. □

定理 5.51 和定理 5.54 有加法版本.

① D. Hilbert, Theorie der Algebraische Zahlkörper. Jahresbericht der Deutschen Mathematiker-Vereinigung 4, 1897, p.175-546

定理 5.55   设 G 是域 K 的自同构群的有限子群. 域 K 中的元素组 y_σ $(\sigma \in G)$ 满足条件

$$y_{\sigma\tau} = y_\sigma + \sigma(y_\tau), \quad \text{对所有的 } \sigma, \tau \in G, \tag{5.8.38}$$

当且仅当存在 $c \in K$ 使得

$$y_\sigma = c - \sigma(c), \quad \forall\, \sigma \in G.$$

证明   充分性很容易验证: 存在 $c \in K$ 使得对所有的 $\sigma \in G$ 有 $y_\sigma = c - \sigma(c)$, 那么

$$y_{\sigma\tau} = c - \sigma\tau(c) = c - \sigma(c) + \sigma(c) - \sigma\tau(c) = y_\sigma + \sigma(y_\tau).$$

现证必要性.   根据推论 5.20, G 中的元素全体在 K 上线性无关, 特别, 存在 $u \in K$ 使得 $a = \displaystyle\sum_{\tau \in G} \tau(u) \neq 0$. 命

$$c = a^{-1} \sum_\tau y_\tau \cdot \tau(u).$$

那么, 对 G 中任意的元素 σ 有

$$\begin{aligned}
c - \sigma(c) &= a^{-1} \sum_\tau [y_\tau \cdot \tau(u) - \sigma(y_\tau) \cdot \sigma\tau(u)] \\
&= a^{-1} \sum_\tau [y_\tau \cdot \tau(u) + y_\sigma \cdot \sigma\tau(u) - y_{\sigma\tau} \cdot \sigma\tau(u)] \\
&= a^{-1} y_\sigma \sum_\tau \sigma\tau(u) \\
&= y_\sigma a^{-1} \sum_\tau \tau(u) \\
&= y_\sigma a^{-1} \cdot a \\
&= y_\sigma.
\end{aligned}$$

结论得证.   □

假设 K/L 是循环扩张, $\sigma \in \mathrm{Gal}(K/L)$ 是生成元, 阶为 n. 对在 $\mathrm{T} = \mathrm{Tr}_{K/L}$ 的核中的元素 $u \in K$, 定义

$$u_\sigma = u, \quad u_{\sigma^i} = u + \sigma(u) + \cdots + \sigma^{i-1}(u), \quad 2 \leqslant i \leqslant n.$$

如同范数的情形, 容易验证, 条件 (5.8.38) 对 u_σ 成立. 由定理 5.55, 我们得到希尔伯特定理 90 的加法版本.

定理 5.56 (加法型希尔伯特定理 90) 设 K/L 是 n 次循环扩张, σ 是伽罗瓦群 $\mathrm{Gal}(K/L)$ 的生成元, $u \in K$ 的迹为 0, 那么存在 $c \in K$ 使得 $u = c - \sigma(c)$.

习 题 5.8

1. 设 K 是有限域, L 是其子域. 证明 $\mathrm{N}_{K/L}$ 是满射.

2. 设 K/L 是 n 次循环扩张, σ 是 $\mathrm{Gal}(K/L)$ 的生成元, r 是 n 的因子, $n = rm$. 又设 c 是 L 中的非零元使得 $c^r = \mathrm{N}_{K/L}(u)$ 对某些 $u \in K$. 证明: 存在中间域 F 和 F 中的元素 v 使得 $[F : L] = m$ 和 $c = \mathrm{N}_{F/L}(v)$.

3. 证明: 非零正有理数 a 是 $\mathbb{Q}(\sqrt{-1})$ 中某个元素的范数当且仅当把 a 写成简约分式时, 在分子和分母中出现奇数次的奇素数具有形式 $4k + 1$. (参考定理 4.28.)

4. 设 p 是素数, 1 在 L 中有 p 个不同的 p 次根, K/L 是循环扩张, 次数为 p^r. 命 z 为 1 在 L 中的一个 p 次本原根. 证明: 如果 K/L 能嵌入到某个 p^{r+1} 次循环扩张 P/L, 那么存在 $u \in K$ 使得 $z = \mathrm{N}_{K/L}(u)$.

5. 设 m 是负整数, 证明: $\mathbb{Q}(\sqrt{m})$ 不能嵌入到 $\mathbb{Q}$ 的四次循环扩域中.

6. 记号同第 4 题. 命 σ 为 $\mathrm{Gal}(K/L)$ 的生成元. 假设 K 中含有元素 u 使得 $\mathrm{N}_{K/L}(u) = z$. 证明: 存在 $v \in K$ 使得 $u^p = \sigma(v)v^{-1}$. 证明: v 不是 K 中任何元素的 p 次幂, 且 $P = K(w)$ 是 L 上的 p^{r+1} 次循环扩张, 其中 $w^p = v$.

7. 第 4 题和第 6 题蕴含如下结论: 如果 L 含有 1 的 p 次本原根 (p 素数), K/L 是循环扩张, 次数 $p^r > 1$, 那么 K 能嵌入 L 上的 p^{r+1} 次循环扩张当且仅当 1 在 L 中的某个 p 次本原根 z 是 K/L 的范数值. 利用这个结论证明: 如果 L 的特征不等于 2, $K = L(\sqrt{c}) \neq L$, 那么 K/L 能嵌入到 L 的某个四次循环扩域中当且仅当 c 是 L 中两个元素的平方和.

8. 设 K/L 是伽罗瓦扩张. 把 K 看作 L-向量空间. 证明:

$$K \times K \to L, \quad (x, y) \to \mathrm{Tr}_{K/L}(xy)$$

是 K 上的非退化双线性型, 从而作为 L-向量空间, K 和它的对偶自然同构.

9. 设 $K = L(\alpha)$ 是 L 的伽罗瓦扩张, α 在 L 上的极小多项式为

$$X^n + a_{n-1}X^{n-1} + \cdots + a_1 X + a_0.$$

证明: $\mathrm{N}_{K/L}(\alpha) = (-1)^n a_0$, $\mathrm{Tr}_{K/L}(\alpha) = -a_{n-1}$.

10. 设 K/L 是伽罗瓦扩张. 把 K 看作 L-向量空间. 对 $u \in K$, 映射 $m_u : K \to K, x \to ux$ 是 L-线性的, 从而它的行列式和迹都在 L 中. 证明:

$$\det(m_u) = \mathrm{N}_{K/L}(u), \quad \mathrm{Tr}(m_u) = \mathrm{Tr}_{K/L}(u).$$

5.9 库默尔扩张

一   有了单位根的基本知识、诺特方程解的定理以及希尔伯特定理 90, 我们就可以进一步讨论方程 $x^n - a$ 的根了. 如果 L 含有 n 次本原单位根, 那么 L 上的多项式 $x^n - a$ 的任何分裂域 K 都称为 L 的一个**库默尔扩张**, 或简单称 K 是一个**库默尔域**.

域 L 含有 n 次本原单位根意味着 L 的特征不能整除 n. 否则, L 有素特征 p, 而 $n = pq$. 由于在 L 中 $p = 0$, 利用二项式定理知 $x^n - 1 = (x^q)^p - 1 = (x^q - 1)^p$. 由此可见, $x^n - 1$ 至多有 q 个不同的根. 可是, L 含有 n 次本原单位根 ε, 从而 $1, \varepsilon, \varepsilon^2, \cdots, \varepsilon^{n-1}$ 会使 $x^n - 1$ 有 n 个不同的根. 这是一个矛盾.

对库默尔扩张 K/L, 由于 L 的特征不整除 n, 所以 $x^n - a, a \neq 0$ 没有重根, 因为它与其导数 nx^{n-1} 没有公共根. 于是多项式 $x^n - a$ 是可分的, K 是 L 的伽罗瓦扩张.

设 α 是 $x^n - a$ 的根. 如果 $\varepsilon_1, \varepsilon_2, \cdots, \varepsilon_n$ 是 n 个不同的 n 次单位根, 那么 $\alpha\varepsilon_1, \alpha\varepsilon_2, \cdots, \alpha\varepsilon_n$ 是多项式 $x^n - a$ 的 n 个不同的根, 从而它们就是 $x^n - a$ 的全部根, 由此可知 $K = L(\alpha)$.

设 σ, τ 是伽罗瓦群 $\mathrm{Gal}(K/L)$ 中的两个元素. 它们一定把 α 映为 $x^n - a$ 的根, 所以 $\sigma(\alpha) = \varepsilon_i \alpha, \tau(\alpha) = \varepsilon_j \alpha$. 于是 $\sigma\tau(\alpha) = \sigma(\varepsilon_j \alpha) = \varepsilon_j \sigma(\alpha) = \varepsilon_j \varepsilon_i \alpha = \tau\sigma(\alpha)$. 由于 K 由 L 添加 α 得到, 所以 $\mathrm{Gal}(K/L)$ 中的元素完全由它在 α 处的值确定, 我们已经看到 $\sigma\tau$ 和 $\tau\sigma$ 在 α 处的值相同, 所以它们相等. 这说明 $\mathrm{Gal}(K/L)$ 是交换群. 由于 $\sigma^n(\alpha) = \varepsilon_i^n \alpha = \alpha$, 所以 $\sigma^n = 1$ 是恒等变换, 从而 σ 的阶是 n 的因子.

其实, 我们可以进一步说明 $\mathrm{Gal}(K/L)$ 是循环群. 命

$$C_n = \{\varepsilon_1, \varepsilon_2, \cdots, \varepsilon_n\}, \tag{5.9.39}$$

这是一个 n 阶循环群. 对 $\sigma \in \mathrm{Gal}(K/L)$, 我们已经看到 $\sigma(\alpha)/\alpha = \varepsilon_i$ 是 C_n 中的元素, 而且映射 $\mathrm{Gal}(K/L) \to C_n$, $\sigma \to \sigma(\alpha)/\alpha$ 是单射, 保持乘法, 把单位元映到单位

元, 所以是群的单射同态. 于是 $\mathrm{Gal}(K/L)$ 与 C_n 的一个子群同构. 由于 C_n 的子群都是循环群, 所以 $\mathrm{Gal}(K/L)$ 是循环群, 其生成元的阶就是 $\mathrm{Gal}(K/L)$ 的阶.

假设 $\mathrm{Gal}(K/L)$ 的阶是 m, σ 是其生成元, $\sigma(\alpha) = \varepsilon_i \alpha$, 那么 $\varepsilon_i^m = 1$, 而且

$$\sigma(\alpha^m) = (\sigma(\alpha))^m = (\varepsilon_i \alpha)^m = \varepsilon_i^m \alpha^m = \alpha^m.$$

所以 $b = \alpha^m \in L$. 此时 $a = \alpha^n = (\alpha^m)^{\frac{n}{m}} = b^{\frac{n}{m}}$.

以上的讨论可以总结如下.

定理 5.57 设 K 是库默尔域, 即它是某个域 L 上多项式 $x^n - a$ 的分裂域, 且 L 含有 n 次本原单位根. 那么

(1) K 是 L 的伽罗瓦扩张;

(2) $\mathrm{Gal}(K/L)$ 是循环群, 与 n 次本原单位根生成的乘法群的一个子群同构;

(3) $\mathrm{Gal}(K/L)$ 的每个元素的阶都是 n 的因子, 特别, 生成元的阶, 也就是群的阶, 是 n 的因子;

(4) 如果 $\alpha \in K$ 是 $x^n - a$ 的根, $\mathrm{Gal}(K/L)$ 的生成元的阶是 m, 那么 $b = \alpha^m \in L$, 从而 $a = \alpha^n = (\alpha^m)^{\frac{n}{m}} = b^{\frac{n}{m}}$.

前三个断言可简单表述为: K/L 是循环扩张, 次数为 n 的因子.

这个定理的逆也是成立的.

定理 5.58 设域 L 含有 n 次本原单位根, K/L 是 n 次循环扩张, 那么 K 是 L 的库默尔扩张. 更确切地说, K 是 L 上的某个多项式 $x^n - a$ 的分裂域, 从而 $K = L(\alpha)$, 其中 $\alpha^n = a \in L$.

证明 设 $\varepsilon \in L$ 是 1 的 n 次本原根, σ 是 $\mathrm{Gal}(K/L)$ 的生成元. 我们有 $\sigma(\varepsilon) = \varepsilon$, 从而 $\mathrm{N}_{K/L}(\varepsilon) = \varepsilon^n = 1$. 根据希尔伯特定理 90, 存在 $\alpha \in K$ 使得 $\varepsilon = \alpha/\sigma(\alpha)$. 于是 $\sigma(\alpha) = \varepsilon^{-1}\alpha$. 因此 $\sigma(\alpha^n) = (\sigma(\alpha))^n = (\varepsilon^{-1}\alpha)^n = \alpha^n$. 可见 $\alpha^n = a \in L$. 另外, $\sigma^i(\alpha) = \varepsilon^{-i}\alpha$. 这说明 α 的 $\mathrm{Gal}(K/L)$ 轨道含有 n 个元素, 所以 α 在 L 上的极小多项式的次数是 n 且 $K = L(\alpha)$. $\qquad\square$

推论 5.59 设 K 是域 L 上的多项式 $x^p - a$ 的分裂域, L 含有 p 次本原单位根, p 是素数. 那么有两种可能: ① $K = L$, $x^p - a$ 在 L 中分裂; ② $x^p - a$ 是 L 上的不可约多项式, $\mathrm{Gal}(K/L)$ 是 p 阶循环群.

证明　根据定理 5.57, $\mathrm{Gal}(K/L)$ 是循环群, 阶是 p 的因子, 所以只有两个可能: 平凡群或 p 阶循环群. 在前一种情况, K 与 L 相等, 且 $x^p - a$ 在 L 中分裂. 在后一种情况, 设 α 是 $x^p - a$ 的一个根, 那么 $K = L(\alpha)$. 由于 K/L 是伽罗瓦扩张, 所以 K 在 L 上的次数就是群 $\mathrm{Gal}(K/L)$ 的阶数 p. 根据定理 5.7, α 在 L 上的极小多项式的次数是 p. 由于这个极小多项式整除 $x^p - a$, 次数一致, 所以两者相等. □

在域 L 的特征 $p > 0$ 的情形, p 次循环扩张的表现形式也是简单的.

定理 5.60 (阿廷–施奈尔 (Schreier))　设域 L 的特征 $p > 0$, 则下面的结论成立.

(1) 如果 K/L 是 p 次循环扩张, 那么 $K = L(c)$, 其中 $c \in K$ 是 L 上的多项式 $x^p - x - a$ 的一个根.

(2) 对任意的 $a \in L$, 多项式 $f(x) = x^p - x - a$ 或者在 L 中有一个根 (此时其他的根都在 L 中), 或者在 L 上不可约. 在后一种情形, 对 $f(x)$ 的任意根 c, 域 $K = L(c)$ 是 L 的 p 次循环扩张.

证明　(1) 注意 $1 \in L$ 且 $\mathrm{Tr}_{K/L}(1) = [K:L] \cdot 1 = p \cdot 1 = 0$. 设 σ 是 $\mathrm{Gal}(K/L)$ 的生成元. 根据定理 5.56, 存在 $c \in K$ 使得 $1 = c - \sigma(c)$. 于是 $\sigma(c) = c - 1$, $\sigma^i(c) = c - i$. 从而 c 的 $\mathrm{Gal}(K/L) = \langle \sigma \rangle$ 轨道 $\{c, c-1, \cdots, c-p+1\}$ 由 $p = [K:L]$ 个元素组成. 于是 c 在 L 上的极小多项式的次数是 p, 且 $K = L(c)$. 由于

$$\sigma(c^p - c) = (\sigma(c))^p - \sigma(c) = (c-1)^p - (c-1) = c^p - c,$$

所以 $c^p - c \in L$.

(2) 如果 $f(c) = 0$, 则对 $i = 0, 1, \cdots, p-1$, 有 $f(c+i) = 0$. 这说明 $f(x)$ 有 p 个不同的根. 而且, 当某个根在 L 中时, 其余的根也都在 L 中.

现在假定 $c \notin L$, 并设 $f(x) = g(x)h(x)$ 是 $f(x)$ 在 $L[x]$ 中的一个分解, 其中 $1 \leqslant \deg g(x) < p$. 由于

$$f(x) = \prod_{i=0}^{p-1}(x - c - i),$$

所以 $g(x)$ 是某些线性因子的乘积. 设 $d = \deg g(x)$, 那么

$$g(x) = x^d - \left(\sideset{}{'}\sum_i (c + i) \right) x^{d-1} + \text{ 低次项},$$

这里 $\sideset{}{'}\sum_i$ 表示对 d 个指标求和. 由于 $g(x) \in L[x]$, 所以 $\sideset{}{'}\sum_i (c+i) = dc + j \in L$. 在 L 中 $d \neq 0$, 所以 $c \in L$. 这与 c 的假设矛盾. 可见 $f(x)$ 是 L 上的可分不可约多

项式, 而且 $L(c)$ 含有它的 p 个根, 所以是 $f(x)$ 的分裂域. 于是 $K = L(c)$ 是 L 的伽罗瓦扩张. 由于这是 p 次扩张, 伽罗瓦群必然是 p 阶循环群. □

二 库默尔扩张有更一般的形式. 如果 L 含有 n 次本原单位根, 那么 L 上的多项式 $f(x) = (x^n - a_1)(x^n - a_2) \cdots (x^n - a_s)$ (诸 a_i 都是 L 中的元素且互不相同) 的任何分裂域 K 都称为 L 的一个**库默尔扩张**, 或简单称 K 是一个**库默尔域**.

如同在上一部分的讨论, 我们知道 L 的特征不整除 n, 从而 $x^n - a_i$ 都没有重根, 所以 K 是 L 的伽罗瓦扩张. 命 ε 是在 L 中的一个 n 次本原单位根. 如果 α_i 是 $x^n - a_i$ 的根, 那么 $\alpha_i, \alpha_i\varepsilon, \alpha_i\varepsilon^2, \cdots, \alpha_i\varepsilon^{n-1}$ 是 $x^n - a_i$ 的 n 个不同的根, 所以我们有 $K = L(\alpha_1, \cdots, \alpha_s)$.

对任意的 $\sigma \in \mathrm{Gal}(K/L)$, $\sigma(\alpha_i)$ 仍是 $x^n - a_i$ 的根, 所以 $\sigma(\alpha_i) = \varepsilon^k \alpha_i$. 如同在上一部分的讨论, 可以知道 $\mathrm{Gal}(K/L)$ 是交换群, 每个元素的阶是 n 的因子. 而且, 映射

$$\mathrm{Gal}(K/L) \to C_n \oplus C_n \oplus \cdots \oplus C_n, \quad \sigma \to (\sigma(\alpha_1)/\alpha_1, \sigma(\alpha_2)/\alpha_2, \cdots, \sigma(\alpha_s)/\alpha_s)$$

是群同态, 且是单射.

有意思的是反过来的结论也是对的, 这是一般形式库默尔扩张的价值.

定理 5.61 假设 K 是 L 的扩域. 那么 K 是 L 的库默尔扩张当且仅当扩张 K/L 满足以下条件: ① K 是 L 的伽罗瓦扩张; ② 群 $\mathrm{Gal}(K/L)$ 是交换的; ③ L 含有 r 次本原单位根, 此处 r 是 $\mathrm{Gal}(K/L)$ 中的元素的阶的最小公倍数.

我们先证明几个辅助性的结论. 在 L 中的 r 次本原单位根 ε 生成一个 r 阶乘法群 C_r, 它是多项式 $x^r - 1$ 在 L 中的解集. 命 $G = \mathrm{Gal}(K/L)$. 由于 G 中每个元的阶都是 r 的因子, 群 G 在 L 中的特征实际上就是 G 到 C_r 的群同态. 群 G 在 L 中的特征全体记作 $\hat{G}$. 对两个特征 $X, Y \in \hat{G}$, 定义 $(X \cdot Y)(\sigma) = X(\sigma)Y(\sigma)$, $\sigma \in G$. 容易验证, 在这个运算下, $\hat{G}$ 是群, 单位元是 I, 它把每个 σ 都映到 $1 \in L$, X 的逆元是 X^{-1}, 它把 σ 映到 $X(\sigma)^{-1}$. 根据定理 3.41, 群 G 与它在 L 中的特征形成的群 $\hat{G}$ 是同构的. 特别, 对于任何 $\sigma \in G$, 如果 $\sigma \neq 1$, 那么存在特征 $X \in \hat{G}$ 使得 $X(\sigma) \neq 1$.

注意这里 r 是 $\mathrm{Gal}(K/L)$ 中的元素的阶的最小公倍数. 域 K 中 r 次幂在 L 中的非零元素全体记作 D, 即

$$D = \{\alpha \in K \mid \alpha \neq 0, \ \alpha^r \in L\}.$$

显然 D 是一个乘法群, L^* 是其子群. 群 D 中的元素的 r 次幂全体记作 D^r, L^* 中的元素的 r 次幂全体记作 L^{*r}. 下面的结论在很多时候可以用于计算伽罗瓦群 $\mathrm{Gal}(K/L)$.

定理 5.62　K/L 如上. 则商群 D/L^* 和商群 D^r/L^{*r} 同构. 如果 K/L 是伽罗瓦扩张且 $G = \mathrm{Gal}(K/L)$ 是阿贝尔群, 那么, 商群 D/L^* 同构于 G 和 $\hat{G}$.

证明　考虑从 D 到 D^r 的映射, 它把 D 中的元素 α 映到 $\alpha^r \in D^r$. 对 $a \in L^*$, 如果 $b \in D$ 的 r 次幂等于 a 的 r 次幂, 即 $b^r = a^r$, 那么 b 是方程 $x^r - a^r = 0$ 的一个根. 可是 a, $a\varepsilon$, $\cdots$, $a\varepsilon^{r-1}$ 是这个方程的所有的根, 且 ε 在 L^* 中, 所以 b 作为这些元素中的一员必然在 L^* 中. 这说明 D^r 的子群 L^{*r} 在 D 中的逆像是 L^*, 从而商群 D/L^* 和商群 D^r/L^{*r} 同构.

如果 α 是 D 中的元素, $\sigma \in G$, 那么 $(\alpha/\sigma(\alpha))^r = \alpha^r/\sigma(\alpha^r) = 1$. 从而 $\alpha/\sigma(\alpha)$ 是 r 次单位根, 必须在 L^* 中. 根据定理 5.52, $X : \sigma \to \alpha/\sigma(\alpha)$ 定义了 $\mathrm{Gal}(K/L)$ 在 L 中的一个特征 X. 把 α 对应到 X 就是从 D 到 $\hat{G}$ 的一个映射. 根据定理 5.52, 每一个特征是某个 α 的像. 而且 $\alpha\alpha'$ 映到特征 $Y : G \to L$, $\sigma \to \alpha \cdot \alpha'/\sigma(\alpha \cdot \alpha') = \alpha \cdot \alpha'/\sigma(\alpha) \cdot \sigma(\alpha') = X(\sigma) \cdot X'(\sigma) = (X \cdot X')(\sigma)$, 所以这个映射 $D \to \hat{G}$ 是群的满同态. 映射的核由那些元素 α 组成, 它们满足条件 $\alpha/\sigma(\alpha) = 1$ 对任意的 $\sigma \in \mathrm{Gal}(K/L)$. 这个集合正是 L^*, 因此 D/L^* 与 $\hat{G}$ 同构. 根据定理 3.41, $\hat{G}$ 与 G 同构, 所以 D/L^* 与 G 同构. 特别, D/L^* 是有限群.　　□

现在我们可以证明定理 5.61 了. 必要性已经知道了. 下证充分性, 即证明当 K 是 L 的伽罗瓦扩张, 群 $\mathrm{Gal}(K/L)$ 是交换的, 且 L 含有 r 次本原单位根时, K/L 是库默尔扩张, 其中 r 是 $\mathrm{Gal}(K/L)$ 中的元素的阶的最小公倍数.

在群 D 中, L^* 的陪集设为 $\alpha_1 L^*$, $\alpha_2 L^*$, $\cdots$, $\alpha_s L^*$. 由于 $\alpha_i \in D$, 我们有 $\alpha_i^r = a_i \in L$. 于是 α_i 是方程 $x^r - a_i = 0$ 的根. 由于 α_i, $\alpha_i\varepsilon$, $\cdots$, $\alpha_i\varepsilon^{r-1}$ 也是方程的根, 所以 $x^r - a_i$ 在 K 中分裂. 我们证明 K 是多项式 $f(x) = (x^r - a_1)(x^r - a_2)\cdots(x^r - a_s)$ 的分裂域. 也就是说要证明 $K = L(\alpha_1, \alpha_2, \cdots, \alpha_s)$.

假设不然, 那么 $L(\alpha_1, \alpha_2, \cdots, \alpha_s)$ 是扩张 K/L 的中间域. 根据定理 5.32, K 是 $L(\alpha_1, \alpha_2, \cdots, \alpha_s)$ 上的伽罗瓦扩张, 而且这个扩张的伽罗瓦群不是单位元群. 于是存在自同构 $1 \neq \sigma \in \mathrm{Gal}(K/L)$ 保持 $L(\alpha_1, \alpha_2, \cdots, \alpha_s)$ 不动. 取 $\mathrm{Gal}(K/L)$ 在 L 中的特征 X 使得 $X(\sigma) \neq 1$. 由定理 5.52 知, 存在 K 中的元素 α 使得 $X(\sigma) = \alpha/\sigma(\alpha) \neq 1$, 且 $\alpha^r \in L^*$. 于是 α 是 D 中的元素. 但 D 是 $L(\alpha_1, \alpha_2, \cdots, \alpha_s)$ 的子集, 因为所有的陪集 $\alpha_i L^*$ 都在 $L(\alpha_1, \alpha_2, \cdots, \alpha_s)$ 中, D 是这些陪集的并. 由于 $L(\alpha_1, \alpha_2, \cdots, \alpha_s)$ 被 σ 保持不动, 所以 $\sigma(\alpha) = \alpha$. 这与 $\alpha/\sigma(\alpha) \neq 1$ 矛盾. 因此, 必须有 $L(\alpha_1, \alpha_2, \cdots,$

$\alpha_s) = K$. □

三 如果 L 含有 n_i 次本原单位根，$i = 1, \cdots, s$，那么 L 上的多项式 $f(x) = (x^{n_1} - a_1)(x^{n_2} - a_2)\cdots(x^{n_s} - a_s)$ （诸 a_i 都是 L 中的元素且这些 $x^{n_i} - a_i$ 两两互素）的任何分裂域 K 其实也是 L 的一个**库默尔扩张**. 我们说明这一点.

如同在上一部分的讨论，我们知道 L 的特征不整除所有的 n_i，从而 $x^{n_i} - a_i$ 都没有重根，所以 K 是 L 的伽罗瓦扩张. 命 ξ_i 是在 L 中的 n_i 次本原单位根. 如果 α_i 是 $x^{n_i} - a_i$ 的根，那么 α_i, $\alpha_i\xi_i$, $\alpha_i\xi_i^2$, $\cdots, \alpha_i\xi_i^{n_i-1}$ 是 $x^{n_i} - a_i$ 的 n_i 个不同的根，所以有 $K = L(\alpha_1, \cdots, \alpha_s)$.

对任意的 $\sigma \in \mathrm{Gal}(K/L)$，由于诸 $x^{n_i} - a_i$ 两两互素，所以 $\sigma(\alpha_i)$ 仍是 $x^{n_i} - a_i$ 的根，从而 $\sigma(\alpha_i) = \xi_i^k \alpha_i$. 如同在上一部分的讨论，可以知道 $\mathrm{Gal}(K/L)$ 是交换群，每个元素的阶是诸 n_i 的最小公倍数的因子. 而且，映射

$$\mathrm{Gal}(K/L) \to C_{n_1} \oplus C_{n_2} \oplus \cdots \oplus C_{n_s}, \quad \sigma \to (\sigma(\alpha_1)/\alpha_1, \sigma(\alpha_2)/\alpha_2, \cdots, \sigma(\alpha_s)/\alpha_s)$$

是群同态，且是单射. 所以，这个伽罗瓦群是阿贝尔群. 设 r 是诸 n_i 的最小公倍数，根据引理 1.16, L 含有 1 的 r 次本原根. 由定理 5.61 知，K 是 L 的库默尔扩张.

下面的推论是定理 5.58 的一个有用的特殊情况，利用定理 5.62 导出. 当然，定理 5.58 本身也可以用定理 5.62 推出.

推论 5.63 设 K 是 L 的伽罗瓦扩张，次数为素数 p. 如果 L 含有 p 次本原单位根，那么 K 是 L 上某个不可约多项式 $x^p - a$ 的分裂域.

证明 根据定理 5.32, $\mathrm{Gal}(K/L)$ 的阶是 p，从而必是 p 阶循环群. 由定理 5.62 知 D/L^* 与 $\mathrm{Gal}(K/L)$ 同构，所以存在 K 中的元素 α，它不在 L 中，但 $\alpha^p = a$ 在 L 中. 于是 α 是方程 $x^p - a = 0$ 的根. 我们必然有 $K = L(\alpha)$. □

习 题 5.9

1. 设 L 是特征为 0 的域. 假设对 L 的任意有限扩张 K 和正整数 n，群 $K^{*n} = \{a^n \mid a \in K^*\}$ 在 K^* 中的指数 $[K^* : K^{*n}]$ 都是有限的. 证明：对任意的正整数 n，域 L 的 n 次阿贝尔扩张的个数有限.

2. 设 L 是域, p 是素数, $a \in L$. 证明：如果 $x^p - a$ 在 $L[x]$ 中是可约的，那么它在 L 中有根.

3. 设 L 是 $\mathbb{C}$ 的子域, 含有 i. 命 K 为 L 的 4 次循环扩张. 问: K 是否具有形式 $L(\alpha)$, 其中 $\alpha^4 \in L$.

4. 假设 $x^p - a$ 是 $\mathbb{Q}[x]$ 中的不可约多项式. 证明: 这个多项式的伽罗瓦群与 $\mathbb{Z}/p\mathbb{Z}$ 的如下形式的变换全体形成的群同构: $y \to ky + l$, 其中 $k, l \in \mathbb{Z}/p\mathbb{Z}$ 且 $k \neq 0$. (回顾仿射空间的仿射变换群.)

5. 设 $a \neq 0$, ± 1 是无平方因子的整数. 对每一个素数 p, 命 K_p 为 $\mathbb{Q}$ 上的多项式 $x^p - a$ 的分裂域. 证明: $[K_p : \mathbb{Q}] = p(p-1)$. 对每一个无平方因子的正整数, 命

$$K_m = \prod_{p \mid m} K_p$$

是所有 K_p $(p \mid m)$ 的复合 (即 $\mathbb{C}$ 中包含这些域的子域中的最小者). 令 $d_m = [K_m : \mathbb{Q}]$ 是 K_m 在 $\mathbb{Q}$ 上的次数. 证明: 如果 m 是奇数, 那么 $d_m = \prod_{p \mid m} d_p$, 如果 $m = 2n$ 是偶数, 那么 $d_{2n} = d_n$.

5.10　单　扩　张

形如 $K = L(\alpha)$ 的扩域称为 L 的**单扩张**, α 则称为**扩张 K/L 的本原元素**, 也称为 **K 在 L 上的本原元素**. 我们希望知道什么时候一个扩张 K/L 是单扩张.

定理 5.64　有限扩张 K/L 是单扩张当且仅当这个扩张的中间域的个数有限.

证明　假设 $K = L(\alpha)$ 是单扩张, 命 $f(x)$ 为 α 在 L 上的极小多项式. 如果 F 是一个中间域, 设 $g(x)$ 为 α 在 F 上的极小多项式. 把 $g(x)$ 的系数添加到 L 上, 得到 L 的一个扩域 F', 它是扩张 F/L 的中间域. 由于 $g(x)$ 在 F 上是不可约的, 所以它在 F' 上更是不可约的. 因为 $K = F'(\alpha) = F(\alpha)$, 所以 $[K : F'] = [K : F] = g(x)$ 的次数. 这表明 $F' = F$. 所以 F 由 $g(x)$ 唯一确定. 可是 $g(x)$ 是 $f(x)$ 的因子, 而 $f(x)$ 的首项系数为 1 的因子只有有限个, 所以扩张 K/L 的中间域 F 的个数只有有限个.

假设 K/L 只有有限个中间域. 如果 L 是有限域, 那么 K 也是有限域, K^* 是循环群, 其生成元 α 就是扩张 K/L 的本原元素. 以下假设 L 是无限域. 我们证明对任意的 $\alpha, \beta \in K$, 存在 $\gamma \in K$ 使得 $L(\alpha, \beta) = L(\gamma)$. 考虑中间域 $L(\alpha + c\beta)$, $c \in L$. 中间域的个数有限, 而 c 有无限多的选择, 于是存在 $c_1, c_2 \in L$, $c_1 \neq c_2$ 使得 $L(\alpha + c_1\beta) = L(\alpha + c_2\beta)$. 元素 $\alpha + c_1\beta$ 和 $\alpha + c_2\beta$ 都在这个中间域里, 所以它们的差在这个域内, 进而 β 也在这个域中. 结果 $\alpha = \alpha + c_1\beta - c_1\beta$ 也在其中. 于是

$L(\alpha, \beta)$ 是 $L(\alpha + c_1\beta)$ 的子域. 显然 $L(\alpha + c_1\beta)$ 是 $L(\alpha, \beta)$ 的子域, 所以两者相等, $L(\alpha + c_1\beta) = L(\alpha, \beta)$. 对 n 做归纳法知如果 $K = L(\alpha_1, \alpha_2, \cdots, \alpha_s)$, 则有 $c_2, \cdots, c_s$ 使得 $K = L(\gamma)$, $\gamma = \alpha_1 + c_2\alpha_2 + \cdots + c_s\alpha_s$. □

定理 5.65　设 $K = L(\alpha_1, \alpha_2, \cdots, \alpha_s)$ 是 L 的有限扩张. 如果 α_1, α_2, $\cdots$, α_s 都是 L 上的可分元, 那么存在本原元素 θ 使得 $K = L(\theta)$.

证明　命 $f_i(x)$ 为 α_i 在 L 上的极小多项式, 这个多项式是可分的. 在 K 上添加多项式 $f(x) = f_1(x)f_2(x)\cdots f_s(x)$ 的所有根, 得到 $f(x)$ 的分裂域 P. 那么它既是 K 的扩域, 也是 L 的伽罗瓦扩张 (参见定理 5.32). 根据基本定理 (定理 5.34), 扩张 P/L 的中间域只有有限个 (与群 $\mathrm{Gal}(P/L)$ 的子群的个数一样多), 从而 P 的子域 K 只含有有限多个中间域. 现在应用定理 5.64 知结论成立. □

例 5.66　我们证明复数域是代数闭域. 实数的如下性质将会用到: 序、0 和正数有平方根, $\mathbb{R}[x]$ 中的奇数次多项式有实根.

如常, $i = \sqrt{-1}$ 是 $x^2 + 1$ 的根. 域 $\mathbb{R}(i)$ 中每个元素都有平方根. 事实上, 对 $a + bi \in \mathbb{R}(i)$, $a, b \in \mathbb{R}$, 平方根 $c + di$ 由下式给出

$$c^2 = \frac{a + \sqrt{a^2 + b^2}}{2}, \quad d^2 = \frac{-a + \sqrt{a^2 + b^2}}{2}.$$

上面两个等式的右边都是非负数, 所以有平方根. 很容易确定 c 和 d 的符号使得 $(c + di)^2 = a + bi$.

由于 $\mathbb{R}$ 的特征为 0, 它的有限扩张都是可分的. 从而 $\mathbb{R}$ 的每个有限扩张都含在某个伽罗瓦扩张 K 中, 特别, $\mathbb{R}(i)$ 的任何有限扩张都含在 $\mathbb{R}$ 的某个伽罗瓦扩张 K 中. 需要证明 $K = \mathbb{R}(i)$. 命 $G = \mathrm{Gal}(K/\mathbb{R})$, 那么它的阶被 2 整除, 因为 K 的子域 $\mathbb{R}(i)$ 是 $\mathbb{R}$ 的伽罗瓦扩张. 设 H 是 G 的西罗 2- 子群, $F = K^H$ 是其不动点域. 根据基本定理, $[F : \mathbb{R}]$ 等于 $|G/H|$, 从而是奇数. 根据上一个定理, $F = \mathbb{R}(\alpha)$ 是单扩张. 根据定理 5.7, α 是某个奇次数不可约多项式 $f(x) \in \mathbb{R}[x]$ 的根. 但 $\mathbb{R}[x]$ 中奇数次的不可约多项式只有线性多项式, 所以 $F = \mathbb{R}$. 于是 $G = H$ 是 2-群.

注意 K 是 $\mathbb{R}(i)$ 的伽罗瓦扩张. 设 $G_1 = \mathrm{Gal}(K/\mathbb{R}(i))$, 那么 G_1 是 2-群. 如果它是非平凡的, 则它的中心是非平凡的, 从而有指数为 2 的子群 G_2. 设 L 为 G_2 的不动点域, 则 L 在 $\mathbb{R}(i)$ 上的次数为 $|G_1/G_2| = 2$, 从而是 $\mathbb{R}(i)$ 的二次扩张. 我们已经知道 $\mathbb{R}(i)$ 中的元素都有平方根, 因此 $\mathbb{R}(i)$ 没有二次扩张. 所以 G_1 是平凡群, $K = \mathbb{R}(i)$. 这正是我们要证的: $\mathbb{R}(i)$ 的代数扩张的次数都是 1, 即 $\mathbb{R}(i)$ 是代数闭域.

习　题　**5.10**

1. 求出 $\mathbb{Q}(\sqrt{p}, \sqrt{q})$ 在 $\mathbb{Q}$ 上的一个本原元素, 其中 p, q 是素数.

2. 对 $x^5 - 3$ 在 $\mathbb{Q}$ 上的分裂域求出一个本原元素.

3. 设 x, y 是不定元, $K = \mathbb{F}_p(x, y)$, $L = \mathbb{F}_p(x^p, y^p)$. 证明: $[K : L] = p^2$ 但扩张 K/L 没有本原元素. 找出这个扩张的无限多个中间域.

4. 设 $K = L(\alpha, \beta)$, 其中 α 和 β 均是 L 上的代数元, 且 α 在 L 上是可分的. 证明: K 是 L 的单扩张.

5. 证明: 有限域的有限扩张都是单扩张. 描述这些单扩张的本原元素.

5.11　正　规　基

下面定理中的基称为伽罗瓦扩张的正规基.

定理 5.67　设 K/L 是伽罗瓦扩张, 次数为 n, σ_1, σ_2, $\cdots$, σ_n 是群 $\mathrm{Gal}(K/L)$ 的全体元素, 那么存在 K 中的元素 θ 使得 $\sigma_1(\theta)$, $\sigma_2(\theta)$, $\cdots$, $\sigma_n(\theta)$ 是 K 在 L 上的基.

证明　根据推论 5.33 和定理 5.65, 存在 α 使得 $K = L(\alpha)$. 设 $f(x)$ 是 α 在 L 上的极小多项式, 那么 $f(x)$ 没有重根, 次数为 n. 命 $f'(x)$ 为 $f(x)$ 的导数, $\alpha_i = \sigma_i(\alpha)$. 置

$$g(x) = \frac{f(x)}{(x - \alpha)f'(\alpha)}, \quad g_i(x) = \sigma_i(g(x)) = \frac{f(x)}{(x - \alpha_i)f'(\alpha_i)}.$$

那么 $g_i(x)$ 是 K 上的多项式, 根为 α_k, $k \neq i$. 由此可知

$$g_i(x)g_k(x) = 0 \,(\mathrm{mod}\, f(x)), \quad \text{如果 } i \neq k. \tag{5.11.40}$$

在方程

$$g_1(x) + g_2(x) + \cdots + g_n(x) - 1 = 0 \tag{5.11.41}$$

中, 左边的次数至多为 $n - 1$. 如果方程有 n 个解, 那么左边恒等于 0. 容易看出, α_1, α_2, $\cdots$, α_n 是解, 因为 $g_i(\alpha_i) = 1$, $g_k(\alpha_i) = 0$ 如果 $k \neq i$. 在公式 (5.11.41) 两边乘以 $g_i(x)$, 由公式 (5.11.40) 知

$$(g_i(x))^2 = g_i(x) \pmod{f(x)}. \tag{5.11.42}$$

接下来我们计算行列式

$$D(x) = |\sigma_i \sigma_k(g(x))|, \quad i,\ k = 1,\ 2,\ \cdots,\ n \tag{5.11.43}$$

并证明 $D(x) \neq 0$. 把这个行列式与它的转置相乘, 得到的行列式是 $D(x)^2$. 利用 (5.11.40), (5.11.41), (5.11.42) 知行列式 $D(x)^2$ 在 $\bmod f(x)$ 后主对角线的值都是 1, 其余处的值都是 0. 所以有

$$D(x)^2 = 1 \pmod{f(x)}.$$

多项式 $D(x)$ 在 L 中只有有限个根. 如果 L 是无限域, 可以找到 $a \in L$ 使得 $D(a) \neq 0$, 命 $\theta = g(a)$. 那么有

$$|\sigma_i \sigma_k(\theta)| \neq 0. \tag{5.11.44}$$

考虑线性方程 $x_1 \sigma_1(\theta) + x_2 \sigma_2(\theta) + \cdots + x_n \sigma_n(\theta) = 0$, 其中未知元 x_i 在 L 中取值. 把诸自同构 σ_i 作用到方程两端, 得到 n 个齐次方程, 未知元是诸 x_i. 公式 (5.11.44) 表明这个齐次方程组的行列式不等于零, 所以方程组在 L 上只有零解, 也就是说, $\sigma_1(\theta),\ \sigma_2(\theta),\ \cdots,\ \sigma_n(\theta)$ 在 L 上线性无关, 从而是 K 在 L 上的基.

对有限域的伽罗瓦扩张 K/L 的正规基的存在性, 可用单变量的多项式环 $L[x]$ 的有限生成模理论证明, 见本节习题 3.

定理得证. $\qquad\qquad\qquad\qquad\qquad\qquad\qquad\qquad\qquad\qquad\qquad\qquad$ □

注 只有 $a \in L$ 时才能保证对任意的 $\sigma \in \mathrm{Gal}(K/L)$ 有 $(\sigma g)(a) = \sigma(g(a))$, 从而 $D(a) = |\sigma_i \sigma_k(\theta)|$, 因为 σ 诱导的映射 $K[x] \to K[x]$ 是 $\sum a_i x^i \to \sum \sigma(a_i) x^i$, 它保持未知元 x 不变. 简单的例子如 $\mathbb{Q}(\sqrt{2})$, 对 $a = \sqrt{2}$, 有 $1 = D(a) \neq |\sigma_i \sigma_k(g(\sqrt{2}))| = 0$.

习 题 5.11

1. 求出扩张 $\mathbb{Q}(\sqrt{3}, \sqrt{5})$ 在有理数域上的一个正规基.

2. 求出扩张 $\mathbb{F}_8/\mathbb{F}_2$ 的一个正规基. 为明确, 此处 $\mathbb{F}_8 = \mathbb{F}_2(\alpha)$, 其中 $\alpha^3 = \alpha + 1$.

3. 假设 K/L 是循环扩张, $\mathrm{Gal}(K/L) = \langle \sigma \rangle$. 把 K 看作 L-向量空间, 那么 σ 也是 K 上的线性算子. 于是 K 可以看作 $L[X]$- 模, X 在 K 上通过 σ 作用. 利用 4.4 节习题 12, 证明 K/L 存在正规基. (特别这对有限域的情形给出正规基存在的一个证明.)

5.12　伽罗瓦群的一个比较定理

设 L 是域, $f(x)$ 是其上的可分多项式, K 是 $f(x)$ 的分裂域. 任取 L 的扩域 F, 把 $f(x)$ 看作 F 上的多项式, 其分裂域记作 KF. 设 $\alpha_1, \cdots, \alpha_s$ 是 $f(x)$ 在 KF 中的根, 那么 $L(\alpha_1, \cdots, \alpha_s)$ 是 KF 的子域, 很容易看出它是 $f(x)$ 在 L 上的分裂域 (即把 $f(x)$ 看作是 L 上的多项式得到的一个分裂域). 根据推论 5.15, K 与 $L(\alpha_1, \cdots, \alpha_s)$ 是同构的. 于是, 不妨设 $K = L(\alpha_1, \cdots, \alpha_s)$, 从而 K 是 KF 的子域, 且有 $KF = F(\alpha_1, \cdots, \alpha_s)$.

显然 $K \cap F$ 是 K 和 F 的子域, 从而是扩张 K/L 的中间域.

定理 5.68　群 $\mathrm{Gal}(KF/F)$ 自然同构于 $\mathrm{Gal}(K/L)$ 的一个子群, 这个子群以 $K \cap F$ 为不动点域.

证明　群 $\mathrm{Gal}(KF/F)$ 中每一个元素 σ 保持 F 不动, 从而也保持 L 不动, 并且在 $\alpha_1, \cdots, \alpha_s$ 上是一个置换. 由于 KF 的元素可以写成 $\alpha_1, \cdots, \alpha_s$ 的多项式, 系数在 F 中, 所以 σ 完全由它在 $\alpha_1, \cdots, \alpha_s$ 上的作用确定. 这样, σ 限制在 $K = L(\alpha_1, \cdots, \alpha_s)$ 上就是 $\mathrm{Gal}(K/L)$ 中的一个元素. 群 $\mathrm{Gal}(KF/F)$ 中不同的元素在 $\alpha_1, \cdots, \alpha_s$ 上的作用是不同的, 所以在 K 上的限制也是不同的. 通过限制到 K 上, 群 $\mathrm{Gal}(KF/F)$ 可以看作群 $\mathrm{Gal}(K/L)$ 的子群. 这个子群中的元素当然保持 $K \cap F$ 不动, 因为它保持 F 不动. 另一方面, K 中的元素如果不在 $K \cap F$ 中, 那么它也不在 F 中, 从而有 $\mathrm{Gal}(KF/F)$ 中元素改变它. 由此可见, $K \cap F$ 确是这个子群的不动点域. □

推论 5.69　条件同上. 如果 $\mathrm{Gal}(K/L)$ 是素数阶群, 那么 $\mathrm{Gal}(KF/F) = \mathrm{Gal}(K/L)$ 或 $\mathrm{Gal}(KF/F)$ 只含单位元.

习　题　5.12

以下 ζ_n 是 1 在 $\mathbb{C}$ 中的 n 次本原根.

1. 设 $F = \mathbb{Q}(\sqrt[6]{3})$, K 是 $x^6 - 3$ 在 $\mathbb{Q}$ 上的分裂域. 求出 $\mathrm{Gal}(K/\mathbb{Q})$ 和 $\mathrm{Gal}(KF/F)$.

2. 设 $F = \mathbb{Q}(\sqrt{-1})$, K 是 $x^8 - 2$ 在 $\mathbb{Q}$ 上的分裂域. 求出 $\mathrm{Gal}(K/\mathbb{Q})$ 和 $\mathrm{Gal}(KF/F)$.

3. 设 $F = \mathbb{Q}(\zeta_6)$, K 是 $x^3 - x - 1$ 在 $\mathbb{Q}$ 上的分裂域, 求出 $\mathrm{Gal}(K/\mathbb{Q})$ 和 $\mathrm{Gal}(KF/F)$.

4. 设 $F = \mathbb{Q}(\zeta_{12})$, K 是 $x^4 - x - 1$ 在 $\mathbb{Q}$ 上的分裂域, 求出 $\mathrm{Gal}(K/\mathbb{Q})$ 和 $\mathrm{Gal}(KF/F)$.

5.13 方程的根式解

一 如无特别说明, 基域 L 的特征是 0. 这时正规扩张和伽罗瓦扩张是一回事. (注意这里讨论的扩张都是有限次扩张.)

定义 5.70 称域扩张 K/L 为**根式扩张**如果存在扩张塔

$$L = L_0 < L_1 < L_2 < \cdots < L_{r-1} < L_r = K, \tag{5.13.45}$$

使得 $L_i = L_{i-1}(\alpha_i)$, $i = 1, 2, \cdots, r$, 其中 α_i 是如下方程的解: $X^{n_i} - a_i = 0$, $a_i \in L_{i-1}$. 根式扩张中的塔 (5.13.45) 也称为**根式塔**. 如果 K 还是 L 的正规扩张, 那么 K 称为 L 的**正规根式扩张**.

域 L 上的多项式 $f(x)$ 称为**可用根式求解**如果它的分裂域落在 L 的某个根式扩张中.

首先证明下面的结论.

定理 5.71 域 L 的根式扩张都含在某个正规的根式扩张中.

证明 我们对塔 (5.13.45) 的层数 r 做归纳法. 如果 $r = 1$, 则 $K = L(\alpha)$, 而 $\alpha^n = a \in L$. 命 ζ 为 1 的 n 次本原根, 那么 $x^n - a$ 的分裂域 $L(\zeta, \alpha)$ 是 L 的正规的根式扩张: $L < L(\zeta) < L(\zeta, \alpha)$.

假设 L_{r-1} 含在 L 的某个正规的根式扩张 F 中. 由于 L 的特征为 0, 所以 F 是 L 的有限可分正规扩张, 这意味着它是 L 的伽罗瓦扩张 (参见推论 5.33). 于是 F 为 L 上的某个多项式 $g(x)$ 的分裂域.

现在 $K = L_r = L_{r-1}(\beta)$, $\beta^m = b \in L_{r-1}$. 考虑 $b \in L_{r-1}$ 在 L 上的极小多项式 $h(x)$. 根据正规性的定义 (参见式 (5.5.17)), 多项式 $h(x)$ 在域 F 上分解成线性因子的乘积

$$h(x) = (x - b_1)(x - b_2) \cdots (x - b_k), \quad b_1 = b.$$

设 F' 是多项式 $h(x^m)$ 在 L 上的分裂域. 域 F 与 F' 的合成 $F \cdot F' = F(\eta, \beta_1, \cdots, \beta_k)$ 就是 $g(x)h(x^m)$ 在 L 上的分裂域, 所以是正规的, 其中 η 是 1 的 m 次本原根, $\beta_i^m = b_i$, $i = 1, \cdots, k$. 显然 $F \cdot F'$ 含有 K, 是 F 的根式扩张, 从而也是 L 的根式扩张. $\square$

下面的结论几乎是显然的.

定理 5.72   正规根式扩张 K/L 的伽罗瓦群 $\mathrm{Gal}(K/L)$ 是可解群.

证明   不失一般性, 假设 K 由扩张塔 (5.13.45) 确定. 命 $n = n_1 n_2 \cdots n_r$, 而 ζ 是 1 的 n 次本原根. 考虑扩张塔

$$L = L_0 < L_0(\zeta) < L_1(\zeta) < L_2(\zeta) < \cdots < L_{r-1}(\zeta) < L_r(\zeta) = K(\zeta). \qquad (5.13.46)$$

根据定理 5.49, $\mathrm{Gal}(L(\zeta)/L)$ 是交换群, 而塔 (5.13.46) 中其余相邻的扩张都是库默尔扩张, 从而相应的伽罗瓦群都是循环群 (参见定理 5.57). 根据基本定理 (定理 5.34), 群 $G = \mathrm{Gal}(K(\zeta)/L)$ 有正规列

$$G \triangleright G_0 \triangleright G_1 \triangleright \cdots \triangleright G_{r-1} \triangleright \{e\},$$

其中 $G_i = \mathrm{Gal}(K(\zeta)/L_i(\zeta))$ 是 G 中保持 $L_i(\zeta)$ 不动的元素形成的群. 根据基本定理, 有 $G/G_0 \simeq \mathrm{Gal}(L(\zeta)/L)$, $G_{i-1}/G_i \simeq \mathrm{Gal}(L_i(\zeta)/L_{i-1}(\zeta))$, 从而都是交换群. 根据定理 2.26, G 是可解群. 由于 K/L 是正规扩张, 所以 $H = \mathrm{Gal}(K(\zeta)/K)$ 是 G 的正规子群, 进而 $\mathrm{Gal}(K/L) \simeq G/H$ 是可解群. $\square$

现在可以叙述并证明伽罗瓦理论中最为人知也是我们期待已久的结论了.

定理 5.73   多项式方程 $f(x) = 0$ 可用根式求解当且仅当它的伽罗瓦群 $\mathrm{Gal}(f)$ 是可解群.

证明   假设多项式方程 $f(x) = 0$ 可用根式求解, 即它的解 $\lambda_1, \lambda_2, \cdots, \lambda_n$ 全部落在 L 的某个正规根式扩张 K 中. 由于 $f(x)$ 的分裂域 $F = L(\lambda_1, \lambda_2, \cdots, \lambda_n)$ 是 L 的正规扩张, 根据基本定理 (定理 5.34), 自然的包含关系

$$L \subset F = L(\lambda_1, \lambda_2, \cdots, \lambda_n) \subset K,$$

蕴含 $\mathrm{Gal}(f) = \mathrm{Gal}(F/L)$ 是 $\mathrm{Gal}(K/L)$ 的商群, 从而是可解的 (参见定理 5.72 和定理 2.25).

反之, 假设 $f(x)$ 的伽罗瓦群 $\mathrm{Gal}(f)$ 是可解的. 设 K 为 $f(x)$ 的分裂域. 命 $n = |\mathrm{Gal}(f)|$. 在基域 L 中添加 $x^n - 1 = 0$ 的本原根, 得到 L 的扩域 F. 它是 $x^n - 1$ 的分裂域, 当然也是 L 的根式扩张. 把 $f(x)$ 看作 F 上的多项式, 其分裂域记作 KF. 根据上一节的讨论, 可以要求 K 是 KF 的子域. 由定理 5.68, 多项式 $f(x)$ 在域 F 上的伽罗瓦群 $G = \mathrm{Gal}(KF/F)$ 是 $\mathrm{Gal}(f) = \mathrm{Gal}(K/L)$ 的子群, 从而是可解的 (参

见定理 2.25). 假设 G 的导出长度是 m:

$$G \trianglerighteq G^{(1)} \trianglerighteq G^{(2)} \trianglerighteq \cdots \trianglerighteq G^{(m-1)} \trianglerighteq G^{(m)} = \{e\}.$$

命 F_i 为 $G^{(i)}$ 的不动点域. 由于 $G^{(i-1)} = \mathrm{Gal}(KF/F_{i-1})$, $G^{(i)}$ 是 $G^{(i-1)}$ 的正规子群, 所以 F_i/F_{i-1} 是伽罗瓦扩张. 由于群 $G^{(i-1)}/G^{(i)}$ 的元素的阶的最小公倍数 r 是 $|G^{(i-1)}/G^{(i)}|$ 的因子 (参见拉格朗日定理), 所以更是 $|G^{(i-1)}|$ 的因子, 进而是 $|G|$ 的因子, 从而是 $|\mathrm{Gal}(f)| = n$ 的因子, 所以 $F_{i-1} \supset F$ 含有 1 的 r 次本原根. 由于 $G^{(i-1)}/G^{(i)}$ 是阿贝尔群, 根据定理 5.61, F_i 是 F_{i-1} 的库默尔扩张, 即为某个多项式 $(x^r - a_1) \cdots (x^r - a_s)$ 的分裂域. 可以依次添加诸 $x^r - a_k$ 的所有根, 得到 F_{i-1} 和 F_i 之间的 $s-1$ 个中间域, 由此可知 F_i 是 F_{i-1} 的根式扩张. 进而可以看出, KF 是 F 的根式扩张. 由于 F 是 L 的根式扩张, 所以 KF 是 L 的根式扩张. 我们已经证明了 $f(x)$ 的分裂域 K 在 L 的根式扩张 KF 中, 所以可以用根式求解. $\square$

注 在上面的证明中, 如果把 G 的导出列换成合成列 (参见 2.3 节习题 2), 由于可解群的合成列中相邻两个群的商群是素数阶循环群, 从而在证明中根式扩张的构造可以用定理 5.58, 而不是用定理 5.61.

二 一般的 n 次方程 设 L 是域, n 个不定元 $u_1, u_2, \cdots, u_n$ 的有理分式全体构成域 $F = L(u_1, u_2, \cdots, u_n)$. **一般的 n 次方程**是指方程

$$f(x) = x^n - u_1 x^{n-1} + u_2 x^{n-2} - \cdots + (-1)^n u_n = 0. \tag{5.13.47}$$

命 K 为 $f(x)$ 在 $F = L(u_1, u_2, \cdots, u_n)$ 上的分裂域. 如果 $v_1, v_2, \cdots, v_n$ 是 $f(x)$ 在 K 中的根, 韦达公式告诉我们

$$u_1 = v_1 + v_2 + \cdots + v_n,$$
$$u_2 = v_1 v_2 + v_1 v_3 + \cdots + v_{n-1} v_n,$$
$$\cdots\cdots$$
$$u_n = v_1 v_2 \cdots v_n.$$

接下来证明 $\mathrm{Gal}(K/F)$ 是对称群 S_n. 把不定元 $x_1, x_2, \cdots, x_n$ 添加到 L 得到域 $L(x_1, x_2, \cdots, x_n)$. 这些不定元的初等对称多项式为

$$s_1 = x_1 + x_2 + \cdots + x_n,$$
$$s_2 = x_1 x_2 + x_1 x_3 + \cdots + x_{n-1} x_n,$$
$$\cdots\cdots$$
$$s_n = x_1 x_2 \cdots x_n.$$

也就是说

$$(x-x_1)(x-x_2)\cdots(x-x_n)=x^n-s_1x^{n-1}+s_2x^{n-2}-\cdots+(-1)^ns_n=f^*(x).$$

这些初等对称多项式是代数无关的, 即如果 $g(s_1,s_2,\cdots,s_n)$ 是它们的一个多项式, 那么 $g(s_1,s_2,\cdots,s_n)=0$ 当且仅当 g 是零多项式 (参见第一卷定理 7.65). 由此可知, 如下的映射是域同构

$$\phi:L(u_1,u_2,\cdots,u_n)\to L(s_1,s_2,\cdots,s_n),\quad \frac{f(u_1,u_2,\cdots,u_n)}{g(u_1,u_2,\cdots,u_n)}\to\frac{f(s_1,s_2,\cdots,s_n)}{g(s_1,s_2,\cdots,s_n)}.$$

在这个同构下, $L(u_1,u_2,\cdots,u_n)$ 上的多项式 $f(x)$ 对应到 $L(s_1,s_2,\cdots,s_n)$ 上的多项式 $f^*(x)$. 由于 K 和 $L(x_1,x_2,\cdots,x_n)$ 分别是 $f(x)$ 和 $f^*(x)$ 的分裂域, 根据定理 5.7, ϕ 可以拓展为从 K 到 $L(x_1,x_2,\cdots,x_n)$ 的同构. 于是扩张 $K/L(u_1,u_2,\cdots,u_n)$ 的伽罗瓦群和扩张 $L(x_1,x_2,\cdots,x_n)/L(s_1,s_2,\cdots,s_n)$ 的伽罗瓦群是同构的.

由例 5.27 知, 扩张 $L(x_1,x_2,\cdots,x_n)/L(s_1,s_2,\cdots,s_n)$ 的次数是 $n!$, 从而这个扩张的伽罗瓦群是 S_n. 直接的证明也是容易的, 下面说明.

不定元 $x_1,x_2,\cdots,x_n$ 中任何的置换都保持 $s_1,s_2,\cdots,s_n$ 不变, 所以诱导了 $L(x_1,x_2,\cdots,x_n)$ 的一个自同构, 它保持 $L(s_1,s_2,\cdots,s_n)$ 不动. 反过来, 如果 $L(x_1,x_2,\cdots,x_n)$ 的自同构保持 $L(s_1,s_2,\cdots,s_n)$ 不动, 那么必然置换 $f^*(x)$ 的根 $x_1,x_2,\cdots,x_n$, 而且这个同构完全由它在 $x_1,x_2,\cdots,x_n$ 上的像确定. 可见, 扩张 $L(x_1,x_2,\cdots,x_n)/L(s_1,s_2,\cdots,s_n)$ 的伽罗瓦群就是 n 个文字的对称群 S_n. 由于扩张 $K/L(u_1,u_2,\cdots,u_n)$ 的伽罗瓦群和扩张 $L(x_1,x_2,\cdots,x_n)/L(s_1,s_2,\cdots,s_n)$ 的伽罗瓦群是同构的, 所以扩张 $K/L(u_1,u_2,\cdots,u_n)$ 的伽罗瓦群是对称群 S_n.

当 $n\geqslant 5$ 时 S_n 是不可解的, 由定理 5.73 我们得到阿贝尔的关于方程可解性的著名定理.

定理 5.74　(1) (伽罗瓦) 一般的 n 次多项式的伽罗瓦群是对称群 S_n, 在 $n\geqslant 5$ 时它是不可解的;

(2) (阿贝尔) 当 $n\geqslant 5$ 时, 一般的 n 次方程不能用根式求解.

三　根式解与求根公式　回忆二次、三次和四次方程的求根公式, 可以看出那些根都是在有理数域添加方程的系数得到的域上的根式扩张中. 人们原来寄望的也是寻找这样的根式解. 阿贝尔和伽罗瓦的理论说这对一般的高次方程是不可能的. 但是, 定理 5.73 的有根式解的意义和一般有根式求根公式还有些差别. 比如, 实数域上的多项式的根都在复数域中, 按定理 5.73, 它们在实数域上都是可用根式

求解的. 这个可用根式求解的含义实质上是假设我们有能力把实系数多项式分解成不可约多项式的乘积. 由于不可约实多项式至多为二次, 当然是可以根式求解的. 不过, 显然把实系数多项式分解成不可约多项式一般是极其困难的事情. 而且, 要得到一般的实系数多项式的求根公式, 系数其实是不定元, 这就是定理 5.74 的情形, 从而根式求根公式不存在.

对于实系数的多项式, 如果根都是实数, 还有一个问题就是, 能否只通过正实数的根式得到多项式的根. 卡丹诺公式表明在三次方程这就似乎是做不到的. 我们对此给出严格的证明.

定义 5.75 给定实数域的二层子域塔 $L < K < \mathbb{R}$, 其中 K 是 $f(x) \in L[x]$ 的分裂域. 称 $f(x) = 0$ **可用实根式求解**, 如果存在 K 的扩域 $F \subset \mathbb{R}$, 它有根式扩张塔

$$L = F_0 < F_1 < F_2 < \cdots < F_{s-1} < F_s = F, \quad F_{i+1} = F_i(\sqrt[n_i]{a_i}), \tag{5.13.48}$$

其中 $a_i \in F_i$ 是正实数, $\sqrt[n_i]{a_i}$ 是 a_i 的 n_i 次正实根. 此时域 K 称为 L 的**实根式扩张**.

定理 5.76 有限正规扩张 K/L $(L < K < \mathbb{R})$ 为实根式扩张当且仅当它的伽罗瓦群是 2-群.

证明 (1) 有限 2-群 G 是可解的 (参见 2.3 节习题 3). 如果 $G = \mathrm{Gal}(K/L)$ 且

$$G = G_0 \triangleright G_1 \triangleright \cdots \triangleright G_{m-1} \triangleright G_m = \{e\}$$

是它的合成列 (参见 2.3 节习题 2), 则商群 G_i/G_{i+1} 是 2 阶群. 基本定理给出对应的子域塔

$$L = L_0 < L_1 < L_2 < \cdots < L_{m-1} < L_m = K, \tag{5.13.49}$$

其中相邻的扩张都是二次扩张. 于是 $L_{i+1} = L(\sqrt{a_i})$, $a_i \in L_i$. 这些域都是实数域的子域, 所以 a_i 是正实数. 我们已经说明了 K/L 是实根式扩张.

(2) 假设正规扩张 K/L 为实根式扩张, K 的扩域 F 有形如 (5.13.48) 的子域塔. 这意味着 $f(x) = 0$ 可用根式求解. 可以要求这个子域塔中相邻的扩张 F_{i+1}/F_i 都是素数次扩张, 否则可以在 F_i 和 F_{i+1} 之间插入若干中间域使得相邻的扩张是素数次实扩张. 根据定理 5.73, $\mathrm{Gal}(f) = \mathrm{Gal}(K/L)$ 是可解群. 我们需要利用 $K \subset \mathbb{R}$ 证明 $G = \mathrm{Gal}(f)$ 是 2-群.

设 $G = G_0 \triangleright G_1 \triangleright \cdots \triangleright G_{m-1} \triangleright G_m = \{e\}$ 是 G 的合成列, 相应的扩张塔是 $L = L_0 < L_1 < L_2 < \cdots < L_{m-1} < L_m = K$, 其中相邻的扩张 L_{i+1}/L_i 都是素

数次循环扩张. 我们证明这些素数都是 2. 假设某个扩张 L_{i+1}/L_i 的次数 p 大于 2. 注意 K/L_i 仍是正规扩张, 且 $\mathrm{Gal}(K/L_i) = G_i$ 是可解群. 所以不妨设 $i = 0$. 这时 $L_1 = K^{G_1}$, 而 G_1 是 G 的正规子群, 所以 L_1/L 是伽罗瓦扩张, 其伽罗瓦群 $\mathrm{Gal}(L_1/L) \simeq G/G_1$ 是 p 阶循环群. 不妨设 $K = L_1$. 如果让 (5.13.48) 中的 s 尽可能小, 那么 $K \not\subseteq F_{s-1}$. 由于 F/F_{s-1} 是素数次扩张, 从而合成 $K \cdot F_{s-1}$ (就是 F 中包含 K 和 F_{s-1} 的最小子域) 等于 $F = F_s$, 且是 F_{s-1} 上的 p 次循环扩张 (参见推论 5.69). 于是 $F/F_{s-1} = F_{s-1}(\sqrt[p]{a})/F_{s-1}$ 是伽罗瓦扩张. 这意味着 $x^p - a$ 在 $F_{s-1}(\sqrt[p]{a}) \subset \mathbb{R}$ 中分解成线性因子的乘积. 这迫使 $p = 2$, 因为 $p > 2$ 时, $x^p - a$ 的根不全是实数. 由此可见. G 的合成因子的阶数都是 2, 所以 G 是 2-群. □

习　题　5.13

1. 设 L 是特征为 0 的域, K 是 L 上多项式 $x^p - 1$ 的分裂域. 证明: K 有扩域 F 使得扩张 F/L 有根式塔 $L = L_0 < L_1 < \cdots < L_r = F$ 且对每个 i, 次数 $[L_{i+1} : L_i]$ 是素数. 这样的塔 (即塔中相邻的域是素数次扩张) 称为**正规化根式塔**.

2. 对有理数域上的分圆域 Γ_5 和 Γ_7 求出正规化根式塔.

3. 设 L 是特征为 0 的域, $f(x) \in L[x]$. 如果多项式 f 的伽罗瓦群是可解的, 那么 f 的分裂域可以嵌入到一个扩域 K, 它在 L 上有正规化根式塔.

4. 证明: 伽罗瓦扩张 K/L 是阿贝尔扩张当且仅当对于任意的中间域 F, 伽罗瓦群 $\mathrm{Gal}(F/L)$ 是交换的.

5. 设 L 是素域 $\mathbb{F}_p$ 的代数扩张, 含有所有的 l 次本原根, 其中 l 是与 p 互素的正整数. 对不定元 t, 令 $F = L(t)$, 而 K 是 $x^p - x - t \in F[x]$ 的分裂域. 证明:

(1) 设 P 是 F 的根式扩张, 则 K 不是 P 的子域. (提示: 利用定理 5.60 和推论 5.59.)

(2) $x^p - x - t$ 在 F 上不是根式可解的, 但它在 F 上的伽罗瓦群是循环群. 由此可见, 定理 5.73 中对 L 的特征为 0 的要求是不能去掉的.

6. 设 L 是特征为 0 的域, $f(x) \in L[x]$ 是素数次不可约多项式, K 是 $f(x)$ 在 L 上的分裂域. 证明: $f(x)$ 在 L 上根式可解当且仅当对于 $f(x)$ 在 K 中的任意两个根 α_i, α_j, 有 $K = L(\alpha_i, \alpha_j)$.

7. 证明: 若域 L $(\subset \mathbb{R})$ 上的不可约多项式 $x^3 + px + q$ 的三个根都是实数, 则这三个根不能用实根式求出.

8. 利用定理 5.73 和基本定理求出三次和四次方程的根式解.

9. 设 L 含有 1 的 n 次本原单位根 ζ, $K = L(u)$ 是 L 的 n 次循环扩张, $\mathrm{Gal}(K/L) = \langle \sigma \rangle$. 元素 $v \in K$ 的拉格朗日预解式 (resolvent) 定义为

$$\mathcal{L}(v) = v + \zeta^{-1}\sigma(v) + \zeta^{-2}\sigma^2(v) + \cdots + \zeta^{-(n-1)}\sigma^{n-1}(v).$$

验证如下性质:

(1) $\sigma(\mathcal{L}(v)) = \zeta\mathcal{L}(v)$;

(2) $\mathcal{L}(v)^n \in L$;

(3) 存在元素 $v \in L$ 使得 $\mathcal{L}(v) \neq 0$.

10. 设 ζ 是 1 的 5 次本原根, $a, b \in \mathbb{Q}$, α_i 是方程

$$x^5 - 5ax^3 + 5a^2x - 2b = 0$$

的根. 证明:

$$\alpha_i = \zeta^i \sqrt[5]{b + \sqrt{b^2 - a^5}} + \zeta^{5-i}\sqrt[5]{b - \sqrt{b^2 - a^5}}, \quad 0 \leqslant i \leqslant 4.$$

5.14 伽罗瓦群的计算

伽罗瓦的定理把一元高次方程的可解性归结为这个方程的伽罗瓦群的可解性. 计算伽罗瓦群的重要性因此变得很清楚. 例 5.39 表明这不是一个简单的问题.

一 群 $\mathrm{Gal}(f)$ 在根上的作用 设 $f \in L[x]$ 是正次数的多项式, 在其分裂域 $K = L(\alpha_1, \cdots, \alpha_n)$ 中有互不相同的根 α_1, $\cdots$, α_n. 显然 $\mathrm{Gal}(f)$ 中的元素置换这些根, 而且完全由这个置换确定. 其实, 最初伽罗瓦就是从这个角度研究 $\mathrm{Gal}(f)$: 他把 $\mathrm{Gal}(f)$ 中的元素看作是这些根的置换, 从而是对称群 S_n 中的元素. 只是在很久以后, 理想理论和实数论中戴德金分割的创立者戴德金 (R. Dedekind) 发现 $\mathrm{Gal}(f)$ 和 $\mathrm{Gal}(K/L)$ 是相同的. 已有数学软件如 Maple 等可以计算次数不大的整系数多项式的伽罗瓦群.

一般而言, $\mathrm{Gal}(f)$ 是 S_n 的真子群. 我们先看一下, 域扩张 K/L 中什么样的中间域对应到子群 $\mathrm{Gal}(f) \cap A_n$, 其中 A_n 是交错群. 答案与 f 的判别式有关.

定理 5.77 设 L 是特征不为 2 的域, f 是 $L[x]$ 中的正次数首一多项式, 其在分裂域 $K \supset L$ 中的根 α_1, $\cdots$, α_n 互不相同. 命

$$\delta = \prod_{i<j}(\alpha_i - \alpha_j).$$

则在 K 中对应到 $H = \mathrm{Gal}(f) \cap A_n$ 的子域 K^H 等于 $L(\delta)$.

证明   设 $\sigma \in \mathrm{Gal}(f)$. 显然 σ 把 f 的根变为 f 的根, 因此诱导了 f 在 K 中的根集合上的一个置换. 由于 $K = L(\alpha_1, \cdots, \alpha_n)$, σ 完全由它在根上的作用确定, 因此可以把 σ 看作是集合 $\{\alpha_1, \cdots, \alpha_n\}$ 的一个置换. 我们知道 (参见第一卷引理 2.36)

$$\sigma(\delta) = \varepsilon_\sigma \delta, \quad \varepsilon_\sigma \text{ 是 } \sigma \text{ 的符号}.$$

于是 $\sigma(\delta) = \delta$ 当且仅当 σ 是偶置换, 即 $\sigma \in \mathrm{Gal}(f) \cap A_n$. 根据基本定理, 有

$$L(\delta) = K^{\mathrm{Gal}(f) \cap A_n}. \qquad \square$$

由于 $\sigma(\delta) = \varepsilon_\sigma \delta$, 所以 $\sigma(\delta)^2 = [\varepsilon_\sigma \delta]^2 = \delta^2$. 于是 $D = \delta^2$ 在 $\mathrm{Gal}(f)$ 的作用下不动, 从而 $D \in L = K^{\mathrm{Gal}(f)}$. 当然, 这只是重新验证早已知道的事实: D 是 f 的判别式, 在 L 中 (参见第一卷公式 (7.19)). 根据上一个定理, $\mathrm{Gal}(f) \subset A_n$ 当且仅当 $L(\delta) = L$, 即 $\delta \in L$. 为引用方便, 把这些讨论总结为如下推论.

推论 5.78   设 L 是特征不为 2 的域, f 是 $L[x]$ 中的正次数首一多项式, $D = \prod_{i<j}(\alpha_i - \alpha_j)^2$ 是它的判别式, 那么 $\mathrm{Gal}(f)$ 是 A_n 的子群当且仅当 D 是 L 中某个元素的平方.

定理 5.79 (不可约性判别法)   若多项式 $f \in L[x]$ (在某个分裂域中) 的根 $\alpha_1, \cdots, \alpha_n$ 互不相同, 则 f 在 L 上的不可约性等价于 $\mathrm{Gal}(f)$ 在 $\{\alpha_1, \cdots, \alpha_n\}$ 上的作用是可迁的.

证明   可迁作用的定义见 1.2 节第六部分. 假定 f 是不可约的. 根据定理 5.9, 存在同构 $\sigma_1 : L(\alpha_i) \to L(\alpha_j)$, 它在 L 上的限制是恒等映射. 多项式 f 可以看作 $L(\alpha_i)$ 上的多项式, 也可以看作 $L(\alpha_j)$ 上的多项式, 这时域 $K = L(\alpha_1, \cdots, \alpha_n)$ 仍是它们的分裂域. 根据定理 5.14, σ_1 可以延拓成同构 $\sigma : K \to K$. 由于 σ 在 L 上的限制是恒等映射, 所以 $\sigma \in \mathrm{Gal}(K/L) = \mathrm{Gal}(f)$ 且 $\sigma(\alpha_i) = \alpha_j$. 这说明 $\mathrm{Gal}(f)$ 在根上的作用是可迁的.

反之, 假定 $\mathrm{Gal}(f)$ 在根上的作用是可迁的. 设 $f = gh$, 其中 g 的次数大于 0. 那么对某个 i 有 $g(\alpha_i) = 0$. 任取 f 的根 α_j, 则有 $\sigma \in \mathrm{Gal}(f)$ 使得 $\sigma(\alpha_i) = \alpha_j$. 于是 $0 = \sigma(0) = \sigma[g(\alpha_i)] = g(\sigma(\alpha_i)) = g(\alpha_j)$. 这是说 f 的根都是 g 的根, 因此 $f = g$ 是不可约的. $\qquad \square$

例 5.80   有理数域上的多项式 $f(x) = x^3 - 2$ 有实根 $\alpha = \sqrt[3]{2}$, 而它的分裂域是

$$F = \mathbb{Q}(\alpha, \varepsilon) = \langle 1, \alpha, \alpha^2, \varepsilon, \varepsilon\alpha, \varepsilon\alpha^2 \rangle_{\mathbb{Q}} = \mathbb{Q}(\theta),$$

此处 $\varepsilon = e^{2\pi i/3}$, $\theta = \alpha + \varepsilon$ 是 $g(x) = x^6 + 3x^5 + 6x^4 + 3x^3 + 9x + 9$ 的根. 伽罗瓦群的元素很容易确定

$$G = \mathrm{Gal}(F/\mathbb{Q}) = \langle \sigma,\, \tau \mid \sigma^3 = e = \tau^2,\, \tau\sigma\tau = \sigma^2 \rangle \simeq S_3,$$

其中

$$\sigma(\varepsilon) = \varepsilon, \quad \sigma(\alpha) = \varepsilon\alpha, \quad \sigma(\varepsilon\alpha) = \varepsilon^2\alpha, \quad \tau(\alpha) = \alpha, \quad \tau(\varepsilon) = \varepsilon^{-1} = \varepsilon^2.$$

基本定理中子群与中间域的对应列表如下, 第一行是子群, 第二行是子群的不动点域.

G	$\langle\sigma\rangle$	$\langle\tau\rangle$	$\langle\sigma\tau\rangle$	$\langle\sigma^2\tau\rangle$	$\{e\}$
$\mathbb{Q}$	$\mathbb{Q}(\varepsilon)$	$\mathbb{Q}(\alpha)$	$\mathbb{Q}(\varepsilon^2\alpha)$	$\mathbb{Q}(\varepsilon\alpha)$	F

于是 $\langle\sigma\rangle = \mathrm{Gal}(F/\mathbb{Q}(\varepsilon))$, $\langle\tau\rangle = \mathrm{Gal}(F/\mathbb{Q}(\alpha))$, $\langle\sigma\tau\rangle = \mathrm{Gal}(F/\mathbb{Q}(\varepsilon^2\alpha))$, $\langle\sigma^2\tau\rangle = \mathrm{Gal}(F/\mathbb{Q}(\varepsilon\alpha))$. 因为 $\langle\sigma\rangle \lhd G$, 所以 $\mathbb{Q}(\varepsilon)$ 在 $\mathbb{Q}$ 上正规且 $\mathrm{Gal}(\mathbb{Q}(\varepsilon)/\mathbb{Q}) \simeq G/\langle\sigma\rangle \simeq C_2$.

二 素数次多项式的伽罗瓦群 一般而言, 计算多项式的伽罗瓦群是困难的, 甚至有理数域的多项式的伽罗瓦群的计算都是出人意料地困难又有趣. 这个问题吸引了众多数学家的注意, 也得到了很多漂亮的结果. 比如, 1892 年, 希尔伯特证明了存在有理数域的无限多个有限次扩张 K 使得 $\mathrm{Gal}(K/\mathbb{Q}) = S_n$. 1930 年和 1931 年, 舒尔则计算了两个具体的有理系数多项式的伽罗瓦群:

$$\text{对 } f(x) = \sum_{m=0}^{n} \frac{x^m}{m!}, \quad \text{有 } \mathrm{Gal}(f) = \begin{cases} A_n, & \text{若 } n \equiv 0 \pmod 4, \\ S_n, & \text{若 } n \not\equiv 0 \pmod 4. \end{cases}$$

设 $H_n(x)$ 是第 n 个埃尔米特多项式 (见第二卷 3.9 节第四部分). 命 $H_{2n}(x) = K_n^{(0)}(x^2)$, $H_{2n+1}(x) = xK_n^{(1)}(x^2)$, 则当 $n > 12$ 时, 有 $\mathrm{Gal}(K_n^{(0)}) = \mathrm{Gal}(K_n^{(1)}) = S_n$. 这里基域都是有理数域. 本书无意也不能对希尔伯特和舒尔的这些结果给出证明, 而是建立一些最基础性的结果.

对称群在伽罗瓦理论中是一个重要的角色, 我们需要对它的生成元有更多的了解. 下面两个简单的结论和 1.5 节习题 3 中的结论是类似的.

命题 5.81 设 G 是 S_n 的子群. 如果 G 是可迁的 (定义见 1.2 节第六部分), 含有对换和长度为 $n-1$ 的循环, 那么 $G = S_n$.

证明 不妨设 G 含有循环 $(2\ 3\ \cdots\ n)$ 和对换 $(i\ j)$. 由于 G 是可迁的, 存在 $\sigma \in G$ 使得 $\sigma(i) = 1$. 于是 $\sigma(i\ j)\sigma^{-1} = (1\ k) \in G$, 其中 $2 \leqslant k \leqslant n$. 用 $(2\ 3\ \cdots\ n)$ 及其幂对 $(1\ k)$ 做共轭, 得到对换 $(1\ 2)$, $(1\ 3)$, $\cdots$, $(1\ n)$. 而它们生成 S_n. $\qquad\square$

命题 5.82　设 p 是素数, G 是 S_p 的子群, 含有对换和 p 阶元, 那么 $G = S_p$.

证明　根据条件, G 含有 p-循环 $\sigma = (i_1\ i_2\ \cdots\ i_p)$, 其中 i_1, i_2, $\cdots$, i_p 是 1, 2, $\cdots$, p 的一个排列. 对任意的 i_k 和 i_l, 如果 $k < l$, 那么 $\sigma^{l-k}(i_k) = i_l$, $\sigma^{k-l}(i_l) = i_k$, 所以 G 是可迁群. 注意 σ 的幂如果不是单位元, 阶仍是 p, 从而是 p-循环. 假设对换 $\tau = (i_k\ i_l) \in G$, 那么 $\sigma^{l-k} = (i_k\ i_l\ \cdots) = (i_k\ i_l)(i_l\cdots)$ 是 p-循环, 而 $\tau\sigma^{l-k} = (i_l\ \cdots)$ 是 $(p-1)$-循环. 于是 G 是可迁群, 含有对换和 $(p-1)$-循环. 根据上一个命题, $G = S_p$. 　□

定理 5.83　设 p 是素数, f 是 $\mathbb{Q}$ 上的 p 次不可约多项式. 如果 f 在 $\mathbb{C}$ 中恰好有两个非实数根, 那么 $\mathrm{Gal}(f) = S_p$.

证明　命

$$f(x) = \prod_{i=1}^{p}(x - \alpha_i), \quad K = \mathbb{Q}(\alpha_1, \cdots, \alpha_p) \subset \mathbb{C}.$$

因为

$$K \supset \mathbb{Q}(\alpha_1), \quad [\mathbb{Q}(\alpha_1), \mathbb{Q}] = \deg f = p,$$

所以群的阶 $|\mathrm{Gal}(f)| = [K : \mathbb{Q}]$ 被 p 整除. 根据西罗定理 (见定理 2.30), $\mathrm{Gal}(f)$ 含有 p 阶元.

由于 f 的系数是有理数, 所以它的虚根成对出现且每一对互相共轭 (见第一卷定理 7.28), 因此复共轭限制在 K 上是域的自同构, 当然保持 $\mathbb{Q}$ 不动. 现在, f 恰好有两个非实数根, 复共轭置换这两个根, 保持其他根不变, 因此是一个对换. 于是 $\mathrm{Gal}(f)$ 含有 p 阶元和对换. 应用上一个命题知 $\mathrm{Gal}(f) = S_p$. 　□

定理 5.84 (布饶尔 (R. Brauer))　设 p 为奇素数, b 为正偶数, $a_1 < a_2 < \cdots < a_{p-2}$ 为偶数, 那么多项式

$$f(x) = (x^2 + b)(x - a_1)(x - a_2)\cdots(x - a_{p-2}) - 2$$

在 $\mathbb{Q}$ 上的伽罗瓦群是对称群 S_p. 特别, 在有理数域上可以构造无限多个 p 次多项式使其伽罗瓦群为 S_p.

证明　根据上一个定理, 只要说明多项式 f 在有理数域上是不可约的且只有两个虚根.

把 $f(x)$ 写成单项式的和:

$$f(x) = x^p + c_1 x^{p-1} + \cdots + c_{p-1} x + c_p.$$

容易看出, 诸系数 c_i 都是偶数, 且常数项 $c_p = -ba_1 \cdots a_{p-2} - 2$ 是偶数但不被 4 整除. 根据艾森斯坦因既约性判别法, f 在 $\mathbb{Q}$ 上是不可约的.

由构造知, $g(x) = f(x)+2$ 的全部实根为 $a_1, \cdots, a_{p-2}$, 共 $p-2$ 个. 记 $\delta = \dfrac{1}{p-2}$. 当 x 和各 a_i 的距离不小于 δ 时, x 一定落在下面的某个区间内

$$(-\infty, a_1 - \delta], \ [a_1 + \delta, a_2 - \delta], \ \cdots, \ [a_i + \delta, a_{i+1} - \delta], \ \cdots, \ [a_{p-3} + \delta, a_{p-2} - \delta], \ [a_{p-2} + \delta, \infty),$$

(对 $p = 3$ 的情形, 只有首尾两个区间). 当 x 落在首尾两个区间中时, 容易验证 $|g(x)| > 2$. 当 x 落在中间的区间 $[a_i + \delta, a_{i+1} - \delta]$ 时 (此时 $p \geqslant 5$), 有

$$|(x - a_i)(x - a_{i+1})| \geqslant \delta(2 - \delta), \quad |x^2 + b| \geqslant 2, \quad |x - a_j| > 2 \ \text{如果} \ j \neq i, \ i+1.$$

从而此时 (注意 $p \geqslant 5$) 有

$$|g(x)| \geqslant 2^{p-3}(2\delta - \delta^2) = 2^{p-3}\left(\frac{2}{p-2} - \frac{1}{(p-2)^2}\right) > 2.$$

可见, 当 x 和各 a_i 的距离不小于 δ 时, 一定有 $|g(x)| > 2$, 从而 $f(x) = g(x) - 2 \neq 0$.

下面说明在每个区间 $(a_i - \delta, a_i + \delta)$ 内 $f(x)$ 有唯一的根, 于是 f 在实数中只有 $p - 2$ 个根. 由于 $g(a_i + \delta)$ 与 $g(a_i - \delta)$ 异号, 且绝对值都大于 2, 所以 $f(a_i + \delta)$ 与 $f(a_i - \delta)$ 异号. 因此, 在区间 $(a_i - \delta, a_i + \delta)$ 内 $f(x)$ 有根. 要说明这个区间内根的唯一性只需证明函数 $y = f(x)$ 在这个区间上是单调的. 求导, 知

$$f'(x) = 2x(x - a_1) \cdots (x - a_{p-2}) + \sum_{k=1}^{p-2} (x^2 + b)(x - a_1) \cdots \widehat{(x - a_k)} \cdots (x - a_{p-2})$$

为 $p - 1$ 项求和, 其中 $\widehat{(x - a_k)}$ 表示该项不出现. 导数 $f'(x)$ 中的项 $A_i = (x^2 + b)(x - a_1) \cdots \widehat{(x - a_i)} \cdots (x - a_{p-2})$ 在区间 $(a_i - \delta, a_i + \delta)$ 上符号是不变的. 对 $x \in (a_i - \delta, a_i + \delta)$, 下面验证 A_i 的绝对值大于其余 $p - 2$ 项的绝对值之和, 于是 $f'(x)$ 在该区间内导数值符号不变, 从而 $f(x)$ 在这个区间上单调.

对 $x \in (a_i - \delta, a_i + \delta)$, 有 $|x - a_i| < \delta$. 注意 $b \geqslant 2$, 从而 $|x^2 + b| > |2x|$. 于是

$$|2x(x - a_1) \cdots (x - a_{p-2})| < \delta \cdot |2x(x - a_1) \cdots \widehat{(x - a_i)} \cdots (x - a_{p-2})|$$
$$< \delta \cdot |(x^2 + b)(x - a_1) \cdots \widehat{(x - a_i)} \cdots (x - a_{p-2})|$$
$$= \delta |A_i| = \frac{1}{p-2} |A_i|,$$

对任意 $k \neq i$, a_k, a_i 为互异偶数, 所以 $|x - a_k| > 2 - \delta \geqslant 1$. 于是

$$|(x^2 + b)(x - a_1) \cdots (\widehat{x - a_k}) \cdots (x - a_{p-2})| < \delta \cdot |(x^2 + b) \cdots (\widehat{x - a_k}) \cdots (\widehat{x - a_i}) \cdots|$$

$$< \delta \cdot |(x^2 + b) \cdots (x - a_k) \cdots (\widehat{x - a_i}) \cdots|$$

$$= \delta |A_i| = \frac{1}{p-2} |A_i|,$$

这样的 k 有 $p - 3$ 个. 将上面 $p - 2$ 个不等式求和即知 A_i 的绝对值大于其余 $p - 2$ 项的绝对值之和, 从而 $f(x)$ 在每个区间 $(a_i - \delta, a_i + \delta)$ 上是单调的. $\square$

注 (1) 从证明中可以看出, 取 $f(x) = (x^2 + b)(x - a_1)(x - a_2) \cdots (x - a_{p-2}) \pm q$, 其中 q 为任意素数, b 是被 q 整除的正整数, $a_1, \cdots, a_{p-1}$ 互不相同且都是 q 的倍数, 那么这个多项式在 $\mathbb{Q}$ 上的伽罗瓦群也是 S_p. 把 p 换成大于 5 的奇数, $f(x)$ 也是不可约的且只有两个虚根.

(2) 定理 5.84 的表述比作者所见到的文献稍强一些: 一般的文献要求定理中的 b 大于诸 a_i 的平方和之半. 上面的定理去掉了这个条件, 这样应用起来更方便. 一般的文献对 Brauer 定理的证明都是用到函数 $g(x)$ 在区间 $[a_{2i-1}, a_{2i}]$ 上有一个极大值. 其实有多个极大值也是可能的, 如 $g(x) = (x^2 + 2)(x + 10)(x - 10)(x - 14)$ 的图 5.14.4 所示[①].

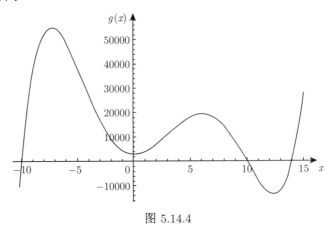

图 5.14.4

三 整系数多项式可以通过模素数 p 看作有限域上的多项式. 模 p 后得到多项式的信息对讨论原来的多项式的很多问题如可约性、伽罗瓦群的计算等都是很有帮助的. 下面的戴德金定理是这个方法的好例子.

---

① 这个图像, 定理 5.84 的表述和证明及注都是中国科学院大学 2019 年秋季学期代数课程助教胡泓昇与刘敏华给出的.

设 p 是素数. 本小节简记 $\mathbb{Z}/p\mathbb{Z}$ 为 $\mathbb{Z}_p$. 自然映射 $\mathbb{Z} \to \mathbb{Z}_p$ 诱导自然同态 $\mathbb{Z}[x] \to \mathbb{Z}_p[x]$. 多项式 $f(x)$ 在这个同态下的像记为 $f_p(x)$. 多项式 f 的判别式 $D(f)$ 是整数, 它在 $\mathbb{Z}_p$ 中像记为 $D(f)_p$. 假设 f 是首一多项式, 显然有 $D(f_p) = D(f)_p$. 如果 $D(f_p) \neq 0$, 那么 $D(f) \neq 0$, 从而 f 和 f_p 的根都是互不相同的.

定理 5.85 (戴德金) 设 $f \in \mathbb{Z}[x]$ 为 n 次首一多项式, p 是素数, $D(f_p) \neq 0$. 如果 f_p 是 r 个不可约多项式的乘积, 其次数分别为 n_1, n_2, $\cdots$, n_r, 把 $\mathrm{Gal}(f)$ 的元素看作 f 的根集合的置换, 那么 $\mathrm{Gal}(f)$ 含有元素其循环分解中的循环的长度分别是 n_1, n_2, $\cdots$, n_r.

定理的证明基于下面的引理.

引理 5.86 设 $f \in \mathbb{Z}[x]$ 为 n 次首一多项式, 根互不相同, K 是 f 在 $\mathbb{Q}$ 上的分裂域, $K_{(p)}$ 为 f_p 在 $\mathbb{Z}_p$ 上的分裂域. 取素数 p 使得 $D(f_p) \neq 0$, 从而 f_p 在 $K_{(p)}$ 中的根互不相同. 命 R 为 K 的子环, 由多项式 f 的根生成, 则

(1) 存在同态 $\psi : R \to K_{(p)}$;

(2) 任何这样的同态确定了 f 在 K 中的根的集合 Ω 到 f_p 在 $K_{(p)}$ 中的根的集合 Ω_p 的一个双射;

(3) 如果 ψ 和 ϕ 是两个这样的同态, 则存在 $\sigma \in \mathrm{Gal}(f)$ 使得 $\phi = \psi \circ \sigma$.

证明 根据条件, 在 $K[x]$ 中有 $f(x) = (x - \alpha_1) \cdots (x - \alpha_n)$. 于是 $K = \mathbb{Q}(\alpha_1, \cdots, \alpha_n)$. 按定义, $R = \mathbb{Z}[\alpha_1, \cdots, \alpha_n]$. 命

$$R' = \sum_{0 \leqslant k_i \leqslant n-1} \mathbb{Z}\alpha_1^{k_1} \cdots \alpha_n^{k_n},$$

它是元素

$$\alpha_1^{k_1} \cdots \alpha_n^{k_n}, \quad 0 \leqslant k_i \leqslant n-1$$

的整系数线性组合全体形成的集合. 由于 $f(\alpha_i) = 0$, 所以 α_i^n 是 1, α_i, $\cdots$, α_i^{n-1} 的整系数线性组合. 因此 $\alpha_i R' \subset R'$. 从而对任何正整数 k 有 $\alpha_i^k R' \subset \alpha_i^{k-1} R' \subset \cdots \subset \alpha_i L' \subset R'$. 进而, 对任意的非负整数 k_1, $\cdots$, k_n 有 $\alpha_1^{k_1} \cdots \alpha_n^{k_n} R' \subset R'$. 由于 R 就是这些 $\alpha_1^{k_1} \cdots \alpha_n^{k_n}$ 的整系数线性组合, R' 包含 1, 所以 $R \subset R'$. 因此有 $R = R'$.

这表明 R 是有限生成 $\mathbb{Z}$ 模 (即有限生成阿贝尔群). 由于 K 的特征为 0, 所以 R 是无挠的. 根据定理 1.24, R 是秩有限的自由 $\mathbb{Z}$ 模. 设 u_1, $\cdots$, u_m 是 R 作为自由 $\mathbb{Z}$ 模的一个基, 即 $R = \mathbb{Z}u_1 \oplus \cdots \oplus \mathbb{Z}u_m$. 元素组 u_1, $\cdots$, u_m 在 $\mathbb{Q}$ 上也是线性无关的, 事实上, 如果这组元素有非平凡的 $\mathbb{Q}$-线性关系, 适当乘上某个整数后就得到

非平凡的 $\mathbb{Z}$-线性关系, 这不可能. 由于 $\mathbb{Q}R = \sum \mathbb{Q}u_i$ 包含所有单项式的 $\alpha_1^{k_1} \cdots \alpha_n^{k_n}$ 的有理系数线性组合, 利用定理 5.7 知 $\mathbb{Q}R = \mathbb{Q}(\alpha_1, \cdots, \alpha_n) = K$. 于是 $[K : \mathbb{Q}] = m$, 且 $u_1, \cdots, u_m$ 是 K 的 $\mathbb{Q}$-基.

考虑环 R 的理想 $pR = \bigoplus_{i=1}^{m} p\mathbb{Z}u_i$. 由于 $\bar{R} = R/pR = \bigoplus_{i=1}^{m} \mathbb{Z}u_i/p\mathbb{Z}u_i$, 所以 $|\bar{R}| = p^m$. 作为有限环, $\bar{R} = R/pR$ 有极大理想, 设 $\bar{M}$ 是一个极大理想, 那么 $\bar{R}/\bar{M}$ 是域. 显然这个域的特征是 p. 理想 $\bar{M}$ 在自然映射 $R \to \bar{R}$ 下的逆像记为 M. 把定理 4.8(2) 用于满同态 $R \to \bar{R}/\bar{M}$ 得到同构 $R/M \simeq \bar{R}/\bar{M}$. 从而知 R/M 是域, 含有 $\mathbb{Z}_p$, 而且 $|R/M| = p^{m'}$, 其中 $m' \leqslant m$.

(1) 自然同态 $\theta : R \to R/M$ 把 $\mathbb{Z}$ 映到 $\mathbb{Z}_p$, 并且给出了同态 $R[x] \to (R/M)[x]$, 它把 $f(x)$ 映到 $f_p(x)$. 在 $R[x]$ 中 $f(x)$ 能分解成线性因子的乘积 $f(x) = (x - \alpha_1) \cdots (x - \alpha_n)$, 所以在 $(R/M)[x]$ 中有 $f_p(x) = (x - \bar{\alpha}_1) \cdots (x - \bar{\alpha}_n)$, 其中 $\bar{\alpha}_i = \theta(\alpha_i) = \alpha_i + M$. 这意味着 $R/M = \mathbb{Z}_p[\bar{\alpha}_1, \cdots, \bar{\alpha}_n]$ 是 $f_p(x)$ 在 $\mathbb{Z}_p$ 上的分裂域. 根据推论 5.15, 有同构 $\mu : R/M \to K_{(p)}$. 由此得到需要的同态 $\psi = \mu \circ \theta : R \to K_{(p)}$.

(2) 同态 $\psi : R \to K_{(p)}$ 自然延拓成同态 $\psi : R[x] \to K_{(p)}[x]$, 它把 $f(x)$ 映到 $f_p(x)$. 于是在 $K_{(p)}[x]$ 中有 $\psi(f(x)) = (x - \psi(\alpha_1)) \cdots (x - \psi(\alpha_n))$. 因此 $\psi(\alpha_i)$ 是多项式 $f_p(x)$ 在 $K_{(p)}$ 中的根且 ψ 限制在 Ω 上是双射 $\psi|_\Omega : \Omega \to \Omega_p$.

(3) 取定一个同态 $\psi : R \to K_{(p)}$. 伽罗瓦群 $\mathrm{Gal}(f)$ 中的元素 σ 把 f 的根映到 f 的根, 而且完全由它在这些根上的作用确定. 于是 σ 把 R 映到 R, 而且 $\sigma|_R : R \to R$ 是环同构. 可见 $\psi \circ \sigma$ 是从 R 到 $K_{(p)}$ 的同态. 由于伽罗瓦群 $\mathrm{Gal}(f)$ 中不同的元素 σ, σ' 在根集合 Ω 上的作用是不同的, $\psi|_\Omega : \Omega \to \Omega_p$ 是双射, 所以 $\psi \circ \sigma$ 和 $\psi \circ \sigma'$ 是不同的同态. 设 $\mathrm{Gal}(f) = \{\sigma_1, \cdots, \sigma_m\}$, 那么, 用这种方法得到 $m = [K : \mathbb{Q}]$ 个不相同的同态 $\psi_i = \psi \cdot \sigma_i : R \to K_{(p)}$.

可以断言, 从 R 到 $K_{(p)}$ 没有其他的同态了. 事实上, 若有其他的同态 ψ_{m+1}, 把定理 5.19 应用于 R 的非零元形成的乘法幺半群 H 和域 $K_{(p)}$, 可知 $\psi_1, \cdots, \psi_m$, ψ_{m+1} 在 $K_{(p)}$ 上线性无关. 考虑齐次线性方程组

$$\sum_{i=1}^{m+1} x_i \psi_i(u_j) = 0, \quad 1 \leqslant j \leqslant m.$$

由于未知元 x_i 的个数比方程多, 所以这个方程组有非零解 $(a_1, \cdots, a_{m+1})$, $a_i \in K_{(p)}$.

对 R 中任意的元素 $y = \sum_j n_j u_j$, $n_j \in \mathbb{Z}$, 有

$$\psi_i(y) = \sum_j \bar{n}_j \psi_i(u_j), \quad \bar{n}_j = n_j + p\mathbb{Z},$$

$$\sum a_i \psi_i(y) = \sum_j \bar{n}_j \left(\sum_i a_i \psi_i(u_j) \right) = \sum_j \bar{n}_j \cdot 0 = 0.$$

这与诸 ψ_i 线性无关矛盾, 从而断言 (3) 得证. $\qquad\square$

现在可以证明戴德金的定理了.

定理 5.85 的证明 因为 $K_{(p)}$ 是特征为 p 的有限域, 所以映射 $\pi : K_{(p)} \to K_{(p)}$, $a \to a^p$ 是自同构. 若 $\psi : R \to K_{(p)}$ 是环同态, 则 $\pi\psi$ 也是环同态, 从而有唯一的元素 $\sigma = \sigma(\psi) \in \mathrm{Gal}(f)$ 使得

$$\pi \circ \psi = \psi \circ \sigma(\psi).$$

自同构 $\sigma = \sigma(\psi)$ 称为 $K/\mathbb{Q}$ 的对应于 ψ 的**弗罗贝尼乌斯 p-自同构**.

把 ψ 和 σ 限制在 Ω 上, 由于 $\psi|_\Omega : \Omega \to \Omega_p$ 是双射, 可知在 Ω 上有 $\sigma = \psi^{-1} \circ \pi \circ \psi$. 这说明循环群 $\langle \pi \rangle$ 在 Ω_p 中的轨道通过 ψ^{-1} 映为循环群 $\langle \sigma \rangle$ 在 Ω 中的轨道.

根据 5.6 节第三部分的讨论, $\langle \pi \rangle = \mathrm{Gal}(K_{(p)}/\mathbb{Z}_p)$, 所以它在 Ω_p 中的轨道是多项式 $f_p(x) \in \mathbb{Z}_p[x]$ 的不可约因子的根的集合. 如果 $n_1, \cdots, n_r$ 是这些不可约因子的次数, 则 $\langle \sigma \rangle$ 在 Ω 中的轨道的基数是 $n_1, \cdots, n_r$. 这就是说, σ 作为 Ω 的置换, 循环分解中的循环因子的长度是 $n_1, \cdots, n_r$. $\qquad\square$

对高次的多项式, 判别式的计算不是一件简单的事情. 在实际运用戴德金定理时, 一般并不先算出多项式的判别式, 而是直接对小素数做剩余 (即模小素数), 看得到的多项式有无重根. 无重根就意味着相应的素数不是原来多项式的判别式的素因子.

例 5.87 设 $f(x) = x^6 + 22x^5 - 9x^4 + 12x^3 - 37x^2 - 29x - 15 \in \mathbb{Z}[x]$. 把系数模 2 得到 $\mathbb{Z}_2[x]$ 中的多项式

$$f_2(x) = x^6 + x^4 + x^2 + x + 1.$$

在 $\mathbb{Z}_2[x]$ 中次数不超过 3 的不可约多项式是 $x+1$, x^2+x+1, x^3+x^2+1, x^3+x+1, 它们都不整除 $f_2(x)$, 所以 $f_2(x)$ 是不可约的. 从而 $\mathrm{Gal}(f)$ 含有 6-循环. 于是 $\mathrm{Gal}(f)$

是可迁的. 又

$$f_3(x) = x(x^5 + x^4 - x + 1) \in \mathbb{Z}_3[x],$$

并且 $x^5 + x^4 - x + 1$ 在 $\mathbb{Z}_3[x]$ 中是不可约的. 所以 $\mathrm{Gal}(f)$ 含有 5-循环. 最后

$$f_5(x) = x(x-1)(x-4)(x+2)(x^2+2) \in \mathbb{Z}_5[x],$$

因子 $x^2 + 2$ 在 $\mathbb{Z}_5[x]$ 中是不可约的. 因此 $\mathrm{Gal}(f)$ 含有 2-循环. 根据命题 5.81, $\mathrm{Gal}(f) \simeq S_6$.

戴德金的定理可以用于构造次数 n 大于 3 的整系数多项式使其伽罗瓦群为对称群为 S_n. 分别取 n 次首一多项式 $u, v, w \in \mathbb{Z}[x]$ 使得: u 模 2 后得到的多项式 $u_2 \in \mathbb{Z}_2[x]$ 是不可约的; v 模 3 后得到多项式 $v_3 \in \mathbb{Z}_3[x]$ 是一个 $n-1$ 次不可约多项式与一个线性多项式的乘积; w 模 5 后得到的多项式 $w_5 \in \mathbb{Z}_5[x]$ 是一个 2 次不可约多项式与一个或多个奇数次不可约多项式的乘积. 所有这些都是可能的, 因为对任何素数和正整数 k, 在 $\mathbb{Z}_p[x]$ 有 k 次不可约多项式 (见例 5.48).

最后取首一多项式 $f \in \mathbb{Z}[x]$ 使得

$$f_2 = u_2, \quad f_3 = v_3, \quad f_5 = w_5,$$

比如

$$f = -15u + 10v + 6w \quad \text{或} \quad f = -45u + 40v + 6w,$$

那么 $\mathrm{Gal}(f) = S_n$. 事实上, $\mathrm{Gal}(f)$ 是可迁的 (因为 f_2 不可约), 含有长度为 $n-1$ 的循环 (因为 f_3 有 $n-1$ 次不可约因子), 含有元素其循环分解中的循环的长度是 2, 若干奇数, 这个元素的某个奇数次幂就是对换. 由命题 5.81 知 $\mathrm{Gal}(f)$ 就是 S_n.

人们一直有兴趣寻找简单的整系数 n 次多项式使得它的伽罗瓦群就是对称群 S_n. 目前已知的最简单的多项式应该是 $x^n - x - 1$.

习　题　5.14

1. 证明: $x^5 - x - 1 \in \mathbb{Q}[x]$ 的伽罗瓦群是 S_5.

2. 计算 $\mathbb{Q}[x]$ 中下列多项式的伽罗瓦群:

(1) $x^5 - 4x + 2$;

(2) $x^4 + 2x^2 + x + 3$;

(3) $x^4 + 3x^3 - 3x - 2$.

3. 有理数域上的方程

$$x^6 + 2x^5 - 5x^4 + 9x^3 - 5x^2 + 2x + 1 = 0$$

是否可用根式解?

4. 利用布饶尔的定理构造一个多项式 $f \in \mathbb{Q}[x]$ 使得 $\mathrm{Gal}(f) = S_7$, 然后利用戴德金的定理重新证明你的结论.

5.15 伽罗瓦 (理论的) 反问题

在前面的讨论中我们关注的中心问题是伽罗瓦群 $\mathrm{Gal}(f)$ 与方程 $f = 0$ 的根式解的联系以及该群的计算. 随即一个有趣的问题就产生了: 什么样的有限群可以成为多项式的伽罗瓦群? 这个问题称为**伽罗瓦理论的反问题**, 有时简称为伽罗瓦反问题. 如果对基域不做限制, 答案是简单的: 都可以. 我们已经看到, 对称群 S_n 是有理数域上某些多项式的伽罗瓦群. 根据凯莱的一个定理, 每个有限群 G 在同构意义下都是某个 S_n 的子群. 由基本定理知, G 是有理数域的某个有限次扩域上的一些多项式的伽罗瓦群.

如果限定基域, 这个问题就变得出人意料地复杂和引人入胜. 最为人关注的情形是基域为 $\mathbb{Q}$ 或其上的有理函数域 $\mathbb{Q}(x)$, 它们的伽罗瓦理论联系密切. 希尔伯特是先驱者, 1892 年, 他证明了 S_n 和 A_n 是有理数域上的伽罗瓦扩张的伽罗瓦群, 在这个过程中他建立的不可约性定理成为伽罗瓦理论反问题的一个基本工具. 1954 年, 沙法列维奇证明了让人赞叹的结论: 有限可解群都是有理数域上多项式的伽罗瓦群. 他的方法基本上是数论的. 1984 年, 汤普森证明了魔群 (阶数在第 2 章的开场白中提到) 是有理数域上多项式的伽罗瓦群. 在汤普森的证明中群的共轭类的有理性和刚性起了至关重要的作用, 基于这两个概念发展出来的理论现在是研究伽罗瓦理论反问题的有力工具. 人们猜想, 任何有限群都是有理数域上的伽罗瓦群. 虽然在这方面已有丰富的成果, 但问题还没有完全解决, 甚至对有限单群的情形, 也没有完全解决.

本节证明有限交换群都是有理数域上的多项式的伽罗瓦群, 并介绍群的共轭类的刚性和有理性的概念及其对伽罗瓦理论反问题的意义和一些例子.

一　有理数域上的阿贝尔扩张　我们证明下面的结论.

定理 5.88   设 A 是有限阿贝尔群, 那么存在伽罗瓦扩张 $K/\mathbb{Q}$ 使得

$$\mathrm{Gal}(K/\mathbb{Q}) \simeq A.$$

这个定理的证明需要用到狄利克雷关于一些算术级数中含有无穷多素数的定理. 狄氏优美的定理说: 如果 a, b 是互素的正整数, 那么等差数列 $a+b$, $2a+b$, $3a+b$, $\cdots$, $ka+b$, $\cdots$ 中含有无穷多个素数. 我们只用到其中 $b=1$ 的特殊情形. 对这个特殊情形, 这里可以给出证明.

引理 5.89   设 a 是非零整数, n 是不被素数 p 整除的自然数, 那么 p 整除 $\Phi_n(a)$ 当且仅当在 $U(\mathbb{Z}/p\mathbb{Z})$ 中 a 的阶是 n.

证明   记 $\mathbb{Z}_p = \mathbb{Z}/p\mathbb{Z}$. 把 $\Phi_n(x)$ 看作 $\mathbb{Z}_p[x]$ 中的多项式, 考虑分解式

$$x^n - 1 = \Phi_n(x) \prod_{d\mid n,\, d<n} \Phi_d(x) \in \mathbb{Z}_p[x]. \tag{5.15.50}$$

如果 $p\mid\Phi_n(a)$, 则在 $\mathbb{Z}_p$ 中有 $\Phi_n(a) = 0$, 且上式表明在 $\mathbb{Z}_p$ 中有 $a^n - 1 = 0$. 如果对某个 $m\mid n$, $m < n$, 有 $p\mid\Phi_m(a)$, 那么在 $\mathbb{Z}_p$ 中有 $\Phi_m(a) = 0$, 从而在 $\mathbb{Z}_p[x]$ 中有 $x^n - 1 = (x-a)^2 f(x)$. 导数 $(x^n-1)' = nx^{n-1}$ 与 $x^n - 1$ 互素, 因为在 $\mathbb{Z}_p$ 中 $n \neq 0$. 因此 $x^n - 1$ 没有重根. 所以 a 不能是 $\Phi_m(x)$ 的根. 矛盾. 这说明在 $\mathbb{Z}_p$ 中 $a^m - 1 \neq 0$ 如果 $m\mid n$, $m < n$, 从而在 $U(\mathbb{Z}/p\mathbb{Z})$ 中 a 的阶是 n.

反之, 假设在 $U(\mathbb{Z}/p\mathbb{Z})$ 中 a 的阶是 n. 则在 $\mathbb{Z}_p$ 中有 $a^n - 1 = 0$. 根据等式 (5.15.50), 有某个 $d\mid n$ 使得 $\Phi_d(a) = 0$. 从上一段的论证知, $a^d - 1 = 0$. 即 a 的阶 n 是 d 的因子. 因此, 必须有 $d = n$, 即 $p\mid\Phi_n(a)$. $\square$

引理 5.90   设 n 是整数, 不被素数 p 整除. 那么: 存在整数 a 使得 $p\mid\Phi_n(a)$ 当且仅当 n 整除 $p-1$.

证明   根据上一个引理, $p\mid\Phi_n(a)$ 意味着在 $U(\mathbb{Z}/p\mathbb{Z})$ 中 a 的阶是 n. 根据费马小定理, 有 $a^{p-1} \equiv 1 \,(\mathrm{mod}\, p)$, 即在 $U(\mathbb{Z}/p\mathbb{Z})$ 中 $a^{p-1} = 1$. 于是 n 整除 $p-1$.

反之, 如果 n 整除 $p-1$, 那么 $p-1$ 阶循环群 $U(\mathbb{Z}/p\mathbb{Z})$ 中有阶为 n 的元素. 即存在 $a \in \mathbb{Z}$ 使得它在 $U(\mathbb{Z}/p\mathbb{Z})$ 中的阶为 n. 根据上一个引理, 有 $p\mid\Phi_n(a)$. $\square$

定理 5.91 (狄利克雷定理的特殊情形)   设 n 是正整数. 那么在等差数列 $n+1$, $2n+1$, $\cdots$, $kn+1$, $\cdots$ 中有无限多个素数.

证明   在 $n = 1$ 的时候, 结论显然. 对 $n > 1$ 的情形, 有

$$\Phi_n(a) = a^m + \alpha_1 a^{m-1} + \cdots + \alpha_{m-1}a + 1, \quad m = \varphi(n) \geqslant 1.$$

根据引理 5.90, 等差数列 $kn + 1$ $(k = 1,\ 2,\ \cdots)$ 中素数集合与 $\Phi_n(a)$ $(a \in \mathbb{Z})$ 的素因子集合之间有一一对应. 欧几里得证明素数有无限多个的方法在这里是适用的: 如果所有 $\Phi_n(a)$ $(a \in \mathbb{Z})$ 的素因子集合是有限的, 设为 $p_1,\ \cdots,\ p_s$, 那么对 $a_0 = p_1 \cdots p_s$, 诸 p_i 也是 $\Phi_n(a_0)$ 的素因子. 这显然是荒谬的. □

现在可以证明定理 5.88 了.

定理 5.88 的证明　把 A 的运算写成乘法形式. 根据定理 1.18, A 是一些循环群的直积

$$A = A_1 \times A_2 \times \cdots \times A_r,$$

其中 $A_i = \langle \tau_i \rangle$ 是 m_i 阶循环群, $1 \leqslant i \leqslant r$. 根据定理 5.91, 存在互不相同的素数

$$p_1,\ p_2,\ \cdots,\ p_r \quad (p_i \neq p_j \text{ 即使 } m_i = m_j),$$

使得

$$p_i - 1 = n_i m_i.$$

考虑相应于整数 $n = p_1 p_2 \cdots p_r$ 的分圆域 $\Gamma_n = \mathbb{Q}(\zeta)$, 其中 ζ 是 1 在 $\mathbb{C}$ 中的 n 次本原根. 根据定理 5.50 和命题 4.34(2), 有

$$\mathrm{Gal}(\Gamma_n/\mathbb{Q}) \simeq U(\mathbb{Z}/n\mathbb{Z}) \simeq U(\mathbb{Z}/p_1\mathbb{Z}) \times \cdots \times U(\mathbb{Z}/p_r\mathbb{Z}).$$

诸 $\mathbb{Z}/p_i\mathbb{Z}$ 是域, 其中的非零元形成的乘法群是循环群, 阶为 $p_i - 1 = n_i m_i$. 设 σ_i 是 $U(\mathbb{Z}/p_i\mathbb{Z})$ 的生成元, 通过上面的同构, 把它看作 $G = \mathrm{Gal}(\Gamma_n/\mathbb{Q})$ 中的元素, 那么

$$H = \langle \sigma_1^{m_1} \rangle \times \cdots \times \langle \sigma_r^{m_r} \rangle$$

是 G 的正规子群, 阶为 $n_1 \cdots n_r$. 商群

$$G/H = \langle \bar{\sigma}_1 \rangle \times \cdots \times \langle \bar{\sigma}_r \rangle, \quad \bar{\sigma}_i = \sigma_i H$$

是阶分别为 $m_1,\ \cdots,\ m_r$ 的循环群的直积, 所以与 A 同构. 根据基本定理, H 在 Γ_n 中的不动点域 $K = \Gamma_n^H$ 是 $\mathbb{Q}$ 的伽罗瓦扩张, 而且

$$\mathrm{Gal}(K/\mathbb{Q}) \simeq G/H \simeq A.$$

□

二　有限群上的共轭类的有理性　设 G 是有限群, $\mathrm{Cl}(G)$ 是其共轭类全体形成的集合. 取正整数 n 使得 G 中任何元素的阶都整除 n. 那么群 $U_n = U(\mathbb{Z}/n\mathbb{Z})$ 作用在 G 上: $g \to g^s$, $\bar{s} \in U_n$. 它在 $\mathrm{Cl}(G)$ 上的作用是类似的.

命 $\mathrm{Irr}(G)$ 为群 G 的不可约复特征标全体形成的集合. 熟知, G 的复特征标的值在分圆域 $\Gamma_n = \mathbb{Q}(\zeta)$ 中, 此处 ζ 是 1 在 $\mathbb{C}$ 中的 n 次本原根. 于是 $\mathrm{Gal}(\Gamma_n/\mathbb{Q}) \simeq U_n = U(\mathbb{Z}/n\mathbb{Z})$ 自然作用在 $\mathrm{Irr}(G)$ 上. 群 U_n 在 G 上的作用和在 $\mathrm{Irr}(G)$ 上的作用由如下公式相联系

$$\sigma_s(\chi)(g) = \chi(g^s), \tag{5.15.51}$$

其中 $\sigma_s \in \mathrm{Gal}(\Gamma_n/\mathbb{Q})$ 像通常一样把 ζ 映到 ζ^s.

定义 5.92　群 G 的共轭类 $\mathcal{C}$ 称为 $\mathbb{Q}$-**有理的**(或简称**有理的**) 如果下面等价的性质成立:

(1) 在 U_n 的作用下 $\mathcal{C}$ 是不动的.

(2) 每一个不可约复特征标 χ 在 $\mathcal{C}$ 处的值是有理数 (从而是整数).

有理性条件的含义是, 如果 $g \in \mathcal{C}$, 那么循环群 $\langle g \rangle$ 的任何生成元都在 $\mathcal{C}$ 中, 即与 g 共轭. 例如, 对称群 S_n 的每一个共轭类都是有理的.

共轭类的有理性可对任何特征为零的域 K 定义. 域 K 的代数扩张中存在极大的, 称为 K 的代数闭包, 它们是代数闭域. 在同构的意义下, K 的代数闭包是唯一的, 常记作 $\bar{K}$ 或 K^a (参见 S. Lang 的 *Algebra* 的第五章第二节). 元素 g 所在的共轭类 $\mathcal{C}$ 称为 K-**有理的**如果对任何 $\chi \in \mathrm{Irr}_{\bar{K}}(G)$ 有 $\chi(g) \in K$, 其中 $\mathrm{Irr}_{\bar{K}}(G)$ 是 G 在 K 的代数闭包 $\bar{K}$ 上的不可约特征标全体 (即群 G 在域 $\bar{K}$ 上的不可约表示的迹函数全体). 等价的说法是, 对任何的 $\sigma_s \in \mathrm{Gal}(K(\zeta)/K)$ 和 $h \in \mathcal{C}$ 有 $h^s \in \mathcal{C}$, 其中 ζ 是 K 上的多项式 $x^n - 1$ 的一个本原根, $\sigma_s \in \mathrm{Gal}(K(\zeta)/K)$ 把 ζ 映到 ζ^s.

例 5.93　交错群 A_5 有五个共轭类, 阶 (即共轭类中元素的阶) 分别是 $1, 2, 3, 5, 5$. 命 $5A$ 是 $(1\ 2\ 3\ 4\ 5)$ 所在的共轭类, $5B$ 是 $(1\ 2\ 3\ 5\ 4)$ 所在的共轭类. 如果 g 是 5A 中的元素, 那么 $g^4 = g^{-1} \in 5A$, 但 $g^2, g^3 \in 5B$. 反之亦然. 所以 $5A$ 和 $5B$ 都不是 $\mathbb{Q}$-有理的. 不过, 它们都是 $\mathbb{Q}(\sqrt{5})$-有理的, 因为 A_5 的不可约复特征标在 $5A$ 和 $5B$ 处的值都在 $\mathbb{Q}(\sqrt{5})$ 中 (参见 3.5 节习题 12).

三　有限群上的共轭类组的刚性　设 G 是有限群, 和过去一样, e 记其中的单位元. 取定 G 的共轭类 $\mathcal{C}_1, \mathcal{C}_2, \cdots, \mathcal{C}_k$. 命

$$\overline{\Theta} = \overline{\Theta}(\mathcal{C}_1, \cdots, \mathcal{C}_k) = \{(g_1, \cdots, g_k) \mid g_i \in \mathcal{C}_i,\ g_1 g_2 \cdots g_k = e\}. \tag{5.15.52}$$

特别选出 $\overline{\Theta}$ 的如下子集:

$$\Theta = \Theta(\mathcal{C}_1, \cdots, \mathcal{C}_k) = \{(g_1, \cdots, g_k) \in \overline{\Theta} \mid \langle g_1, \cdots, g_k \rangle = G\}. \tag{5.15.53}$$

群 G 通过共轭作用在 $\overline{\Theta}$ 和 Θ 上.

我们将要求 G 的中心是平凡的, 即 $Z(G) = \{e\}$. 例子包括 S_n, $n \geqslant 3$, 有限非交换单群. 那么 G 在 Θ 上的作用是自由的, 即非单位元没有不动点. 事实上, 若 $g \in G$ 固定 $(g_1, \cdots, g_k)$, 则 g 与诸 g_i 交换, 从而与 G 中所有的元素交换, 因为这些 g_i 生成 G. 由于 G 的中心平凡, 所以 $g = e$.

定义 5.94 称共轭类组 $(\mathcal{C}_1, \mathcal{C}_2, \cdots, \mathcal{C}_k)$ 是**刚性的** (rigid) 如果 $\Theta = \Theta(\mathcal{C}_1, \cdots, \mathcal{C}_k) \neq \varnothing$ 且 G 可迁地作用在 Θ 上, 即 $|\Theta| = |G|$.

称共轭类组 $(\mathcal{C}_1, \mathcal{C}_2, \cdots, \mathcal{C}_k)$ 是**强刚性的**(strictly rigid) 如果这组共轭类是刚性的且 $\Theta = \overline{\Theta}$.

在对刚性做一些讨论之前, 先叙述一个定理, 由别里 (Belyi), 福里德 (Fried), 马扎特 (Matzat), 辛 (Shih) 和汤普森 (Thompson) 等完成. 这个定理说明了有理性和刚性对伽罗瓦反问题的重要性.

定理 5.95 假设 G 是中心平凡的有限群. 如果 G 有共轭类组 $(\mathcal{C}_1, \mathcal{C}_2, \cdots, \mathcal{C}_k)$ 是刚性的且每一个 $\mathcal{C}_i$ 都是有理的, 那么存在伽罗瓦扩张 $K/\mathbb{Q}$ 使得 $\mathrm{Gal}(K/\mathbb{Q}) \simeq G$.

证明见 *Topics in Galois Theory* (Serre, 2008).

四　检验刚性的方法　通常采取两个步骤检验刚性:

(1) 计算 $\overline{\Theta}$ 的基数. 下面我们看到这可以通过 G 的不可约特征标值计算.

(2) 求出 $\overline{\Theta}$ 中不生成 G 的 k-元组 $(g_1, \cdots, g_k)$ 的个数, 从而得到 $|\overline{\Theta} \backslash \Theta| = |\overline{\Theta}| - |\Theta|$. (这一步群 G 的极大子群的信息是很有用的.)

我们先用不可约特征标的值给出计算 $|\overline{\Theta}|$ 的公式. 集合 $\overline{\Theta}$ 可以看作是如下方程的解集:

$$z_1 \cdots z_k = e, \quad z_i \in \mathcal{C}_i.$$

设 $\Phi : G \to GL(V)$ 是 G 的不可约复表示, 特征标为 χ. 对任意的 $x \in G$, 容易看出, 如下的线性算子是 G-表示同态:

$$\frac{1}{|G|} \sum_{t \in G} \Phi(txt^{-1}) : V \to V.$$

根据推论 3.29(3), 得

$$\frac{1}{|G|}\sum_{t\in G}\Phi(txt^{-1})=\frac{\chi(x)}{\chi(e)}\mathcal{E}.$$

取 $y\in G$, 在上式两边从右侧乘上 $\Phi(y)$, 得

$$\frac{1}{|G|}\sum_{t\in G}\Phi(txt^{-1}y)=\frac{\chi(x)}{\chi(e)}\Phi(y).$$

两边取迹, 有

$$\frac{1}{|G|}\sum_{t\in G}\chi(txt^{-1}y)=\frac{\chi(x)\chi(y)}{\chi(e)}.$$

由此可见

$$\frac{1}{|G|}\sum_{t_1\in G}\chi(t_1x_1t_1^{-1}t_2x_2t_2^{-1}y)=\frac{\chi(x_1)\chi(t_2x_2t_2^{-1}y)}{\chi(e)},$$

$$\frac{1}{|G|^2}\sum_{t_1,t_2\in G}\chi(t_1x_1t_1^{-1}t_2x_2t_2^{-1}y)=\frac{\chi(x_1)}{\chi(e)}\cdot\frac{1}{|G|}\sum_{t_2\in G}\chi(t_2x_2t_2^{-1}y)=\frac{\chi(x_1)\chi(x_2)}{\chi(e)^2}\chi(y).$$

对 k 做归纳法, 得

$$\frac{1}{|G|^k}\sum_{t_1,\cdots,t_k\in G}\chi(t_1x_1t_1^{-1}\cdots t_kx_kt_k^{-1}y)=\frac{\chi(x_1)\cdots\chi(x_k)}{\chi(e)^k}\chi(y). \tag{5.15.54}$$

进一步, 对任取的 G 上的类函数

$$\phi=\sum_{\chi\in\mathrm{Irr}(G)}c_\chi\chi,\quad c_\chi=(\phi,\chi)_G,$$

利用公式 (5.15.54), 可知

$$\begin{aligned}
I(\phi)&=\frac{1}{|G|^k}\sum_{t_1,\cdots,t_k\in G}\phi(t_1x_1t_1^{-1}\cdots t_kx_kt_k^{-1}y)\\
&=\frac{1}{|G|^k}\sum_{\chi\in\mathrm{Irr}(G)}\sum_{t_1,\cdots,t_k\in G}c_\chi\chi(t_1x_1t_1^{-1}\cdots t_kx_kt_k^{-1}y)\\
&=\sum_{\chi\in\mathrm{Irr}(G)}c_\chi\frac{\chi(x_1)\cdots\chi(x_k)}{\chi(e)^k}\chi(y).
\end{aligned} \tag{5.15.55}$$

当 ϕ 是狄拉克函数时, 有 $\phi(e)=1$, $\phi(g)=0$ 如果 g 是非单位元. 显然, 正则表示的特征标是狄拉克函数的 $|G|$ 倍, 而且

$$\phi=\frac{1}{|G|}\sum_{\chi\in\mathrm{Irr}(G)}\chi(e)\chi.$$

于是 $c_\chi = \chi(e)/|G|$. 对给定的 $x_1, \cdots, x_k, y \in G$, $I(\phi)$ 的值是 $N/|G|^k$, 其中 N 是方程

$$t_1 x_1 t_1^{-1} \cdots t_k x_k t_k^{-1} y = e$$

的解 $(t_1, \cdots, t_k)$ 的个数. 利用公式 (5.15.55) 得

$$N = |G|^k \cdot I(\phi) = |G|^k \sum_{\chi \in \mathrm{Irr}(G)} \frac{\chi(e)}{|G|} \cdot \frac{\chi(x_1) \cdots \chi(x_k)\chi(y)}{\chi(e)^k}$$

$$= |G|^{k-1} \sum_{\chi \in \mathrm{Irr}(G)} \frac{\chi(x_1) \cdots \chi(x_k)\chi(y)}{\chi(e)^{k-1}}.$$

取 $y = e$, 得

$$N = N(x_1, \cdots, x_k) = |G|^{k-1} \sum_{\chi \in \mathrm{Irr}(G)} \frac{\chi(x_1) \cdots \chi(x_k)}{\chi(e)^{k-2}}. \tag{5.15.56}$$

命 $\mathcal{C}_1, \mathcal{C}_2, \cdots, \mathcal{C}_k$ 为 G 的共轭类, 分别含 $x_1, x_2, \cdots, x_k$. 元素 x_i 的中心化子 $C_G(x_i)$ 的阶记为 c_i. 那么

$$|\overline{\Theta}| = \frac{N}{c_1 \cdots c_k}. \tag{5.15.57}$$

因为 $|G| = |\mathcal{C}_i| \cdot c_i$, 从公式 (5.15.56) 和 (5.15.57) 得如下定理.

定理 5.96 集合 $\overline{\Theta} = \overline{\Theta}(\mathcal{C}_1, \cdots, \mathcal{C}_k)$ 的基数是

$$|\overline{\Theta}| = \frac{|\mathcal{C}_1| \cdots |\mathcal{C}_k|}{|G|} \sum_{\chi \in \mathrm{Irr}(G)} \frac{\chi(x_1) \cdots \chi(x_k)}{\chi(e)^{k-2}}, \tag{5.15.58}$$

其中 x_i 是 $\mathcal{C}_i$ 中取定的一个元素.

这个定理可用于计算群 G 中与交错群 A_5 同构的子群的个数. 事实上,

$$A_5 = \langle x, y, z \mid x^2 = y^3 = z^5 = e \rangle.$$

于是问题归结为求出方程 $xyz = e$ 的解的个数, 其中 x, y, z 分别属于指数为 2, 3, 5 的共轭类 (共轭类的指数就是其中的元素的阶). 同样的做法适用于 S_4, A_4 和 D_n, 因为它们都有类似的呈示.

有限群 G 的元素的阶的最小公倍数称为群 G 的**指数**(exponent). 取这个指数的一个倍数 n. 在第二部分我们已经看到, 群 $U_n = U(\mathbb{Z}/n\mathbb{Z}) = \mathrm{Gal}(\Gamma_n/\mathbb{Q})$ 作用在 G 和它的共轭类集合 $\mathrm{Cl}(G)$ 上, 还作用在 G 的不可约复特征标集合 $\mathrm{Irr}(G)$ 上. 对 G 的任意的共轭类 $\mathcal{C}$ 和 $\bar{s} \in U_n$, 命 $\mathcal{C}^s = \{g^s \mid g \in \mathcal{C}\}$.

命题 5.97　对任意的 $\bar{s} \in U_n$, 下面的等式成立:

(1) $|\overline{\Theta}(\mathcal{C}_1^s, \cdots, \mathcal{C}_k^s)| = |\overline{\Theta}(\mathcal{C}_1, \cdots, \mathcal{C}_k)|$;

(2) $|\Theta(\mathcal{C}_1^s, \cdots, \mathcal{C}_k^s)| = |\Theta(\mathcal{C}_1, \cdots, \mathcal{C}_k)|$.

证明　(1) 利用公式 (5.15.58), 并注意 U_n 在 $\mathrm{Irr}(G)$ 上的作用和 $\chi(g^s) = \sigma_s(\chi)(g)$ (参见公式 (5.15.51)).

(2) 对 G 的阶做归纳法. 对任意的子群 $H \subset G$, 命 $\Theta^{(H)}(\mathcal{C}_1 \cap H, \cdots, \mathcal{C}_k \cap H)$ 为满足如下条件的 $(g_1, \cdots, g_k)$ 组成的集合: $g_i \in \mathcal{C}_i \cap H$ 对一切的 i 成立, $g_1 \cdots g_k = e$, 且 $g_1, \cdots, g_k$ 生成 H. 一般说来, $\mathcal{C}_i \cap H$ 不是 H 的共轭类, 而是一些共轭类的并. 公式

$$\overline{\Theta}(\mathcal{C}_1, \cdots, \mathcal{C}_k) - \Theta(\mathcal{C}_1, \cdots, \mathcal{C}_k) = \bigcup_{H \subset G, H \neq G} \Theta^{(H)}(\mathcal{C}_1 \cap H, \cdots, \mathcal{C}_k \cap H),$$

保证了归纳法的步骤都可以完成.　　　　　　　　　　　　　　　　　　　□

五　刚性的例子　刚性是有限群研究的重要内容, 很多杰出的数学家都做出了重要的工作, 如 J. G. 汤普森, J. P. 塞尔 (Serre) 等. 这里给出一些有趣的例子.

例 5.98　对称群 S_n $(n \geqslant 3)$ 中的 n-循环, 2-循环, $(n-1)$-循环分别形成共轭类, 记作 nA, $2A$, $\mathcal{C}$. 我们证明共轭类组 $(nA, 2A, \mathcal{C})$ 是强刚性的.

事实上, 任何 n-循环 $x \in nA$ 都确定了 1, 2, $\cdots$, n 的一个循环排序, 即一个定向的 n 边形. 这个循环和一个对换的乘积是 $(n-1)$-循环当且仅当对换改变的两个顶点是相邻的. 可见, 如果要求 x, y, z 分别是 n-循环, 2-循环, $(n-1)$-循环, 那么方程 $xyz = e$ 的解和带有一个特异边的定向 n 边形之间是一一对应的. 对任何两个这样的构图, 都有 S_n 中的唯一置换把一个变到另一个. 因此 $|\Theta| = |G|$. 因为 (1 2) 和 (1 2 $\cdots$ n) 生成 S_n, 所以, 对集合 $\overline{\Theta}$ 中的任何元素 (x, y, z), 有 $S_n = \langle x, y \rangle = \langle x, y, z \rangle$. 这意味着 $\overline{\Theta} = \Theta$. 有理性的第一个条件对 S_n 的每一个共轭类都是容易验证的. 根据定理 5.95, 存在伽罗瓦扩张 $K/\mathbb{Q}$ 使得 $\mathrm{Gal}(K/\mathbb{Q}) \simeq S_n$. 不过, 这个事实希尔伯特在 1892 年就知道了, 但这里验证了新方法的有效性.

例 5.99　假设素数 $p > 2$. 群 $G = PSL_2(\mathbb{F}_p)$ 中的 2 阶元和 3 阶元分别形成共轭类, 记作 $2A$ 和 $3A$. 群 G 中的 p 阶元形成两个共轭类, 记作 pA 和 pB, 代表元可取为幺幂矩阵 (unipotent matrix) $\begin{pmatrix} 1 & 1 \\ 0 & 1 \end{pmatrix}$ 和 $\begin{pmatrix} 1 & \alpha \\ 0 & 1 \end{pmatrix}$, 要求勒让德符号 $\left(\dfrac{\alpha}{p} \right) = -1$. 那么以下结论成立:

(1) 共轭类组 $(2A, 3A, pA)$ 是强刚性的;

(2) 共轭类组 $(2A, pA, pB)$ 是强刚性的如果 $\left(\dfrac{2}{p}\right) = -1$;

(3) 共轭类组 $(3A, pA, pB)$ 是强刚性的如果 $\left(\dfrac{3}{p}\right) = -1$.

证明见 *Topics in Galois Theory* (Serre, 2008). 有理性一般不能指望, 比如, 在 $p = 5$ 时, 有 $A_5 \simeq PSL_2(\mathbb{F}_5)$, 共轭类 $5A$ 和 $5B$ 都不是有理的 (见例 5.93).

例 5.100 群 $G = SL_2(\mathbb{F}_8)$ 是单群, 阶为 $504 = 2^3 \cdot 3^2 \cdot 7$. 在 G 中, 阶为 9 的元素形成三个共轭类, 分别记作 $9A$, $9B$, $9C$. 从特征标表可以看出, 共轭类 $9A$, $9B$, $9C$ 是 $\mathbb{Q}\left(\cos\dfrac{2\pi}{9}\right)$-有理的. 我们证明共轭类组 $(9A, 9B, 9C)$ 是强刚性的.

群 G 的特征标表如下, 表中第一行是共轭类的代表元的中心化子的阶, 第二行是共轭类, 数字是共轭类中元素的阶:

	504	8	9	7	7	7	9	9	9
	$1A$	$2A$	$3A$	$7A$	$7B$	$7C$	$9A$	$9B$	$9C$
χ_1	1	1	1	1	1	1	1	1	1
χ_2	7	-1	-2	0	0	0	1	1	1
χ_3	7	-1	1	0	0	0	a	a'	a''
χ_4	7	-1	1	0	0	0	a''	a	a'
χ_5	7	-1	1	0	0	0	a'	a''	a
χ_6	8	0	-1	1	1	1	-1	-1	-1
χ_7	9	1	0	b	b'	b''	0	0	0
χ_8	9	1	0	b''	b	b'	0	0	0
χ_9	9	1	0	b'	b''	b	0	0	0

其中

$$a = -2\cos\frac{2\pi}{9}, \quad a' = -2\cos\frac{4\pi}{9}, \quad a'' = -2\cos\frac{8\pi}{9}, \quad aa'a'' = 1.$$
$$b = 2\cos\frac{2\pi}{7}, \quad b' = 2\cos\frac{4\pi}{7}, \quad b'' = 2\cos\frac{8\pi}{7}, \quad bb'b'' = 1.$$

利用公式 (5.15.58) 得

$$|\overline{\Theta}(9A, 9B, 9C)| = \frac{504^2}{9^3}\left(1 + \frac{1}{7} + \frac{1}{7} + \frac{1}{7} + \frac{1}{7} - \frac{1}{8} + 0 + 0 + 0\right) = 504 = |G|.$$

要证明强刚性, 只要证明对 $\overline{\Theta}$ 中的任何三元组 (x, y, z), 元素 x, y, z 生成 G. 由于上面的等式, 只要找到一个三元组即可, 其他的三元组一定是这个三元组的共轭, 从而其中的元素也生成 G.

首先给出 $\mathbb{F}_8$ 的一个描述:

$$\mathbb{F}_8 = \{0,\ 1,\ \lambda^i \,|\, 1 \leqslant i \leqslant 6\}, \quad \lambda^3 = \lambda + 1.$$

需要注意 $\mathbb{F}_8$ 的特征是 2, 且 $\mathbb{F}_8^* = \langle \lambda \rangle$ 是 7 阶循环群. 取 G 的元素

$$x = \begin{pmatrix} \lambda^2 + 1 & \lambda + 1 \\ \lambda + 1 & \lambda + 1 \end{pmatrix}, \quad y = \begin{pmatrix} \lambda^2 + \lambda + 1 & \lambda \\ \lambda + 1 & 1 \end{pmatrix}, \quad z = \begin{pmatrix} \lambda^2 & \lambda \\ \lambda^2 + \lambda + 1 & 1 \end{pmatrix}.$$

容易验证它们都是 9 阶元, 互不共轭, 且 $xyz = e$, 所以 (x, y, z) 是 $\overline{\Theta}$ 中的元素. 下面证明 x, y, z 生成 G.

矩阵 $t = x^4 y^2 = \mathrm{diag}(\lambda^{-1}, \lambda)$ 的幂穷尽群 G 中的 7 个对角元素. 还可以得到两个幺幂矩阵

$$u = x^2 y^4 x^4 y^2 = \begin{pmatrix} 1 & 1 \\ 0 & 1 \end{pmatrix}, \quad v = x^{-2} z^{-1} x^2 y^{-1} = \begin{pmatrix} 1 & 0 \\ 1 & 1 \end{pmatrix}.$$

由此立即得到在布吕阿分解 (见定理 2.29 的证明) 起关键作用的元素 $w = uvu = \begin{pmatrix} 0 & 1 \\ 1 & 0 \end{pmatrix}$. 剩下的事情就是得到所有的元素 $u_i = \begin{pmatrix} 1 & \lambda^i \\ 0 & 1 \end{pmatrix}$. 这可以通过 x, y, z 及其幂对 u 做共轭得到, 例如 $xux^{-1} = u_3$, $yuy^{-1} = zuz^{-1} = u_2$, $z^2 u z^{-2} = u_4$ 等. 于是博雷尔子群可以由 x, y, z 生成, 利用布吕阿分解知 G 可由 x, y, z 生成.

习　题　5.15

1. 证明: 如果群 G 的共轭类组 $(\mathcal{C}_1, \cdots, \mathcal{C}_k)$ 是刚性的 (或强刚性的), 那么对任意的置换 $\sigma \in S_k$, 共轭类组 $(\mathcal{C}_{\sigma(1)}, \cdots, \mathcal{C}_{\sigma(k)})$ 是刚性的 (或强刚性的).

2. 交错群 A_5 有五个共轭类: $1A$, $2A$, $3A$, $5A$, $5B$. 证明下列的共轭类组都是强刚性的:

$$(2A, 3A, 5A), \quad (2A, 5A, 5B), \quad (3A, 5A, 5B).$$

由此推出存在伽罗瓦扩张 $K/\mathbb{Q}(\sqrt{5})$ 使得 $A_5 \simeq \mathrm{Gal}(K\mathbb{Q}(\sqrt{5}))$.

3. 证明 A_5 的共轭类组 $(2A, 2A, 5A)$ 不是刚性的, 尽管 $|\overline{\Theta}| = 60$ ($\overline{\Theta}$ 中的三元组生成 10 阶二面体群).

4. 对群 $SL_2(\mathbb{F}_8)$, 证明: 共轭类组 $(2A, 3A, 7A)$ 和 $(2A, 3A, 9A)$ 是强刚性的, $(7A, 7B, 7C)$ 不是刚性的.

5. 设群 G 和 H 分别有强刚性的共轭类组 $(\mathcal{C}_1, \cdots, \mathcal{C}_k)$ 和 $(\mathcal{D}_1, \cdots, \mathcal{D}_m)$. 证明: $G \times H$ 的共轭类组

$$(\mathcal{C}_1 \times \mathcal{D}_1, \mathcal{C}_1 \times \mathcal{D}_2, \cdots, \mathcal{C}_1 \times \mathcal{D}_m, \cdots, \mathcal{C}_k \times \mathcal{D}_1, \cdots, \mathcal{C}_k \times \mathcal{D}_m)$$

是强刚性的.

6. 设 τ 是有限群 G 的外自同构. 证明: 如果群 G 的共轭类组 $(\mathcal{C}_1, \cdots, \mathcal{C}_k)$ 是刚性的, 那么存在 i 使得 $\tau(\mathcal{C}_i) \neq \mathcal{C}_i$.

7. 用 $K_1(z)$ 记 G 中元素 z 写成换位子的方式的个数, 即方程 $z = xyx^{-1}y^{-1}$ 的解的个数. 证明

$$K_1(z) = |G| \sum_{i=1}^{r} \frac{\chi_i(z)}{\chi_i(e)},$$

其中 $\chi_1, \cdots, \chi_r$ 是 G 的不可约复特征标全体. 更一般地, 若 $K_m(z)$ 是方程

$$z = x_1 y_1 x_1^{-1} y_1^{-1} x_2 y_2 x_2^{-1} y_2^{-1} \cdots x_m y_m x_m^{-1} y_m^{-1}$$

的解的个数, 则

$$K_m(z) = |G|^{2m-1} \sum_{i=1}^{r} \frac{\chi_i(z)}{\chi_i(e)^{2m-1}}.$$

参 考 文 献

曹锡华, 时俭益, 2009. 有限群表示论. 2 版. 北京: 高等教育出版社.

冯克勤, 李尚志, 章璞, 2018. 近世代数引论. 4 版. 合肥: 中国科学技术大学出版社.

李克正, 2007. 抽象代数基础. 北京: 清华大学出版社.

李文威, 2018. 代数学方法 (第一卷) 基础架构. 北京: 高等教育出版社.

聂灵沼, 丁石孙, 2000. 代数学引论. 2 版. 北京: 高等教育出版社.

张禾瑞, 1978. 近世代数基础. 修订本. 北京: 高等教育出版社.

章璞, 2013. 伽罗瓦理论: 天才的激情. 北京: 高等教育出版社.

Alperin J L, Bell R B, 1997. Groups and Representations. Graduate Texts in Mathematics. New York: Springer-Verlag, 世界图书出版公司.

Artin E, 1971. Galois Theorey. 2nd ed. Notre Dame Mathematical Lectures No.2. Notre Dame, London: University of Notre Dame Press.

Artin M, 2015. Algebra. 2nd ed. 北京: 机械工业出版社. (有中译本)

Hungerford T W, 1995. Algebra. Graduate Texts in Mathematics. New York: Springer-Verlag, 世界图书出版公司.

Jacobson N, 1985. Basic Algebra I. 2nd ed. New York: W. H. Freeman and Company, xviii+499.

Lang S, 2002. Algebra. revised 3rd ed. Graduate Texts in Mathematics. New York: Springer-Verlag, 世界图书出版公司.

Serre J P, 2008. Topics in Galois theory. 2nd ed. Research Notes in Mathematics. With notes by Henri Darmon. Wellesley, MA: A K Peters, Ltd., xvi+120.

Serre J P, 1977. Representations of finite groups. Graduate Texts in Mathematics. Springer-Verlag, 世界图书出版公司. (有中译本)

附录 表示, 随处可见

席南华

中国科学院数学与系统科学研究院

我今天要讲的事情是: 表示, 随处可见. 表示论大家都听说过, 也许偶尔感觉到一些什么, 但是多数人对它并不是太了解. 表示论在国外是非常活跃的一个分支, 吸引了很多一流的数学家. 但是在我们国家, 它的声音是微弱的. 有时候我们感觉不识庐山真面目, 甚至不但不知道庐山真面目, 连庐山在哪里都不知道. 表示其实在我们数学中间是随处可见的, 比如说我们熟悉的多项式环、分析里面的平方可积函数空间、拓扑里面的上同调群和 K-群等等, 就有丰富的表示结构.

让我们看一看 I. M. Gelfand 怎么说: "所有的数学就是某类表示论" (All of mathematics is some kind of representation theory). I. M. Gelfand 是伟大的数学家. 从研究的广度和深度来说, 20 世纪后半叶能和他相提并论的数学家是非常少的. 看一下他那三大本的论文集, 就会明白这一点. 他论文集的第二卷是专门讲表示论的, 很受欢迎. 我想从亚马逊网站买一本, 才发现这一卷已经脱销. 这从一个侧面说明表示论在国际上确实是非常受重视的. 对于 Gelfand 在表示论中的地位和贡献, 他的学生 A. Kirillov 在论文集第二卷的序言中毫不含糊地写道: 表示论 "非常幸运": 如此富有洞察力和能力高强的数学家像 E. Cartan, H. Weyl, Harish-Chandra, A. Weil, R. Langlands 和 P. Deligne 在这个领域工作过. 即使在这样的背景下, 就方法的广度、深度和结果的美丽而言, Gelfand 的贡献没有可相提并论的." (Representation theory has been "very lucky": such perspective and powerful mathematicians as E. Cartan, H. Weyl, Harish-Chandra, A. Weil, R. Langlands, and P. Deligne worked in the field. But even against this background, I.M. Gelfand's contribution knows no equal in range, depth of approach, and beauty of results.) 不知是有意还是无意, Kirillov 没有提到表示论专家 G. Lusztig.

像 Gelfand 这样一个数学家说出前面提到的那句话是非常耐人寻味的. 怎么理解这句话呢?

我们先对术语做一番解读. 从术语上来讲, 中文是表示, 日语是表现, 英语是 representation. 英语的词根部分是 presentation, 有呈现的意思, 前面加了 re 是再现的意思. 我们常会听到这样的句子: 你应该有所表示, 他的表现很好. 仔细体会一下, 你会发现日文翻译比中文翻译会更准确一些, 就是说, 表现一词应该更贴近英语的 representation 的含义. 这样说来, 表示是把一个对象的某种性质或结构再现于另外一个对象上. 从这个含义上说我们可能对 Gelfand 的话容易理解一些. 比如, 实数域上的一个函数, 你可以认为它是实数域的一个表现或表示. 这样来理解的话, 不仅仅是数学, 任何科学乃至整个世界都可以成为某类表示论. 这有点类似于佛教里的一个观点, 万物皆由表象构成. 这当然是太泛了, 这种泛表示论的观点也许哲学上有点意思, 对我们数学上来讲是没有什么帮助的. 数学上需要 "表示" 一个更明确的含义.

数学上的表示是指把一个对象的代数结构再现于一个由线性变换或矩阵构成的具体对象上. 我们常用的代数结构有群、环、域等. 表示论最关注的代数结构包括什么呢? 这里最关心的是群, 还关心一类特殊的环, 称为代数, 和一类特殊的非结合代数, 称为李 (超) 代数. 这些就是表示论关注的主要的代数结构.

你知道代数结构是由运算确定的. 两个数学对象一般通过映射建立它们的联系, 有些映射你是容易看见的, 有些是不太明显的. 对我们来讲关心的是保持运算的映射, 它们反映了结构之间的一种联系. 这种映射我们称之为同态. **表示就是同态, 一类很特别的同态, 它的目标对象由线性变换组成**. 有了这样的认识以后, 我们对表示论的旅行就可以进行了.

1. 表示论的大致划分

表示论大致分为群的表示论、代数的表示论、李代数的表示论三部分.

一个线性空间上的可逆线性变换全体在映射合成这一运算下形成一个群. 群的表示不过是从一个群到一个线性空间的可逆线性变换群的同态:

$$\text{群} \xrightarrow{\text{群同态}} \{\text{线性空间的可逆线性变换}\}.$$

一个线性空间的线性变换之间有加法、映射合成, 与基域的元素可以相乘. 换句话说, 这些线性变换全体有一个代数的结构. 代数的表示就是从一个代数到一个线性空间上的线性变换代数的同态:

$$\text{代数} \xrightarrow{\text{代数同态}} \{\text{线性空间的线性变换}\}.$$

一个线性空间的线性变换全体上的代数结构可以导出相应的李代数结构, 称为

一般线性李代数. 李代数的表示就是从一个李代数到一般线性李代数的同态:

$$李代数 \xrightarrow[\text{同态}]{\text{李代数}} \{线性空间的线性变换\}.$$

表示论的这三部分之间互有联系, 但到具体研究时, 方法和思想的差别还是很大的.

线性空间可分为有限维和无限维两类. 如果线性空间的维数有限, 相应的表示会称为有限维表示. 有限维线性空间上的线性变换可以用矩阵表达. 这样一来, 有限维表示的另一个形式就是

群表示:
$$群 \xrightarrow{\text{群同态}} \{某个域上的n阶可逆方阵\};$$

代数表示:
$$代数 \xrightarrow{\text{代数同态}} \{某个域上的n阶方阵\};$$

李代数表示:
$$李代数 \xrightarrow[\text{同态}]{\text{李代数}} \{某个域上的n阶方阵\}.$$

(如果 X, Y 是某个域上的 n 阶方阵, 李方括号运算定义为 $[X, Y] = XY - YX$.)

2. 表示的例子——一维的情形

最简单的情形是一维表示. 这时群表示就是群到某个域的非零元全体的同态. 这样一个表示也称为群的特征. 我们非常熟悉的行列式其实就是可逆矩阵群的一维表示, 因为可逆矩阵的行列式不为零, 两个矩阵乘积的行列式等于两个矩阵的行列式的乘积. 用记号表达就是

$$GL_n(F) \to F^*, \quad A \to \det A,$$

其中 F 是域, $F^* = F - \{0\}$ 是 F 中的非零元全体, $GL_n(F) = \{F$ 上的 n 阶可逆方阵 $\}$. 这些你在学习高等代数的时候就知道了.

其他很多一维表示的例子来自数论. 数论中的二次互反律中的 Legendre 符号 $\left(\dfrac{x}{p}\right)$ 是阶为 $(p-1)$ 的循环群的一个特征. 二次互反律是数论中的一颗珍珠, 可用于计算 Legendre 符号, 给出了模素数二次同余方程可解的条件, 也揭示了不同素数同余之间的联系. 这个定理最早由高斯给出第一个严格的证明, 1801 年发表于他的

杰作 *Disquisitiones Arithmeticae* (《数论研究》, 也译作《算术研究》). 在书中他把二次互反律称为 "基本定理".

你知道高斯和对于解多项式同余方程和有限域上的多项式方程都是非常重要的, 也用在二次互反律、三次互反律和四次互反律的证明中. 这里群的一维表示 (特征) 是本质的. 高斯和的数学表达是

$$G(\chi, \sigma) = \sum \chi(t)\sigma(t), \quad t \in \mathbb{F}_p^*,$$

χ 和 σ 分别是加法群 $\mathbb{Z}/p\mathbb{Z} = \mathbb{F}_p$ 和乘法群 $\mathbb{F}_p^* = \mathbb{F}_p - \{0\}$ 的特征.

我们再看来自分析的一个例子. 周期为 2π 的函数实际上可以看作是单位圆周上 $S = \{e^{ix} \mid x \in \mathbb{R}\}$ 上的函数. S 上的平方可积函数全体 H 是希尔伯特空间, 内积定义为

$$\langle f, g \rangle = \frac{1}{2\pi} \int_0^{2\pi} f(x)\overline{g(x)}dx.$$

S 的复特征全体是 $e^{ix} \to e^{inx}$, $n \in \mathbb{Z}$. 显然有

$$\frac{1}{2\pi} \int_0^{2\pi} e^{inx} e^{-imx} = \delta_{nm}.$$

S 的特征全体构成 H 的标准正交基. 本质上来讲这就是傅里叶分析的全部, 圆周上的每个平方可积函数可以通过标准正交基展开. 注意到指数函数 e^{inx} 是微分算子 $\frac{d}{dx}$ 的特征函数, 也许你能感觉到, 群表示和微分方程的关系是非常密切的. 实际上确实也是如此.

3. 模的语言

在继续往下走之前, 我们介绍另一种语言——模的语言. 我们再看一下表示的三个部分, 它有一个代数结构 A, 另外还有一个同态, 是 A 到线性空间 V 上的一些线性变换构成的同类代数结构的映射. 在这个地方 V 当然起到非常重要的作用, 我们称 V 为一个 A 模. 也称 V 为 A 的表示. 这是简单化了, 本质上我们需要的是同态, 同态是表示最本质的部分. 但是简单称线性空间 V 是代数结构 A 的表示还是非常方便的. 我们在这样说的时候, 实际上我们意味着 A 在 V 上有线性的作用, 就是说 A 的元素线性地作用在 V 上.

4. 表示的例子——高维的情形

现在我们看一下高维情形的例子.

例 1 线性空间 V 上可逆线性变换全体记作 $GL(V)$, 这是一个群, 称为一般线性群. 恒等映射 $GL(V) \to GL(V)$ 当然是 $GL(V)$ 的一个表示, 一个特别简单自然的表示. 用模的语言来说也很简单, 因为 $GL(V)$ 自然地线性作用在 V 上, 所以 V 是这个群的一个模. 用模的语言很方便看出 $V \otimes V$ 也是 $GL(V)$ 的表示, 群的线性作用定义为

$$g(u \otimes v) = gu \otimes gv,$$

此处 $g \in GL(V), u, v \in V$. 更一般地, 如果 U, W 是群 G 的模, 那么 $U \otimes W$ 也是 G 的模. 于是 V 的 n 重张量积 $V^{\otimes n}$ 也是 $GL(V)$ 的表示.

例 2 线性空间 V 上的线性变换有加法, 可以和基域上的元素相乘. 定义李方括号为 $[f, g] = f \circ g - g \circ f$, 其中 f, g 是 V 上的线性变换, $\circ$ 是映射合成运算. 那么 V 上的线性变换全体构成一个李代数, 称为一般线性李代数, 记作 $gl(V)$. 恒等映射 $gl(V) \to gl(V)$ 是 $gl(V)$ 的一个表示, 一个最自然的表示. 用模的语言说也很简单, 因为 $gl(V)$ 自然地线性作用在 V 上, 所以 V 是这个李代数的一个模. 用模的语言同样方便看出 $V \otimes V$ 也是 $gl(V)$ 的表示, 其线性作用定义为

$$a(u \otimes v) = au \otimes v + u \otimes av,$$

此处 $a \in gl(V), u, v \in V$. 更一般地, 如果 U, W 是群 $gl(V)$ 的模, 那么 $U \otimes W$ 也是 G 的模. 于是 V 的 n 重张量积 $V^{\otimes n}$ 也是 $gl(V)$ 的表示. 比较群和李代数在张量积上的作用, 可以发现李代数的作用如同群作用的微分, 有 Leibiniz 法则.

从上面两个例子就可以看出模的语言是很方便有用的.

例 3 一个域 F 上的 n 元多项式环 $F[x_1, \cdots, x_n]$ 是一般线性群 $GL_n(F) = \{F$ 上的 n 阶可逆方阵 $\}$ 的模.

有几种方式定义 $GL_n(F)$ 在 $F[x_1, \cdots, x_n]$ 上的作用. 把 $(x_1, x_2, \cdots, x_n)$ 看作向量, 记作 x. 那么对 $GL_n(F)$ 中的任何元素 g, 可作一个变换

$$x \to xg^{-1}.$$

这个变换把每个 x_i 变成 $x_1, \cdots, x_n$ 的一次多项式, 记作 $\sigma_g(x_i)$. 然后定义 g 在 $F[x_1, \cdots, x_n]$ 上的线性作用如下:

$$\sigma(g): \sum \xi_{a_1 a_2 \cdots a_n} x_1^{a_1} \cdots x_n^{a_n} \to \sum \xi_{a_1 a_2 \cdots a_n} (\sigma_g(x_1))^{a_1} \cdots (\sigma_g(x_n))^{a_n}.$$

其中 $\xi_{a_1 a_2 \cdots a_n} \in F$ 是系数, 诸 a_i 都是非负整数. 这样我们在 $F[x_1, \cdots, x_n]$ 上得到一个 $GL_n(F)$ 模结构. 这个表示可以记作 σ.

对可逆方阵 g, 用 g^t 记其转置. 通过变换 $x \to xg^t$ 也能在 $F[x_1, \cdots, x_n]$ 上得到一个 $GL_n(F)$ 模结构. 把这个表示记作 τ.

类似地, 通过变换 $x^t \to gx^t$ 可以在 $F[x_1, \cdots, x_n]$ 上得到另一个 $GL_n(F)$ 模结构, 其中 x^t 是 x 的转置, g 是 $GL_n(F)$ 中的元素. 这个表示可以记作 ρ.

如果把 x_i 看作 n 维线性空间 F^n 的坐标函数, 那么 $F[x_1, \cdots, x_n]$ 就是 F^n 上的多项式函数全体. 对于 $F[x_1, \cdots, x_n]$ 中的多项式 p 和 $GL_n(F)$ 中的元素 g, 可以定义作用

$$\lambda_g(p)(u) = p(g^{-1}u),$$

也可以定义作用

$$\mu_g(p)(u) = p(g^t u),$$

还可以定义作用

$$\phi_g(p)(v) = p(vg),$$

其中 u, v 是 F^n 中的向量, u 写成列向量的形式, v 写成行向量的形式. 以这种方式我们在 $F[x_1, \cdots, x_n]$ 上定义了三个 $GL_n(F)$ 的模结构. 这三个表示分别记作 λ, μ 和 ϕ.

很容易看出, 表示 σ 和表示 λ 本质上是一样的, 而表示 τ, ρ, μ, ϕ 本质上是一样的. 而且表示 σ 与表示 τ 的关系也很密切, 它们有一种对偶关系.

例 4 多项式环 $F[x_{11}, x_{12}, \cdots, x_{n,n-1}, x_{nn}]$ 上也有自然的 $GL_n(F)$ 模结构.

实际上, 可以把不定元 $x_{11}, x_{12}, \cdots, x_{n,n-1}, x_{nn}$ 排成一个 n 阶方阵

$$x = (x_{ij})_{1 \leqslant i,j \leqslant n}.$$

对 $g \in GL_n(F)$, 考虑变换

$$x \to gx.$$

该变换把每个 x_{ij} 变成 $x_{11}, x_{12}, \cdots, x_{n,n-1}, x_{nn}$ 的一次多项式. 如同前面的例子, 我们得到 $F[x_{11}, x_{12}, \cdots, x_{n,n-1}, x_{nn}]$ 上的 $GL_n(F)$ 模结构. 把这个表示记作 α.

也可以考虑变换 $x \to xg^{-1}$ 而得到 $F[x_{11}, x_{12}, \cdots, x_{n,n-1}, x_{nn}]$ 上的一个 $GL_n(F)$ 模结构. 把这个表示记作 β.

还可以考虑变换 $x \to xg^t$, 从而得到 $F[x_{11}, x_{12}, \cdots, x_{n,n-1}, x_{nn}]$ 上的另一个 $GL_n(F)$ 模结构. 把这个表示记作 γ.

域 F 上的 n 阶方阵全体记作 $M_n(F)$, 它自然是一个线性空间, 含有 $GL_n(F)$. (在 $M_n(F)$ 的 Zariski 拓扑中, $GL_n(F)$ 还是开子集.) 把 $x_{11}, x_{12}, \cdots, x_{n,n-1}, x_{nn}$ 看作是 $M_n(F)$ 上的坐标函数, 那么 $F[x_{11}, x_{12}, \cdots, x_{n,n-1}, x_{nn}]$ 是 $GL_n(F)$ 上的多项式函数环. 如同上一个例子, 可以定义 $GL_n(F)$ 在 $F[x_{11}, x_{12}, \cdots, x_{n,n-1}, x_{nn}]$ 上的线性作用如下:

$$\theta_g(p)(u) = p(g^{-1}u),$$

也可以定义作用

$$\kappa_g(p)(u) = p(g^t u),$$

还可以定义作用

$$\eta_g(p)(v) = p(vg),$$

其中 p 是 $F[x_{11}, x_{12}, \cdots, x_{n,n-1}, x_{nn}]$ 中的元素, g 和 u 都是 $GL_n(F)$ 的元素. 以这种方式我们得到 $F[x_{11}, x_{12}, \cdots, x_{n,n-1}, x_{nn}]$ 上的三个 $GL_n(F)$ 模结构. 这三个表示分别记作 θ, κ, η.

还是容易看出 $\alpha, \gamma, \kappa, \eta$ 这四个表示本质上是一样的. 表示 β 和 θ 本质上是一样的. 另外, 表示 α 和 β 也有某种对偶性.

我们已经看到, 多项式环上有着丰富的表示结构, 这些表示在表示论和代数几何及组合中都很重要. 如果你能够把多项式环的这些表示研究清楚, 那么很多重要的问题就能够解决掉了, 很可惜目前我们还没有做到这一点.

例 5 李群 (代数群) 在单位元处的切空间是该李群 (代数群) 的表示, 由李群 (代数群) 在自身的共轭作用导出, 称为李群 (代数群) 的伴随表示.

我们知道微分流形的切丛对认识和研究微分流形都很重要. 所以可以推想李群 (代数群) 的伴随表示对李群是十分重要的. 的确, 如果你要在李群 (代数群) 的表示中挑选最重要的表示, 那么伴随表示是首选. 李群 (代数群) 的伴随表示含有非常丰富的信息, 对研究李群 (代数群) 的结构和表示都非常重要. 例如, 通过伴随表示, 可以定义根系. 而根系对研究李群 (代数群) 的结构和表示的重要性怎么强调都是不过分的.

下一个例子来自拓扑和代数几何.

例 6 考虑 n 维复空间 $\mathbb{C}^n$ 的子空间滤过

$$V_1 \subset V_2 \subset \cdots \subset V_n = \mathbb{C}^n, \quad \dim V_i = i.$$

所有这样的滤过形成的集合记作 X. 这是一个光滑的复流形, 称为旗流形或旗簇, 在拓扑、代数几何和表示论中都非常重要. 如果 $\mathcal{L}$ 是 X 上的全纯线丛, 那么上同调群 $H^i(X, \mathcal{L})$ 是 $GL_n(\mathbb{C})$ 模, 一个非常有意思的模. 当然把全纯线丛换成全纯向量丛结论也成立.

更一般的结论需要用代数群的语言. 假设 G 是代数闭域 k 上的连通简约代数群, B 是其 Borel 子群, 那么齐性空间 G/B 是光滑代数簇, 称为旗簇. (例如, 当 G 是一般线性群 $GL_n(\mathbb{C})$, 那么 B 可以取作可逆上三角矩阵全体. 这时 G/B 与刚才定义的旗流形 X 同构.) 如果 E 是有理 B 模, 那么 $G \times^B E$ 是 G/B 上的向量丛, 其上同调群是 G 模. 对这些上同调群的 G 模结构的研究在表示论中是重要的.

我们转向无限维模.

例 7　行列式为 1 的 2×2 复矩阵全体记作 $SL_2(\mathbb{C})$, 显然在矩阵乘法下它成为群. 复数域上的平方可积函数全体 $L^2(\mathbb{C})$ 是 $SL_2(\mathbb{C})$ 的模.

其实, $L^2(\mathbb{C})$ 上面有无穷多个 $SL_2(\mathbb{C})$ 模结构. 用 $GL(L^2(\mathbb{C}))$ 记 $L^2(\mathbb{C})$ 上可逆线性变换全体形成的群. 对任意的整数 k 和实数 v, 可以定义表示 $\mathcal{P}^{k,iv} : SL_2(\mathbb{C}) \to GL(L^2(\mathbb{C}))$ 如下:

$$\mathcal{P}^{k,iv} \begin{pmatrix} a & b \\ c & d \end{pmatrix} f(z) = |-bz+d|^{-2-iv} \left(\frac{-bz+d}{|-bz+d|} \right)^{-k} f\left(\frac{az-c}{-bz+d} \right),$$

其中 $z \in \mathbb{C}$, $f \in L^2(\mathbb{C})$.

这些表示称为主列, 其实都是酉表示. 就是说, 对每一个 $g \in SL_2(\mathbb{C})$, 线性变换 $\mathcal{P}^{k,iy}(g)$ 是酉算子, 即保持希尔伯特空间 $L^2(\mathbb{C})$ 的内积, 而且像在 $L^2(\mathbb{C})$ 中稠密.

更一般地, 对任何复数 $w = u + iv$, 考虑 $\mathbb{C}$ 上的测度 $(1+|z|)^{\text{Re}w} dxdy$ 及关于这个测度的平方可积函数空间 $L^2_w(\mathbb{C})$. 对任意的整数 k, 可以定义表示 $\mathcal{P}^{k,w} : SL_2(\mathbb{C}) \to GL(L^2_w(\mathbb{C}))$ 如下:

$$\mathcal{P}^{k,w} \begin{pmatrix} a & b \\ c & d \end{pmatrix} f(z) = |-bz+d|^{-2-w} \left(\frac{-bz+d}{|-bz+d|} \right)^{-k} f\left(\frac{az-c}{-bz+d} \right),$$

其中 $z \in \mathbb{C}$, $f \in L^2_w(\mathbb{C})$. 它是酉表示当且仅当 w 是虚数.

当 $k = 0$, w 是实数且 $0 < w < 2$ 时, $\mathcal{P}^{k,w}$ 关于如下内积是酉表示,

$$\langle f, g \rangle = \int_{\mathbb{C}} \int_{\mathbb{C}} \frac{f(z)\overline{g(\zeta)}dzd\zeta}{|2-\zeta|^{2-w}}.$$

这些酉表示称为补充列.

例 8　行列式为 1 的 2×2 实矩阵全体记作 $SL_2(\mathbb{R})$, 在矩阵乘法下它成为群. 实数域上的平方可积函数全体 $L^2(\mathbb{R})$ 是 $SL_2(\mathbb{R})$ 的模.

同样, $L^2(\mathbb{R})$ 上面有无穷多个 $SL_2(\mathbb{R})$ 模结构. 对任意的实数 v, 可以定义表示 $\mathcal{P}^{\pm, iv} : SL_2(\mathbb{R}) \to GL(L^2(\mathbb{R}))$ 如下:

$$
\mathcal{P}^{\pm, iv} \begin{pmatrix} a & b \\ c & d \end{pmatrix} f(x) = \begin{cases} |-bx+d|^{-1-iv} f\left(\dfrac{ax-c}{-bx+d} \right), & \text{对} +, \\[3mm] \operatorname{sgn}(-bx+d)|-bx+d|^{-1-iv} f\left(\dfrac{ax-c}{-bx+d} \right), & \text{对} -, \end{cases}
$$

其中 $x \in \mathbb{R}$, $f \in L^2(\mathbb{R})$.

这些表示都是酉表示, 称为主列.

对任何在 0 和 1 之间的实数 u, 考虑希尔伯特空间

$$
H_u = \left\{ f : \mathbb{R} \to \mathbb{C} \,\middle|\, \|f\|^2 = \int_{-\infty}^{\infty} \int_{-\infty}^{\infty} \frac{f(x)\overline{f(y)}dxdy}{|x-y|^{1-u}} < \infty \right\}.
$$

在其上定义 $SL_2(\mathbb{R})$ 的作用如下:

$$
\mathcal{C}^u \begin{pmatrix} a & b \\ c & d \end{pmatrix} f(x) = |-bx+d|^{-1-u} f\left(\frac{ax-c}{-bx+d} \right).
$$

这些表示都是酉表示, 称为补充列.

对任何大于或等于 2 的整数 n, 考虑希尔伯特空间

$$
L_n = \left\{ f\text{在 } \operatorname{Im}z > 0 \text{ 上解析} \,\middle|\, \|f\|^2 = \iint_{\operatorname{Im}z>0} |f(z)|^2 y^{n-2} dxdy < \infty \right\}
$$

$SL_2(\mathbb{R})$ 在其上的作用

$$
\mathcal{D}_n^+ f(z) = |-bz+d|^{-n} f\left(\frac{az-c}{-bz+d} \right).
$$

这是一个酉表示. 通过复共轭得到另一个酉表示 $\mathcal{D}_n^-$. 这些表示称为离散列, 它们分别有极限 $\mathcal{D}_1^+$ 和 $\mathcal{D}_1^-$. 这两个表示的定义类似于离散列的情形, 但范数由下式给出:

$$
\|f\|^2 = \sup_{y>0} \int_{-\infty}^{\infty} |f(x+iy)|^2 dx.
$$

例 9　假设 G 是李群, Γ 是 G 的离散子群, 使得商空间 G/Γ 的体积有限. 例如, G 是实数域, Γ 是整数集 $\mathbb{Z}$. G 通过右乘作用在商空间 G/Γ 上, 从而线性作用在其平方可积函数空间 $L^2(G/\Gamma)$ 上. 所以 $L^2(G/\Gamma)$ 是 G 的表示. 这个表示在数论中有重要的意义. 这里有一个著名的特征标的 Selberg 迹公式, 它在数论和表示论中有很多应用. 后来在物理中间也发现了很多应用.

说到物理的话, 我们转到物理上来讲. 其实群及其表示对物理来讲是非常重要的. 在单粒子模型中, 单电子的轨道波函数生成正交群 $SO(3)$ 的表示. 你考虑自旋波函数就生成酉群 $SU(2)$ 的表示. Gell-Mann 用 $SU(3)$ 的十维表示预言了 Ω^- 粒子的存在, 后来很快被实验证实, 那是 1964 年的事情.

目前为止, 我们基本上谈的是群的表示和李代数的表示. 现在我们看路径代数的表示, 它用箭头表达会更简单一点. 形式要为内容服务. 我们考虑有 n 个顶点的一个箭图 Γ:

$$\underset{1}{\circ} \rightarrow \underset{2}{\circ} \rightarrow \underset{3}{\circ} \rightarrow \cdots \rightarrow \underset{n-1}{\circ} \rightarrow \underset{n}{\circ},$$

Γ 的表示就是一组向量空间和映射: 对每一个顶点给一个线性空间, 每一个箭头给一个线性变换. 写出来就是

$$\{V_i,\, f_j \,|\, 1 \leqslant i \leqslant n,\, 1 \leqslant j \leqslant n-1\},$$

其中 V_i 是域 F 上的线性空间, 对应到顶点 i, $f_j : V_j \rightarrow V_{j+1}$ 是线性变换, 对应到箭头 $\underset{j}{\circ} \rightarrow \underset{j+1}{\circ}$. 这样定义的表示, 看上去好像复杂, 与我们前面提到的表示也不相同. 其实箭图 Γ 的表示和路径代数 $F[\Gamma]$ 的表示是一回事. 路径代数的表示在表示论中是重要的一类表示. 路径代数的表示采用箭图表示的形式用起来是非常方便的, 而且它跟其他的东西有意想不到的联系, 后面我们还会再谈.

5. 表示论的基本思想

我们看了很多例子, 也对术语解读了一番. 可以看出表示论的基本思想有两点: 一个是对称, 一个是线性化.

代数结构反映了对称性. 尤其是群最容易理解这一点. 正方形很对称, 圆比它更对称. 从群的角度说, 保持圆不变的群要比保持正方形不变的群大得多. 要看出这一点, 我们把圆和正方形都放到二维实空间 $\mathbb{R}^2$ 内, 中心与原点重合. 过原点的反射和旋转及恒等变换都是可逆线性变换, 它们全体在映射合成下封闭, 于是成为一个群. 过原点的任何反射和旋转都保持这个圆不变, 而保持这个正方形不变的反射和旋转很少, 分别是两个和四个.

代数结构的表示, 给出了代数结构的线性化, 也反映了相关线性空间的某种对称性. 这样做下来是互惠互利的事情, 既对代数结构找出了具体的表达也对线性空间给出了对称性.

6. 表示论的基本问题

既然表示在这么多的数学里普遍存在而且很有意思, 我们有必要把它们作为数学理论研究起来. 这就有一些基本的问题:

- 什么样的表示是最基本的;

- 一般的表示如何从最基本的表示构建;

- 如何构造最基本的表示;

- 最基本的表示的性质, 如分类、维数、特征标等;

- 一些自然得到的表示的性质; 等等.

大致说来表示论就是要做这些事情.

7. 最基本的表示

限于篇幅的原因, 我们仅对第一个问题做一些讨论. 我们需要一个概念才能继续往下走. 我们考虑一个代数结构 A (如群、李代数等), 然后还有这个代数结构的表示. 这时 A 就线性地作用在一个相应的线性空间 V 上. 如果 V 的一个子空间在这个线性作用下是不变的, 就称这个子空间是 V 的子表示.

我们先看几个例子. 对称群 (也叫置换群)S_n 自然地作用在线性空间 $V = \mathbb{C}^n$ 上,

$$\sigma(a_1, a_2, \cdots, a_n) = (a_{\sigma(1)}, \cdots, a_{\sigma(n)}),$$

其中 $\sigma \in S_n, (a_1, a_2, \cdots, a_n) \in \mathbb{C}^n$. 显然 $\{(a, a, \cdots, a) \mid a \in \mathbb{C}\}$ 是 V 的子表示.

我们已经知道 $F[x_{11}, x_{12}, \cdots, x_{n,n-1}, x_{nn}]$ 上有自然的 $GL_n(F)$ 模结构. 矩阵 (x_{ij}) 的行列式张成这个表示的一维子空间. 容易发现这个一维子空间是 $F[x_{11}, x_{12}, \cdots, x_{n,n-1}, x_{nn}]$ 的子表示. 同样容易发现的是次数为 i 的齐次多项式全体也是 $F[x_{11}, x_{12}, \cdots, x_{n,n-1}, x_{nn}]$ 的子表示.

每个表示都有两个平凡的子表示: 零空间和它自身. 最基本的表示是什么呢? 是不可约的表示, 也称为单表示. **一个表示除了零空间和本身以外, 没有其他的子**

表示, 这样的表示就称为**不可约表示**, 有时候人们也用**单表示**说这件事, 或者是**不可约模、单模**等.

最简单的不可约表示是一维表示, 除了零空间和自身外, 它不可能有其他的不变子空间.

我们来看更多的例子. 回顾线性空间 V 上的可逆线性变换全体记作 $GL(V)$, 它是一个群. 通过可逆线性变换可以把 V 中的一个非零元变到任何一个非零元, 所以作为 $GL(V)$ 的表示, V 不可能有非平凡的子表示, 从而 V 是 $GL(V)$ 的不可约表示. 同样, V 是李代数 $gl(V)$ (V 的线性变换全体) 的不可约表示.

线性空间 $\mathbb{C}^n$ 是 $SL_n(\mathbb{C})$ (行列式为 1 的复 n 阶方阵全体) 的不可约表示.

前面提到的多项式环 $F[x_1, \cdots, x_n]$ 是一般线性群 $GL_n(F)$ 的表示. 假设 F 是复数域 $\mathbb{C}$, 把次数为 i 的 n 元齐次多项式拿出来就得到一个线性空间. 显然它是 $GL_n(\mathbb{C})$ 的表示, 其实它是不可约表示. 如此可见, 不可约表示是非常多的.

迹为零的复 n 阶方阵全体记作 $sl_n(\mathbb{C})$. 在矩阵中, 共轭是常用的运算. 用可逆矩阵做共轭, 能保持矩阵的迹不变. 所以, 通过共轭, $GL_n(\mathbb{C})$ 作用在 $sl_n(\mathbb{C})$ 上, 在这个作用下 $sl_n(\mathbb{C})$ 是 $GL_n(\mathbb{C})$ 的不可约表示. 仍然通过共轭, $GL_n(\mathbb{C})$ 作用在 $gl_n(\mathbb{C})$ ($n \times n$ 复矩阵全体) 上, 但 $gl_n(\mathbb{C})$ 不是 $GL_n(\mathbb{C})$ 的不可约表示, 因为纯量矩阵全体是一维的子表示. 这时 $gl_n(\mathbb{C})$ 是两个不可约表示的直和. 另外, 只要 V 不是一维的, 张量积 $V \otimes V$ 不是 $gl(V)$ 的不可约表示.

$L^2(\mathbb{C})$ 是 $SL_2(\mathbb{C})$ 的不可约表示, 实际上有无限多个 $SL_2(\mathbb{C})$ 的不可约表示结构.

要研究表示之间的关系的话, 像代数结构一样, 我们用同态和同构这样的概念. 表示的同态或者说模同态就是保持作用的线性映射. 换句话说, 如果 U, V 是代数结构的两个表示 (模), 它们之间的一个线性映射 $\phi: U \to V$ 称为同态如果它满足条件 $\phi(au) = a\phi(u)$, $u \in U$, $a \in A$. 一个同态称为同构如果它是可逆的并且逆也是同态. 同构的表示我们认为本质上是无差别的.

对不可约表示, 有一个著名的引理.

Schur 引理 不可约表示之间的非零同态是同构.

这个引理看上去非常简单, 证明也非常简单. 但是它极其有用. 比如说我们要考虑两个不可约表示, 它们之间随便给一个线性映射. 在紧李群的情况下, 我们通过积分, 我们会得到表示之间的一个同态, 如果这两个不可约表示不同构, 这个同态必然是零. 同态等于零, 你会得到很多有用的信息. 如果同构你也可以得到很多信息. 从 Schur 引理很容易得出紧李群的不可约表示的特征标之间的正交关系. 因为 S 的不可约表示为 $e^{ix} \to e^{inx}$, $n \in \mathbb{Z}$, 这个正交关系在圆周 S 的情形就是我们熟悉的等式 $\int_S e^{inx} dx = 0$, 其中 $n \neq 0$. 在其他情形正交关系并不是一眼就能看出来的.

8. 不可约表示的分类

不可约表示的分类是很重要的问题. 分类有时候可以很简单, 有时候可以非常复杂, 而且分类常常取决于表示的基域是什么.

定理 对有限群, 如果表示空间是复线性空间, 则

(1) 不可约表示的个数等于有限群的共轭类的个数;

(2) 每一个表示都是不可约表示的直和;

(3) 不可约表示的维数的平方和等于该有限群的阶.

这个定理十分重要, 但对分类, 给出的信息是很粗糙的. 对一些重要的群, 不可约表示的分类和维数要清楚得多.

例一 对称群

- 对称群 S_n 的复不可约表示的个数是 n 的划分数 $P(n)$.

- 不可约表示的维数可以计算.

- 如果表示空间的基域 F 的特征 $p \leqslant n$, 不可约表示的分类已知.

- 但其他的性质所知甚少, 如维数等, 更不用谈特征标了. 这是一个重要的问题. 让你想不到的一件事情是, 这个看似非常初等且自然的一个问题, 与仿射李代数和仿射 Schubert 簇都有深刻的联系. 当然它还跟一般线性群的表示有密切的关系.

我们继续看不可约表示的分类. 单位圆周, 我们已经很熟悉了. 这是一个拓扑群. 我们对拓扑群一般只考虑酉表示. 也就是说, 要求表示空间是希尔伯特空间, 群通过有界的酉算子作用在表示空间上. 对圆周我们有如下的定理.

定理 S 表单位圆周.

$$\{S\text{的不可约酉表示}\} \overset{1\text{-}1}{\longleftrightarrow} \mathbb{Z},$$

$$e^{inx} \longleftrightarrow n.$$
$$\{\mathbb{Z} \text{ 的不可约酉表示 }\} \overset{1\text{-}1}{\longleftrightarrow} S.$$

更一般地, 交换的拓扑群在代数闭域上的不可约表示都是一维的. 如果 G 是连通的交换拓扑群, 那么它的不可约酉表示的同构类是一个离散的交换拓扑群 A, 而 A 的不可约酉表示的同构类与 G 有自然的一一对应. 这就是庞特里亚金对偶定理. 所以, 对交换拓扑群, 不可约表示的性质是很清楚的. 庞特里亚金是苏联的数学家. 他 14 岁就失明了, 但是他之后凭着顽强的毅力在数学里面做出了很多重要的工作. 他有一本书叫《连续群》, 我们国家有中译本. 庞特里亚金示性类在微分拓扑中是个重要的概念.

对紧李群的表示, Weyl 的工作影响非常深远.

定理 (Peter-Weyl) 对紧李群 G:

(1) 有限维酉表示的矩阵系数张成的子空间在 $L^2(G)$ 中稠密;

(2) 每个复不可约表示都是酉表示, 且维数有限;

(3) 每个酉表示都是完全可约的;

(4) 每个不可约酉表示在 $L^2(G)$ 中出现的重数等于该表示的维数.

定理 (Weyl) 紧连通半单李群的不可约表示的特征标公式.

Weyl 的特征标公式是非常有名的. 他证明这个公式综合了多方面的知识.

我们继续往下看不可约表示的分类. 我们前面提到很多次一般线性群, 它的表示内容非常丰富. 我们现在不看无限维表示, 只看有限维不可约表示. 先看复数域上的一般线性群. 它的有限维不可约表示的同构类和 n 重整数组一一对应, 在这些数组中, 前面一个分量不小于后面的分量. 即有

定理
$$\{GL_n(\mathbb{C}) \text{ 的有限维不可约表示 }\}$$
$$\updownarrow 1\text{-}1$$
$$\{(a_1, a_2, \cdots, a_n) \in \mathbb{Z}^n \mid a_1 \geqslant a_2 \geqslant \cdots \geqslant a_{n-1} \geqslant a_n\},$$

不可约表示的特征标 (包括维数) 由 Weyl 的特征标公式给出. 一般线性群 $GL_n(\mathbb{C})$ 的极大紧子群是酉群 $U(n)$. $GL_n(\mathbb{C})$ 的有限维表示是不可约的当且仅当它在 $U(n)$ 上的限制也是不可约的. 这就是有名的酉技巧.

一般线性李代数 $gl_n(\mathbb{C})$ 是 $GL_n(\mathbb{C})$ 在单位元处的切空间. 所以, $GL_n(\mathbb{C})$ 的有限维表示通过微分给出 $gl_n(\mathbb{C})$ 的有限维表示.

定理

$$\{gl_n(\mathbb{C}) \text{ 的有限维不可约表示}\}$$
$$\updownarrow 1-1$$
$$\{(a_1, a_2, \cdots, a_n) \in \mathbb{Z}^n \mid a_1 \geqslant a_2 \geqslant \cdots \geqslant a_{n-1} \geqslant a_n\},$$

不可约表示的特征标 (包括维数) 由 Weyl 的特征标公式给出.

一个线性空间 V 上的线性变换全体记作 $\text{End}(V)$, 这是一个代数, 也有相应的李代数结构. 当 V 是有限维时, $\text{End}(V)$ 可以等同于矩阵代数 $M_n(F)$ (F 上的 $n \times n$ 全体), 相应的李代数记作 $gl_n(F)$, 这里 F 是 V 的基域. 我们已经看到 $gl_n(\mathbb{C})$ 的表示内容是非常丰富的. 但是代数 $\text{End}(V)$ 的不可约表示只有一个, 就是 V. 实际上, $\text{End}(V)$ 是一个单代数. 同样, $M_n(F)$ 的不可约表示只有 n 维线性空间 F^n.

我们可以发现, 一个集合可以既是代数又是李代数. 而作为代数, 其表示的内容常常比李代数的表示内容少得多. 你看, 同样是复 n 阶方阵全体, 看作代数, 记作 $M_n(\mathbb{C})$, 不可约表示只有一个, 就是 n 维线性空间 $\mathbb{C}^n$. 而看作李代数, 则记作 $gl_n(\mathbb{C})$, 其有限维不可约表示就有无穷多个同构类, 内容丰富得多, 与其他数学分支联系深刻, 在物理中也有广泛的应用. 所以人们常常会感到李群和李代数的表示理论内容更为丰富和复杂, 非常有意思.

我们再看一般线性群的不可约表示. 现在我们考虑的基域是 $\bar{\mathbb{F}}_p$, 其中 p 是一个素数, 它是有限域 $\mathbb{F}_p = \mathbb{Z}/p\mathbb{Z}$ 的代数闭包. 你考虑系数在 $\mathbb{F}_p$ 中的一元多项式. 把所有这些多项式的根放在一起, 就得到了 $\mathbb{F}_p$ 的代数闭包 $\bar{\mathbb{F}}_p$. $GL_n(\bar{\mathbb{F}}_p)$ 的有限维不可约表示的分类与 $GL_n(\mathbb{C})$ 的有限维不可约表示的分类是一样的, 都对应到一些 n 重数组. 即有

定理

$$\{GL_n(\bar{\mathbb{F}}_p) \text{ 的有限维不可约表示}\}$$
$$\updownarrow 1-1$$
$$\{(a_1, a_2, \cdots, a_n) \in \mathbb{Z}^n \mid a_1 \geqslant a_2 \geqslant \cdots \geqslant a_{n-1} \geqslant a_n\},$$

但不可约表示的特征标变得复杂起来. 目前我们连维数的公式一般都不知道. Lusztig 猜想断言: 当 p 不太小时, $GL_n(\bar{\mathbb{F}}_p)$ 的有限维不可约表示与仿射 Schubert 簇的奇点有关. 目前这个猜想在 p 非常大时已被证明.

在复数域上, 一般线性群 $GL_n(\mathbb{C})$ 的有限维表示理论和一般线性李代数 $gl_n(\mathbb{C})$

的有限维表示理论是一样的. 但在域 $\mathbb{F}_p$ 的情形, 情况完全不一样. $gl_n(\bar{\mathbb{F}}_p)$ 的不可约表示都是有限维的, 但是它的分类就非常复杂了, 与 Springer 纤维关系密切, 维数一般情况不清楚, 非常复杂. Lusztig 也提出了一些猜想.

定理　$gl_n(\bar{\mathbb{F}}_p)$ 的不可约表示都是有限维的.

这些不可约表示的一部分和 $GL_n(\bar{\mathbb{F}}_p)$ 的表示有重合的部分, 重合的那部分是非常头痛的一个事情. 还有一部分与 $GL_n(\bar{\mathbb{F}}_p)$ 的关系不直接.

我们前面提到的箭图, 它的不可约表示的分类很简单. 有意思的是它的不可分解表示的分类. 不可分解表示是代数表示论中非常重要的内容. 我们考虑的箭图是 Γ:

$$\underset{1}{\circ} \to \underset{2}{\circ} \to \underset{3}{\circ} \to \cdots \to \underset{n-1}{\circ} \to \underset{n}{\circ}.$$

Γ 在域 F 上的不可约表示有 n 个 (同构意义下), 与图 Γ 的顶点一一对应. 对应到第 i 个顶点的不可约表示记作 E_i. 表示 E_i 中对应到顶点 j 的线性空间是 0 如果 $i \neq j$, 是 F 自身如果 $i = j$. E_i 中对应到箭头的线性映射全是 0. 可以简单记

$$E_i = (0, \cdots, 0, \underset{i\text{-th}}{F}, 0, \cdots, 0) \quad (1 \leqslant i \leqslant n).$$

Γ 在域 F 上的不可分解表示有 $\dfrac{n(n+1)}{2}$ 个:

$$\{\Gamma\text{的不可分解表示}\} \overset{1\text{-}1}{\longrightarrow} \{GL_{n+1}(\mathbb{C})\text{的正根}\}.$$

这些不可分解表示与正根的联系很有意思. 当 F 是有限域的时候, 可以构造相应的 Hall 代数. 20 世纪 80 年代末 Ringel 发现 Hall 代数与量子群有联系. 这个联系导致了 Lusztig 发现量子群的典范基. 量子群的典范基有很好的性质, 与代数几何、表示论都有深入的联系. 因为量子群是李代数的普遍包络代数的形变, 参数取 1 的时候得到李代数的普遍包络代数, 所以量子群的典范基也给出了李代数的普遍包络代数的典范基. 令人吃惊的是, 直到现在, 不借助量子群, 在李代数那里还是无法发现典范基.

我们看看李群的无限维的不可约表示的分类. 我们考虑简单一点的例子如 $SL_2(\mathbb{C})$ 和 $SL_2(\mathbb{R})$. 因为李群有拓扑结构, 对无限维表示我们主要关心的是它们的酉表示. 通过下面两个定理可以看出李群的无限维表示的分类不简单.

定理　$SL_2(\mathbb{C})$ 的不可约酉表示分类如下:

(a) 平凡表示;

(b) 酉主列 ($k \in \mathbb{Z}$, $y \in \mathbb{R}$)

$$\mathcal{P}^{k,iy};$$

(c) 补充列 $\mathcal{C}^x$, 此处 $0 < x < 2$.

其中仅有的同构关系是

$$\mathcal{P}^{k,iy} \cong \mathcal{P}^{-k,-iy}.$$

从定理可以看出, 群 $SL_2(\mathbb{C})$ 的不可约酉表示非常多, 主要由酉主列和补充列构成. 酉主列中的表示有两个指标, 一个是整数 k, 另外一个是实数 y. 补充列中的表示有一个指标 x, 是 0 和 2 之间的实数. 群 $SL_2(\mathbb{C})$ 有很多不可约的有限维表示, 除了平凡表示外, 它们都不是酉表示.

定理 $SL_2(\mathbb{R})$ 的不可约酉表示分类如下:

(a) 平凡表示;

(b) 离散列 $\mathcal{D}_n^{\pm}$, $n \geqslant 2$, 和离散列的极限 $\mathcal{D}_1^{\pm}$;

(c) 酉主列 $\mathcal{P}^{+,iy}$ 和 $\mathcal{P}^{-,iz}$, 其中 y 是实数, z 是非零实数;

(c) 补充列 $\mathcal{C}^x$, 此处 $0 < x < 1$.

其中仅有的同构关系是

$$\mathcal{P}^{+,iy} \cong \mathcal{P}^{-,-iy}, \quad \mathcal{P}^{-,iy} \cong \mathcal{P}^{-,-iy}.$$

从定理可以看出实李群 $SL_2(\mathbb{R})$ 的酉表示分类与复李群 $SL_2(\mathbb{C})$ 类似, 但复杂一些, 多了一个离散列. 不论是实李群还是复李群, 不可约酉表示的分类问题还未完全解决, 虽然对有些群清楚了.

对不可约表示的分类我们就说到这里.

9. 研究方法

下面我们说一些表示论中的研究方法. 前面我们已经看到了, 表示在数学中各种不同的方向如代数、分析、几何里面都自然地出现, 不可约表示的分类形态各异, 所以研究表示的方法是五花八门的, 有代数、分析、微分几何、代数几何、拓扑等等. 接下来我们分别看一看这些方法怎样用的.

代数方法

代数方法在表示论中是主要方法之一, 毕竟我们是在考虑代数结构之间的同态. 在有限群的表示理论, 李 (超) 代数和李群的表示理论、代数群的表示理论、量子群的表示理论、代数的表示理论等等方向中代数方法都是极其重要的. 我们说得再具体一些.

有限群的表示理论 如果 G 是有限群, F 是一个域, 我们考虑群代数 $F[G]$. 它是 F 上的向量空间, G 中的元素构成向量空间的基. 群 G 的乘法线性延拓成 $F[G]$ 的乘法:

$$\sum_{g \in G} a_g g \cdot \sum_{h \in G} b_h h = \sum_{g, h \in G} a_g b_h gh, \qquad a_g, b_h \in F.$$

群代数自然是 G 的模. 有限群表示论的一个主要问题是研究群代数 $F[G]$ 的性质, 如半单性, 如何把它分解成其他更小的模的直和, 不可分解因子的性质等等.

还有一个重要的问题是研究诱导表示. 假设 H 是 G 的子群, V 是 H 模, 那么张量积

$$\mathrm{Ind}_H^G V = F[G] \otimes_{F[H]} V$$

自然是 G 的表示. 我们希望了解这个诱导模能给出哪些不可约模.

在表示论中, 特征标是重要的概念. 对有限群的表示, 特征标的定义很简单. 如果 $\phi : G \to GL_n(F)$ 是一个表示, 那么表示 ϕ 的特征标就是 ϕ 给出的迹函数:

$$\mathrm{ch}\phi : G \to F, \quad g \to 矩阵\phi(g)的迹, \quad 对任何 g \in G.$$

由于相似的矩阵有相同的迹, 所以同构的表示有相同的特征标. 更有意思的是, 如果有限群 G 的两个不可约表示的特征标相同, 则这两个表示同构.

李 (超) 代数和李群的表示理论 李群在单位元处的切空间是李代数, 所以李群的表示自然是其李代数的表示. 反过来, 李代数的表示常常也有李群的表示结构. 李代数本身的方括号运算没有结合性, 这不太方便. 为了弥补这一缺陷, 人们构造了一个结合代数, 称为李代数的普遍包络代数. 李代数的表示等价于其普遍包络代数的表示. 利用普遍包络代数可以很方便地定义子李代数的表示的诱导表示.

假设 $\mathfrak{g}$ 是李代数, $\mathfrak{h}$ 是其子李代数. 它们的普遍包络代数分别记作 $U(\mathfrak{g})$ 和 $U(\mathfrak{h})$. 命 V 是 $\mathfrak{h}$ 的表示, 那么 V 是 $U(\mathfrak{h})$ 模. 于是张量积

$$\mathrm{Ind}_{\mathfrak{h}}^{\mathfrak{g}}V = U(\mathfrak{g}) \otimes_{U(\mathfrak{h})} V$$

自然是 $U(\mathfrak{g})$ 模, 即 $\mathfrak{g}$ 的表示. 普遍包络代数和诱导表示都是李 (超) 代数表示论的重要内容, 对研究李群的表示也很重要. 在半单李代数的表示理论中, 特征标同样是一个重要的概念, 定义与有限群的表示的特征标类似.

代数群和量子群的表示理论 代数的方法在代数群和量子群的表示理论中同样是重要的方法. 假设 G 是代数闭域 k 上的代数群, $k[G]$ 是 G 的有理函数全体构成的代数, 称为 G 的坐标代数. 坐标代数其实还是一个 Hopf 代数, 其余乘法来自群 G 的乘法. 例如, 当 G 是一般线性群 $GL_n(k)$ 时, $k[G]$ 就是环 $k[x_{11}, x_{12}, \cdots, x_{nn}, \det^{-1}]$, 其余乘法定义为

$$\Delta : k[G] \to k[G] \otimes k[G], \qquad x_{ij} \to \sum_{1 \leqslant k \leqslant n} x_{ik} \otimes x_{kj},$$

此处 x_{11}, x_{12}, $\cdots$, x_{nn} 是 G 的坐标函数, $\det$ 是矩阵 $(x_{ij})_{1 \leqslant i,j \leqslant n}$ 的行列式.

代数群 G 的有理表示自然是坐标代数 $k[G]$ 的余模, 同样任何 $k[G]$ 的余模有自然的有理 G 模结构. 如果你对余模不习惯, 可以考虑 $k[G]$ 的超代数 U_G, 这是一个结合代数. 一个有限维空间 V 上的有理 G 模结构等价于 V 上的 U_G 模结构.

量子群是李代数的普遍包络代数的形变, 所以量子群的表示在很多方面和李代数表示及代数群表示理论部分平行, 从思想到技巧上来讲都得到了很多的借鉴.

当然, 代数方法还是代数表示论的主要研究方法.

分析方法

分析的方法, 主要用于拓扑群和李群的表示理论. 我们主要关心局部紧群. 单位圆周 S 是紧群, 实数的加法群是局部紧的.

假设 G 是局部紧的拓扑群, X 为局部紧 Hausdoff 空间, G 连续作用在其上, 且 X 有 G 不变的正测度. 拓扑群表示论的一个中心问题是如何分解 $L^2(X)$ 到不可约表示. $L^2(X)$ 是希尔伯特空间, 所以泛函分析在这里是主要的工具.

在 p 进域上的代数群的表示理论中, 分析的方法也同样重要. 假设 G 是这样一个代数群 (例子如 $GL_n(\mathbb{Q}_p)$), F 是域, 常用的是复数域. 考虑空间

$$C^{\infty}(G, F) = \{局部常值函数\ G \to F\}.$$

它自然是 G 的表示. 研究这个表示是一个重要的课题.

微分几何方法

在表示论中微分几何方法主要用于李群的表示理论, 因为李群是微分流形. 假设 G 是李群, H 是其闭子群, 那么齐性空间 G/H 上的几何与李群的表示理论关系密切.

代数几何方法

代数几何方法这些年来对表示论的影响是强有力的, 给很多方向如代数群的表示、有限群的表示和李代数的表示都带来了巨大的进展.

由于代数群自身是代数簇, 所以代数几何在代数群的表示论中起重要作用是自然的事情. 我们主要考虑线性代数群. 很多我们熟悉的群如一般线性群 $GL_n(F)$, 特殊线性群 $SL_n(F)$, 辛群 $Sp_{2n}(F)$, 特殊正交群 $SO_n(F)$ 等等, 都是线性代数群. 此处 F 是代数闭域, 如复数域 $\mathbb{C}$, 有限域 $\mathbb{F}_p$ 的代数闭包 $\bar{\mathbb{F}}_p$ 等. 你如果把这些群弄明白了, 代数群你就掌握了. 实际上, 对这些具体的群我们还有很多问题没有解决.

如果 X 是有 G 作用的代数簇, $\mathcal{L}$ 是 X 上的 G 等变向量丛, 那么上同调群 $H^i(X, \mathcal{L})$ 是有理 G 模. 这些上同调群是代数群表示论中重要的研究对象. 一个问题是这些上同调群什么时候不为零. 当 G 是复数域上的简约代数群, X 是旗簇, $\mathcal{L}$ 是 X 上的 G 等变线丛时, 著名的 Borel-Weil-Bott 定理告诉我们至多有一个 i 使得 $H^i(X, \mathcal{L})$ 非零, 此时它是不可约 G 模. 在域 F 的特征大于零时, 情况会变得非常复杂. 这时 Borel-Weil-Bott 定理不成立. 但对旗簇上的线丛的零阶上同调群, Kempf 的一个定理说明它们什么时候是零. 这些线丛的零阶上同调群如果非零, 其 G 模结构是较清楚的. 由于 Serre 对偶定理, 这些线丛的顶阶上同调群也是清楚的. 但中间的上同调群还很不清楚.

代数几何在有限李型群的表示理论中起突出作用. 有限李型群是有限域上的一些线性群, 如 $GL_n(\mathbb{F}_q)$, $SL_n(\mathbb{F}_q)$, $Sp_{2n}(\mathbb{F}_q)$, $SO_n(\mathbb{F}_q)$, 等等, 此处 $\mathbb{F}_q$ 是 q 元域, $q = p^a$ 是某个素数 p 的幂. 有限李型群的重要性还在于如下的事实: 有限单群除了交错群、有限交换的素数阶群、二十六个散在单群外, 其余都是有限李型群.

有限李型群是代数群的特殊子群, 它们是 Frobenius 映射的不动点. 由于我们把它们看成代数群的子群, 而且是 Frobenius 映射的不动点, 代数群的理论可以用上. 1976 年 Deligne 和 Lusztig 利用代数几何中的 l 进制上同调构造了有限李型群的表示. 随后 Lusztig 建立了有限李型群的特征标理论. 大致可以说这是有限群表示理论中最深入的理论.

代数几何方法在李代数的表示理论中的应用也是很精彩的. 复半单李代数是

复半单李群在单位元处的切空间. 复半单李代数的有限维不可约表示都是最高权模, 而且都能从复半单李群的有限维表示通过微分得到, 所以其特征标由 Weyl 的特征标公式给出, 这是 20 世纪 20 年代就知道的事情. 但对复半单李代数的无限维不可约最高权模, 很长时间都不能确定其特征标, 甚至如 I. M. Gelfand 这样伟大的数学家都不能给出一个猜想.

突破性的进展是 Kazhdan 和 Lusztig 作出的. 1979 年, 他们给出了如下的猜想:

$$\mathrm{ch} L_w = \sum_{y \leqslant w} (-1)^{l(w)-l(y)} P_{y,w}(1) \mathrm{ch} M_y,$$

这个猜想中最关键的地方是 $P_{y,w}(1)$, 其余的都是容易明白的. 我们把记号逐一交代一下: y, w 是 Weyl 群中的元素, $P_{y,w}(1)$ 是 Kazhdan-Lusztig 多项式 $P_{y,w}$ 在 1 处的值, M_y 是一些 Verma 模, L_w 是某些不可约最高权模, 一般是无限维的, $\mathrm{ch} M_y$ 和 $\mathrm{ch} L_w$ 分别是 M_y 和 L_w 的特征标.

Kazhdan-Lusztig 多项式 $P_{y,w}$ 之所以关键是因为它们计算了 Schubert 簇的相交上同调, 所以反映了 Schubert 簇的奇点的性质. 这个猜想出来之后, 让大家感到非常吃惊, 因为事先它没有任何的迹象. 人们也想不到李代数的表示论会与 Schubert 的奇点有联系, 而且是通过那么复杂的相交上同调联系起来.

Kazhdan-Lusztig 猜想很快被 Bernstein-Beilinson 和 Kashiwara-Brylinski 证明. 他们的证明用到旗簇上的 D 模理论和反常层理论. 其证明在方法上还有一个很大的创新. 他们并不直接证明这个猜想, 而是把这个猜想的表达先从李代数表示的范畴转换到 D 模范畴的语言, 再通过 Riemann-Hilbert 对应转换到反常层范畴的语言, 在反常层范畴 Kazhdan-Lusztig 多项式就有了恰当的解释, 于是猜想变得容易明白了, 从而得到证明.

拓扑方法

拓扑方法在表示论中主要用于李群和代数群的表示, 其中纤维丛、示性类、上同调、K 理论都是工具.

作为例子, 我们看一下仿射 Hecke 代数的表示. 假设 G 是复数域上的一般线性群 $GL_n(\mathbb{C})$. 命 X 是 G 的旗流形, 即 X 由 n 维复空间 $\mathbb{C}^n$ 的所有子空间滤过

$$V_1 \subset V_2 \subset \cdots \subset V_n = \mathbb{C}^n, \quad \dim V_i = i$$

构成. 命 $\mathcal{N}$ 为 $\mathbb{C}^n$ 上的幂零线性变换全体. 定义

$$Z = \{(\xi, x_1, x_2) \mid \xi x_i = x_i\} \subset \mathcal{N} \times X \times X.$$

这是一个代数簇, 称为 Steinberg 三重簇 (Steinberg triples). 群 $G \times \mathbb{C}^*$ 自然地作用在簇 Z 上. 于是 Z 上的 $G \times \mathbb{C}^*$ 等变连贯层范畴的 Grothendieck 群就是等变 K 群 $K^{G \times \mathbb{C}^*}(Z)$. 在这个 K 群通过卷积可以定义一个乘法. 于是这个 K 群就成了一个结合环. 让人想不到的一件事情是这个 K 群的结合环结构和一个完全通过代数方法定义的仿射 A 型 Hecke 代数是同构的. 对其他的简约代数群, 有类似的结论.

Borel 在 1976 年的一个工作表明了仿射 Hecke 代数的表示和 p 进群的表示有极大的关系, 实际上 p 进群一部分非常有意思的表示的研究可以归结为仿射 Hecke 代数的表示的研究. 于是 Langlands 和 Deligne 关于 p 进群这部分表示的一个猜想就可以用仿射 Hecke 代数的语言表述. Deligne-Langlands 猜想不是很准确, 后来 Lusztig 进一步细化了他们的猜想. 1987 年 Kazhdan 和 Lusztig 正是利用仿射 Hecke 代数与 K 群的联系最后证明了修正后的 Deligne-Langlands 猜想.

线性空间 $\mathbb{C}^n$ 上的幂零线性变换全体 $\mathcal{N}$ 也是一个很有意思的簇. 它就是一般线性李代数 $gl_n(\mathbb{C})$ 的幂零元全体. 对复数域上的任何简约李代数都有类似的幂零元簇. 这些簇有奇点. 对这些奇点, 有著名的 Springer 解消. Springer 解消其实就是旗簇的余切丛. 这个解消的纤维, 现在称为 Springer 纤维, 在表示论中非常有用. Kazhdan 和 Lusztig 引进了仿射 Springer 纤维, 它们在基本引理的证明中起了一个关键的作用. 吴宝珠因为证明了基本引理于 2010 年获菲尔兹奖.

你会发现, 表示论里面, 很多看上去没有关系的东西, 它们其实都是有着非常深刻的联系的. 常常你会感到表示论里有很多神奇事情, 各种方法用起来都非常的精彩, 不管是分析方法、拓扑方法还是代数几何方法等等.

10. 历史

我们对表示的概念、例子、方法、理论的基本特点等都有一定的了解了. 现在我们回过头来看一下历史, 应该说我们会对历史认识得更为深切一点. 从历史上来讲, 表示有几个源头. 刚开始的时候起源应该是数论中的特征, 后来产生了有限交换群的表示、有限群的表示、李群和李代数有限维表示、代数的表示、李群和李代数的无限维表示. 在这个过程中不变量理论也起了很大的促进作用. 我们这里主要侧重于讲群表示的历史, 也会涉及一些相关的李代数表示的历史. 这样做的原因是表示理论开始于群的表示理论, 而且从理论的深刻庞大和应用影响来说, 最为突出的是群的表示论.

数论中的特征

数论中的特征出现得很早. 比如像高斯和, 它是出现在高斯发表于 1801 年的

杰作 *Disquisitiones Arithmeticae*(《数论研究》) 中. 我们前面已经看到高斯和里出现了两个交换群的特征.《数论研究》于 1798 年就完成了, 高斯当时 21 岁, 发表的时候是 24 岁. 此书对以后的影响是非常大的. 你要是做数论研究, 你会对他的天才非常敬佩的.

Dirichlet 是高斯的学生, 是一个非常勤奋的学生. 他仔细研究了这本书. 1837年他利用群的特征定义了一种级数叫 L 级数:

$$L(\chi, s) = \sum_{n=1}^{\infty} \frac{\chi(n)}{n^s}.$$

公式里的 χ 来自一个交换群 $(\mathbb{Z}/a\mathbb{Z})^*$ 的特征 ϕ, 其中 a 是大于 1 的整数, 定义 $\chi(n) = 0$ 如果 n 与 a 有大于 1 的公因子, $\chi(n) = \phi(\bar{n})$, 此处 $\bar{n} = n + a\mathbb{Z}$ 表示 n 模 a 的剩余类. 你知道素数有无限多个. Dirichlet 利用这个 L 函数证明了一个更强的结论: 很多算术数列里面有无限多的素数. 具体说来就是, 如果两个正整数 a 和 m 互素, 那么算术数列 $a + m, a + 2m, \cdots, a + km, \cdots$ 里有无穷多个素数.

应该说 Dirichlet 这个 L 级数的定义影响深远. 这里我们可以稍微再多说一点. Dirichlet 的级数在区域 $\mathrm{Re}\,s > 1$ 处收敛, 并可以解析延拓到整个复平面. 如果 χ 是非平凡的, 这个解析延拓是整函数. 后来 Artin 对数域的有限扩张域的 Galois 群的表示, 也定义了一类 L 级数并解析延拓得到一个 L 函数, 现称为 Artin L 函数. 利用这些 L 函数, 他证明交换类域论里面很有名的 Artin 互反律. 这是有限群的情形. Langlands 想把 Artin 的工作延伸到非交换的类域论去. Jacquet 和 Langlands 对 p 进域上的简约代数群的不可约表示和整体域上的简约代数群的自守表示也定义了 L 函数. Langlands 给出了一系列的猜想, 建立了数论与代数群表示的深刻联系. 这就是现在非常热闹的 Langlands 纲领. 看得出来, Langlands 的想法和 Dirichlet 上面的工作是有关系的. 这说明群表示论和数论的联系, 是源远流长, 而且继续发挥着非常大的作用.

交换群的表示

在高斯和 Dirichlet 的工作中, 虽然本质上出现了有限交换群的特征, 但概念的出现却是在几十年后, 由 Dedekind 和 Webber 分别于 1878 年和 1881 年给出. Webber 是第一个对抽象的有限交换群给出特征的定义. Dedekind 是高斯最后一个学生, 也随 Dirichlet 学习过一段时间. 他整理 Dirichlet 的数论讲义出版. 由于某些交换群的特征以多种方式应用于 Dirichlet 的工作中, Dedekind 在书的附录中 (1894年版) 希望人们考虑一般交换群的特征. Webber 在他的书 *Lehrbuch der Algebra* (《代数讲义》, 1896 出版) 中对交换群的特征作了全面的阐述.

有限群的表示

有限群表示的研究开端应该是 Dedekind 的工作, 但未发表. 他考虑有限交换群的群行列式的分解, 并在 1896 年给 Frobenius 的一封信中谈到非交换群的群行列式的分解. 有限群的群行列式的定义很简单也很自然. 假设 G 是有限群, 元素是 $g_1, g_2, \cdots, g_n$. 对每一个群元素 g_i, 给一个不定元 x_{g_i}. 可以考虑一个 $n \times n$ 矩阵, 其第 i 行第 j 列处的元素是 $x_{g_i g_j^{-1}}$. 写出来就是 $(x_{g_i g_j^{-1}})_{1 \leqslant i,j \leqslant n}$. 群 G 的行列式就是这个矩阵的行列式 $D = |x_{g_i g_j^{-1}}|$. 显然 D 是不定元 x_{g_1}, x_{g_2}, $\cdots$, x_{g_n} 的整系数多项式, 而且 G 中元素不同的排序给出的群行列式之间至多差一个负号.

Dedekind 想把这个多项式分解成不可约的多项式的乘积. 二元情况下你会分解成两个线性的多项式的乘积. 但是在一般交换群的情形下, 也可以分解成一次多项式的乘积. 这时候奇怪的事发生了, 在这些一次多项式里面, 不定元前面的系数正好就是这个交换群的特征标. 于是, 从这些一次多项式就能得到群 G 的特征. 这个行列式能分解成 n 个一次多项式的乘积, 群 G 的 n 个特征全部都出来了. 也就是说, 当 G 是交换群时,

$$D = \prod_\chi (\chi(g_1)x_{g_1} + \chi(g_2)x_{g_2} + \cdots + \chi(g_n)x_{g_n}),$$

其中, χ 取遍群 G 的特征. 作为一个非常简单的例子, 我们看一下 $n = 2$ 的情形. 假设 g_1 是恒等元, 那么

$$x_{g_i g_j^{-1}} = \begin{cases} x_{g_1}, & \text{如果} 1 \leqslant i = j \leqslant 2, \\ x_{g_2}, & \text{如果} 1 \leqslant i \neq j \leqslant 2. \end{cases}$$

于是群行列式为 $x_{g_1}^2 - x_{g_2}^2$. 它可以分解成 $(x_{g_1} + x_{g_2})(x_{g_1} - x_{g_2})$. 当然 $n = 3$ 的情形也很容易算. 一般的情形也不难: 可以把问题归结到循环群的情形.

Dedekind 也想知道非交换的情况是怎么样的. 他算了一些例子, 发现 D 的不可约因子的次数有些比 1 大. 作为例子大家可以算一下三个文字的置换群的行列式. 这是最小的非交换群, 有六个元素. 它的行列式会有不可约的二次多项式为因子, 出现的重数是 2, 其余两个不可约因子都是一次的.

他把这些事情写信告诉了 Frobenius. 受到这封信的激发, Frobenius 毫不含糊抓住这个问题, 爆发了罕见的才能和热情, 把这件事情做了下去. 就在 Dedekind 给他写信那一年, 他发表了三篇研究有限群特征标的论文. 这三篇论文建立了有限群的特征标理论, 给出非交换群的群行列式的因式分解, 得到的许多结果已成为这个领域的标准结果. 其中一个就是特征标之间的正交关系: 对两个不可约的特征标 χ

和 ψ, 有

$$\frac{1}{|G|} \sum_{g \in G} \chi(g)\psi(g^{-1}) = \begin{cases} 1, & \text{如果}\chi = \psi, \\ 0, & \text{如果}\chi \neq \psi. \end{cases}$$

他发现 G 的群行列式不可约因子与 G 的不可约特征标一一对应, 不可约因子的次数及出现的重数都等于相应的不可约特征标的次数. 于是 G 的阶等于所有不可约特征标的次数的平方和:

$$|G| = \sum_{\chi} (\deg\chi)^2.$$

这是一个简单漂亮的关系.

交换群的特征是从群到非零复数乘法群的同态. 而非交换群的特征标一般仅是群到复数域的函数. Frobenius 注意到这一点. 在 1897 年, 他给出表示的定义: 群到一般线性群的同态. 表示这一概念和术语起源于这里. 他发现群的特征标其实就是表示给出的迹函数. 说起来就是, 如果 $\rho: G \to GL_d(\mathbb{C})$ 是一个表示, 那么它的迹函数 $\chi: G \to \mathbb{C}$, $g \to \text{tr}(\rho(g))$ 就是一个特征标. 所有的不可约特征标都可以这样得到, 相应的表示是不可约的. 我们看到, 通过表示这一概念, 交换群的特征和非交换群的特征标的定义得到了统一.

诱导表示的概念也来自于 Frobenius. 他研究小群表示与大群表示之间的关系, 建立了非常有名的 Frobenius 互反律. Frobenius 勤奋多产. 在 1896 到 1901 年之间, 他写了 20 篇关于表示论的论文, 做了非常多的工作. 不仅建立了有限群的表示理论, 还计算了很多群的特征标, 如对称群、交错群、二阶射影群 $PSL_2(\mathbb{F}_p)$ 等, 这里 p 是奇素数.

接下来是另外一个人——W. Burnside 起了重要的作用. 他 1852 年出生, 1927 去世. 他本身在表示论中并未做出多少新结果. 但是有好几年的时间, 无论 Frobenius 做出什么结果, Burnside 很快能够给出不同的证明. 这让 Frobenius 既紧张又不太开心, 总觉得后面有一个人紧紧地盯着自己, 随时可能冒出一些比自己更好的结果出来. 但是 Burnside 更关心的是有限群的结构理论和表示论在有限群结构理论中的应用.

1904 年他用有限群的特征标理论证明了一个非常让人吃惊的事情: 假如 p, q 是两个素数, 则阶为 $p^a q^b$ 的有限群 G 是可解的. 一直到 20 世纪 70 年代初, 人们才找出了一个不用特征理论证明的方法. 而且到目前为止这个结论还是用特征标来证明最为简单. Burnside 写了一本很有名的书《有限阶群论》. 他对单群的分类特别感兴趣, 一直找单群, 看什么群可解. 1911 年他的这本书出第二版. 其中他提出猜想, 奇数阶有限群可解. 这个猜想影响是非常大的, 一直是人们非常感兴趣的问题. 1957 年的时候, Suzuki 给出一个突破. 他的论文用到了非常多的有限群的特征标理论. 这个猜想 1963 年被 Feit 和 Thompson 彻底解决掉了, 他们的长篇大论约有两百五十页, 占了《太平洋数学杂志》整整一期. 在他们的证明中, 特征标理论起了很大的作用. 直到今天, 对这个猜想还没有一个证明能不用特征标理论. Feit 和 Thompson 的那项工作也标志着有限单群的分类一个突破性的进展. 所以 Burnside 在历史上对有限群的理论做出了很重要的贡献.

重新改写有限群表示理论是 Schur. 我们前面提到 Schur 引理就是他得到的. 利用这个引理, 他把 Frobenius 理论中的很多结论做了非常简单的证明, 带来一个新的视角. 他还引进了射影表示 (1907):

$$G \to GL_n(\mathbb{C})/\{纯量矩阵\},$$

研究了表示的算数性质, 有 Schur 指标等等. 据说 Schur 讲课非常受欢迎, 有时候听他课的人数达到 400 之多, 坐在后面的人看不清楚, 要用望远镜才行.

有限群表示的现代理论是从 Noether 开始的. 她用了非常方便的语言: 引进了群代数, 然后采用模的语言. 这样一来, 前面 Frobenius 的结果描述起来非常清楚自然.

接下来有限群表示理论的一个发展高潮由 Brauer 引导. Brauer 是 Schur 的学生, 1926 年获得博士学位. Frobenius, Burnside, Schur 等只考虑复数域上的表示. Brauer 认为其实应该考虑任何域上的表示. 当域的特征不整除群的阶时, 有限群在这个域上的表示理论和复数域上的是没什么差别的. 当域的特征整除群的阶时, 有限群在这个域上的表示理论与复数域上的表示理论差别很大, 我们前面提到的例子对称群就可以知道这一点. 这时的群表示理论称为有限群的模表示理论.

Brauer 建立了模表示理论. 他证明了不可约模的个数与群的某些共轭类的个数一样, 得到了模表示理论与有限群在复数域上的表示理论的联系. Brauer 还得到了分解矩阵和 Cartan 矩阵之间一个漂亮的关系. 他引进了 p 块理论和亏群的概念, 到现在为止它们都是模表示理论一些基本的概念.

Brauer 和中国的群表示理论发展有很大的关系. 他有两个中国学生, 段学复和曹锡华. 段学复先生和曹锡华先生为我国的群表示事业发展做出了巨大的贡献.

你们可能会注意到有限群表示发展的最初三十四年中, 主要人物除了 Burnside 是英国的, 其余的都是德国人. 所以, 有限群表示理论的最初几十年打上了强烈的德国烙印.

李群和李代数的有限维表示

在有限群表示理论发展的同时, 李群和李代数的表示也在进行着. 最早讨论的是特殊线性群 $SL_2(\mathbb{C})$ 和特殊线性李代数 $sl_2(\mathbb{C})$ 的表示. 我们知道 $SL_2(\mathbb{C})$ 就是行列式为 1 的 2×2 复矩阵群体, 而 $sl_2(\mathbb{C})$ 是 $SL_2(\mathbb{C})$ 在单位矩阵处的切空间, 由迹为零的 2×2 复矩阵全体构成. 1893 年 S. Lie 确定了它们的不可约的表示. 他提到多项式环表示, 复数域上的两元多项式环的齐次部分就给出这个群及其李代数的所有的有限维不可约表示. 所以, $SL_2(\mathbb{C})$ 和 $sl_2(\mathbb{C})$ 的有限维不可约表示与自然数集有个一一对应.

后来 Cartan 进来了. 他的工作和李群有很大的关系. 他对这个群和李代数证明了有限维表示的完全可约性, 每一个有限维表示都是不可约表示之和. Fano 是代数几何学家, 他从代数几何的角度也证明了这些有限维表示的完全可约性.

方法是多种多样的. 1897 年 Hurwitz 引进的酉技巧影响非常深远. 我们还是考虑特殊线性群 $SL_2(\mathbb{C})$. 他找了一个酉子群 $G_u = SU(2) = S^3$. 这是一个紧子群. Hurwitz 的出发点是不变量理论.

随便给 $G = SL_2(\mathbb{C})$ 一个表示 $\sigma: G \to GL_n(\mathbb{C})$. 于是群 G 通过 σ 线性作用在向量空间 $\mathbb{C}^n$ 上. 对任一个多项式函数 $P: \mathbb{C}^n \to \mathbb{C}$, Hurwitz 想得到一个 G 不变的多项式函数. 标准的做法是求平均. 但 $SL_2(\mathbb{C})$ 不是紧的, 所以平均只能在 G 的紧子群上做. 考虑 $G_u = SU(2) = S^3$ 上的积分,

$$\hat{P}(x) = \frac{1}{8\pi} \int_{G_u} P(g^{-1}.x)dv \in \mathbb{C}[\mathbb{C}^n]^G,$$

这里用的是 S^3 的测度. 好事情, $\hat{P}(x)$ 是 G 不变的多项式, 即 $\hat{P}(g.x) = \hat{P}(x)$ 对一切的 $g \in G$. 就这样, Hurwitz 进而确定了这些 G 不变的多项式构成的代数是有限生成的. 你知道在不变量理论里面, 不变的多项式是不是有限生成是非常重要的问题. Hurwitz 告诉你很多情况下是有限生成的, 这对交换代数和代数几何来讲都是非常重要的.

他这个酉技巧还可以用于研究群的表示. 还是继续看群 $G = SL_2(\mathbb{C})$. 给出 G 的表示 $\sigma: G \to GL_n(\mathbb{C})$, 我们就有 G 在线性空间 $\mathbb{C}^n$ 上的作用. 对 $\mathbb{C}^n$ 上任意的正定非退化厄密形 $H(,)$, 通过平均

$$\hat{H}(x,y) = \int_{G_u} H(g^{-1}.x, g^{-1}.y)dv, \quad (x,y) \in \mathbb{C}^n,$$

Hurwitz 得到了一个 G_u 不变的非退化厄密形 $\hat{H}(\ ,\ )$. 对 $\mathbb{C}^n$ 的子空间, 如果是 G_u 不变的, 那么通过厄密形 $\hat{H}(\ ,\ )$ 得到的正交补空间也是 G_u 不变的. 但子空间是 G_u 不变的当且仅当它是 G 不变的. 所以, G 的有限维表示都是完全可约的. Hurwitz 实际上研究了高维的情形. 利用这个酉技巧, Hurwitz 在 1897 年证明了特殊线性群 $SL_n(\mathbb{C})$ 和特殊正交群 $SO_n(\mathbb{C})$ 的有限维表示是完全可约性. 不过他这些重要的工作, 当时没有被人关注, 虽然 Hurwitz 的工作其实还对 $SL_n(\mathbb{C})$ 和 $SO_n(\mathbb{C})$ 证明了 E. Study 的猜测. Study 的猜测是 1890 年他在一封给 S. Lie 中提出的, 信中称他相信对一般的半单群, 有限维表示都是完全可约的. Hurwitz 的这篇论文沉寂了 25 年.

在 1913 年 Cartan 构造了复单李代数的所有不可约表示. 1922 年, Schur 发现了 Hurwitz 那篇 1897 年的论文, 用其中的方法把他把有限群的复表示的特征标理论拓展到特殊酉群 SU_n 和特殊正交群 SO_n 的表示. 得到了酉群和正交群的特征标.

把前人工作完全合成起来的是 Herman Weyl. 1924—1926 年期间, 他结合 Cartan, Hurwitz, Schur 等的工作, 加上自己的创造, 对复半单李代数、复半单李群、紧连通半单李群证明了有限维表示的完全可约性, 并给出了表示的特征标. Weyl 的这些工作标志着系统的李群整体理论的开始, 对 E.Cartan 的影响也是深刻的. Cartan 后来就多从李群的整体性质考虑问题, 包括关于对称空间上的工作. 你知道对称空间在微分几何里面是非常重要的.

1927 年 Weyl 和他的学生 Peter 考虑紧李群的分析. 他们的工作是紧拓扑群上的调和分析的奠基之作, 也是群上调和分析的开端. 前面我们提到 Peter-Weyl 定理是表示论中的经典之一.

大约在 1927 年左右, Weyl 对群表示论在量子力学中的应用感兴趣. 1928 年 Weyl 发表了一本非常有名的书 *Gruppentheorie und Quantenmechanik* (《群论和量子力学》), 在数学界和物理学界影响很大. 应该说他和另外一个物理学家 Wigner 把群表示理论引进了量子力学.

Weyl 的书最出人意料的结果来自物理学家 Casimir. 你们学李代数的时候会有一个 Casimir 算子. 他是一个物理学家, 他的出发点也是群表示在量子力学的应用. 他对 $sl_2(\mathbb{C})$ 发现了 Casimir 算子, 并用它证明了 $sl_2(\mathbb{C})$ 的有限维表示的完全可约性. 当然我们现在知道这个算子出现在李代数的普遍包络代数的中心里面. 物理学中喜欢用 Casimir 算子, 因为 Casimir 算子的特征值是有物理意义的. 1931 年 Casimir 对任意的复半单李代数引进了 Casimir 算子. 利用这个算子, Van Der

Waerden 对复半单李代数的有限维表示的完全可约性给出第一个代数证明, 发表于 1935 年.

19 世纪 30 年代中期, Pontryagin 和 van Kampen 研究了局部紧的交换拓扑群的表示. 这里有著名的 Pontryagin 对偶定理: 连通的局部紧的交换拓扑群 G 的不可约酉表示空间是离散拓扑群 $\hat{G}$, $\hat{G}$ 的不可约酉表示空间就是 G.

1936 年 Brauer 对复半单李代数的有限维表示的完全可约性给出另一个代数证明. 这个工作也沉寂了 25 年. 你知道 Bourbaki 学派在 20 世纪 50 年代要重新表述数学. 在写一本关于李群李代数的书时, 对 Van der Waerden 关于复半单李代数的有限维表示的完全可约性的证明不太满意, 他们就重新写了一个代数证明. 他们那本书 1961 年发表的, 发表之后发现他们的证明和 Brauer 的证明其实是一样的. 所以好工作有时也是会让人注意不到的.

李群和李代数的无限维表示

我们刚才提到 Weyl 把群论应用到量子力学中时, 还提到的另外一个人是 Wigner. 他是物理学家也是数学家, 1963 年得到诺贝尔奖. 为了物理学的需要, 这位匈牙利人研究了群的无限维表示. 相对论里面有几个重要的群, 如 Lorentz 群, Poincaré 群. 1939 年 Wingner 研究了 Poincaré 群的不可约 (射影) 酉表示. Dirac 当时很快注意到这个工作的意义, 他认为这是一个广阔的天地, 非常重要. Dirac 也研究 Lorentz 群的不可约表示. 他后来让一个叫 Harish-Chandra 的印度人考虑这个问题. Harish-Chandra 把这个工作完成了, 得到博士学位. Harish-Chandra 后来发现他的证明不太严格, 这让他感到非常苦恼. 他对 Dirac 说, 他论文中的证明不太好. 但是 Dirac 对他怎么说呢: 我并不关心证明的好与坏, 我只关心大自然在做什么. 这番话 Harish-Chandra 感到不知道说什么是好. 在跟 Dirac 学习的时间里, Harish-Chandra 觉得他缺乏作为物理学家的第六感觉, 只能当数学家, 于是他转行做群表示论去了. 他转行做表示论就改写了李群的表示理论. 他伟大的工作我想这里就不说了.

德国人 V. Bargmann 也是一个物理学家和数学家. 1947 年他研究了 Lorentz 群的不可约酉表示, 开始的动力是来自物理学. Bargmann 在物理界也很有名, 他获得过 Planck 奖和 Wigner 奖.

这个时候苏联学派兴起来了. 1947 年 I.M.Gelfand 和 M.A. Naimark 给出了 $SL_2(\mathbb{C})$ 的不可约酉表示的分类. 我们前面已经看到, 那个分类已经相当复杂. 接下来 Gelfand 和他的合作者做了非常多的工作. 再接下来就是以后的事情, 一个蓬勃发展, 群星灿烂的时期.

在 1950 年以前, 我们看到很多伟大的数学家如 E. Cartan, H.Weyl 在表示论里面做出了非常重要的工作. 1950 年以后, 表示论的发展更为迅速. 在这个领域里面出现了非常多的大家的名字: I.M. Gelfand, M.A. Naimark, Harish-Chandra, Selberg, A. Weil, Grothendieck, Borel, Langlands, Deligne, Kazhdan, Drinfeld, Lafforgue, Bernstein, Beilinson, V. Kac, Kashiwara, Lusztig, ······. 当然表示论的发展和影响远远超过以前, 方法和研究的角度也是多种多样的.

结束语

我想在这个报告中间, 你已经看到, 表示论其实到处都有, 随处可见, 而且也多姿多彩. 这里面不仅产出很多一流的数学家, 而且在这里面一直吸引着最好的数学家. 不过, 你发现这里面一流的人物中看不到中国人的名字. 也许你们中间有些人会有兴趣加入到这个行列中间来.

我想我应该结束了, 谢谢大家.

附记

本报告的内容都是熟知的. 历史部分主要参考了以下文献:

1. C. Curtis, Representation Theory of Finite Groups: from Frobenius to Brauer. The Mathematical Intelligencer, Vol. 14, No. 4, 1992, 48-57.

2. A. Borel, Essays in the History of Lie Groups and Algebraic Groups. American Mathematical Society and London Mathematical Society, 2001.

3. G. Mackey, Unitary group Representations in Physics, Probability and Number Theory. Benjamin, 1978.

其他的内容涉及的文献较多, 难以一一列出.

以下五本书可以分别作为有限群表示理论、紧李群表示理论、半单李群表示理论、半单李代数表示理论、代数表示论的入门书.

4. J.P. Serre, Linear Representations of Finite Groups. Graduate Texts in Mathematics 42, Springer-Verlag, 1977. 有中译本, (法) 塞尔 (J.P. Serre) 著, 郝炳新译: 有限群的线性表示. 现代代数译丛, 科学出版社, 1984.

5. T. Bröcker, T. tom Dieck, Representations of Compact Lie Groups. Graduate Texts in Mathematics 98, Springer-Verlag, 1985.

6. A. W. Knapp, Representation Theory of Semisimple Groups, an Overview Based on Examples. Princeton University Press, 1986.

7. J. E. Hmphreys, Introduction to Lie algebras and Representation Theory. Graduate Texts in Mathematics 9, Springer-Verlag, 1972. 有中译本, (美) 汉弗莱斯 (J.E. Humphreys) 著, 陈志杰译: 李代数及其表示理论导引. 上海: 上海科学技术出版社, 1981.

8. P. Gabriel, A.V. Roiter, Representations of finite-dimensional algebras. Springer-Verlag, 1997.

自守表示是非常活跃的研究方向. P. Sally 和 N. R. Wallach 编辑的文集 *Representation theory and automorphic forms* (American Mathematical Society, 1993) 收录了 Bulletin of the AMS 从 1955 年到 1984 年发表的 11 篇很有意思的论文, 值得一看.

如果可能, 读一读或者浏览一下大数学家 I. M. Gelfand, Harishi-Chandra, A. Borel, A. Selberg, R. Langlands, G. Lusztig 等的论文 (集) 和书会是很好的, 不仅令人愉快, 而且能有多方面的收获.

注 本文原载于《数学所讲座 2010》(科学出版社, 2012).

名 词 索 引

谨以此书献给我的妻子刘桂菊，她尽了一切劳力保证我本职工作之余写作此书的时间.